AF873669

Upton Sinclair

Traducción: Felipe Alaiz

¡Petróleo!

txalaparta

Lan honek Nafarroako Gobernuaren dirulaguntza bat izan du, Kultura eta Kirol Departamentuak egiten duen Argitalpenetarako Laguntzen deialdiaren bidez emana.

Esta obra ha contado con una subvención del Gobierno de Navarra concedida a través de la convocatoria de Ayudas a la Edición del Departamento de Cultura y Deporte.

EDICIÓN ORIGINAL
Oil! Upton Sinclair, 1926, 1927
PRIMERA EDICIÓN DE TXALAPARTA
Noviembre de 2025

© DEL TEXTO: Upton Sinclair
© DE LA EDICIÓN: Txalaparta
© DE LA TRADUCCIÓN: Felipe Alaiz

Esta edición se publica por acuerdo con Mcintosh and Otis Inc., a través de International Editors & Yáñez Co' S.L.

EDITORIAL TXALAPARTA S.L.L.
Calle Mayor, 61-63
31001 Iruñea NAFARROA
Tfno. 948 703 934
info@txalaparta.eus
www.txalaparta.eus

ISBN
978-84-10246-81-2

DL NA 2127-2025

DISEÑO DE CUBIERTA
Mikel Tristan

EDICIÓN
Ane Eslava

MAQUETACIÓN
Amagoia Arrastio Ágreda

IMPRESIÓN
Gráficas Iratxe
Polígono Agustinos, calle M, 5
31160 Orkoien – Navarra

MIXTO
Papel | Apoyando la silvicultura responsable
FSC® C161503

txalaparta

Las cartas ya están barajadas y está a punto de empezar una nueva partida. Difiere esta partida de la anterior, a pesar de que se trata de la misma baraja y hasta del mismo juego, a pesar de que se juega con el mismo espíritu. Una nube de tabaco envuelve a los jugadores, que permanecen graves y silenciosos.

Algo parecido ocurre con esta novela, que reproduce la civilización del sur de California observada por el autor en once años de residencia en aquel país.

La reproducción es auténtica, y la mayor parte de los detalles existen actualmente, pero se han barajado los naipes. Nombres, lugares, fechas, detalles característicos, episodios, todo aparece mezclado.

Las únicas personalidades de fácil identificación son tres presidentes de Estados Unidos. Sus nombres no pueden barajarse sin destruir todo sentido de realidad, pero el lector que trate de identificar magnates del petróleo y estrellas de la pantalla perderá el tiempo; tal vez sea injusto con alguien que puede haber fingido un accidente para cobrar el seguro, pero que no ha intervenido en el secuestro de ninguna señora ni ha sobornado a un ministerio.

I.
La excursión

I

La carretera, lisa y perfectamente asfaltada, tenía catorce pies de ancho exactamente; los bordes parecían cortados a tijera y limitaban aquella cinta de hormigón gris tendida sobre el valle por una mano gigante.

El terreno presentaba amplias ondulaciones; tras la lenta pendiente que ascendía, un súbito descenso. Se llegaba a la cima corriendo a toda velocidad y sin temor alguno, porque se sabía que la mágica cinta se prolongaba, indefinidamente, sin obstáculos, favoreciendo la suave presión de las ruedas de caucho, que giraban siete veces por segundo.

El frío viento mañanero silbaba por los costados como un torbellino de fases variables que rugían y se completaban incansablemente. Parapetándose tras el parabrisas, se desviaban las corrientes y se resguardaba la cabeza. A veces, apetecía tender la mano hacia arriba para sentir el frío choque del aire, o bien asomar la cabeza a un lado buscando el azote del viento que encrespa los cabellos.

La mayor parte del tiempo, sin embargo, lo correcto era permanecer en una postura digna, tal como hacía papá. Las actitudes de papá constituían la ética de la conducción.

Llevaba un abrigo de color tostado, género suave, soberbio de corte y cruzado por delante, con gran cuello, amplias solapas y enormes bolsillos de cartera. Había derroche de tela; se requería hacer ostentación, y el sastre lo comprendió perfectamente.

El abrigo del niño, igualmente suave, tenía la misma procedencia y amplitud.

Llevaba papá guantes de chófer. En el mismo comercio habían facilitado otros guantes de calidad semejante para el niño.

Las gafas de papá tenían montura de concha. El jovencito, que nunca necesitó la asistencia del oculista, encontró en una farmacia otras gafas color ámbar con montura de concha.

Papá iba sin sombrero; creía que el viento y el sol retrasaban la caída del cabello.

Por razones parecidas, la cabeza del niño aparecía al descubierto.

La única diferencia entre ellos, aparte de la edad, era que papá llevaba un grueso cigarro negro en la comisura de la boca, reminiscencia de los duros tiempos pasados, cuando guiaba una yunta y mascaba tabaco.

Ochenta kilómetros por hora marcaba el indicador de velocidad; era la norma de papá en las carreteras de campo abierto; nunca variaba la velocidad más que en tiempo lluvioso; no tenía en cuenta la disposición del terreno para acompasar la marcha; obediente a una ligera presión del pie derecho, el coche se lanzaba raudo hasta la cima para descender poco después por la vertiente del valle sin desviarse del centro de la carretera. Al aumentar la velocidad en el descenso, papá disminuía un poco la presión del pie y dejaba que la resistencia del motor moderase la marcha.

Ochenta kilómetros por hora ya era bastante. Papá se tenía por hombre metódico.

Sobre una cima lejana se dibujaba otro coche, pequeño punto negro que se perdía de vista en ciertos intervalos y aumentaba de volumen al reaparecer. Momentos después, rápido y con fuerza como un proyectil disparado por un cañón, se acercaba la endiablada máquina. Era el momento de poner a prueba el nervio de un conductor.

La cinta mágica que era la carretera no tenía el poder de ensancharse. El terreno inmediato a la pista parecía estar destinado a favorecer alguna salida forzosa. A ochenta kilómetros por hora, las ruedas podían patinar de manera desagradable, y el desnivel excesivo exigía, a veces, salir de la carretera en un paraje poco conveniente para reanudar el viaje sobre el hormigón. Podía ocurrir también que la arena movediza de la tierra inmediata obligase al zigzag o que la arcilla húmeda atascara el coche.

Las reglas del buen conductor le prohíben salir de la carretera sin grave necesidad, y el pequeño viraje a la derecha no evita que la distancia entre los coches, al cruzarse, deje de ser comprometida. Tales trances parecen peligrosos cuando se explican, pero la mecánica celeste se rige por leyes semejantes, y aunque los astros pueden chocar, entre choque y choque hay un largo intervalo suficiente, en el sistema planetario, para la formación de nuevos cuerpos, y en la tierra, para que los hombres de negocios olviden el accidente anterior y organicen grandes demostraciones deportivas.

El coche que venía en sentido contrario pasó como una exhalación, con un chasquido seco. Iba al volante otro hombre con gafas de concha; crispaba las manos, asidas al volante, y tenía idéntica fijeza cataléptica en la mirada.

No había que volver la vista atrás, porque a ochenta kilómetros por hora es preciso tener en cuenta lo que hay delante, y aquellos que ya han pasado no pueden estorbar.

Podía aparcar otro coche y sería preciso dejar el centro de la carretera y colocarse a un lado, calculando el espacio disponible.

La vida está a merced de la destreza del conductor que va a cruzarse y de la propia competencia. En el momento culminante, si se comprende que no ha cumplido el contrincante con su deber, hay que habérselas con el más peligroso de los mamíferos bípedos. Podía ser una mujer o un ebrio. No había tiempo de comprobar nada. Solo hay una milésima de segundo para desplazar el volante, y unos pocos centímetros para desviar el coche al margen, hacia la tierra movediza. El incidente puede sobrevenir una o dos veces en el curso de un día, y papá tenía una fórmula invariable: movía el cigarro, ladeándolo un poco, y decía con vigor: «¡Idiota!». Era la única imprecación que el carretero de otros tiempos se permitía delante del niño. Con aquellas palabras, especie de término científico, apostrofaba a los conductores ineptos, a los ebrios y a las mujeres que iban al volante; se servía de ella para insultar a los que guiaban el tiro de una carga de heno, a los que conducían carretas y obstruían un camino con la carga enorme y oscilante. Se indignaba contra los carromatos mexicanos que hacen incursiones en la carretera cuando el automóvil llega en dirección opuesta, obligando a pedalear y a frenar para detener la marcha rápidamente.

Si hay algo que un conductor considera humillante es la repentina necesidad de frenar. Papá tenía la convicción de que se promulgaría una ley reguladora de la circulación, ley que diría, poco más o menos: «Se prohíbe correr a menos de sesenta y cuatro kilómetros por hora por las carreteras del Estado. Los carreteros que andan por el mundo con esos farolillos en trémolo, que vayan a campo traviesa o que se queden en casa».

II

A cada lado de la carretera se alzaba una barrera de montañas. A lo lejos parecían teñidas de azul, con las cimas entre brumas. Las montañas yacían en masas irregulares, y se veían unas crestas misteriosas en los términos sucesivos, precedidas por otras, algo confusas también. Se sabía que era necesario escalar aquellas montañas, y era de gran interés saber de qué manera la carretera iba dominando las cimas. Las grandes masas cambiaban de color a medida que se veían más cerca, y aparecían verdes, grises, amarillas, cobrizas... No se veían árboles, sino arbustos y matas de distintas coloraciones. De tanto en tanto sobresalían yucas negras, blancas, pardas o rojas. Entre los arbustos se veía la pálida llama de la yuca, que alzaba su grueso tronco de diez pies o más de altura, salpicado de pequeñas flores como llamas inmóviles de bujía.

Se acentuaba la pendiente de la carretera, que ascendía torciéndose por el flanco de unas colinas y siguiendo como en espiral. Desfiladero de Guadalupe. Un róñalo en letra roja indicaba a los que pasaban: «Velocidad máxima: veinticuatro kilómetros por hora».

Papá no hizo el menor esfuerzo para demostrar que sabía leer, y se mostró tan inalterable como el indicador de velocidad. Tenía el criterio de que los rótulos se escriben para uso de las gentes que no saben conducir. La regla era, para la minoría competente: «A cualquier velocidad, manténgase el vehículo en el centro de la carretera».

La carretera pasaba por el flanco derecho del desfiladero. En el balanceo de las curvas, la montaña por un lado y el precipicio por otro, eran como tumbas abiertas para los conductores que circulaban en los dos sentidos.

Otra concesión que hacía papá: cada vez que era preciso girar a la derecha, bordeando la mole montañosa, hacía sonar la bocina.

Era una gran bocina, ronca, disimulada, en parte, por la amplia capota del coche; instrumento apropiado para un hombre cuyos negocios le hacen ser imperioso y usar la velocidad y la prisa atravesando un territorio tan grande como un antiguo imperio. Viajes de negociante que sigue derecho su camino de día o de noche, tanto en la tempestad como en la calma.

El sonido de la bocina era breve y militar, sin el más leve matiz de efecto o cortesía. No hay lugar para tales delicadezas a ochenta kilómetros por hora. Lo que importa es que las gentes dejen paso franco y que no se entretengan; para ello está la bocina. El ronquido se oía en las curvas rápidas, cerca de los promontorios, en los virajes... Siempre aquel «¡Uuang!» gangoso a través del paisaje. ¡Arriba, arriba! Los rocosos muros de Guadalupe reproducían el extraño sonido, mientras las bandadas de pájaros giraban en un gran movimiento de alarma. Las ardillas se metían en sus guaridas. Se cruzaban con el orgulloso coche los colonos de los ranchos guiando desvencijados Fords. Los turistas se dirigían a California meridional en compañía de la chiquillería, con variadas aves de corral, colchones y sartenes atadas a los estribos. Los turistas se apartaban hasta el último centímetro disponible de su lado. El magnífico coche de papá, pequeño y rápido, seguía su carrera triunfal.

Los chiquillos se entusiasman hasta el delirio mirando el rayo mecánico que pasa. ¡Llegar allá arriba, cerca de las nubes, con una potente máquina, que es también juguete de carrocería, un mecanismo que trepida, sensible a la más ligera presión del pie! ¡Es admirable! Suponed que tenéis noventa caballos, cuarenta y cinco pares, y que galopan alrededor de los flancos de una montaña. ¿No es emocionante? Pues la mágica cinta de hormigón tiene el destino maravilloso de desarrollarse sin interrupción y ser escenario de carreras desenfrenadas. Se desprende de la cúspide de una montaña y va recta a la cima de otra para penetrar en las negras entrañas de una tercera; se tuerce, gira y se inclina. El conductor ha de seguir las incidencias de la marcha en continuo balanceo, aunque seguro, observando el centro de la carretera, una línea blanca continua y salvadora.

¿Qué arte de magia habrá creado todo aquello? Papá daba la explicación terminante: el dinero. Quienes lo poseen, tienen suficiente poder. Acudieron ingenieros y peritos con indios y mexicanos de piel bronceada, peones con picos y palas; se pidieron máquinas excavadoras y niveladoras. Las grúas tendieron sus brazos inmensos, las perforadoras de acero y los petardos de dinamita, las trituradoras, las máquinas que devoraban sacos de cemento por millares y engullían el agua, que llegaba por un conducto enorme, entraron en juego.

En un año o dos se trabajó con fatiga, metro a metro, para extender la cinta mágica. Jamás, desde que el mundo es mundo, habían existido hombres tan poderosos como los que creaban aquella magnificencia.

Papá era uno de esos poderosos, muy capaz de realizar proyectos como aquel. Por cierto que trataba de llevar a cabo algún plan parecido. A las siete de la tarde, en el vestíbulo del hotel Imperial, de Beach City, le esperaba Ben Skutt, su apoderado, una especie de sabueso que espiaba para agenciarse negocios. Tendría preparada una gran proposición y los documentos dispuestos y en regla para la firma. Por lo mismo, tenía derecho papá a que le dejasen el camino libre, y bien podía la bocina extremar sus demostraciones: «¡Uang, uang! ¡Que viene papá!».

El niño permanecía sentado con los ojos ávidos y el espíritu alerta. Como los hombres habían soñado el mundo en tiempo de Haroun al Raschid, así lo veía Bun: desde un caballo mágico, galopando entre nubes que formaban una alfombra de ensueño.

El panorama favorecía el delirio del infante. El paisaje era realmente gigantesco. Cada curva descubría nuevas y tentadoras perspectivas: valles que se abrían, cimas altísimas, cruces de cordilleras, vertientes... Al llegar al corazón de la montaña, se veían árboles en las gargantas profundas; pinos majestuosos, torcidos y encorvados por las tempestades, hendidos por el rayo, copas de encinas verdes formando encantadores rincones que recordaban las bóvedas floridas de los parques ingleses. En las cimas de las montañas solo había hojarasca, verde tan solo en la efímera primavera: salvia, mezquites y plantas de monte que lograban florecer rápidamente para sufrir después la más ardiente sequía. Entre la fauna montañesa se entremezclaban flores de cuscuta color naranja, que crece en largos filamentos parecidos a estigmas de maíz y teje como un velo sobre las otras plantas, matándolas. Ciertas colinas eran completamente rocosas, con infinita variedad de colorido. Se divisaban superficies moteadas, tachonadas como la piel de los leopardos tostados o bien semejaban monstruos grises, rojos, negros y blancos, de nombres desconocidos.

Había colinas cubiertas de enormes guijarros, esparcidos como proyectiles de una batalla de gigantes; bloques apilados como si los hijos de los gigantes los hubieran abandonado cansados de jugar. Grandes rocas avanzaban hacia el camino como bóvedas de catedral que desembocan al borde de una garganta; esta se abre bajo los pies, aunque una sólida muralla blanca protege la curva.

Un gran pájaro surgió en lo alto; las alas se replegaron como si hubiese recibido un tiro, y cayó en el abismo.

—¿Es un águila? –preguntó el niño.

—Un búho –respondió papá, que no era precisamente un hombre fantasioso.

¡Siempre hacia arriba! Subían, trepando al runrún sordo del motor. Bajo el parabrisas había un conjunto complicado de esferas, agujas y contadores; el indicador de velocidad, con un pequeño trazo rojo; un reloj; un nivel de aceite; otro de gasolina; un amperómetro; un termómetro, que sufría las naturales alteraciones al ascender.

Aquellos artefactos estaban en la cabeza de papá, máquina más complicada todavía. Después de todo, ¿qué era una potencia de noventa caballos, comparada con la de un millón de dólares? Un motor puede fallar, pero el cerebro de papá tenía la precisión de un eclipse de sol. Debían estar en lo alto de la cuesta a las diez. La actitud del niño era la del campesino viejo que teniendo un reloj de oro completamente nuevo, se colocase desde las primeras horas del día en el umbral de su puerta, diciendo: «Si el sol no asoma por la colina dentro de tres minutos, llega con retraso, no es puntual».

III

Falló el horario. Los viajeros penetraron en las regiones de la niebla. Capas blancas y frías azotaban los rostros. La niebla ocultaba el suelo y aparecía este brillante, fangoso, a trechos, resbaladizo. La mirada vigilante de papá se dio cuenta del peligro y disminuyó la marcha a tiempo, y muy afortunadamente, porque el coche empezó a patinar y estuvo a punto de chocar contra el parapeto de madera pintada de blanco que protegía el borde exterior de la carretera.

Llevaban la marcha más corta para poder detener el vehículo rápidamente en caso necesario. Ocho kilómetros indicó el contador, y luego fue bajando a cinco. El coche patinó de nuevo. Papá profirió una exclamación. No podían seguir así mucho tiempo. El niño lo sabía. «Las cadenas», pensó, y su padre se dirigió hacia una especie de pared empotrada en una colina. Desde aquel paraje podía ser visto por los conductores de los coches que llegaran en las dos direcciones.

Abrió el niño la puerta del coche y saltó; el padre se apeó gravemente, se quitó el gabán y lo puso sobre el asiento. Luego se desprendió de la americana y la dejó en el mismo sitio, cuidando que no se arrugara, porque el traje forma parte de la dignidad de un hombre, es el exponente de su posición social y nunca debe arrugarse ni mancharse. Se remangó. Cada movimiento fue repetido con exactitud por el niño. En la parte trasera del coche había un compartimiento, con tapa en pendiente, que papá abrió con una llave elegida entre muchas que le eran perfectamente conocidas y representaban el método y el orden. Momentos después de proteger las ruedas para prevenir el patinaje, frotó papá sus manos en la hierba; el niño hizo lo mismo, complaciéndose en la sensación de frialdad de los brillantes globitos de agua.

Se secaron las manos, volvieron a abrigarse, ocuparon los asientos y emprendieron de nuevo la marcha a una velocidad algo mayor, aunque prudente, alejada del promedio calculado.

Hallaron un rótulo que decía: «Desfiladero de Guadalupe. Punto culminante. ¡Precaución! Veinticuatro kilómetros por hora en las curvas».

Descendían con la primera marcha puesta, conteniendo el coche, que trepidaba. Papá se había quitado las gafas, empañadas por la humedad. Tenía mojados los cabellos, y el agua caía sobre la frente. Era divertido pasar entre la niebla, alargar la mano y hacer sonar la bocina. Parecía dispuesto, papá, a permitirlo todo, a tolerarlo todo.

Surgió un coche de entre la niebla y se dirigió a ellos penosamente, haciendo sonar la bocina. Era un Ford, con el radiador humeante, que apenas corría. Se aclaró un poco la niebla, y a los pocos momentos avanzaban ya en libertad. ¡Qué magnífica vista, qué espléndido paisaje! Se desea, ante un espectáculo semejante, que nazcan alas a nuestros flancos para poder sumergirnos en la belleza de llanuras y montes hasta el infinito. «Limpia mis gafas», dijo papá, prosaicamente. ¿Para qué pensar en las bellezas del paisaje, si hay que tener en cuenta los cambios de marcha, los giros, los frenos, mirar incesantemente a la línea blanca de la carretera? La bocina avisaba con su bronca voz en los momentos delicados. Poco a poco, el paisaje fue diluyéndose. Los viajeros eran unos vulgares mortales que volvían a la tierra, dejando atrás los parajes encantados. Las curvas se fueron haciendo cada vez más amplias, y, después de una colina, la última, se vieron en el principio de una recta larguísima. El viento rugía con estruendo y los números del contador desfilaban rápidamente ante el trazo rojo. Trataban de ganar el tiempo perdido. Los árboles y los postes pasaban como balas. ¡Cien kilómetros por hora! ¿Era momento de alarmarse? De ninguna manera. Las personas razonables no podían tener miedo cuando era papá el que iba al volante.

El coche fue perdiendo velocidad y el índice del contador fue señalando cincuenta por hora, cuarenta, treinta. A pesar de que no se veía ningún vehículo en la carretera, el pie de papá se mantenía en el pedal del freno.

El niño dirigió una mirada interrogante a su padre, que contestó:

—No te muevas, chiquillo... Una «ratonera»...

¡Qué aventura tan emocionante para un muchacho! Hubiera querido mirar para hacerse cargo, pero comprendió que le convenía estar rígido, sentado, con la mirada en la lejanía y el aire absolutamente despreocupado. Nunca, al parecer, se habían excedido en la velocidad, y si algún policía creía haberlos visto descender la cuesta a mayor marcha que la reglamentaria, era pura ilusión óptica, error natural en un hombre cuya profesión se alimenta de suspicacia.

Debe ser cosa terrible la profesión policíaca, que tiene por enemigo al género humano. ¡Rebajarse un hombre a ejecutar actos tan poco gallardos como el de ocultarse entre la maleza con un reloj en la mano, mientras un poco más lejos le imita un colega y una línea telefónica les permite comprobar la velocidad! Incluso se había inventado un juego de espejos que colocaban al borde de la carretera, de manera que un solo hombre pudiera observar la imagen proyectada por el coche y registrar la velocidad. Era un contratiempo que exigía la vigilancia exquisita del conductor para disminuir la marcha ante la menor sospecha, como quien se da cuenta de que ha sobrepasado los límites de la prudencia.

—Este tipo va a seguirnos –dijo papá.

Tenía ante los ojos un espejo dispuesto de manera que pudiese vigilar a los enemigos de la raza humana. El niño no veía el espejo y estaba en vilo, sin poder darse cuenta de lo que ocurría.

—¿Distingues algo? –preguntó el pequeño.

—No, pero todo se arreglará. Sabe que íbamos con exceso de velocidad. Se ha puesto en esta recta larga porque todos corren por ella a sus anchas. Date cuenta, hijo mío, de la depravación que se requiere para ser policía. Elige el agente un observatorio en parajes donde se puede ir deprisa, y lo convierte en un cazadero. Es muy natural que queramos desquitarnos aquí de las curvas y de los virajes difíciles. Si se ocuparan los policías con el mismo celo en impedir el juego...

Siguieron a cincuenta kilómetros. Era la velocidad legal en aquellos calamitosos tiempos de 1912, lo que destruía el encanto del automóvil, obligando a estar pendiente de los reglamentos y del horario.

El niño pensaba en Ben Skutt, el sabueso de su padre, que estaría sentado en aquel momento en el vestíbulo del hotel Imperial, de Beach City. Por cierto, que no esperaría solo. Siempre había grupos de hombres que estaban aguardando allí para tratar negocios en gran escala.

Se imaginaba el niño a papá en el teléfono, consultando el reloj, calculando el tiempo preciso que requerían las entrevistas y el número de kilómetros que tenían que recorrer. Era, pues, preciso, que nada ni nadie pudiera estorbar al magnate. Si el coche tenía averías, sacaría las maletas, pararía el motor y rogaría al primer automovilista que pasara que le llevase al pueblo próximo, donde alquilaría el mejor vehículo disponible o lo compraría, si fuese necesario, para continuar la marcha. Nada podía detener a papá... Y he aquí que, de repente, disminuía la marcha, circulando a cincuenta kilómetros.

—Pues ¿qué pasa? –preguntó el niño.

—El juez Larkey...

Estaban en el condado de San Jerónimo, donde el terrible juez Larkey enviaba a la cárcel a los infractores.

Nunca olvidaría el niño la fecha en que papá se vio obligado a dejar de lado sus asuntos y acudir a San Jerónimo, comparecer enjuicio y sufrir la reprensión de aquel autócrata anciano.

En otros sitios no eran precisas tales indignidades. Bastaba con mostrar el carnet del Club del Automóvil. Los agentes se inclinaban cortésmente y entregaban una ficha con la cuantía de la multa correspondiente al exceso de velocidad. Con enviar un cheque, asunto terminado.

Pero en el condado de San Jerónimo, eran insoportables. Ya le dijo papá al juez Larkey lo que pensaba del sistema de trampas y de los policías ocultos en la maleza para espiar a los ciudadanos. Era, sencillamente, indigno y obligaba a los conductores a considerar como enemigos a los representantes de la ley. El juez quiso entonces demostrar su agudeza de ingenio, y preguntó a papá si había reflexionado sobre la posibilidad de que los apaches llegasen a mirar como enemigos a los agentes de policía.

Todos los periódicos del país relataron el caso en primera página: «Un magnate del petróleo reprueba los reglamentos sobre velocidad. J. Arnold Ross declara que debe cambiar el sistema».

Los amigos de papá le hicieron bromas a propósito del incidente, pero el magnate se mantuvo en sus trece. Tarde o temprano llegaría a hacer modificar la ley.

Algo consiguió, desde luego. A él se debía el hecho de que ya no se tendieran celadas desde una ratonera y que los agentes transitaran con uniforme por las carreteras, de manera que fuera posible distinguir su figura reflejada en el espejo del coche.

IV

Llegaron a una casa situada al lado de la carretera, bajo cuyo cobertizo se cobijaron los viajeros. Se trataba de una especie de gasolinera y un cartel anunciaba que se podían inflar los neumáticos gratuitamente.

Dijo papá al encargado que quitase sus cadenas. El hombre fue a buscar las herramientas y levantó el coche. El niño saltó a tierra cuando el automóvil se detuvo, abrió el maletero que iba en la parte trasera y se hizo con un pequeño saco donde iban las cadenas. Sujetó la bomba de engrasar.

—La grasa cuesta menos que el acero –dijo papá.

Poseía un repertorio de sentencias por el estilo y el niño se las sabía de memoria. No es que papá tuviera empeño en ahorrar ni tampoco respondían sus palabras al hecho de que él vendiese grasas y no acero. Obedecía al principio general de que hay que hacer bien las cosas y tratar con respeto las bellas obras de la mecánica.

Papá quiso desentumecer las piernas. Era una gran figura envuelta en un gran abrigo. Tenía la cara fresca y recién afeitada; mirándole atentamente se observaban bajo los ojos unas pequeñas bolsas hinchadas; no carecía de arrugas y el cabello se hacía gris. Había tenido muchas preocupaciones y se hacía viejo. Era de facciones amplias, cara llena, redonda y potente mandíbula, que contraía, a veces, ferozmente. En conjunto, la expresión era plácida, casi bovina. Se veía que era hombre de lento pensar, más insistente que genial. En ocasiones como aquella, adoptaba aire bonachón. Le gustaba hablar con gentes sencillas como las que se encuentran por las carreteras, personas de su misma condición moral, que no reparaban en el acento excesivamente vulgar de papá, ni trataban de sacarle mucho dinero.

Se complacía en hablar con el encargado de la gasolinera del tiempo que hacía en el desfiladero. La niebla era densa y le había hecho perder bastantes minutos. ¡Mal sitio, amigo mío, porque se expone uno a patinar a cada momento!

El vendedor de gasolina afirmaba que en el desfiladero ocurrían muchos accidentes. El terreno inmediato a la carretera era resbaladizo como el cristal.

Pensaba papá que representaba una exigencia excesiva cortar el flanco de la montaña para aumentar el margen de la carretera. El hombre de la gasolinera dijo que persistían las brumas en las alturas en el mes de mayo, pero, generalmente, se disipaban a media mañana.

—¿Necesita gasolina?

—No, señor. Nos hemos provisto antes de empezar la cuesta.

Papá era maniático y solo quería usar su propia marca de gasolina, si bien no hacía ostentación para no herir el amor propio del otro.

Le entregó un dólar y quiso el hombre de la gasolinera devolver el cambio, pero papá dijo que no lo quería. Quedó deslumbrado el dependiente y saludó con un gesto. Evidentemente se daba cuenta de que estaba ante un cliente que era nada menos que un potentado. Aunque acostumbrado papá a escenas semejantes, no dejaban de halagar su vanidad.

Llevaba siempre una provisión de dólares y medios dólares en el bolsillo, a fin de que cuantos tuvieran relación con él participasen de su calor espiritual. «¡Pobres diablos! –decía–. Apenas ganan nada...».

Lo sabía por experiencia y nunca perdía ocasión de dar algunas explicaciones al niño sobre el particular. Para él se trataba de algo vivido, auténtico. El niño, en cambio, vivía en plena novela.

Tras el depósito de gasolina había una cabina, quiosco o garita, púdicamente señalada con una palabra escrita que decía: «Señores». Papá llamaba a eso la estación obligada. Era preciso no sobrepasar el círculo familiar cuando se trataba de bromas por el estilo, porque la gente podía escandalizarse.

Volvieron hijo y padre a sus asientos, y estaban a punto de reanudar el viaje, cuando llegó el agente encargado de vigilar a los conductores. Papá tenía razón: el hombre les había seguido y se quedó mirándolos de reojo al verlos allí.

Sin hacer caso del agente, iniciaron la marcha. A papá, se le ocurrió pensar entonces que el policía trataba de utilizar el depósito de gasolina para cazar incautos.

Efectivamente: apenas habían recorrido dos o tres kilómetros a velocidad moderada, cuando un coche les alcanzó y pasó delante como una tromba. Un minuto después dijo papá, que vigilaba, mirando el retrovisor:

—Ya está aquí el galgo.

El niño volvió la cabeza. Observó que un hombre, en motocicleta, pasaba delante de ellos y seguía al coche con un ruido de mil diablos.

—¡Es una carrera! Sigámosle, papá –dijo el niño.

El padre no era tan mayor como para renunciar a la emoción del deporte. Además, podía vigilar al enemigo y este iba delante, lo que era una ventaja.

El coche de papá se lanzó a toda marcha, y ante la línea roja del indicador empezó la danza de cifras en progresión ascendente, hasta marcar noventa kilómetros por hora.

El niño se incorporó sobre el asiento con los ojos radiantes y los puños apretados. Parecía acabarse la cinta de hormigón y el coche rodaba por una superficie de macadán llana y amplia, serpenteando en curvas vacilantes a través de una región de apacibles colinas cubiertas de trigales. El suelo era duro y tenía pequeñas depresiones. Saltaba el coche de una a otra con seguridad, porque llevaba admirables resortes que amortiguaban los choques y suavizaban la trepidación. Ante ellos se elevaban nubes de polvo que el viento barría y enviaba a las cercanas colinas. Se hubiera dicho que seguían a un ejército en marcha.

De cuando en cuando, se divisaba como un relámpago el coche y la motocicleta que le iba siguiendo a poca distancia.

—Se escapan, papá... ¡Cómo corren!

Aventuras semejantes no ocurrían a diario.

—¡Es un imbécil ese conductor que va delante! –dijo papá–. ¡Un hombre que arriesga la vida por no pagar una pequeña multa!

Era imposible escapar de la persecución del agente en una carretera como aquella. Las nubes de polvo se dispersaron por fin, y en un trayecto recto pudieron ver a los que corrían delante. Pararon unos minutos y el agente se apeó, yendo a interrogar al contraventor de la ley.

Papá disminuyó la velocidad a la inocente y legal de cincuenta kilómetros por hora, y pasó de largo. El niño hubiera querido detenerse, curiosear, y oír las discusiones, pero sabía que las horas pasaban y no había que perderlas; además, era una magnífica ocasión para escapar.

Pasada la primera curva se lanzaron. El niño volvía la cabeza con frecuencia, pero ni él ni papá vieron al sabueso. Podían seguir su propia ley.

V

Los dos habían tenido que asistir, como testigos, poco tiempo antes, a un litigio judicial a consecuencia de un accidente de automóvil.

El secretario del tribunal requirió al magnate, llamándole por su nombre:

—Señor Arnold Ross...

Y luego llamó al hijo:

—Señor Arnold Ross, hijo...

El chiquillo demostró que comprendía la importancia de un juramento, y cantó, con precisión y exactitud, lo que había presenciado. El acto había contribuido en gran manera a que se formase una «conciencia jurídica» en el muchacho. Cada vez que ocurría en el viaje alguna irregularidad, la imaginación del niño trasladaba el caso a sus recuerdos del pleito.

—No, Excelencia... Aquel hombre no tenía nada que hacer a la izquierda del camino. Estábamos muy cerca de él y no tuvo tiempo de adelantar al coche que le precedía.

O bien:

—Excelencia: el hombre iba por el lado derecho de la carretera. Era de noche y llevaba las luces encendidas. Ya se sabe, Excelencia, que un peatón debe ir, de noche, por la izquierda, para poder distinguir los vehículos que llegan en dirección opuesta.

En el transcurso de tales fantasías, el pequeño daba saltos sobre el asiento.

—¿Qué te pasa, hijo mío?

Este quedaba algo cortado, porque no quería reconocer que se había dejado arrastrar por su imaginación. Pero papá lo comprendía todo, y sonreía.

—Demontre con el chicuelo ese... Siempre con sus fantasías en danza, saltando de una cosa a otra...

El espíritu de papá era distinto. Gustaba de permanecer aferrado a un mismo pensamiento. Las ideas pasaban por su cerebro en lenta y grave procesión. Sus emociones parecían salir de un recipiente que necesitara mucho tiempo para caldearse. A veces, en el curso de sus excursiones y viajes, permanecía callado horas enteras. El hilo de su pensamiento era como la corriente de un río que desaparece entre rocas y arena. No sentía entonces más que una sensación difusa de bienestar envuelta en opulento abrigo; un accesorio, por decirlo así, del motor suave y bien dispuesto que funcionaba en un baño de aceite caliente. Si hubiera podido disecarse la conciencia individual del magnate, su «yo», se hubiera hallado, en vez de ideas, estados del organismo, del tiempo, del coche, referencias inmediatas, cuentas de banca o bien una representación del pequeñuelo sentado a su lado. La expresión oral de tales cosas era para él entretenida en exceso, y por costumbre, gustaba de captar el conjunto y la síntesis. Pensaba, por ejemplo: «El conductor de este coche fue el carretero Jim Ross, y luego una razón social: J. A. Ross y Compañía, propietaria de los Almacenes Generales de Queen Centre, California. Actualmente soy J. Arnold Ross, magnate del petróleo... Digiero fácilmente el desayuno y tengo un poco de calor porque el sol empieza a picar y llevo un abrigo grueso. Tengo en Lobos River un pozo nuevo que produce cuatro mil barriles de petróleo y poseo otros dieciséis pozos que estoy sondeando en Antelope... Voy a Beach City, a firmar un contrato dentro de dos horas, porque, seguramente, podré correr a mis anchas y llegar a tiempo, Bunny está sentado a mi lado, tiene buena salud, es animoso y robusto... Para él será todo lo que tenga, y seguirá mi obra, salvo las malas acciones que he cometido yo. No tendrá tampoco los penosos recuerdos que yo tengo. Será razonable y seguirá al pie de la letra mis indicaciones».

Mientras el padre discurría así, el niño iba, imaginativamente, de un tema a otro, como el saltamontes en la pradera. He aquí su soliloquio: «Salta una liebre de orejas grandes como una mula. ¿Por qué ha de tener las orejas tan trasparentes? ¿Y aquel pájaro fino y esbelto, rápido como un caballo de carreras, negro, pardo y blanco, con cresta y cola húmedas? Si el terreno era seco, ¿dónde podía bañarse el pájaro? En la carretera se ve el cadáver mutilado de una ardilla que quiso atravesar la carretera y cayó bajo los neumáticos de un coche. Pasarían más coches hasta reducirla a polvo, que disgregaría el viento. No hay que decir nada a papá, porque me contestaría que las ardillas propagan las infecciones: las ardillas o sus parásitos».

De tiempo en tiempo se producían enfermedades, pero era preciso silenciarlas para no perjudicar el tráfico en ciertos terrenos.

El niño pensaba en la vida de aquella ardilla, aniquilada repentinamente. ¡Qué cruel era la existencia, y qué extraño poder el de la fatalidad! Papá no podía dar explicaciones, y hasta pensaba que la explicación era imposible, porque las cosas eran necesariamente «así».

Se cruzaron con un carro desvencijado cargado de utensilios caseros. Para papá, aquel carro era un obstáculo, pero Bunny vio dos muchachos de su edad que le miraban con ojos indiferentes y sombríos. Eran pálidos y parecía que no se alimentaban bien. Otro motivo de reflexión. ¿Por qué había pobres y nadie les ayudaba?

«En este bajo mundo –pensaba papá–, es preciso empezar por ayudarse a sí mismo».

Bunny era el nombre familiar con que se designaba al niño. Su madre empezó a llamarle así de pequeño porque era de carácter dulce, tenía la tez morena, el temperamento ardiente y afectivo, y porque le vestía con un blando, suave y aterciopelado suéter. Tenía ya trece años y le molestaba que le designaran con aquella palabra que, en labios maternales, significaba «gazapillo». Sus camaradas abreviaron el nombre y quedó en Bun. Era gracioso, elegante, gentil, de cabellos castaños, ondulados, que alborotaba el viento, brillantes ojos pardos y buen color por la Anda al aire libre. No iba a la escuela, pero tenía un profesor en casa. Estaba destinado a ocupar en el mundo el lugar de su padre. Si iba con él a hacer excursiones, era porque tenía que familiarizarse con el oficio de millonario.

Su vida era maravillosa: siempre se le revelaban nuevos horizontes y distintas maneras de vivir. Ciudades y aldeas desfilaban ante su mirada atónita, coches, caseríos, comercios con rótulos extraños, panoramas variados, sorpresas continuas. Se podía leer durante todo el viaje. En los cruces, los postes indicadores resumían una lección de geografía, con la lista de los pueblos y distancias. Se podía calcular la velocidad media haciendo un provechoso ejercicio de aritmética. Grandes carteles prevenían el peligro de curvas, descensos, patinajes, cruces y pasos a nivel. En la gran carretera había banderolas y letreros luminosos: «Loma Vista. Bienvenidos a nuestra ciudad». Un poco más lejos: «Loma Vista. Límite de la ciudad. ¡Adiós! Vuelvan otra vez».

No faltaban anuncios destinados a amenizar el viaje, a aconsejar el uso de las cámaras Kodak. Ante los panoramas espléndidos, no se sabía cuál elegir. Un fabricante de neumáticos había colocado grandes siluetas de madera representando a un jovencito que agitaba una bandera. Papá decía que aquel muchacho se parecía a su hijo, y este opinaba que la silueta tenía parecido con un retrato de Jack London, que había visto en una revista. Otro fabricante de neumáticos había hecho colocar un gran libro abierto en las inmediaciones de los pueblos. Era un relato instructivo de las condiciones de cada localidad. Decía que en Citrus se plantaron los primeros naranjos de California; que Santa Rosita cuenta con las mejores fuentes radiactivas al oeste de las montañas Rocosas, y que en los límites de Crescent City, el padre Junípero Serra convirtió dos mil indios al cristianismo en 1769.

Entonces se daba cuenta el viajero de que aún había gentes dedicadas a convertir a otras. Iban por las grandes carreteras con botes de pinturas multicolores y decoraban las rocas y los edificios ferroviarios con curiosas inscripciones: «Prepárate a comparecer ante tu Dios». En una placa se leía: «Paso a nivel. Deteneos. Mirad. Escuchad».

La compañía de ferrocarriles, según explicó papá, no quería aparecer como responsable directa de la propaganda religiosa, ya que si tomaba en serio el apostolado se arriesgaba a tener que responder a demandas de daños y perjuicios. «Jesús espera», se leía en una roca. En otra inmediata, habían escrito: «Almuerzo con pollo: un dólar».

No faltaban anuncios divertidos relativos al arte gastronómico. Al parecer, nadie pensaba sino en comer, y todo el mundo quería demostrar buen apetito. Se anunciaba el emparedado de salchicha con mostaza, porque se comía mucho en el país.

Los lugares que se destinaban a comer tenían los nombres más extraños e ingeniosos. El humor se difundía por las paredes en rótulos que abrían el apetito: «Tenemos confianza en Dios, pero es preciso pagar al contado». «No pongan peros al café, porque, tarde o temprano, también serán ustedes débiles». «Tenemos un contrato con el banco; el banco no expende sopa, ni nosotros aceptamos cheques».

VI

Atravesaron un amplio valle. Los campos de trigo verdeaban bajo el sol. A lo lejos se divisaban árboles y, entre ellos, algún caserío. «¿Busca usted un hogar? –interrogaba amistosamente un anuncio–, Santa Inés es lo más conveniente. Terrenos baratos, agua potable, siete iglesias. Para informes: Sprouks y Knuckleson. Agencia Inmobiliaria».

Repentinamente, la carretera aparecía con una hilera de árboles en el centro y edificios a los lados. «Pasad despacio y visitad nuestra ciudad. Pasad deprisa, y ved nuestra cárcel», se aconsejaba en un cartelón que llevaba esta inscripción en la parte baja: «Ayuntamiento de Santa Inés».

Papá disminuyó la velocidad, hasta llegar a cuarenta kilómetros, porque los avisos eran, tal vez, una estratagema contra los conductores acostumbrados a la marcha libre. Los agentes denunciaban a los infractores y todo acababa teniendo que pagar la multa. Y he aquí que en los grandes caminos había unos hombres perversos que se apoderaban de repletas bolsas de dólares, para gastarlos en escandalosas francachelas. Tales hombres eran los agentes al servicio de la ley.

Papá quería remediar aquel escándalo, y pensaba que el importe de las multas debía ingresar en el Tesoro del Estado para destinarlo a reparar las carreteras.

Más adelante se veían nuevos carteles: «Atención. Zona de negocios. Veinticinco kilómetros por hora».

La calle Mayor de Santa Inés era una avenida doble, en la que se veían muchos automóviles colocados cada uno de ellos en sentido oblicuo, a lo largo de la línea central y de cada una de las anchas aceras, lo que dificultaba el tránsito rodado. Los coches, en el mejor de los casos, titubeaban y rozaban sus guardabarros.

Padre e hijo colocaron los abrigos en el maletero trasero del coche, y se dispusieron a callejear observando el porte de los labradores del valle de Santa Inés y los artículos que se exponían para ellos en los almacenes.

Tratándose de Estados Unidos, se mostraban allí los productos que hubieran podido hallarse en cualquier otra calle de la misma categoría de una ciudad distinta. Eran productos nacionales, por supuesto. Los colonos llegaban a la urbe en un automóvil que tenía marca nacional, oprimiendo el acelerador con un zapato de renombre nacional.

En el escaparate del tendero hallaba una colección de revistas de prestigio nacional y publicidad de fama nacional, que se referían a lo que quería comprar –todo nacional, naturalmente–, que el colono se llevaría al caserío horas después.

Se advertía que era aquella una ciudad del Oeste. Calles anchas, almacenes nuevos, recién pintados de blanco, guirnaldas de lámparas eléctricas que pendían del centro de la calle, el indio viejo y desmedrado que movía los labios como murmurando, el «cowboy», con pantalones a la moda mexicana, caracterizaban y daban color al pueblo.

Sobre un letrero blanco se leía verticalmente: «Elite-Café». En el escaparate del establecimiento figuraba la palabra: «Repostería», y a poca distancia, pendiente de la puerta, se exponía la lista de platos con los precios correspondientes. A lo largo de una de las paredes, en el interior, se alineaban las mesas. Había también un mostrador y ante él unos curiosos tipos en mangas de camisa, con tirantes, sentados en altos taburetes. Al parecer, aquellas gentes tenían apetito y prisa, y nuestros dos viajeros se acomodaron como ellos.

En aquel ambiente se sentía papá a sus anchas. Le gustaba bromear con la camarera. Sabía contar historietas y chascarrillos. Pedía la comida con expresiones chuscas; quería comer huevos fritos, y decía: «Tráigamelos con el ojo abierto».

O bien:

—Envuelva la criatura entre pañales.

La camarera solo llegaba a comprender al cabo de un rato que papá pedía un huevo entre torreznos.

Charlaba con el colono sentado a su lado. Se enteraba de la calidad del trigo, de los precios probables que alcanzaría la cosecha de naranjas y nueces. Todo le interesaba, porque era vendedor de petróleo y las ventas estarían en proporción con el rendimiento de las cosechas. Por otra parte, papá era propietario de terrenos y estaba siempre dispuesto a aumentar el número de sus fincas. En California del Sur abunda el petróleo, y tal vez una compra representara un imperio.

Los viajeros no tenían tiempo que perder, porque iban con retraso. Papá pidió un asado de conejo. Bun no imitó a su padre al pedir la comida: se negaba mentalmente a comer conejo, no porque le repugnase, sino porque recordaba haber visto uno de esos animalitos aplastados en la carretera.

Como nunca había visto un cerdo muerto, pidió unos trozos de lomo, que le sirvieron con puré de patatas, formando como una bola grande y en el centro un hoyo lleno de salsa oscura y gelatinosa, con trozos de zanahoria, una hoja de lechuga y mermelada de manzana.

La camarera sirvió al niño una ración copiosa, porque le interesó el chiquillo de mejillas rosadas, cabellos alborotados, labios sensuales como los de una mujer y ojos castaños, despiertos y vivos, que todo lo observaban ávidamente: los anuncios, los frascos de licor, los pedazos de tarta, el donaire de la camarerita, regordeta y alegre, y la calma de la otra, tarda y flaca, que era la que le servía.

Bun contó a esta la regocijante historia de la motocicleta y de la carrera que había presenciado. Ella advirtió a los clientes que al salir de la ciudad había otra «ratonera». Al cliente que se hallaba junto al niño le habían impuesto diez dólares de multa. Se habló de los cazadores de conductores, mientras Bun consumió el postre: un pedazo de tarta y un vaso de leche.

Papá dio medio dólar de propina a la camarera, cosa que jamás se había visto en aquel mostrador y que parecía casi un escándalo. La camarera aceptó sin escandalizarse.

Al salir de la ciudad lo hicieron a marcha moderada hasta trasponer la zona peligrosa donde podía haber vigilancia. Enfilaron una amplia avenida llamada el

«Camino de la Misión», que tenía mástiles con campanas colgantes. Los viajeros se lanzaron inmediatamente a gran velocidad.

Había nombres pintorescos: «Camino del Jardín del Diablo», «Carretera del Fin del Mundo», «Cuesta de la Fuente Alta», «Riachuelo de Nieve», «Las Mil Palmeras»,

«Camino de Juan, el de los Higos», «Paso del Coyote». También hallaron la «Carretera del Telégrafo», lo que llamó la atención del niño, porque recordaba una batalla de la guerra de Secesión, que se refería a la toma de un «Camino del Telégrafo». Se imaginó la infantería oculta en la maleza y la caballería cargando a través de los campos.

La emoción le hizo dar un salto, y preguntó papá:

—¿Qué pasa?

—Nada, papá, estaba pensando en distintas cosas.

—¡Demontre de pequeño! ¡Siempre fantaseando!

Abundaban también nombres españoles en el país, conservados por los piadosos traficantes de compraventa. Bun aprendía el español para poder tratar a los obreros mexicanos, y leía: «El Camino Real», «El Cañón del Verdugo».

—¿Qué pasó aquí, papá?

Este no tomaba en serio los acontecimientos históricos. Participaba de la opinión de un renombrado fabricante de automóviles, quien acostumbraba a decir que la Historia no es más que un martirio para el cerebro.

VII

La carretera era de asfalto, y la luz ardiente parecía temblar al chocar con la superficie. Por un efecto óptico, la carretera parecía una corriente mansa de agua. A uno y otro lado había bosquecillos de naranjos de color verde sombrío y brillante que contrastaba con los restos de la última cosecha de naranjas. De tanto en tanto, se veían capullos nuevos.

Un soplo de brisa impregnaba a los viajeros de blando y delicioso perfume. Se veían nogales de tupido ramaje, que proyectaban sombras negras en el suelo, cuidadosamente cultivado. A larga distancia había setos de rosales de ocho o diez pies de alto, cubiertos de flores, eucaliptos esbeltos con largas hojas ondulantes y el tronco desnudo, descascarillado. Por cierto, que los eucaliptos han llegado a tener fama mundial por la boga del cinematógrafo. En el film hacen papel de encinas, olmos, castaños, cedros del Líbano, palmeras de Arabia, tal como exige la flora de escenario.

Era preciso disminuir la marcha y estar alerta. Todo eran cruces de caminos, desembocaduras y advertencias escritas a derecha e izquierda.

La circulación era intensa en los dos sentidos. Había que dar prueba de juicioso discernimiento para saber si podía tomarse la delantera antes de que se echase encima el coche que llegaba en sentido contrario, con el consiguiente peligro.

Era emocionante observar las maniobras de papá en los casos difíciles, y ver cómo vencía. Cada cinco o diez millas se encontraban pueblos. Era indispensable disminuir la velocidad a causa del excesivo número de coches. Se exigían marchas reglamentarias que hubieran irritado a un caracol. Pasaba la carretera por la calle principal de cada ciudad. Decía papá que los comerciantes habían dispuesto las cosas para que los viajeros se detuvieran a hacer compras. Si la carretera hubiera pasado por los arrabales, los comerciantes se hubieran trasladado allí.

A veces se veían carteles advirtiendo una próxima desviación de la carretera... Todo por orientar a un conductor hacia una calle de tráfico comercial. Al fin se hallaba otro rótulo que expresaba claramente la necesidad de volver a la carretera.

Papá hacía notar tales estratagemas con la indulgencia cordial de quien las ha utilizado en otro tiempo para provecho propio. Se veía que era difícil engañarle así como así.

Cada pueblo se componía de diez, cien o mil manzanas perfectamente rectangulares, divididas en parcelas también rectangulares, con un pabellón moderno, el jardín y una señora que usaba indefectiblemente una manga de riego.

En los distintos barrios había divisiones y subdivisiones. El terreno libre se marcaba en parcelas con líneas de banderolas rojas que se movían al impulso del viento. No faltaban carteles amarillos y rojos que interrogaban y respondían con rápida oportunidad: «¿Gas?». «Sí». «¿Agua?». «La mejor». «¿Luz?». «A raudales». «¿Restricciones?». «¡No faltaba más!». «¿Escuelas?». «En construcción». «¿Panorama?». «Apabulla a los Alpes».

Se hallaba también alguna tienda, y ante ella un joven con un cuaderno en la mano izquierda y una estilográfica en la derecha, dispuesto a firmar un contrato después de dialogar dos minutos con el viajero asequible.

Los propietarios al minuto habían comprado lotes de tierra a mil dólares el acre. Desde que se plantaron las banderolas y las tiendas, subió el valor de los terrenos a mil seiscientos setenta y cinco dólares el acre; papá explicaba aquella prestidigitación con su habitual sonrisa indulgente.

Llegaron a las cercanías de Angel City. Se veían líneas ferroviarias, tranvías y solares libres, donde se podía edificar una casa de cualquier estilo para alquilarla a gentes de distinta raza o color. Ello delataba la existencia de una especie de arrabal con ambiente como el que se respira en los barrios bajos, extendido como infecta úlcera: cabañas, chozas construidas con latas de conserva, papel de brea y madera deteriorada. Jugaban allí infinidad de niños. Por una razón desconocida, parecían multiplicarse en mayor proporción los chiquillos donde había mayores dificultades para desarrollarse.

A fuerza de adelantar a otros coches, acabó papá por alcanzar la velocidad media. Evitando pasar por el centro de la ciudad, se dirigió a los barrios de las afueras y no tardó en ver un rótulo que decía: «Calle de Beach City». Era una amplia carretera de asfalto, por la que circulaban miles de coches. Se veían también quintas de recreo y solares con ingeniosos anuncios destinados a estimular la curiosidad del conductor halagando su imaginación hasta hacerle pensar.

Parecía que los agentes de compraventa habían leído *Las mil y una noches*, o los cuentos de hadas de Grimm. Se instalaban en despachos pequeños y extravagantes, con el techo en punta o inclinado, como marino ebrio, pintarrajeados de rosa, azul o verde, con las tejas de colorines.

Había anuncios de cocina refinada, y más allá, de freidurías o figones, mostradores asequibles para saborear una naranjada. En la terraza, sillas de mimbre claro. Los japoneses tenían fruterías y verdulerías. Algunos anunciantes invitaban a seleccionar la clientela a los comerciantes americanos.

Para un chiquillo de trece años había motivos varios, dignos de curiosidad. Cada cosa producía en el espíritu de Bun una impresión particular. ¡Qué interés infinito el de aquel mundo abigarrado!

—¿Por qué hacen las gentes eso que me dices? ¿Y por qué hacen aquello? –decía Bun para sí.

Llegaron a Beach City, cuya larga carretera bordea el litoral. El reloj del coche señalaba las seis y media; era exactamente la hora que se había convenido para encontrarse. Se detuvieron, por fin, ante el inmenso hotel. Bun descendió del coche y abrió el maletero trasero. El portero llegó de un salto. Conocía a papá y sabía que los dólares danzaban en sus bolsillos. Se apoderó de maletas y abrigos, y los llevó al hotel.

Bun siguió dándose aires de dignidad. Papá no podía entrar inmediatamente porque tenía que llevar el coche a un garaje.

Buscó el niño con la mirada a Ben Skutt en el vestíbulo. Ben Skutt era el sabueso del petróleo, el agente de papá. Estaba sentado el agente en un sillón de cuero y fumaba un cigarro mientras vigilaba la puerta. Se levantó al ver a Bun, enderezó su cuerpo flaco y largo y torció la cara, ofreciendo al niño una sonrisa de bienvenida.

El chicuelo, muy erguido, porque tenía conciencia de que era J. Arnold Ross, el joven, nada menos, dio un apretón de manos al agente y le preguntó:

—¡Buenas tardes, señor Skutt! ¿Están listos los papeles?

II.
El contrato

I

El inmueble ocupaba el número 5.746 del Paseo de los Robles. Era preciso estar acostumbrado al optimismo del país para no tener en cuenta que el edificio se levantaba en un campo de coles. Los robles estaban unos kilómetros más allá, al comienzo del paseo, en el centro de Beach City, donde la vista distinguía hasta cuatro robles. El número 5.746 del paseo estaba en el flanco de una colina árida y escarpada, adornada con unas filas de coles; en la parte baja, ya en terreno llano, había remolacha azucarera. Los mágicos proyectos de urbanización, secundados por instrumentos de agrimensura, no impedían llegar a la conclusión de que en el Paseo de los Robles había una zona despoblada, con matas de col al borde de un camino polvoriento.

En cada esquina de un cruce había un cartel blanco con dos flechas en sentido contrario y la inscripción «Paseo de los Robles». Los cruces llevaban nombres expresivos: «Paseo del Centro», «Paseo de las Palomitas»...

Dos años hacía que los propietarios de solares habían llegado a aquellos parajes con sus trapos rojos y amarillos. Se ofrecía gratuitamente el viaje en automóvil desde Beach City, y, por añadidura, se regalaba un almuerzo: panecillos y embutidos, pastel de manzana y una taza de café.

Algunos campos, libres, casi por completo, de matas de col, ostentaban el rótulo de «Vendido». Se suponía que esta palabra se refería a un lote, solar o parcela, pero acabó por aplicarse al comprador. Se habían construido aceras, se había adoquinado el suelo, y no tardó en haber agua, instalación eléctrica y cloacas. A pesar de tales progresos de urbanización, no faltó quien se llevó el dinero, y aparecieron nuevos carteles: «Solares que ponen en venta los mismos propietarios. ¡Negocio! Informes: Smith y Headmutton, agentes de compraventa». Cuando los carteles no tenían éxito, los propietarios suspiraban y pensaban que cuando los hijos fueran mayores, se beneficiarían enormemente. De momento aceptaban las proposiciones de los hortelanos japoneses y les cedían las tierras en arrendamiento por la tercera parte de los frutos.

Meses antes se había producido un acontecimiento inesperado. Cierto propietario de un acre o dos de terreno en la cima de la colina hizo que fueran allí dos camiones; dominaron los armatostes, laboriosamente, la cuesta, con carga de enormes tablones cuadrados procedentes de Oregón; llegaron después varios equipos de carpinteros y los vecinos quedaron estupefactos, preguntándose qué especie de construcción podía ser la que se preparaba. No tardó en extenderse por el país la sensacional noticia de que se trataba, nada menos, que del establecimiento en la localidad de una empresa petrolífera.

Una delegación de vecinos fue a visitar al propietario para averiguar qué significaba aquello. Les contestaron que se trataba de un «entretenimiento». Podía gastarse el dueño unos miles de dólares, y quería divertirse. A pesar de tales informes desaparecieron de los solares los rótulos clásicos y fueron sustituidos por otros que anunciaban: «Terrenos petrolíferos en venta».

Los especuladores se las ingeniaron para averiguar los nombres de los propietarios y se lanzaron a ofrecer. Corrió el rumor de que algún propietario había sacado más del cien por cien del precio de compra. Los conductores acudieron de todas partes. Los sábados y domingos por la tarde se amontonaban los curiosos para presenciar los sondeos y las pruebas.

Los periódicos locales registraron puntualmente los primeros resultados. El sondeo de prueba, D. H. Culver número 1, llegaba a mil cuatrocientos setenta y ocho pies en terreno arenisco, sin el menor rastro de petróleo; luego se hicieron sondeos hasta dos mil y tres mil pies. Pasaron unas semanas; no mejoró la situación y la gente empezó a desalentarse. Se trataba de una sima seca.

Los dueños de parcelas, que habían tenido a gala despreciar tentadoras ofertas, empezaron a tratarse de imbéciles. A pesar de todo, se dudaba. El «entretenimiento» era una especulación a largo plazo. Los sondeos llegaron a tres mil cincuenta y nueve pies, sin resultado, pero no se perdían las esperanzas.

Sobrevino entonces algo anormal. Unos camiones muy cargados llegaron al terreno en explotación, cubiertos con gruesos toldos. Cuantas personas se relacionaban con la empresa tenían la consigna de callar o se les había pagado para eso, pero los pequeñuelos de la vecindad curiosearon con avidez y contaron que habían visto grandes láminas de metal, redondeadas, con agujeros en los bordes. Se trataba de tanques, no había duda. Corrió el rumor de que D. H. Culver había comprado más terrenos en la colina. El significado de todas aquellas maniobras era evidente: en alguno de los sondeos de prueba se había hallado petróleo.

La colina se cubrió de reclamos, agentes y especuladores. No se trataba ya de campos de coles o remolachas, sino de un yacimiento petrolífero.

Los especuladores se instalaron en tiendas de campaña o contrataron para su provecho desde sus asientos, en el automóvil que llevaba banderolas de colorines. Era aquello un vaivén continuo. Multitud de personas se amontonaban para presenciar los sondeos y escuchar el gruñido monótono de la horadadora girando sin cesar al ritmo del motor.

El señor D. H. Culver y sus empleados perdieron de repente toda educación, como lo probaban unos cartelones que decían con ferocidad: «¡Largo de aquí! ¡Se lo digo a usted para que me entienda!».

No era ya posible guardar el secreto. Lo supo todo el Universo. El telégrafo y el cable difundieron la noticia hasta los más remotos confines del mundo. En Prospect Hill se había hecho el descubrimiento más importante de petróleo que podía registrarse en la historia de California meridional. Parecía vaciarse el interior de la tierra en aquel portentoso agujero. Rugía y hervía como un Niágara la columna negra, que tenía doscientos pies, doscientos cincuenta; nadie hubiera podido decirlo con exactitud. Volvía la columna a caer como masa de espeso, negro y viscoso fluido; lanzaba herramientas y útiles, y obligaban a sus hombres a apartarse para salvar la vida. El torrente colmó las depresiones vecinas y desbordó por las vertientes de la colina.

Una cortina de oscura bruma, empujada por el viento, cubrió el dominio de Culver, ennegreciéndolo y forzando a los habitantes de las cercanías a huir a través de los campos de coles.

Se contó días después, entre risas homéricas, que los fugitivos se habían lamentado de la pérdida de sus ropas más delicadas ante aquella inundación de oro negro, que valía más de un millón de dólares.

Extendió el telégrafo la noticia por Beach City. Los periódicos la publicaron, las gentes la comentaban por las calles, y en poco tiempo, los caminos que conducían a Prospect Hill se vieron cubiertos por compactas caravanas de coches. La noticia llegó, rápida, a Angel City. La prensa de allí lanzó ediciones especiales, y antes de caer la noche se aglomeró en el Paseo de Beach City una doble fila de coches que seguían la misma dirección.

Cincuenta mil personas formaron un compacto anillo alrededor del magnífico surtidor, aunque a prudente distancia. Algunos hombres actuaban espontáneamente de policías y recomendaban que no se usara fuego. Todo el mundo se daba cuenta del peligro. Algún imbécil hubiera podido olvidarlo y, al encender un cigarro, se hubiera inflamado la colina. También el clavo de un zapato podía chocar con una piedra y producir, con el fuego, la catástrofe, como podía producirla también un camión haciendo saltar una chispa del suelo. Ocurría con frecuencia que el petróleo se encendía apenas salido de la tierra.

Aumentaba la muchedumbre. Algunos negociantes plegaban la capota del automóvil, se ponían de pie en los asientos y adjudicaban parcelas, traficando a la luz de las estrellas.

Se ofrecían porciones pequeñas de terrenos a precios fabulosos, y hubo algunas transacciones. Se propusieron concesiones y se fundaron sociedades. Los interesados abrieron camino lejos de la multitud. Si se podía encender una cerilla y redactar una nota, ya estaban casi convenidas las cláusulas del contrato.

Los negocios continuaron sin interrupción en el curso de una noche. Por la mañana llegaron en camiones grandes tiendas de campaña, que servirían para celebrar reuniones de carácter excepcional. Los campos de coles parecían otros con sus cartelones rojos y negros: Cooperativa, número 1, Sindicato Skite, número 1; diez mil unidades, diez dólares.

Mientras tanto, los obreros trabajaban con furor para detener la corriente. Andaban de uno a otro lado, medio ciegos por la nube negra. No había donde tomar aliento ni resguardarse. La grasa lo cubría y lo regaba todo. Se agitaban entre tinieblas y tanteaban en torno sin más guía, para determinar la posición del monstruo movible, que el rugido, las terribles salpicaduras que alcanzaban bastante lejos y los húmedos latigazos en el rostro.

Se trabajaba con los nervios en tensión, porque se habían ofrecido importantes primas. Cincuenta dólares por hombre si se detenía la salida del surtidor antes de media noche; cien dólares por cabeza, si se cegaba la salida torrencial antes de las diez.

Nadie podía imaginar la riqueza que malgastaba el monstruo, pero se suponía que la pérdida podía alcanzar miles de dólares por minuto.

Culver mismo se desvivió por ayudar, y en sus temerarios esfuerzos le estallaron los dos tímpanos.

—¡Tratar de detener el surtidor con la cabeza! –comentó, sin asomo de simpatía, uno de los obreros.

El propietario descubrió en las semanas siguientes que se habían acumulado sobre él cuarenta y dos procesos por daños y perjuicios. Se pedía indemnizaciones por inmuebles, trajes, aves, cabras, vacas, coles, zanahorias y automóviles, que habían resbalado, cayendo en alguna zanja a consecuencia del excesivo engrase de la carretera.

II

La casa número 5.746 del Paseo de los Robles pertenecía a Joe Groarty, sereno de los almacenes de madera de la Sociedad Altmann, de Beach City. Su mujer tuvo un obrador de planchado para contribuir a la educación de los siete hijos que habían nacido del matrimonio. Una vez dispersados los hijos, mayores ya, la esposa de Groarty criaba pollos y conejos.

El marido empezaba a velar a las seis de la tarde, pero tres días después del «acontecimiento», tuvo arrestos para dejar el trabajo, menudeando sus visitas al portal de su casa, donde aparecía el bonachón Joe Groarty, de cabellos grises, vestido con un traje negro y luciendo un cuello de celuloide. Tal era la indumentaria dominguera del sereno: el traje de entierros y bodas.

Su esposa no tenía traje a tono con las circunstancias y se hizo llevar a la ciudad en el Ford de su marido. Allí gastó parte de sus esperanzas petrolíferas en la compra de un vestido de satén amarillo. Se sentía molesta porque el vestido dejaba casi al descubierto el pecho y los brazos; por la parte inferior dejaba ver sus pantorrillas rellenas, metidas en tan finas medias de seda, que costaba creer en su existencia. La vendedora aseguró que era aquello «lo que se llevaba», y la señora de Groarty se sentía con suficiente intrepidez para seguir la moda.

La casa era un modesto chalet de estilo convencional. Fue edificado el inmueble por una familia rica cuando se hizo patente el incremento de valor de los terrenos. Para ellos supuso un sacrificio, pero a la señora de Groarty le sedujo el maravilloso salón dedicado a comedor. Lo que el matrimonio poseía en metálico se entregó al contado al hacer la compra, fijándose, el abono del resto del valor, a plazos. Tenían ya el título de propiedad en toda regla y pagaban los plazos puntualmente, por lo que se hallaban seguros de su posesión.

Franqueado el umbral de la casa, lo primero que llamaba la atención era el aspecto brillante que tenía todo. Se había derrochado el barniz sobre las maderas, y para que hiciera más efecto, el pintor había imitado con ondulaciones la superficie de la encina, tratando de reproducir las vetas. Seguramente necesitó dar diez mil pinceladas y refinar su fantasía decorativa. La chimenea era de piedras multicolores, perfectamente pulidas y resplandecientes como joyas.

Lo más notable, al fondo de la sala, era una escalera de madera con barandilla brillante y ondulada. La escalera ascendía formando un recodo, que era el rellano, en el que se veía una palmera en un tiesto. Se hubiera jurado que era una escalera destinada, como todas las escaleras, a subir al primer piso, pero un día cualquiera se descubría, desde la calle, que la casa tenía un techo plano en toda su extensión, y que carecía de pisos. Si por maligna curiosidad se trasponía el umbral, una vez examinada la escalera era fácil convencerse de que no servía para nada.

La señora de Groarty se hallaba esperando en el centro del comedor. Sobre la mesa había un gran ramo de rosas en un jarro, y, muy a la vista, un elegante volumen encuadernado en tela azul, con titulares doradas: «Guía de las Damas. Manual práctico del buen tono». Era el único libro que había en la casa, y estaba allí desde fecha reciente.

Después de comprar el vestido de satén, un dependiente del establecimiento atrajo la atención de la futura reina del petróleo hacia otra sección, y le hizo comprar el libro que la señora de Groarty leía a ratos perdidos y ostentaba como una prueba de refinamiento.

Llegó en primer lugar la viuda de Murchey, que vivía en una casita al final de la manzana con sus dos hijas. Llevaba mitones negros y tenía aspecto de persona tímida. Se extasió ante el vestido de la dueña de la casa, a la que felicitó por la suerte de vivir en la parte sur de la colina, donde era posible vestirse de aquella manera. Por la parte norte, el viento contenía petróleo, y todo lo echaba a perder. No faltaba quien temía encender fuego por temor a una explosión.

Llegaron luego el señor Walter Black y su esposa, con el hijo mayor. Eran propietarios de una parcela en el extremo sudoeste, y el marido desempeñaba en la ciudad el cargo de agente de compraventa. El señor Black llevaba un traje a cuadros y tenía maneras graves. Luda como colgante de la cadena del reloj un amuleto, pequeño monstruo de oro. Su mujer, voluminosa como el marido, tenía vestidos tan espléndidos como la de Groarty, pero opinaba que no merecía ponerse de punta en blanco para ir a un campo de coles.

Inmediatamente llegó el señor Dumpery, carpintero, que tenía un pabellón pequeño tras el de Groarty, frente a la carretera de Eldorado, al otro lado de la manzana. Era un hombre pequeño y apacible, a quien una vida de trabajo había encorvado la espalda y encallecido las manos. El cálculo no era su fuerte, y se sentía un tanto fastidiado por los repentinos incidentes que le salían al paso.

Entraron los Raithel, confiteros establecidos en la ciudad. Se trataba de una pareja joven, amable y gentil en extremo, dispuesta siempre a complacer a todo el mundo. Solo contrariaba a los jóvenes no poder ejercitar su innata filantropía. Eran propietarios de uno de los pequeños solares de la zona.

Se presentó el señor Hank, hombre flaco, de cara afilada como un cuchillo y voz irritada. Poseía la parcela contigua a la de los Groarty. Por haber sido buscador de oro se consideraba como una autoridad en asuntos petrolíferos.

Le siguió Dibble, el abogado que representaba al propietario del extremo noroeste. Había insistido repetidamente en suscitar cuestiones intrincadas de difícil comprensión para los profanos, y hacía lo posible por separar a los propietarios de la mitad norte, de los propietarios de la mitad sur.

También acudió a la reunión el señor Golighty, titular de una de las parcelas medias. Nadie sabía a ciencia cierta qué oficio o profesión ejercía el señor Goligthy, pero se imponía por su corrección en el vestir y sus maneras distinguidas. Actuaba, por regla general, de conciliador. Hablaba copiosamente; el único inconveniente que tenían sus peroratas era que, al terminar, no se sabía lo que había dicho.

Entraron los Bromley, matrimonio de edad, que tenía capital y vivía con holgura. Los acompañaban los Lholker, dos sastres judíos, a quienes los Bromley no hubieran dirigido la palabra en otros tiempos, fuera de la sastrería. Pero como los Bromley, con los Lholker, reinaban sobre cuatro de las parcelas medias, zonas suficientes para instalar un negocio petrolífero, y podían cortar en línea recta la manzana de un lado a otro, se permitían amenazar al resto de los participantes con un contrato separado.

Tras ellos entraban los Sivón, que llegaban a pie desde su casa, situada al nordeste. Eran gentes presuntuosas porque tenían un coche de segunda mano completamente pasado de moda, lo que les autorizaba para desdeñar a la vecindad. Fueron ellos los que tomaron la iniciativa de negociar la concesión y todos estaban seguros de que cobrarían una buena comisión. No había medio de probarlo y nada podía hacerse. Se había visto en otras ocasiones que los negociantes hacían promesas por el estilo.

Entró por fin Sahm, un estuquista que vivía en un garaje arrendado junto a la propiedad de los Sivón. Su parcela no tenía apenas ningún valor, lo que no impidió que reclamase más enérgicamente que nadie para que se impusiera al arrendador el pago de gastos de traslado del inquilino. Llegó hasta querer imponer una cláusula estipulando una indemnización por las filas de hortaliza plantadas en su parcela. Quisieron hacerle callar los propietarios, y, ante la consternación de todos, el silencioso Dumpery se levantó, declarando escuetamente que la proposición le parecía razonable. El mismo tenía maíz y alubias en plena floración, y pedía una cláusula puntualizando que el primer pozo se horadara sobre una parcela yerma, dando tiempo a los hortelanos para recoger el fruto.

III

Eran las siete y media, hora convenida para la reunión, y todos se miraban unos a otros, esperando que alguien empezara a hablar. Se levantó, por fin, un desconocido, hombre de seis pies de alto, que se expresaba de manera desenvuelta, como apoderado de los señores de Black, propietarios del terreno situado en el extremo sudoeste. Se llamaba M. ET. Merriweather. Por su mediación, los poderdantes pedían una ligera modificación en el texto del contrato. Hank, con su cara que recordaba la hoja de un cuchillo, se apresuró a intervenir en el acto:

—¿Hay que modificar el contrato? Yo estaba convencido de que no se variaría.

—Se trata solo de cuestiones de poca monta.

—Pero el señor Ross va a llegar dentro de quince minutos dispuesto a firmar...

—No importa; podemos hacer las modificaciones en cinco minutos. Siguió un silencio pesado; un silencio que no parecía de buen agüero.

—Veamos esa modificación.

—Habrá que hacer constar claramente que, en el cálculo de la superficie para determinar el reparto de renta, se atienen los interesados a las prescripciones legales en materia de explotación petrolífera. Sabido es que los derechos se extienden hasta la mitad de la calle y hasta la mitad del paseo del lado opuesto.

—¿Qué significa esto?

Hubo un murmullo general de hostilidad y de asombro. Ojos y bocas se abrieron desmesuradamente.

—¿De dónde saca usted esa teoría? –preguntó Hank.

—Estoy en terreno seguro.

—¿Cómo?

—Me baso en la legislación del Estado de California.

—Pero no figura la cláusula en el contrato, ni yo puedo aceptar...

Los reunidos parecían aprobar estas últimas palabras de protesta, y surgieron distintas voces:

—¡Qué disparate!

—¡Ni pensarlo!

—¡Qué idea más absurda!

Intervino el viejo Bromley:

—Creo poder hablar en nombre de la mayoría, y con tal representación, he de decir que la superficie de las parcelas era, para nosotros, la que se fija en los planos de partición de la compañía.

—¡Naturalmente! –dijo, muy convencida, la esposa de Groarty. Dibble, que era un leguleyo, interrumpió con voz de falsete:

—Creo que la señora de Groarty está muy poco familiarizada con las leyes petrolíferas de California, que tienen preceptos terminantes, y que la ignorancia produce estos equívocos lamentables...

La señora aludida contestó rápidamente, sin morderse la lengua:

—No se esfuerce en convencernos, ya que representa la propiedad de una parcela en ángulo que vale doble.

—Pero su parcela llega a la mitad del Paseo de los Robles, que tiene ochenta pies de ancho.

—Y la suya a la mitad de la calle lateral.

—En efecto, pero esa calle es el Paseo del Centro, que solo tiene sesenta pies de ancho.

—El verdadero sentido de todo, es que pueden hacerse lotes de noventa y cinco pies en lugar de sesenta y cinco como pensábamos cuando convinimos en que ciertas parcelas tuvieran mayor extensión.

—¿Y pretende usted de que firmemos eso? –dijo Hank–. Ese propósito demuestra que trataba usted de estafarnos.

—Calma, señores –interrumpió Golighty, conciliador.

—Para hablar con franqueza –gritó Lohlker–, déjenme poner las cosas en su punto. La carretera de Eldorado no es tan ancha como el Paseo de los Robles, de modo que nosotros, los de la mitad este, obtenemos menos que los otros participantes.

—No hay que hilar tan fino –advirtió Merriweather–. Calculen ustedes lo que les corresponde, y ya veremos luego.

—Evidentemente, pero si las modificaciones son de tan poca importancia, ¿qué interés tiene usted en imponerlas?

—Jamás firmaré un acuerdo semejante –dijo Hank.

—Ni yo –afirmó la señorita Snypp, que tenía el título de enfermera, una muchacha joven, con lentes, de carácter resuelto y decidido–. Creo que los representantes de las parcelas pequeñas hemos transigido en exceso.

—Es lo que yo digo –añadió Hank–. Volvamos al primer acuerdo, que es el único razonable: a parcelas iguales beneficio igual, tal como se convino.

—Permítame, señor Hank –dijo Dibble, con dignidad–. Si no me equivoco, posee usted una parcela contigua a la mía.

—En efecto.

—¿Ha calculado usted que la ley le concede un plus de quince pies a lo largo de la carretera? Goza usted de una especie de privilegio sobre los que representan otras parcelas.

Hank se quedó boquiabierto.

—¡Oh! –exclamó con manifiesta ingenuidad.

La señora de Groarty remedó la exclamación y se apresuró a decir:

—Resulta, pues, que nosotros somos unos vampiros.

La señora de Keith se defendió, por su parte:

—¿Y las parcelas que no están al extremo del paseo, las porciones más modestas? ¿Qué va a ser de nosotros?

La señora de Keith era esposa de un jugador de béisbol.

—Total, que no nos entendemos –concluyó Sahm, el estuquista.

Como la mayor parte de los que estaban en el local, empuñaba un lápiz y una hoja de papel, y trataba de calcular los efectos de la nueva proposición. Cuanto más calculaba, más complicaciones descubría.

IV

Los Walter Brown habían lanzado la iniciativa de un acuerdo común para toda la manzana. Dos o tres parcelas bastaban para un pozo, y semejantes concesiones solo hallaban empresa limitada; además, se corría el riesgo de caer en manos de especuladores o usureros, que acabarían por desahuciar a los participantes, o bien en manos de algún sindicato acaparador, que lo vendería todo a tanto la unidad, o surgirían compromisos derivados de un contrato, tal vez absurdo, que impondría la separación mientras otros se enriquecían sacando el petróleo del terreno de todos.

Lo urgente era asociar una manzana entera, capaz de contener media docena de pozos. Solo así se podía tratar con las grandes empresas, consiguiéndose que las obras se iniciaran inmediatamente y, sobre todo, se estaría seguro de cobrar la renta cuando el negocio llegara al alza.

Tras grandes esfuerzos, amenazas y promesas, que tanto agitaban aquel ambiente de feroz mercantilismo, tras repetidas intrigas de toma y daca, los propietarios de veinticuatro parcelas se reunieron en casa de los Groarty y avalaron con sus firmas, tanto los maridos como las mujeres, un acuerdo común; según este, se comprometían a no contratar por separado.

El documento se registró en los archivos oficiales. Día tras día se comprobaba que no era muy gallarda la posición de los conjurados. Estaban de acuerdo en actuar juntos, pero inmediatamente después de estampar las firmas, fueron incapaces de hacer honor a ellas.

Se reunían a diario, a las siete de la tarde, y la junta se dilataba hasta medianoche, dedicándose indirectas y pullas unos a otros. Regresaban a sus casas rendidos y descuidaban los asuntos de primer interés: la casa y el riego del jardín. ¿Para qué trabajar como esclavos, si estaban a punto de ser ricos? Celebraban reuniones minoritarias, se constituían grupos facciosos y se tomaban acuerdos, más o menos secretos, que rompían antes de ponerse el sol.

La frágil naturaleza de aquellas gentes estaba sujeta a una tensión mayor de la que podían soportar. Ardía, inflamado en combustión repentina, el afán de lucro en sus corazones, y quedaba destruido todo intento de cordialidad. Sabuesos, especuladores y comisionistas les seguían los pasos, les visitaban oficiosamente, les llamaban por teléfono y les perseguían en automóvil. Cada proposición, en vez de satisfacerles, les proporcionaba preocupaciones, sospechas, odios y recelos. Cualquier oferta era recibida por ellos como si fuera un intento de robo. El que la defendía era cómplice o encubridor. Ninguno de los propietarios dejó de sospechar las posibilidades de una traición. Hasta el más modesto, el carpintero Dumpery, fue abordado, al bajar de un tranvía, por un individuo que conducía un soberbio automóvil.

—Suba usted, señor Dumpery. ¿No le gusta mi coche? ¿Le gustaría que fuera suyo? Me encantaría regalárselo, si pudiera convencer a su grupo de que se cedieran los derechos al Sindicato Couch.

—Imposible. He prometido a la señorita Snypp adherirme a la combinación Owens.

—No se preocupe. Vengo de hablar con la señorita Snypp, que acepta un coche como este.

Las cosas habían provocado una especie de histerismo difuso, cuando, de repente, se sintieron reconfortados, todos, por la esperanza, como reconforta el sol cuando sale entre las nubes.

Los señores de Sivón dieron conocimiento de una oferta de cierto individuo, Skutt, que representaba a J. Arnold Ross, quien hacía la proposición más ventajosa que habían oído hasta entonces: mil dólares para cada parcela, una renta equivalente a la cuarta parte del beneficio y un compromiso para llevar a efecto los sondeos en un término máximo de treinta días, con la garantía de otros mil dólares por parcela, que serían depositados en un banco.

Todos conocían la vida de J. Arnold Ross. La prensa local decía que otro gran negociante de petróleo deseaba competir con aquel. Las revistas publicaban el retrato de J. Arnold Ross y detalladas biografías.

Se trataba de un americano típico, salido de la nada y elevado por sus propias fuerzas, que honraba al país de las fortunas sensacionales.

Sahm, el estuquista, Dumpery, el carpintero, Hank, el minero, Groarty, el sereno, Reaithel, el confitero, y los Lohlker, sastres de señora y caballero, creyeron rejuvenecer leyendo aquellos relatos. También para ellos era América el país de la suerte.

Se produjo una terrible pugna. Los representantes de grandes y medias parcelas decidieron prescindir de las diferencias que les separaban y votar contra los pequeños propietarios. Hicieron un contrato sobre la base de que cada terreno recibiría una parte de renta proporcional a su área. El acuerdo se comunicó a Skutt, que dispuso las cosas para que el ilustre magnate J. Arnold Ross hallara la camarilla reunida para firmar el contrato.

En el momento de ultimar las formalidades surgieron nuevos litigios. Cuatro propietarios de parcelas pequeñas se encontraban, de manera inopinada, en situación más ventajosa que sus rivales, dueños de terrenos medios, lo que dio como resultado que cuatro grandes parcelas y otras cuatro pequeñas privilegiadas, eran favorables al contrato, mientras que doce parcelas medias y cuatro pequeñas se oponían a él.

La señorita Snypp, roja de cólera, apuntaba con el dedo a Hank:

—Le digo a usted que nunca firmaré ese papel.

Respondió el aludido:

—Y yo tengo que advertir que la ley obligará a usted a firmar si la mayoría lo decide.

Olvidando la señora de Groarty toda norma de buen tono, lanzaba miradas fulminantes a Hank, como si quisiera ponerle un dogal en el cuello o una camisa de fuerza:

—¿Y es usted, bribón, el que clamaba por los derechos de los propietarios modestos? Usted, sangre de víbora...

De repente se apagaron las voces, los puños cerrados se aflojaron como por encanto y se aplacaron aquellas lenguas terribles. Sonó en la puerta un golpe rudo y autoritario. A todos les invadió el mismo pensamiento: J. Arnold Ross...

V

No es de presumir que los congregados conocieran los libros escritos para imponer las normas del buen tono. La acción era solo su norma de vida y se les presentaba una buena ocasión, la más instructiva que podían desear.

Iban a cerciorarse de que si un gran hombre penetra en un local, lo hace precediendo a sus empleados y subordinados. Aprendían que la indumentaria de los magnates consiste en llevar un soberbio abrigo, índice de riqueza, y que el personaje permanece callado hasta que alguien le presenta.

—Señoras, caballeros –dijo Skutt–, tengo el honor de presentarles al señor Arnold Ross.

Este abarcó la reunión con una mirada y dijo, sonriendo amablemente:

—Buenas tardes, señores...

Se levantaron seis hombres para ofrecerle una silla. Eligió una, bastante sencilla, dándose cuenta, sin duda, de la situación embarazosa de la dueña de la casa ante la evidente escasez de asientos.

Junto a Arnold Ross se veía otro personaje de calidad.

—El señor Alston D. Prentice –presentó Skutt.

Se sintieron todos impresionados, porque se trataba de un famoso abogado de Angel City.

Entró con ellos un jovencito, hijo del señor Arnold Ross.

Entre las mujeres había madres de algún retoño predestinado a ser negociante de petróleo. Observaron, pues, al pequeño, y aprendieron que un niño como aquel se queda junto a su padre, igual que un diminuto chambelán, sin decir nada, aunque todo lo observa con ojos ávidos y despiertos: en cuanto puede, se asoma a la ventana y se sienta en el alféizar sin atender a ningún protocolo.

La señora de Groarty había reunido las sillas que pudo procurarse en la vecindad. Alquiló en una funeraria una docena más. A pesar de todo, había pocos asientos y el libro protocolario no decía nada sobre lo que convenía hacer en casos tan apurados.

Aquellos hombres del Oeste, rudos y prácticos, resolvieron el problema yendo en busca de algunas cajas vacías de las que se empleaban para vender fruta; las cajas estaban en una serrería de la vecindad. Sentáronse sobre ellas, y la sociedad quedó constituida solemnemente.

—Bueno, amigos míos –dijo Skutt con desenvoltura–. ¿Están de acuerdo?

—No –contestó la ácida y nerviosa voz de Hank–. No podemos llegar a entendernos.

—¿Cómo es eso? –interrumpió el sabueso–. ¿No me habían dicho ustedes que todo estaba hecho?

—Hecho, y deshecho.

—¿Qué pasa, pues?

Varios de aquellos propietarios empezaron a explicarse al mismo tiempo. La voz de Sahm prevalecía entre todas.

—Hay personas que se han dejado aconsejar por agentes listos en exceso y han hecho una combinación que dicen es perfectamente lícita y legal, pero que no interesa al resto de los compañeros.

—Bueno, bueno –dijo Skutt diplomáticamente–. El señor Prentice es un excelente abogado, y tal vez pueda aclarar el asunto.

Más o menos a coro, los circunstantes se despacharon a su gusto explicando las más extrañas pretensiones. El abogado del señor Arnold Ross les informó de que la estipulación era perfectamente correcta y legal. El contrato debía interpretarse en el sentido de que el derecho de los participantes llegaba hasta el centro de las calles y avenidas correspondientes. Nada impedía firmar otro arreglo, si así se acordaba expresamente.

Aquellas palabras fueron un revulsivo. Significaban lo mismo que echar leña al fuego. Empezaron a discutirse los derechos y perjuicios de cada cual, y los odios se inflamaron de tal manera, que hasta olvidaron la presencia de Arnold Ross y del abogado.

—Ya he dicho y repito –insistía la señorita Snypp–, que nunca, ¡nunca!, me avendré a firmar.

—Lo firmará, si aceptamos el contrato –dijo, a su vez, Hank.

—Haga usted la prueba.

—Pero ¿cree usted que puede romper un compromiso así como así?

—Quiero decir que mi abogado está dispuesto a invalidar el contrato el día que yo quiera.

Intervino Dibble:

—Soy también abogado y digo, como tal, que mis colegas presentes estarán conmigo al apreciar que el contrato es sólido, un contrato de hierro.

—Bien, pero, al menos, podemos llevarle a los tribunales y se quedarán con usted, por lo menos, un año o dos.

—¡Bastante conseguirán con eso! –murmuró Hank.

—Lo mismo nos da que nos robe una banda de ladrones que otra –declaró la intrépida señorita Snypp.

—Sería mejor que el señor Arnold Ross expusiera su plan, ¿no les parece? ¿Vamos acaso a tirarnos de los pelos antes de tiempo?

Quiso Skutt aplacar los ánimos:

—Sí; oigámosle –exclamó Golighty, lo que confirmó el coro por unanimidad. Si alguien podía salvarles era el personaje que tenían ante ellos.

VI

Se levantó el millonario lenta y gravemente. Se había quitado ya el abrigo, dejándolo plegado sobre el respaldo de la silla. Las mujeres tomaron nota de aquella acción insignificante, para utilizar el dato en futuras querellas domésticas. Allí estaba el personaje majestuoso, con un elegante traje de sarga; allí veían a quien imponía un respeto casi religioso. Serio y amable, les hablaba el magnate usando palabras benévolas, casi paternales. Su fonética difería de la usada en el Oeste, y la incorrección del acento se debía a que Arnold Ross se expresaba a la manera de otra gran región. Podía aparecer, a pesar del acento, como aparecía allí; hecho un banquero de la metrópoli; con la calma de un general en jefe que arenga a las tropas y la dignidad de un obispo de la Iglesia episcopal.

—Señoras y señores –dijo el magnate–, he llegado aquí después de atravesar la mitad del territorio del Estado. No pude venir antes porque visité uno de mis nuevos pozos, el de Lobos River. Ese pozo produce ahora cuatro mil barriles, que dan una renta de cinco mil dólares diarios. Tengo dos explotaciones en período de sondeo de prueba, y dieciséis en plena producción en Antelope... De modo, señores míos, que si digo que soy un productor de petróleo, hay que convenir en que tengo razón. Se presenta una gran ocasión para ustedes, aunque no deben perder de vista que pueden perderlo todo si no se fijan bien. Entre la turba de vividores que les pedirán autorización para analizar estos terrenos, solo será verdadero petrolero uno entre veinte. Los otros no pasarán de especuladores, individuos que tratarán de inmiscuirse entre ustedes y las empresas grandes para embolsarse el dinero que a ustedes corresponde. Aun cuando alguien ofrezca dinero y quiera explotar el negocio, quizá no entienda nada y tenga que hacer el trabajo mediante contrata. En tal caso, dependerán ustedes de un contratista que tratará de acabar cuanto antes la tarea para irse a otra parte. Por lo que respecta a mí, hago el sondeo directamente; sé el terreno que piso y conozco a quienes trabajan por mi cuenta. Acostumbro a vigilar constantemente mis negocios y sé cómo se trabaja. Estoy muy lejos de arrinconar las herramientas cuando acaba el trabajo en un pozo. No hago chapuzas al cimentar un negocio, ni tolero infiltraciones de agua que inutilizan los mejores esfuerzos. Tengan en cuenta que estoy dispuesto desde ahora mismo, como ninguna otra empresa, a trabajar aquí. Como el pozo de Lobos River está ya en explotación, puedo trasladar lo necesario aquí en camiones y tenerlo todo dispuesto en una semana. Tengo gran experiencia en esta clase de asuntos y nada tengo que improvisar. El tiempo apremia y el empeño que tengo se debe a la deferencia que ustedes merecen. Garantizo el comienzo de las obras depositando la suficiente garantía metálica, y les aseguro que mis competidores no han de probar de la misma manera la efectividad de sus promesas... No soy yo quien ha de decir cómo ha de repartirse la renta. Permítanme hacer la observación de que cualquiera que sea el sacrificio individual para permanecer unidos, no será nada comparado con el inconveniente cierto de caer en manos de estafadores. Tengan en cuenta que les habla un negociante de petróleo convencido de que el aumento de concesiones hará decrecer la presión subterránea, interesándonos, por consiguiente, estar ahí antes que los otros. Un campo no tarda en venir a menos; a los dos o tres años verán los pozos agotados, incluso los descubiertos en Prospect Hill, que les han hecho delirar un poco más de la cuenta. Crean en mi palabra y no rompan el contrato. Conténtense ustedes, si es preciso, con una renta menor. Trataré de que esa pequeña renta sea parte, anticipo y promesa cierta de mayor beneficio, por lo que no perderán ustedes dinero palpable, dinero contante y sonante.

El gran hombre permaneció de pie como esperando que alguien le contestase. Sentóse momentos después. Siguió el silencio.

Lo que habían oído eran cosas de peso, y nadie se atrevía a contender con Arnold Ross en aquel torneo.

Se levantó, por fin, el señor Goligthy.

—Acabamos de oír lo que propone el señor Arnold Ross con la cordura que corresponde a su condición y preeminencia. Por mi parte, confieso que soy un convencido y tengo confianza en que los compañeros estarán de acuerdo conmigo en adoptar una decisión prudente, la que requiere el magno interés del asunto.

Goligthy se perdió en uno de sus largos y laberínticos discursos. Parecía expresar la conveniencia de que solo a la mayoría de los participantes convenía adoptar una resolución.

—Ahí veo la dificultad –dijo Sahm–. ¿Dónde está la mayoría?

Merriweather, el legalista, había deliberado en voz baja con sus clientes.

—Estoy autorizado para declarar –dijo–, en nombre del señor Walter Black y su esposa, que, altamente impresionados por las palabras del señor Arnold Ross, están dispuestos a cuanto sea necesario para llegar a un acuerdo. Retiran la reserva formulada en principio y se prestan a firmar el contrato tal como está.

—¿Qué significa eso? –preguntó la señora de Groarty–. ¿Percibirán renta por una parcela de noventa y cinco pies?

—El contrato se firma tal como está redactado, y las interpretaciones se decidirán luego.

—¡Oh! –exclamó Groarty–. ¡Valiente desenlace! ¡Salir con esas cuando el señor Prentice ha declarado aquí que la ley está de nuestro lado!

—Estamos de acuerdo en firmar –advirtió Hank, haciendo lo posible para dulcificar el tono de su voz.

—Pero ¿han oído ustedes? –gritó la señorita Snypp–. Ese caballero, que decía hace media hora que era preciso volver al acuerdo primitivo...

—Estoy decidido a firmar –declaró resueltamente el buscador de oro.

—Repito que no firmaré –gritó la enfermera.

VII

La madre de J. Arnold Ross, abuela de Bun, acostumbraba a protestar con vehemencia cada vez que el padre se llevaba al niño a hacer salidas como aquella. «Basta de llevarse al niño –decía la anciana–, para destruir la dulzura de su carácter». Pensaba que los asuntos de dinero solo conseguirían destrozar su infancia y agriarle el carácter.

El padre contestaba que así era la vida y de nada servía hacerse ilusiones. Bun tendría que vivir algún día por su cuenta en el mundo real, cuanto antes aprendiera a conocerlo, mejor.

El muchacho se hallaba apoyado en la ventana, observándolo todo y recordando las palabras de su abuela.

La asamblea era, en verdad, poco agradable. El magnate tenía razón cuando decía que era preciso vivir alerta cada minuto para evitar peligros. Todas aquellas gentes se habían vuelto locas ante la repentina esperanza de ganar montones de oro en un minuto. Bun tenía siempre el dinero que podía desear y miraba de un lado a otro con desenvoltura; despreciaba aquellas apelaciones mezquinas y coléricas que oía en aquel local, y desdeñaba a los protagonistas de tal alboroto financiero.

—No me gustaría –decía para sí– encontrarme con estos tipos en la esquina de una calle solitaria... Serían capaces de todo... Aquella vieja gruesa, vestida de amarillo, con mofletes rojos y pantorrillas enormes embutidas en seda, sería capaz, por una tontería, de arañar y morder... Ese hombre de cara larga y voz de gaviota, no dudaría en dar una puñalada trapera en plena noche...

El magnate quería que su hijo se familiarizara con los negocios desde la edad temprana, y oyera las más variadas conversaciones sobre contratos, leyes y concesiones. Hablarían luego padre e hijo, y el diálogo sería una especie de examen que demostraría lo que el muchacho comprendía realmente en la escuela de la vida.

Bun escuchaba con atención. Asociaba unas ideas a otras y recordaba las cláusulas del contrato de que había oído hablar a su padre, a Ben Skutt y a Prentice cuando iban hacia el territorio de la concesión en el coche del último.

El jovencito no podía impedir que su espíritu se aficionara al estudio de las personas y a lo que se podía comprender oyéndoles hablar de los récords de sus vidas. El viejo bonachón y encorvado, de manos encallecidas, era un pobre artesano, y se adivinaba que la discusión le afligía en extremo. Hubiera querido Bun fiarse de alguien; sin embargo, por más que miraba a uno y otro lado, no hallaba satisfacción. Aquella damisela con lentes era un verdadero basilisco. ¿Qué actividad podría desarrollar fuera de las disputas? ¿Y aquella pareja de ancianos, ricos al parecer, que llegaban allí sin el menor asomo de generosidad y querían apabullar los derechos de los participantes modestos? El viejo se acercó a Arnold Ross, y no tardó en iniciar con él una conversación en voz baja.

Bun advirtió que su padre movía la cabeza y que el viejo se apartaba. El magnate habló con Skutt, quien se levantó, y dijo:

—Me ruega el señor Arnold Ross que les advierta a ustedes que no acepta contratos parciales, porque no le interesa una parte del terreno, sea cual sea. No quiere contar solo con un pozo, sin tener espacio para los laterales. Si no pueden ponerse de acuerdo sobre ese punto esencial, aceptará otra solución que se me ha ocurrido.

La declaración estremeció a todos y cortó la disputa. El magnate se dio cuenta de ello y se apresuró a hacer una seña al sabueso, como queriéndole animar a que continuara.

—Al señor Arnold Ross –dijo el agente– le han hecho una oferta en el flanco norte, que presenta buenas perspectivas, porque la vena de petróleo se dirige a ese lado y la superficie pertenece a una sola persona, de modo que será fácil llegar a un acuerdo.

Las palabras del agente aterraron a los propietarios, hasta el extremo de permanecer callados unos minutos. Desde el antepecho de la ventana donde Bun estaba sentado, podía ver el pozo recién descubierto y que se hallaba tapado en espera de que hubiera tanques disponibles. A través de la ventana abierta llegaba el ruido de los martillazos que daban los caldereros remachando los enormes clavos de los depósitos y el estrépito de los carpinteros, que construían un armatoste a modo de cabria para la explotación. Bun estaba distraído, cuando, de repente, le estremeció un rumor que, aparentemente, se dirigía a él desde las tinieblas.

El niño dirigió la mirada al exterior y vio una silueta junto al muro de la casa.

—Oye, oye –dijo la voz del exterior–. Oye lo que digo, pero disimula... Que no sepan que estoy aquí.

Pensó Bun que se trataba de un espía. Se puso en guardia y escuchó un murmullo persistente, resuelto, intenso y cálido.

—Soy Pablo Watkins. La señora que vive en esta casa es mi tía. No quiero que sepa que estoy aquí, porque me hará volver a casa. Vivo en un rancho, ahí arriba, en San Elido. He huido de casa porque estar allí me resulta insoportable. Quiero buscar trabajo, pero necesito antes comer algo, porque estoy muerto de hambre. Mi tía me daría comida, porque me quiere mucho, pero a condición de que volviera a casa, que es lo que no quiero. Yo mismo podría ir a la cocina, y comer allí... Cuando trabaje, devolveré el importe; hoy solo quiero un préstamo... Quisiera que me abrieses la puerta de la cocina para hacerme con algunos panecillos o un trozo de tarta. Di a mi tía que te deje ir a la cocina a beber agua, deja libre la entrada, y vienes aquí. Si quieres cerciorarte de que no trato de engañarte, puedes observar lo que hago... Anda, sé buen compañerito, que bien lo merezco y no puedo resistir el hambre. No he comido en todo el día, y he tenido que correr mucho. Estoy destrozado. ¿Quieres que te cuente mi vida? Ven a encontrarme, pero no me hables desde la ventana, porque se darían cuenta de que estás hablando conmigo.

Reflexionó Bun rápidamente. Era, en verdad, una delicada cuestión moral, saber si tenía derecho a abrir a quien podía ser un ladrón, aunque si lo que decía aquel chiquillo era verdad, y la señora de la casa estaba emparentada con él, no tenía aquello nada de extraño; de todas maneras, en aquella casa le hubieran facilitado comida.

Saldría a averiguar la verdad, y si Pablo era un ladrón, le detendría decididamente. Lo que, en realidad, sedujo a Bun, fue la voz de Pablo. Antes de fijar los ojos en la cara de este, se sintió profundamente atraído hacia él por la fuerza de carácter que revelaba el desconocido. Se apartó Bun de la ventana y dijo a la señora de Groarty, que se limpiaba el sudor, después de una tremenda perorata:

—Perdone, señora, ¿tendría usted la bondad de permitirme ir a la cocina a beber agua?

Bun creyó que bastaba pedir agua con aquellas palabras, sin sospechar que la señora de Groarty estaba en plan de imitar la cortesía de la aristocracia y pensaba constantemente en las exigencias del protocolo, aun cuando solo se tratase de beber un vaso de agua. Se sintió invadida por una catarata de simpatía hacia el hijo del millonario, y desapareció el acento avinagrado de su voz:

—¡Ya lo creo, hijo mío!

Se levantó y precedió a Bun, camino de la cocina. El niño lo curioseaba todo:

—¡Qué cocina más hermosa!

En efecto, estaba pintada de blanco esmaltado.

—Celebro que le guste.

Alcanzó un vaso del armario, y abrió el grifo del agua.

—¡Es una soberbia cocina! –dijo Bun.

Aceptó el vaso de agua, dio las gracias y bebió unos sorbos. Pensaba la señora de Groarty: «¡Qué elegante y educado es el niñito! No tiene la menor altanería... Es encantador».

Bun se dirigió a la puerta.

—Supongo, señora, que la galería tendrá también algo que admirar... Qué calor hace aquí, ¿no le parece a usted?

El chiquillo dio la vuelta a la llave, y salió con la señora.

—¡Qué agradable es el aire! Desde aquí puede usted ver todos los pozos, señora. Sería curioso estar en esta galería cuando empiecen a trabajar en la manzana.

—¡Qué chico más amable! –iba repitiendo la dueña de la casa, alternando sus vehementes expresiones de admiración con algunas explicaciones sobre la inminencia del acontecimiento que se esperaba cuando empezaran a trabajar.

Bun preguntó a la señora de Groarty si sentía frío con el vestido sin mangas que llevaba.

—Que, por cierto –añadió–, es precioso.

Ella se sentía tan encantada con los modales de la aristocracia que no se dio cuenta de que Bun cerraba la puerta de la galería al salir de ella, pero sin girar la llave. Puso la señora el vaso vacío en el secadero, dijo Bun que no tenía más sed y volvió con la terrible arpía al comedor, donde seguían discutiendo los asambleístas.

Se oía la voz del estuquista, que decía en aquel momento:

—Si realmente desean ustedes firmar el contrato, fírmenlo tal como entendemos el texto. Contemos con la tierra que nos corresponde y no contemos con la calle, que no es nuestra.

—En otros términos –aclaró la señora Black sarcásticamente–: cambiemos el contrato.

—O, en otras palabras –dijo la señorita Snypp, más sarcásticamente–: no caigamos en la trampa que nos tienden ustedes, los dueños de parcelas grandes...

VIII

Es fácil comprender lo que se aburriría Bun en aquella asamblea. Por lo tanto, a nadie llamó la atención que el niño saliera del comedor.

Ya en el exterior, llegó a la puerta trasera de la casa cuando Pablo la cerraba cuidadosamente.

—¡Gracias, compañero! –murmuró el vagabundo.

En compañía de Bun, que le seguía, se dirigió Pablo a un cobertizo o leñera que estaba a poca distancia.

—He podido hacerme con un trozo de jamón, dos rebanadas de pan y un pedazo de tarta.

Apenas podía pronunciar palabra, porque tenía la boca llena.

—Has hecho bien –dijo Bun, juiciosamente.

Durante unos momentos solo se oyó el ruido que hacía Pablo, mientras comía como un desesperado. El desconocido apenas representaba en aquellos instantes un ser corpóreo; más bien era una sombra parlante. Bun notó, a la luz de las estrellas, que Pablo tenía una cabeza más grande que la suya, que era delgado y moreno.

—No es, precisamente, una diversión tener hambre –dijo Pablo–. ¿Quieres algo?

—He cenado ya, y no me permiten que tome nada entre comida y comida.

A Bun le parecía aquello una aventura misteriosa y romántica. El chiquillo que estaba ante él ¿no era un lobo hambriento?

Se sentaron en unos cajones y dijo Bun cuando el otro cesó de comer:

—Y dime: ¿por qué escapas de casa?

Pablo, en vez de contestar, preguntó a su vez, con decisión desconcertante:

—¿A qué culto perteneces?

—¿Qué quieres decir?

—¿No sabes lo que significa pertenecer a una iglesia o a otra?

—Mi abuela me lleva algunas veces a una iglesia anabaptista, y mi madre a otra del rito episcopal, pero te aseguro que no sé una palabra de eso.

—¡Santo Dios!

Le impresionaba la terminante declaración de Bun.

—Es muy raro que tu padre no te inscriba en alguna Iglesia.

—Creo que a mi padre le tienen sin cuidado esas cosas.

—¡Santo Dios! ¿Y no tienes miedo?

—¿De qué?

—Del infierno, del azufre, del fuego..., de perder el alma.

—No he pensado nunca en semejantes peligros.

—¡Qué cosa más rara! ¡Si supieras lo que me asombra eso que dices! ¡Con lo que me ha costado a mí acostumbrarme a la idea de ir al infierno! ¿Maldices alguna vez?

—No mucho.

—Pues yo he maldecido alguna vez.

—¿Cómo?

—Diciendo: «¡Reniego de Dios!». Habré blasfemado media docena de veces... Creí que iba a abrasarme un rayo... Pensé: «No quiero creer», y sigo pensándolo.

—¿Por qué tienes miedo, si no crees?

La inteligencia de Bun era siempre lógica y aguda.

—Si quieres que te sea franco, no estaba seguro, ni lo estoy ahora. Creo que nunca podría enfrentarme contra la inmensidad de los siglos. No conozco a nadie tan malo como yo. Mi padre, que es pastor de la iglesia...

—¿Y en qué cree tu padre?

—En la religión de los antiguos, en las cuatro verdades, en la Iglesia Apostólica. Y, además de todo eso, salta de vez en cuando.

—¿Que salta?

—Sí: el Espíritu Santo desciende a él y le hace saltar, a veces hasta rodar. También tiene el don de las lenguas.

—¿Qué dices?

—Que murmura ciertas palabras en idioma extraño. Mi padre dice que es la manera de hablar con los arcángeles, pero no puedo entenderla y hasta la aborrezco.

—¿Es posible que tu padre haga todo eso?

—A todas horas, compañero, de día y de noche, siempre le da por ahí, porque rechaza así las tentaciones, entregándose a continuas devociones. Si, por ejemplo, digo que hay poca comida, que va a vencer el rédito de la hipoteca o que no debe entregar todo lo que tiene a los misioneros, empieza a hacer guiños, a rezar en voz alta y a «dejarse llevar», como él dice. El Espíritu Santo se apodera de él, y mi padre salta y tiembla. Cae de la silla, rueda por el suelo y habla en lenguas extrañas, tal como se dice en la Biblia. Mi madre empieza a gritar porque tiene miedo. Aunque trabaje para nosotros (hacer la comida, remendar los trajes), no se atreve a contrariar al Espíritu. Mi padre grita entonces más fuerte, y dice «con voz del Sinaí», son sus palabras: «Déjate llevar». Mi madre sacude los hombros, abre la boca, da vueltas en la silla y reclama el bautismo de Pentecostés. Los chiquillos de casa se excitan como diablillos, dan grandes brincos y alborotan la casa. Te aseguro que esas cosas dan miedo, como si te agarraran con unos garfios y te zarandearan. Un día escapé de casa y amenacé al cielo con los puños cerrados, maldiciendo. Esperaba que el cielo me cayera encima, pero no ocurrió nada y dije: «No quiero creer, se acabó; me es igual merecer el infierno».

—¿Y por eso has huido de casa?

—Tengo mis motivos. ¿Qué vida es la mía? Trabajamos una propiedad grande, pero no hay más que rocas. De todas maneras, la vida es ingrata. En la tierra no crecen más que malas hierbas. ¿Crees que si hubiera una divinidad que amase a las pobres criaturas humanas, dejaría crecer tantas malas hierbas? Por eso empecé a blasfemar. Me pasaba el día escardando, y no podía más. ¡Malditas hierbas! Mi padre dice que son obra del diablo, pero si la divinidad hizo al diablo a conciencia, creo que no faltan motivos para culpar a la divinidad.

—Me parece que sí.

—Chico, ¡qué suerte tienes!

—¿Por qué?

—Al parecer, nadie te ha dicho que tenías un alma. ¡Si supieras los quebraderos de cabeza que te ahorras!

Hubo una pausa, que rompió Pablo, diciendo:

—No creas, me ha sido difícil escapar de casa, y lo peor es que acabaré por volver. Es triste pensar que mis hermanitos pasan hambre y que no puede ponerse remedio.

—¿Cuántos sois?

—Cuatro y yo, todos más jóvenes.

—¿Cuántos años tienes?

—Dieciséis. Me sigue Elias, que ha cumplido quince y el Espíritu Santo le ha bendecido; padece temblores que, a veces, le duran todo el día; ve cómo descienden los ángeles entre nubes de gloria; ha curado a la señora Bugner imponiéndole las manos, y dice mi padre que Dios se sirve de él para atraer gracias y bendiciones a la tierra. Sigue en edad una hermana, Ruth, de trece años, que ha sido y es algo visionaria, pero empieza a pensar como yo. A veces tenemos, los dos, conversaciones serias, porque es más agradable y más libre hablar con personas de nuestra edad; se dice lo que no toleran los mayores.

—Es verdad; los mayores tienen la manía de que no comprendemos nada. Hablan cuando estamos presentes, pero no creen que piense uno por su cuenta. Esa actitud de los mayores me desespera, me pone frenético.

—He sentido marcharme por dejar en casa a Ruth. Ella misma me dijo que huyera, pero ¿qué será de ella y de todos? En casa no pueden trabajar tanto como yo. No creas que me asusta trabajar; es que quiero llegar a ser algo. ¿Qué me importaría estar en casa, si no pensara como pienso? No hay salida para nosotros, ni solución, ni remedio. Mi padre se empeña en llevarnos a oír sermones a una misión y tenemos que escuchar las cosas más raras. El Espíritu manda que se emplee todo el dinero disponible en convertir a los ateos, así es que no faltan misiones en Inglaterra, en Francia, en Alemania, en todas las naciones sin Dios. Mi padre promete a los misioneros más de lo que puede, y tiene que darlo porque el dinero ya no le pertenece a él, sino al Espíritu Santo. Ya sabes por qué he escapado de casa.

Hubo un silencio largo que rompió Pablo preguntando a su amigo:

—Y, dime, ¿qué hace esa gente en casa de mi tía?

—Están peleándose por ganar dinero. Tratan de ponerse de acuerdo para hacer un contrato. ¿Has oído hablar de los negocios del petróleo?

—Algo sé de eso. Llegamos a creer que había petróleo en nuestra propiedad. Mi tío Eby solía decir que había visto señales, pero se murió, y te confieso que no las he visto. Ahora resulta, según dicen, que mi tía Allie va a ser rica.

A Bun se le presentó de repente la visión de la señora de Groarty vestida de satén amarillo, con sus gruesos brazos al aire, y el pecho voluminoso.

—Oye, Pablo, ¿también tu tía rueda por el suelo?

—Nada de eso. Se casó con un católico. Mi padre dice que es una ramera de Babilonia, y no quiere que hablemos de ella, pero no es mala; sabía que me daría de comer. Cuando me vi solo, pensé en acercarme aquí.

—¿Y cómo es que no encuentras trabajo?

—Muy sencillo; vas a pedirlo, y te largan un discurso que, en resumidas cuentas, quiere decir: «Vuelve a tu casa».

—¿Y por qué les das explicaciones?

—¡Qué remedio! Hacen preguntas impertinentes: «¿Dónde vives? ¿Por qué no estás con la familia?». Hay que contestar, y a mí me repugna mentir.

—Supongo que no vas a pasar hambre por eso.

—Todo es preferible, antes de volver a casa derrotado y vencido. Tuve una discusión con mi padre, y dijo que, si abandonaba el camino celestial, el diablo se apoderaría de mí, y que llegaría a robar, a mentir, a engañar y a fornicar. Le contesté que se puede seguir siendo una persona honorable a pesar del diablo, haciendo frente a todas las asechanzas. Tengo una idea: devolveré a mi tía lo que he sacado de la cocina, y entretanto la consideraré como una prestamista.

Bun tendió la mano en la oscuridad, y dijo a Pablo:

—Toma.

—¿Qué es?

—Unas monedas.

—No quiero nada.

—¿Por qué?

—No quiero dinero hasta que lo gane.

—Oye, amigo mío: en casa hay mucho dinero y papá me da lo que le pido. Quiere alquilar todos estos terrenos, incluso los de tu tía, y no va a fijarse en pequeñeces.

—No quiero vivir a costa de nadie. Cuando salí de casa me propuse trabajar... Si crees que por haber comido algunas provisiones de la cocina...

—¡No creo nada de eso! Si prefieres que te haga un préstamo...

—¡Guarda tu dinero! –dijo Pablo con aspereza–. Nada de préstamos; ya me has ayudado bastante.

—Pero, oye, Pablo...

—No.

—Pues bien, ¿vendrás a almorzar conmigo mañana?

—¿Al hotel? De ninguna manera. Voy muy mal vestido.

—¿Qué importa?

—¿Cómo que no importa? Tu padre es un hombre rico, y no le hará mucha gracia que me presente así como voy.

—Mi padre no tiene esas preocupaciones, te lo aseguro. Me dice siempre que leo en exceso, que trato a pocos chicos, y que vivo aislado.

—Pero tu padre no se refiere a chicos pobres como yo.

—Me repite constantemente que tengo necesidad de trabajar. ¡Cómo se ve que no le conoces! Estoy seguro de que le gustará que seamos amigos.

Pablo no replicó. Pesaba el pro y el contra de la actitud que convenía adoptar. Bun se hallaba pendiente de las palabras de su amigo. Nunca había hallado una persona tan buena, y pensaba en lo agradable que sería merecer una franca reciprocidad afectiva.

La sentencia no salió de los labios de Pablo, quien dio un salto, exclamando:

—¿Qué es eso? ¿Qué pasa?

Llegaba un gran vocerío, como clamor que dominaba los martillazos y los ruidos de la vecindad. Fue creciendo el alboroto cada vez más; se oían terribles alaridos y exclamaciones. Los dos amigos se asomaron a la ventana.

Todos gritaban a la vez en el comedor. Desde el exterior era imposible ver por completo lo que ocurría, pero podía distinguirse un grupo que se agolpaba en el centro de la estancia y dos hombres aparte que discutían con violencia.

Eran Sahm y Hank, el estuquista y el minero, propietarios de dos parcelas. Se amenazaban mutuamente con los puños cerrados. Sahm acosaba a su contrincante:

—Es usted un inmoral, un zorro y un embustero.

Hank no se mordió la lengua:

—Y usted un monstruo.

Y dio un porrazo en la nariz a Sahm.

Este replicó propinando un golpe en la mandíbula a Hank.

Y siguió el combate. Los dos jóvenes presenciaban la contienda con cierto terror...

IX

Parecía que todos, en el comedor, habían llegado a las manos, pero no era así porque algunos asambleístas separaron a los coléricos compañeros, llevándolos aparte.

Bun oyó una voz que le llamaba frente a la casa.

—¡Voy, papá!

Y corrió al encuentro de su padre.

Los tres hombres del grupo Arnold Ross –este, su agente y el abogado– se dirigieron hacia la avenida con Bun, que acababa de incorporarse.

—Vamos al hotel, hijo mío.

—Pero, oye, papá, ¿qué ha sucedido?

—Nada; son unos idiotas y no es posible llegar a un acuerdo con ellos. No aceptaría el menor trato con esas gentes, aunque me cedieran gratuitamente los terrenos.

El automóvil estaba un poco más lejos, en la carretera. Bun se paró, y dijo a su padre:

—¿Quieres esperarme un minuto? Te lo ruego... He conocido a un muchacho por ahí, y tengo que hablar con él.

—Ve y no tardes en volver. Tengo que resolver esta noche un asunto importante.

El niño se dirigió corriendo, sobrecogido y anhelante, hacia el paraje donde suponía que estaba Pablo.

—¡Pablo, Pablo! ¿Dónde estás?

Nadie contestó. Bun llegó al cobertizo y recorrió, después, gritando, los alrededores de la casa. Estuvo también en la galería de la señora de Groarty, buscó por todas partes, incluso en la blanca, solitaria y esmaltada cocina. Volvió al cobertizo, pasó por el garaje, intentó escrutar por todas partes, incluso llamó con toda la fuerza de sus pulmones:

—¡Pablo! ¡Pablo! ¡No te vayas!

Siguió el silencio dramático unos momentos y se oyó la voz autoritaria del padre, que no admitía réplica:

—¡Bun!

Este se acomodó en su sitio del coche. Mientras los mayores discutían en el hotel las cláusulas del contrato que intentaban formalizar aquella misma noche, Bun lloraba silenciosamente. ¡Nunca volvería a ver a Pablo! ¡Sabía tantas cosas! ¡Era tan inteligente y daba tanto gusto hablar con él! ¡Qué honradez la suya! ¡No quería mentir ni robar!

Se sentía Bun avergonzado recordando algunas mentirijillas, sin importancia, realmente, pero que le situaban en una sombra, mientras Pablo permanecía en medio de la más resplandeciente claridad.

No quiso aceptar dinero del omnipotente Arnold Ross, quien suponía que la felicidad de un hombre consistía en tener lo que él tenía. Pensaba Bun que su amigo le despreciaría por el hecho de que el hijo del millonario le ofreció una limosna. ¿O había otras razones que justificaban la antipatía de aquel joven excepcional que huía de él? Que huía de él para siempre.

III.
¡A perforar la tierra!

I

Los valles y barrancos de la pendiente de Guadalupe resonaron tras roncos bocinazos.

Un convoy de doce camiones de siete toneladas, grandes y sólidos, con neumáticos dobles, se dirigía a la colina. En el camión delantero se elevaba una potente máquina sujeta por fuerte maderamen, sólidamente encabillado a los lados. Iba detrás la bomba aspirante de barro y el material necesario para perforar: tubos del mejor acero, atornillados de extremo a extremo, que podían introducirse en la tierra hasta mil seiscientos metros, y más si era necesario. Los tubos sobresalían por la parte trasera de los remolques, donde ondeaban unas banderolas rojas.

El convoy obstruía la carretera en las curvas cerradas, y si llegaba un automóvil en sentido contrario, era preciso detenerse mientras el coche se deslizaba con precaución por el espacio libre. Si el paso era insuficiente, el coche retrocedía hasta el siguiente trayecto recto de la carretera, lo que requería frecuentes bocinazos.

Se hubiera dicho que una gran bandada de pájaros prehistóricos –¿graznaban los pterodáctilos?– descendía por el desfiladero de Guadalupe y zigzagueaba sin cesar.

Semejante estrépito quería decir: «J. Arnold Ross nos espera, porque es ya titular de la concesión. Todo está a punto, y es absolutamente preciso que lleguemos a tiempo. ¡Paso libre!».

El magnate no confiaba en el ferrocarril para un caso urgente como aquel. Se exponía a que dejasen de lado el cargamento y a tener que pasar una semana interrogando por teléfono a oficinistas mudos.

Una sociedad de seguros respondía de los accidentes posibles –incluso se valoraba en minuciosos contratos el precio de la vida de cualquier hombre que rodara por la montaña–.

Los doce monstruos tonantes avanzaban por la cuesta a moderada velocidad. Los radiadores, humeantes en exceso, requerían alguna parada para dejarlos enfriar. Llegaron a la cima sin el menor contratiempo y empezó el lento descenso. Un hombre marchaba en primer término, con una banderola roja para advertir a los coches que llegaban en sentido contrario que se apartaran convenientemente y esperaran a que pasara el convoy. Salieron del desfiladero y llegaron a la carretera recta donde podían correr a mayor velocidad. Los bramidos de los camiones querían decir: «J. Arnold Ross nos espera... ¡Paso libre!».

En lo alto del cargamento iban trabajadores jóvenes, con sus trajes azul y caqui manchados y deteriorados, como para demostrar que el pozo donde trabajaron antes escupía materias de valor. Sin embargo, tenían limpio el rostro y cruzaban el panorama soleado con luminosas sonrisas en los labios. Cantaban canciones y cambiaban, gritando, bromas joviales con los que se cruzaban. Enviaban besos a las jóvenes de los cortijos, a las que estaban en las barracas donde se expende gasolina, a las cocineras y a las camareritas de los quioscos de refrescos.

Emplearon dos días en el viaje. Durante ese tiempo demostraron los obreros no sentir la menor preocupación. Pertenecían al gran Arnold Ross que procuraba, ante todo, pagar el salario correspondiente la noche de cada fin de quincena, mejorando en un dólar en comparación con lo que ganaban otros obreros de la región. Percibían el salario, no solo cuando trabajaban, sino también cuando iban sobre la maquinaria a través de un paraíso con bosques de naranjos. Los cantos de los trabajadores aludían a la novia que espera en la ciudad, a las delicias del amor y a los corazones jóvenes.

II

El magnate había hecho un contrato con el propietario del extremo norte, Bankside, que sabía lo que le interesaba y no hacía perder el tiempo a nadie. Arnold Ross solo tenía que pagar la sexta parte del beneficio y un cheque de cinco mil dólares por los dos acres y medio de terreno.

Arnold Ross y Bun fueron al despacho de la compañía maderera El Poniente. El padre tuvo una entrevista confidencial con el gerente de la empresa, Ascott. Era este de estatura elevada, mejillas rojizas y ademanes de extrema cordialidad. Pasó la mano por la cabellera de Bun y ofreció un cigarrillo al magnate. Habló del tiempo, de las posibilidades de la nueva concesión. Se hubiera supuesto, al verlos departir amistosamente, que eran camaradas de toda la vida.

Inició el visitante el tema que le interesaba, diciendo que necesitaba, imprescindiblemente, la madera necesaria para la grúa y tenerla a su disposición en el término de tres días. El gerente levantó los brazos y declaró que ni la omnipotencia divina podía dar cumplimiento al deseo del magnate. Las muchas peticiones de material habían vaciado los depósitos y seguían las demandas en racha...

Arnold Ross interrumpió al gerente diciéndole que no ignoraba los muchos inconvenientes que salían al paso, pero que su urgencia era especial; acababa de otorgar un contrato comprometiéndose a cumplir obligaciones de carácter bancario, y no tenía fe en las grúas de acero. Era preciso que la empresa maderera le ayudara, si quería conservar un cliente de calidad.

Tenía el propósito de pedir otras seis grúas que necesitaba para el trimestre siguiente. El pozo que se proponía perforar Arnold Ross atraería posibles clientes. Lo que el potentado petrolífero intentaba, según él, era una especie de servicio de carácter público, y todos debían ayudarle. Por lo demás, estaba organizando un sindicato en el que los socios participarían cobrando algo de lo que produjese el primer pozo, negocio para gentes que sabían darse cuenta de las cosas, y celebrarían el acierto aun antes de que fuese efectivo.

Sabía Ascott que Arnold Ross era hombre de palabra y no un charlatán. Respondió que no se le ocultaba nada de lo que alegaba su interlocutor, y este, a su vez, indicó que estaba allí para dedicar al campo la mayor parte del tiempo. Iba a crear algo grande, a construir, a fomentar la riqueza; deseaba que los directores de la empresa maderera se pusieran de acuerdo con él, ya que la solidaridad era lo más práctico para el progreso de los negocios. Ascott convino en que la cooperación era una especie de hada de los tiempos modernos. Arrugó el entrecejo, leyó unos papeles, hizo unos cálculos rápidos y preguntó a Arnold Ross:

—Sé el día que necesita usted la madera. Dígame la hora...

—Bastará que esté todo dispuesto para el jueves por la noche.

Explicó Ascott que surgían muchas complicaciones por el mal estado de las carreteras. Arnold Ross ya lo sabía y era preciso, según él, tomar medidas con urgencia. Precisamente trataba de ver al jefe de Obras Públicas del condado.

—Me parece muy bien, y puede contar conmigo para apoyar las gestiones.

El opulento negociante invitó a Ascott a que visitara el campo, y añadió que tenía que decirle algo de verdadero interés. Cambiaron otro apretón de manos y Bun volvió a sentir que el gerente le manoseaba la cabeza, lo que obligaba al aprendiz de millonario a aparentar que la amabilidad carecía de importancia.

Cuando Arnold Ross y su hijo iban en el coche, aquel repitió su frase favorita: «El engrase es más barato que el acero».

Quería decir que es preciso «engrasar», abandonar parte de los beneficios, para aumentar el interés propio y convertir a los hombres en diligentes servidores.

En el despacho del jefe de Obras Públicas tuvo Arnold Ross otra entrevista confidencial con el funcionario Benzinger, hombre pequeño y vivaracho. En la manera de ir vestido demostraba que no era rico. Bun lo comprobó, además, con agudeza, observando que el tono de voz del burócrata era mucho más bajo que el de su padre.

No hubo cambio preliminar de cigarrillos, ni se desarrolló el socorrido lema del tiempo. El negociante fue derecho a su asunto.

Había llegado a Beach City para emprender una obra que daría trabajo a centenares de hombres, lo que significaba una lluvia de millones para la comunidad. Se requería, pues, la ayuda de las autoridades.

Benzinger contestó que las autoridades deseaban hacer todo lo posible, y para ello estaban ellos en la oficina. Lo peor era que el descubrimiento de Prospect Hill les había sorprendido sin dinero para los trabajos de carácter urgente.

—Comprendo lo que quiere usted decir, pero es preciso remediar esas dificultades con la intervención de todos.

Vaciló Benzinger, y pidió luego a Arnold Ross que concretara su demanda, lo que hizo el negociante dibujando un croquis. Había que nivelar las calles y cegar los baches con piedra machacada para que el material pudiera llegar a su destino el jueves por la noche.

Rogó Benzinger a su secretario que avisara a Jones para que se personara en la oficina, y añadió que tal vez pudiera accederse a los deseos de Arnold Ross. Este se dio cuenta al punto de la situación. Apenas desapareció el subalterno, sacó del bolsillo un rollo de billetes, mientras decía que Benzinger tendría que hacer trabajos extraordinarios. Insinuó que en lo sucesivo se verían obligados a estar en contacto y que no tenía costumbre de quedar mal con los amigos.

Benzinger se guardó los billetes en el bolsillo con gran desenvoltura y dijo que las autoridades del condado deseaban ayudar a los hombres que fomentaban la riqueza del país. Podía contar Arnold Ross con que las brigadas empezarían a nivelar las calles a partir de la mañana siguiente.

Cambiaron un apretón de manos y los visitantes salieron de la oficina. El padre advirtió a Bun que no hablara de lo que acababa de presenciar, porque todo funcionario público tiene rivales que desean ocupar su cargo y alegarían que la generosidad era simplemente un escandaloso soborno. No ocurría nada. Total, había dado una propina insignificante y lícita. El desagradecimiento hubiera sido una mala acción, porque los empleados ganaban poco y los negocios producían montones de oro. Benzinger tendría hijos, esposa, y, probablemente, deudas; la mujer estaba, tal vez, enferma y no podía pagar al médico; el marido tendría que permanecer muchas horas en la oficina, buscar obreros y exponerse a una reprimenda por obrar sin esperar órdenes expresas de la superioridad. Los jefes estarían a sueldo de potentes negociantes que no tenían interés en que hubiera más carreteras transitables que las que ellos necesitaban para sus negocios personales. No era posible extremar la ingenuidad creyendo que podían extraerse del suelo unos cuantos millones de dólares, sin que surgieran copartícipes oficiosos y ocasionales para arrebatar el tesoro.

Todo aquello parecía tan lógico y razonable, que Bun escuchaba con máxima atención y ojos muy abiertos la moraleja del millonario. «Cuida de tu dinero». Su padre podía morir víctima de un accidente, y Bun tendría sobre sus hombros el peso de las mayores responsabilidades. Todos tratarían, por medios más o menos hábiles, de dar un zarpazo a la bolsa.

—¿Te acuerdas? Te hablé de Pablo... Él no trató de apoderarse de nuestro dinero, puesto que se lo ofrecí, y no lo quiso.

—Ya lo sé; pero también es verdad que la familia está chiflada. Pablo también está chiflado, aunque su chifladura responde a otro registro.

III

Bun se planteó un problema moral. ¿Era la conducta de Pablo la de un loco? En tal caso, él estaba también un poco loco, porque no podía dejar de pensar en su amigo. Rendía homenaje al severo moralista, renunciando a decir mentiras aunque se tratara de asuntos triviales. El diálogo permitió a Bun darse cuenta de las facilidades que tiene la vida para el hijo de un millonario.

Al abrir los ojos a la mañana siguiente en el confortable lecho del hotel, entre sábanas blancas y suaves, espléndidas mantas color fresa madura, en un cuarto limpio y ordenado, dedicó a Pablo su primer pensamiento. ¿Habría dormido en el suelo el buen compañero? ¿Tendría cobijo y compañía? Cuando Bun se sentaba un momento en el suelo, la abuela le reprendía recitando una especie de cantilena, siempre la misma, sobre el peligro de enfermedades mortales.

En el espacioso comedor del hotel, al servirle uva helada, crema de avena, huevos con jamón y bizcochos con jarabe de plátano, pensó Bun que Pablo tal vez no podría desayunar aquel día. Tal pensamiento amargó la comida de Bun. Pablo era muy orgulloso para comer a costa ajena. Por una aberración explicable en el carácter de Bun, envidiaba al orgulloso anacoreta que despreciaba la carne y las sugestiones más tentadoras.

Al día siguiente de celebrarse la reunión en casa de la señora de Groarty, Bun se sentó frente al hotel bajo una palmera con la esperanza de que Pablo pasaría por allí. Aparecieron los Groarty con Dumpery, el matrimonio Bhomley y sus amigos los sastres judíos. Era una delegación de las parcelas medias, decidiéndose en la reunión rescindir el contrato que ligaba unos a otros, y obrar por separado.

Ahora se ponían a disposición de Arnold Ross para negociar. Les dijo Bun que su padre había salido con el geólogo; podían esperar, pero Bun conocía la decisión inquebrantable del millonario. No había, pues, posibilidades de que aceptase una concesión parcial.

Bun se sentó en un banco junto a la señora de Groarty, con intención de averiguar si Pablo se había presentado a ella. Confesó el jovencito a la matrona que la noche última había dejado abierta una puerta y que el hecho constituía una acción reprobable. Fiel a su decisión de ser verídico, declaró que alguien pudo entrar en la cocina y aprovecharse de alguna provisión. No quería descubrir al culpable, pero se había sentido compasivo con él. Si la señora de Groarty lo consentía, pagaría...

Y sacó del bolsillo una miniatura de portamonedas.

Ante semejante prueba de finura aristocrática, la señora de Groarty se sintió emocionada. ¡Qué lindo era aquel jovencito, y qué noble! La matrona consideraba que Bun era refinado como un marqués, sonrosado y lindo como una muchacha. Hay que tener en cuenta que la señora de Groarty conocía a los marqueses por haberlos visto en las películas.

Tres días después, hallándose Bun correteando por el campo, se encontró, de pronto, frente al chalet de la señora de Groarty, que estaba dando de comer a los conejos.

—¡Eh, niño!

Al acercarse Bun, le dijo la matrona:

—Tengo carta de Pablo.

—¿Sí? ¿Dónde está su sobrino?

—La carta viene de San Pablo. Dice que no le busquemos, porque no quiere quedarse allí... Sin duda ha salido ya de San Pablo.

—¿Y cómo está?

—Bien, con pocas preocupaciones. ¡Pobre criatura! Me envía unas monedas en sellos, para pagar lo que se llevó de la cocina, y dice que las ha ganado trabajando.

Por las amplias mejillas de la señora se deslizaron unos lagrimones. Bun aprendió en el acto una difícil lección sobre lo complicada que es la naturaleza humana. Aquella señora tan voluminosa podía ser una hiena y una Máter Dolorosa con poco intervalo de tiempo.

Se sentaron los dos sobre una conejera de madera y se pusieron a charlar. Bun contó los incidentes del escamoteo consumado por Pablo y sintió la conciencia aliviada. La señora de Groarty habló, a su vez, de la familia Watkins, que había llegado de Arkansas viajando en diligencia cuando ella era una muchacha. Antes de eso, siendo la señora de Groarty un bebé, la habían traído al país desde la montaña de Tennessee.

La residencia de San Elido era una pequeña finca propia para el pastoreo de cabras, en un valle rocoso. De todo el terreno, solo un par de acres podía cultivarse bombeando el agua a mano. Era un paraje desierto y no comprendía que la familia pudiera vivir sin la ayuda de Pablo. Les daría algo cuando ganara dinero con los negocios del petróleo, aunque no sabía si Abel, el padre de Pablo, aceptaría nada. ¡Estaba tan chiflado con la religión!

Preguntó Bun si el padre de Pablo había sido siempre un trotamundos. Ella dijo que no, y que se trataba de una manía de poco tiempo. En cuanto a la señora de Groarty, desde que se casó, tres años antes, profesaba la religión del marido. Era una fe consoladora, que se conservaba permanente sin sectas. Tenían en Beach City una hermosa iglesia, y el padre Patrick demostraba un corazón tan generoso y una voz tan profunda... ¿Había asistido alguna vez Bun a las ceremonias del culto católico? El jovencito contestó que no, y la señora de Groarty hubiera hallado motivos para ejercer el apostolado con aquel elegante y delicado discípulo, pero se hallaba excesivamente interesada por las cosas del mundo. Satán la había puesto allí, junto a las jaulas de los conejos, y mostraba ante la avidez de la vieja el panorama de las vanidades mundanas.

Precisamente, en la acera de enfrente, en el número 5.743 del Paseo de los Robles, el Sindicato Couch había instalado una gran tienda con anuncios rojos, y los coches iban y venían sin cesar, con gentes que compraban acciones a diez dólares. El grupo de parcelas medias no se había decidido aún a nada definitivo. Contaba con algunas ofertas: la más ventajosa era la de

Sliper y Wilkins. ¿Podía Bun dar informes de aquella gente? ¿Estaba completamente seguro el señor Arnold Ross de que las mayores probabilidades de obtener petróleo estaban en la zona norte? Soñaba el matrimonio Groarty en colocar los ahorros venideros en el Eureka Peth –Compañía Petrolífera Eureka– que permitía perforar rápidamente la ladera norte.

Bun recordó la advertencia de su padre: «Ten en cuenta que ciertas gentes tratarán de hablarte de negocios de petróleo para ponerte en el disparadero».

IV

Benzinger reclutó dos camiones cargados de obreros mexicanos para reparar los caminos. Ascott cumplió su promesa y entregó la madera en el plazo convenido. El capataz de carpintería reunió un equipo. Cortaron las maderas de las vigas para colocar las bisagras, practicaron los agujeros para las clavijas. Pieza a pieza, se elevó la enorme grúa de ciento veintidós pies de altura, recta, segura, robusta, imponente. Había una escalera y dos plataformas: una hacia la mitad, y otra en la parte más elevada. Todo era nuevo y sólido. El señor Arnold Ross dejaba que se subiera hasta arriba; desde allí se podía ver el paisaje, e incluso, a lo lejos, el agua azul del Pacífico. ¡Espectáculo maravilloso!

El convoy de los camiones llegó al atardecer con ruido infernal. Todo se veía polvoriento y sudo sobre aquellos monstruos movibles. El barranco que bordeaba la carretera se había cegado con piedra machacada, para hacer accesible la concesión. Los doce camiones se alineaban cerca de la grúa, iluminada con derroche de luz eléctrica. Los operarios esperaban con las mangas de la camisa remangadas. Tenían energía para trabajar porque les guiaba el dueño de todos ellos y del salario que cobraban. Respetaban al viejo; conocía el oficio y nadie podía engañarle. Le tenían simpatía porque sabía atemperar la rudeza con cierta dosis de amabilidad. Era sencillo y asequible, no tenía pretensiones. Cuando apremiaba el trabajo, se le veía comer alubias y tomar café en un banco, cerca de los obreros.

Era un hombre excepcional que tenía millones y barriles de dinero. ¿Qué era, a su lado, un prestidigitador que extrae de la manga conejos y metros de cinta? ¿Acaso Arnold Ross no podía tener doce grúas, tuberías de acero sin tasa, enormes depósitos, camiones y carreteras disponibles?

El chiquillo merecía también simpatía porque no se daba importancia, era resuelto y sensible, preguntaba cosas juiciosas y recordaba siempre las explicaciones que se le daban. Aprendería el oficio a la perfección, porque su padre le acostumbraba a todo. Sabía los nombres familiares de los operarios y no tomaba a mal las bromas que ellos le dirigían. Tenía un traje de mecánico, impregnado por completo de grasa, y se lo ponía alguna vez, participando en los trabajos que no requirieran manos muy forzudas.

Llegó el tiempo de patentizar que aquella empresa podía competir con todas. Sobre un macizo colosal de cemento con bloque de madera encima, para amortiguar las vibraciones, iba a funcionar la máquina de vapor. El camión que la transportaba maniobró hasta llegar al macizo; trabadas convenientemente las ruedas, se deslizó el artefacto y quedó en su sitio. Otro equipo había instalado, entretanto, la caldera de vapor. No lejos de allí estaba el tanque con el combustible de cebo. Se instalaron las tuberías; la máquina podía ya funcionar. Se colocaron los rodillos bajo la plataforma movible para que la grúa pudiera avanzar, y, cuando al día siguiente llegó Bun a la concesión, lo halló todo dispuesto y a punto de funcionar el vástago perforador.

Una cadena de acero sujetaba tres pesados tubos; funcionó la polea, y estos, que tenían veinte pies de largo y pesaban diecinueve libras, fueron izados. Cuando los tubos descendían a mil seiscientos metros de profundidad, se podía calcular el peso que sostendría la grúa: cincuenta toneladas de acero. Los cables tendrían que ser fuertes para soportarlas y las máquinas muy resistentes. Hablaba la gente de lo caro que iba el petróleo, pero no tenían en cuenta los gastos para obtenerlo.

Bun había oído frases por el estilo un centenar de veces, pero su padre no se cansaba de repetir lo mismo ni quedaba satisfecho si el pequeño se entretenía en diálogos con una señora obesa como la de Groarty, o en excursiones con un vagabundo como Pablo; era preferible atender al aprendizaje de los negocios.

Pensaba Arnold Ross en la imposibilidad de elegir personal especializado, porque para ello se requiere tanta especialización como la que tiene un especialista. Si este se iba porque le ofrecían mejora de sueldo, ¿qué ocurriría? No hay que profesar el mito de que son necesarios algunos hombres. «Que cada uno sea su propio especialista», concluía el millonario.

El mecanismo que producía el movimiento era una plancha rotativa. Estaba sujeta la máquina de vapor por una cadena de acero semejante a la de una bicicleta, salvo que los eslabones eran como el puño. La plancha rotativa tenía un agujero en el centro, por el que pasaba el vástago perforador. Correspondiendo al orificio de la rotativa había otro en la base de la grúa y pronto habría un tercero en el suelo. Era cuadrado el orificio de la plancha rotativa y el vástago perforador se adaptaba perfectamente, si bien había que atornillar antes el anillo del vástago y fijar el trépano, instrumento efectivo de perforación formado por el juego de dos piezas o discos de acero parecidas a dos platos, dispuestas una frente a otra y que giraban incesantemente. El peso del vástago obligaba al trépano a morder la tierra. Se usaba el mordiente de dieciocho pulgadas y se hundía al girar, abriendo hoyos de dos pies de diámetro.

Llegó el momento decisivo; iban a removerse las entrañas de la tierra. No dejaba de ser un acto solemne, sensacional, como la botadura de un trasatlántico o la elección del primer presidente de la República. Acudían los amigos, los operarios de empresas vecinas, una multitud impaciente de curiosos y los equipos preparados para el trabajo de día y de noche, que en tres semanas habían instalado la maquinaria. Parecían los obreros muy orgullosos y a la vez ávidos de porvenir. Puso el mecánico la mano en la palanca y los ojos en el millonario. A una señal de este, el mecánico hizo presión y la máquina empezó a funcionar, produciendo los engranajes un ruido ensordecedor. El trépano penetró en la tierra.

Cuantos tenían las manos limpias fueron a estrechar las de Arnold Ross, cuando el contramaestre gritó desde su puesto: «¡A bordo, que vamos a China!». Entre los entusiastas estaba el matrimonio Bankside, propietario de la tierra en que se hacía el sondeo.

Arnold Ross y Bun, invitados por aquella pareja feliz, bebieron una copa de champán por el éxito de la perforadora. Había penetrado ya unas seis pulgadas, y todos bebieron y brindaron con entusiasmo.

V

La playa resultaba fresca en verano, y como Lobos River parecía un manantial de fuego, la familia se dispuso a trasladarse cerca del mar. Arnold Ross decidía las cosas en pocos minutos. Pidió en una agencia la mejor casa amueblada de la playa, empuñó el volante, visitó el inmueble que le indicaron y volvió a la oficina de la agencia, firmando inmediatamente un contrato de alquiler: dos mil quinientos dólares por seis meses.

La casa tenía revoque exterior de yeso aplicado sobre tela metálica de la que se pone en los gallineros. En el interior todo brillaba como en el chalet de la señora de Groarty aunque no había imitaciones de encina, sino de caoba pulimentada. El vestíbulo comunicaba con un salón, y, por una puerta opuesta, con el comedor, muy decorado y a la última moda, incluso con relieves.

El propietario había amueblado la casa sin reparar en gastos ni en anacronismos, diseminando por las salas muchos muebles franceses dorados, con herrajes, tapizados con sedas floreadas. Sobre el nogal americano, de la mitad del siglo XIX, rosas y más rosas. Muebles chinescos, dragones esculpidos, una Venus de mármol muy pulido; hasta un clérigo aparecía esculpido en mármol, con levita y corbata de presilla.

Había seis dormitorios en el piso superior, con decoración distinta cada uno, a gusto de alguna señora acostumbrada a recorrer los almacenes de muebles.

Se podía objetar que en aquellas estancias faltaba lo que constituye el encanto de la casa propia: intimidad; pero Bun no pensó en ello. En sus recuerdos, el hogar había sido tan solo un motivo de especulación. De la misma manera que los indios de la bahía de Hudson matan un anta en invierno y acampan cerca de la presa, Arnold Ross se instalaba junto a un pozo de petróleo.

Llegó a la casa el señor Eaton, profesor de Bun. Estaba ya acostumbrado a desplazarse continuamente. Preparaba maletas y bolsos de viaje cuando le decían, y tomaba el primer tren para ir al encuentro del discípulo. Era Eaton un hombre de frágil salud, delicado y modesto, con ojos azul claro y bolsillos saledizos a fuerza de contener libros. Se le había hecho saber terminantemente al entrar a ejercer sus funciones, que el petróleo estaba muy por encima de la cultura y que solo ejercería su magisterio con Bun cuando su padre no lo hiciese.

Poco creía Arnold Ross en la eficacia de los libros: decía que la cultura era un reclamo, y días después entonaba himnos a la ciencia. No era más que un rústico y deseaba que Bun aprendiera algo, aunque recelaba que se le enseñara alguna disciplina inconveniente, peligrosa. En esto no dejaba de recelar con algún fundamento, porque el profesor había dicho a Bun que hay en el mundo cosas mucho más importantes que el petróleo.

La abuela del chiquillo y la tía Emma llegaron a la casa, días después, en el coche de familia conducido por Rodolfo, amalgama de chófer y de jardinero, que igual se vestía de negro y oficiaba de mayordomo en días de recepción.

A su lado se sentaba Chin, el cocinero chino, tan indispensable, que no se le podía dejar que viajara en autobús o en tren.

Nellie, la camarera, viajaba por su cuenta, ya que era fácil hallar quien la sustituyera.

Un camión conducía la bicicleta de Bun, las cajas de sombreros de tía Emma y las preciosas obras de arte de la abuela. Esta tenía setenta y cinco años. Su vida había sido la de una campesina en la época anterior al teléfono y a los motores de explosión. Se sacrificó para educar a la familia; vio morir de parto a una de sus hijas, a un hijo, de fiebre tifoidea durante la guerra hispanoamericana, y otro hijo murió alcoholizado. Solo quedaba Jim, que se había enriquecido, procurando bienestar a la madre anciana. ¡Y lo que son las cosas! Cierto día, al regresar de una excursión, anunció la madre del millonario que quería dedicarse a la pintura. Era un ensueño acariciado sesenta años seguidos, mientras secaba fruta o lavaba la vajilla.

En cualquier parte donde se instalaba, organizaba la anciana un estudio y había que reservarle la pieza más adecuada. Un pintor ambulante enseñó a la madre de Arnold Ross el manejo del color mate y del color brillante. Lo mismo pintaba el artista una puesta de sol en el desierto, que reproducía la costa rocosa de California. La anciana despreciaba lo rústico: su fuerte era la vida elegante y los parajes de calidad mundana: parques, jardines, paseos con damas y caballeros elegantes... Su obra maestra medía seis pies por cuatro, y se la llevaba a la casa alquilada para colocarla en el comedor. Representaba, al fondo, una casa extremadamente aristocrática, con columnas, pórticos en los dos pisos y ornamentos en relieve, que se distinguían perfectamente hasta en los menores detalles. En primer término, había un paseo y una fuente de vena límpida y clara. Circulaba por el paseo un carruaje –¿landó o calesa?– con una señora y un caballero, y el auriga era negro. Tras el coche galopaba un perrito, y en el jardín estaban un niño y una niña, vestidos de largo, jugando con aros. También había en el cuadro estatuas fundidas que representaban variados ejemplares de la fauna. Siempre se descubría algo nuevo en el lienzo. Arnold Ross lo mostraba a los visitantes, y decía: «Está pintado por la abuela...

¿No es asombroso que pueda hacerlo una anciana de setenta y cinco años?».

Los negociantes que llegaban a la residencia, los curiales que acudían a comprobar algún extremo litigioso, estaban siempre de acuerdo con el parecer de Arnold Ross y se asombraban ante el cuadro.

Emma era la viuda del hijo que murió alcoholizado. La felicidad también llegó hasta ella con retraso.

Arnold Ross no fijaba límite a los gastos. Las damas podían pedir lo que se les antojara y gastar sin límite a cuenta del millonario. Emma, pues, frecuentaba los almacenes mejor provistos, encargaba vestidos costosos y mantenía en sociedad el prestigio de la familia. Asistía a las asambleas de los clubes femeninos. Allí oía disertar a personalidades de relieve sobre «El elemento femenino de las obras de Shakespeare», «El valor terapéutico del optimismo» y «Lo que conviene hacer en favor de la juventud».

Una vez al mes las dos señoras tomaban el té, y Arnold Ross se las arreglaba para salir de casa, pretextando negocios urgentes.

Emma frecuentaba las farmacias que expenden específicos para el fomento de la belleza femenina. Conocía el nombre de las mujeres elegantes, cuyo destino brillaba con el esplendor de un trono. Pronunciaba los nombres de específicos para el cutis en un tono de impúdica sencillez; incluso se permitía incorrecciones en la pronunciación, porque era la única manera de que los vendedores pudieran entender lo que pedía.

Tenía lindos estuches en el tocador, potes y botellas, aceites y cremas en abundancia, esmaltes y otras cosas que solo ella sabía. Uno de los recuerdos persistentes de Bun era su tía Emma, con atavíos tan extraños que parecía una cotorra. La tía no se fijaba en que el pequeño Bun la contemplaba: iba ella a medio vestir y se martirizaba metida en un corsé rígido; llevaba sobaqueras de goma y botas ajustadas con profusión de cordones apretados: aparecía sentada aplicando algo sobre las mejillas que quedaban espolvoreadas de blanco y rosa, mientras hablaba al niño de su marido muerto, quien, al decir de la viuda, no dejaba de tener virtudes a pesar del alcohol, y atesoraba un corazón dulce y generoso.

—Era un hombre excelente, mi marido... ¿Dónde estará?

Apenas terminaba la frase, lloraba un poco, se secaba las lágrimas y volvía a hacer ejercicios faciales con los colorines.

VI

El trépano seguía perforando la tierra bajo la presión de veinte toneladas; dos mil pies de acero y el vástago gravitaban sobre la perforadora. La roca dura se partía y quedaba reducida a polvo.

Un torrente de barro fluido descendía por el interior hueco del vástago y subía a lo largo de los tubos hasta la tierra. El barro fluido refrescaba el vástago y el trépano cuando se recalentaban, arrastraba el polvo de roca triturada y ejercía una presión en las paredes del hoyo abierto por la perforadora, que facilitaba el movimiento.

Arriba, en la superficie, había un estanque cenagoso, con un aparato para mantener las proporciones de la mezcla de agua y barro. Las bombas de inyección, aspirando y escupiendo aquella mezcla, la dirigían contra el vástago a una presión de doscientas cincuenta libras por pie cuadrado.

La perforación es siempre un trabajo poco limpio. Hasta que los pozos empiezan a producir se chapotea en el fango grisáceo; después se patina sobre petróleo.

Resulta también un trabajo costoso poner en acción el enorme peso de tubos de acero, que va siendo cada día mayor. Cuando la gran máquina de vapor empezó a moverse, las cadenas y los engranajes entraron en juego. Bun se dispuso a observar los rudos movimientos de la máquina: «¡Cincuenta caballos de vapor!», Bun imaginaba un tiro de cincuenta caballos de espaldas a una barra, dando vueltas para sacar agua de una noria, o bien el mismo tiro arrastrando una trilladora primitiva.

En California costaba mucho dinero horadar un pozo de petróleo. No era como en el Este, que tiene pozos poco profundos y de fácil explotación; en el Este se hacía camino tierra adentro dejando caer las herramientas. En California había que descender, a seis o siete mil pies de profundidad, lo que supone trescientas o trescientas cincuenta secciones de tubo. Había, además, en California, capas o estratos de arena porosa mezcladas con aguas subterráneas, y cuando se traspasaban, era preciso montar un tubo de acero o hierro forjado, de grandes dimensiones. Sección por sección, juntura por juntura, descendía el tubo para evitar la invasión de materias cenagosas; cuando estaba instalada la canalización, había que usar un trépano más pequeño al avanzar: un trépano de catorce pulgadas, por ejemplo: dejando reposar el apeo de encima sobre una especie de sólido soporte, parecido a una consola. A medida que se avanzaba, había que disminuir la proporción del trépano, y al llegar a las arenas petrolíferas, el hoyo se reducía a cinco o seis pulgadas.

Tratándose de un hombre prudente como Arnold Ross, se alargaba cada columna de apeo hasta la plataforma de la grúa, de manera que en la parte superior se pudieran tener cuatro juegos o series de envolturas, una dentro de otra.

La máquina funcionaba sin interrupción día y noche. En juego la cadena, la plataforma rotativa giraba continuamente y el trépano mordía sin cesar la roca. Era preciso contar con dos equipos que se relevaban tras doce horas de labor. Como había en el país pocas viviendas para la acumulación repentina del personal que exigían los trabajos, siempre se cedían los obreros, irnos a otros, la cama caliente. Era preciso que hubiera siempre un equipo en el tajo para vigilar. La máquina necesitaba agua, petróleo y aceite en abundancia. La bomba funcionaba sin interrupción y el lodo no podía estacionarse. La mezcla tenía que mantenerse en proporción constantemente, y el vástago a justa velocidad. Podían surgir entorpecimientos que costaban caros a Arnold Ross; llamaban a este por la noche, a horas intempestivas. Enviaba órdenes por teléfono, o bien se vestía apresuradamente y se personaba en el campo. A la hora del desayuno, contaba a Bun lo ocurrido. El contramaestre del equipo de noche era un bárbaro, empeñado en ir poco a poco, y contestaba si se le hacía alguna observación:

—Por lo visto, trata usted de que paremos por completo por averías importantes, que es lo que ocurrirá si vamos más deprisa.

Sobrevino, en efecto, la avería. Arnold Ross juraba que el contramaestre la había producido adrede. Había hombres capaces de todo, y con acelerar la marcha de la máquina, conseguían el intento.

De todas maneras, no dejaban de ser posibles averías y entorpecimientos, y era preciso poner remedio desmontando la extensa tubería por secciones. Se desencajaban las piezas, se trataba de «pescar». Se titubeaba hasta conseguirlo, pescándose la pieza inutilizada, que se reemplazaba. El contramaestre anunciaba nuevos entorpecimientos si se le obligaba a alterar la marcha.

Arnold Ross pasaba el día en su despacho, en el barrio de los negocios de la ciudad. Tenía un taquígrafo y un tenedor de libros y no faltaban en el despacho los planos de los pozos que explotaba. Solían ir allí gentes de diversa catadura a ofrecerle nuevos negocios, intrépidos corredores y agentes que vendían artefactos nuevos o querían convencerle de que las cubiertas de acero laminado duran más tiempo que las de hierro forjado. Algunos le enseñaban el modelo de un nuevo trépano, que funcionaba con admirable exactitud, según ellos, en el campo del Palomar.

Arnold Ross lo examinaba todo; algo podía interesarle, ciertamente, aunque ¡pobre del agente que no llevaba datos puntuales y exactos! El negociante sabía al detalle lo que producían sus pozos y llevaba minuciosos registros, que presentaba al desconcertado corredor para ponerle en evidencia.

Llegaba el cartero con noticias de los pozos, y Arnold Ross contestaba cartas y telegramas. Otras veces llamaba por teléfono. Un día dijo, al volver, a su hijo:

—Ese imbécil de Impey se ha roto una pierna en Lobos River. ¿Te acuerdas? Es aquel del bigote negro...

Bun dijo que se acordaba vagamente.

—Le despedí, y volvió al trabajo porque pensé que tiene hijos y mujer. Le hallé entre las cadenas y la máquina, y sabía él que esta no tenía válvula de seguridad... Trataba de apoderarse del extremo de un cable, y fracasó. ¿Para qué hemos de preocuparnos de gente que no sabe resguardar los dedos y la cabeza? ¡Idiota! No me explico que lleguen a vivir lo suficiente para que tenga tiempo de crecerles el bigote.

Así tronaba Arnold Ross, explanando su tema favorito sobre la estupidez de la clase obrera, de la que no tenía más remedio que valerse. Sus palabras eran intencionadas. El sondeo es oficio peligroso, en el mejor de los casos, y era preciso que Bun aprendiera la lección para cuando fuera a huronear en busca de petróleo.

Llegó un telegrama de Lobos River. ¡Avería en el número 2! Se perdió un juego de herramientas, y cuando estaban buscándolas, un operario dejó caer otra herramienta. Estaba el trépano a cuatro mil pies, y se trataba de una operación costosa. Se hubiera dicho que aquel pozo estaba embrujado. ¡Seis semanas de retraso, y tres averías!

Arnold Ross no podía dominar su impaciencia, y se estuvo comunicando con frecuencia por teléfono. Nada podía hacerse y fracasaban las distintas tentativas. El negociante daba indicaciones sobre nuevas maniobras, pero todo era en vano. Se cerraba el agujero y perdían terreno tras cada fracaso. La primera herramienta se pudo sacar, pero no la segunda.

A la tercera jornada, por la noche, Arnold Ross decidió ir al pozo. Le gustaba vigilar a los que trabajaban. Dio un salto Bun, y dijo a su padre, al enterarse:

—¡Llévame!

—¡Claro que sí!

La abuela hizo algunas objeciones.

—Se descuida la educación de Bun –apuntó la anciana.

—Ya tendrá todo lo que le queda de vida para aprender historia y preceptiva literaria. Lo mejor es que se entere de cuanto tiene relación con el petróleo, mientras yo pueda enseñárselo.

Quiso Emma que el profesor protestase en nombre de los sagrados fueros de la poesía, pero Eaton, el pedagogo, se revistió de prudente silencio. ¡Sabía, por experiencia, quién tenía en aquella casa las llaves de la caja!

Por lo demás, la controversia tenía pocos atractivos para el profesor: escribía una memoria para obtener la licenciatura y dedicaba sus ocios a contar las rimas de ciertos dramaturgos anteriores a Elisabeth.

VII

Tomaron el camino del pozo. Recordó Bun las peripecias de la última excursión, la fonda y la charla de la camarera, el depósito de gasolina, lo que dijo quien lo regentaba y la carrera del agente y del automovilista. Aquello fue para Bun el espectáculo de una pesca, como no lo es la que se hace en el río o en los pozos de petróleo, una pesca accidentada y dramática.

—Los peces gordos huyen –dijo Arnold–, porque se van a otros parajes... Lo mismo ocurre con los agentes que vigilan la carretera.

Un policía les siguió hasta que salieron de Beach City, y les espió cuando pasaban por una «ratonera». Sonrió Arnold Ross y se felicitó por no ir deprisa.

Llegaron por la noche a Lobos River. Los obreros estaban en momentos comprometidos, tratando de «pescar» la herramienta, revisando los tubos y trabajando con un sistema especial de arpones.

El millonario dijo lo que se proponía en un tono que todos entendieron. «Si no es posible encontrar hombres capaces de guardar la propia integridad física, es explicable que les interese menos aún el pozo y el negocio».

Permanecían los obreros en pie, como colegiales que oyen una reprimenda. El que tuvo la culpa de todo no estaba ya entre sus compañeros; había sido despedido.

Se presentó, sin saber cómo, un hombre en el tajo; dijo que era dueño de un aparato patentado para resolver el conflicto y «pescaría» la herramienta, añadiendo que garantizaba el resultado. Puesto a prueba el aparato, no solo fracasó, sino que quedó también en el pozo. Seguramente estaba hincada la herramienta, de través. Arnold Ross insinuó que era preciso recurrir a la dinamita.

¿Habéis oído una explosión a cuatro mil pies bajo tierra? Pues así recuperaron la herramienta perdida. Inmediatamente empezaron los trabajos necesarios para reparar los desperfectos y hacer limpieza en el pozo.

Así aprendía Bun las lecciones de su padre. Correteaba por el campo con Arnold Ross, el geólogo y el capataz del sondeo, cuando estudiaban emplazamientos de otros pozos.

El negociante, con un lápiz y un sobre, explicaba a Bun por qué se disponen los pozos en los cuatro vértices de un rombo y no en los cuatro de un cuadrado. Podía Bun tratar de comprobar aquella teoría trazando un círculo alrededor de cada pozo para marcar la porción de terreno productor de petróleo. La disposición en rombo supone que las zonas avanzan menos una sobre otra, y si hay avance se horadan dos pozos para sacar el mismo barril de petróleo, cosa que solo se le puede ocurrir a un idiota.

Volvieron a Beach City y se encontraron con Berta. Era hermana de Bun, y tenía dos años más que él. Volvía la joven de pasar una temporada en la mansión de Woodbridge Riley, donde acudía a una renombrada escuela.

Intentó Bun contar a Berta las peripecias de Lobos River. La niña contestó de manera terriblemente mordaz, llamándole «gnomo del petróleo», y diciéndole que tenía unas uñas horribles. Parecía que Berta se avergonzaba de tener que ver con el petróleo, lo cual era algo extraño, ya que antes se interesaba en el negocio y discutía con Bun, dirigiéndole como corresponde a una hermana mayor.

Bun no sabía qué pensar oyendo a su hermana, y a fuerza de observar lo que hacía y lo que quería decir, acabó por sospechar que todo se deducía de la educación que daban a Berta en el elegante colegio de la señorita Castle.

Tía Emma tenía la culpa de todo. Concedió al millonario el derecho de limitar la instrucción de Bun al aprendizaje de ganar dinero, pero Berta debía vivir como una damisela, lo cual significaba que podía gastar el dinero que ganasen padre e hijo en los negocios. Se informó Emma del colegio más propio para pensionado de futuras millonarias, y, desde entonces, apenas veía la familia a Berta. En época de vacaciones, iba a visitar a sus amigas del internado.

Berta no se atrevía a invitarlas, porque en su casa no había mayordomo. Rodolfo era un zafio declarado.

Usaba Berta una jerigonza nueva y extraña para expresarse. A lo mejor salía con que su interlocutor «era un ciruelo cargado de fruta». La frase tenía su intención y su antecedente histórico, según Berta, antecedente que no descubría. Hacía una pirueta y exhibía su fantástica ropa blanca con cintas color violeta, mientras reía a carcajadas y se permitía otros ejercicios de sociedad.

—¿Acaso no soy una damisela moderna que va a la hora?

Esta y otras frases asustaban a la abuela y hacían sonreír a Arnold Ross con leve dejo burlesco.

Sufría Berta extraordinariamente por las incorrecciones fonéticas de su padre.

—No digas «jist», papá, a Berta.

Este sonreía, y replicaba:

—Llevo diciendo esa palabra cincuenta y nueve años «jist».

A pesar de todo iba repitiendo Arnold las incorrecciones con menos frecuencia. Así es como progresa la civilización.

Condescendió Berta, por fin, transigiendo con Bun, y fue al campo para presenciar la construcción de nuevas grúas. Paseando los dos hermanos hallaron a la señora de Groarty, que se apeaba del Ford frente a su casa. Bun se alegró y quiso hacer las presentaciones de rigor.

Berta adoptó el aire más glacial y reprendió a Bun, al dejar a la señora de Groarty, por la escandalosa vulgaridad de gusto que demostraba su hermano. Podía este tratar a toda clase de gentuza, pero no tenía necesidad de poner a Berta en un brete.

El chiquillo no comprendía, ni llegó a comprender jamás, que ciertas personas se desinteresasen tanto del resto del mundo. Habló a Berta de la amistad de Pablo, insistiendo en que era un hombrecito modelo, pero la colegiala dijo que Pablo era un chiflado y un grosero, un ente despreciable. Se alegraba Berta de que los dos amigos no hubieran vuelto a encontrarse, persistiendo siempre en una actitud despreciativa respecto a Pablo, que duró toda la vida.

Bun se desconcertó. Era difícil para Berta admirar nada que no fuera dinero, y podía ella, mediante una sabia intuición, clasificar a las personas por su capital. ¿Cómo admirar a un hombre empeñado en no tener más dinero que el que ganaba con su esfuerzo?

Seguía Berta la tendencia de su carácter, y Bun la suya propia.

La cólera de Berta produjo en Bun mayor admiración hacia Pablo. Le veía alto y solitario como una cima, espíritu casi legendario, personaje de maravillosas cualidades, el único que despreciaba el dinero del millonario.

No dejaba Bun de visitar a menudo a la señora de Groarty para saber noticias de Pablo. Un día la obesa señora le dijo que tenía carta de Ruth, la hermana que tanto quería el fugitivo: «No podemos decirle nada de Pablo. En esta casa poco bueno ocurre, y nos cuesta trabajo vivir, hasta el extremo de que matamos una cabra de vez en cuando para alimentarnos».

La señora de Groarty dijo que era escandaloso devorar el capital.

Supo Bun otro día, por la misma señora, que Pablo había escrito desde el norte, enviando un billete de cinco dólares y diciendo que se gastaran en comida y no se diera a los misioneros. Añadía el valiente nómada que no podía resistir en una ciudad determinada. «¿Cómo ahorrar con salario de aprendiz?», terminaba preguntando Pablo.

Las nuevas del fugitivo no hacían más que poner al rojo vivo la admiración de Bun, quien tuvo la secreta inspiración de enviar un billete de cinco dólares a Ruth Watkins, llevando él mismo la carta al correo.

La señora de Groarty recibía muy a gusto las visitas de Bun; este sabía que la matrona le miraba con tanto interés como si fuera un pozo de petróleo. Bun se libraba del asedio de la señora entregando a la voracidad de esta algunas informaciones relativas a los negocios. Pidió Bun a su padre informes de Sliper y Wilkins, y contestó Arnold Ross que eran unos fanfarrones. Las parcelas medias firmaron, a pesar de todo, con la pareja, y no tardaron en arrepentirse. El primer paso que dieron Sliper y Wilkins fue vender la concesión a un sindicato; inmediatamente instalaron una tienda en la parcela contigua a la de los Groarty, y se sirvieron allí desayunos gratuitos a multitud de gentes que un charlatán reclutaba por las calles de Beach City, con el cebo de la propaganda, la promesa de unos bocadillos y el anuncio de ganancias fabulosas.

Se instaló una grúa a toda prisa, y se llamó el negocio «Bonanza número 1». Se horadaron unos cien pies, aproximadamente.

La señora de Groarty se sentía en el cielo, y gastó mil dólares en acciones. Aunque la gente pisoteara el jardín de los Groarty, ¿qué importaba? Cuando se abriera un segundo pozo, dejaría la casa y se instalaría en un barrio mucho más elegante.

En una de las visitas vio Bun reflejada intensa inquietud en el rostro de la señora de Groarty. Se habían detenido los trabajos. En algunos periódicos se decía que todo iba bien, pero, en realidad, no progresaba el negocio. Disminuyó la venta de acciones; el charlatán se retiró discretamente, y el sindicato traspasó a otras manos la explotación, cediéndola en arrendamiento.

El sondeo no se reanudó y la pobre señora de Groarty intentó que indagara Bun lo que ocurría, valiéndose del millonario. Este no sabía nada; nadie supo tampoco la verdad hasta que transcurrieron seis meses; bastante después de triunfar Arnold Ross con su pozo.

En los periódicos aparecieron títulos llamativos expresando que los tribunales estaban a punto de exigir responsabilidades a los asociados del Sindicato Bonanza, por ventas fraudulentas de valores petrolíferos.

Arnold Ross hizo notar a Bun que se trataba, probablemente, de un escándalo; que los autores de esas informaciones debieron recibir algunas «visitas», y que a consecuencia de ellas cesó la campaña de escándalo.

No era posible continuar el sondeo; nadie se prestaba a creer que se tratara de un negocio. En cambio, se había acabado un pozo de doscientos barriles en un terreno inmediato, lo que no era cosa importante. Cundía el pesimismo. Los periódicos aseguraban que la pendiente del sur era, decididamente, de segunda categoría.

Mientras la fama de Arnold Ross llegaba al cénit, halló Bun, en una calle, a Dumpery, que se apeaba de un tranvía, después de trabajar sobre un tejado; a Sahm, el estuquista, que cultivaba su jardincillo y regaba unas plantas de maíz. Veía también el niño a la señora de Groarty dando comida a los pollos o limpiando las conejeras, pero no pudo admirar nunca el fantástico vestido amarillo de otro tiempo. Entraba y se sentaba Bun, para inspirar familiaridad, y usaba siempre la más exquisita cortesía. Dos cosas seguían en aquella casa destinadas a ser imperecederas: el libro que guiaba a la señora de Groarty para alternar en sociedad, y la fantástica escalera que no conducía a ninguna parte. El libro estaba mucho más deteriorado.

Bun lo escrutaba todo con avidez, y tomaba nota del menor detalle. Entonces se daba perfecta cuenta el jovencito de lo que decía su padre: «Los negocios petrolíferos se parecen a las cosas celestiales, ya que son muchos los llamados, y pocos los elegidos».

VIII

Sobre la colina estaban las grúas. Los equipos se disputaban la primacía en alcanzar el precioso tesoro. Todo el día podían verse los blancos penachos de vapor que se desprendían de las máquinas. Brillaban las luces por la noche; de sol a sol, lo mismo que entre sombras, se oía el estrépito de la maquinaria. Los periódicos daban cuenta de los resultados, y más de cien mil especuladores y aspirantes a la opulencia se trasladaban a los campos donde tenían las tiendas y contrataban más y mejor; cercaban y asaltaban la ciudad los merodeadores de dinero que, mostrando cwotizaciones, vendían valores petrolíferos a personas que no hubieran sabido distinguir una grúa de un tobogán.

¿Quién ocupaba el lugar de honor en las informaciones periodísticas? Es preciso hacer esta suposición: Ross-Bankside número 1. El millonario vigilaba incansablemente, de día y de noche. Conocía y animaba a los obreros y no ahorraba una reprimenda, si la creía oportuna. El pozo tenía ya tres mil doscientos pies y se llegaba a la primera capa de arena petrolífera. Se empleaba un trépano de ocho pulgadas. Arnold Ross sostenía que era preciso conocer con todo detalle las capas de tierra, sin dejar nada al azar, ni descuidar el más insignificante dato. Aprendía Bun a distinguir las pizarras arcillosas y los conglomerados. Se aficionaba a las operaciones de sondeo y oía al geólogo. Cuando aparecían señales de petróleo, era preciso hacer análisis químicos y Bun se acostumbraba a la nomenclatura de los términos que figuraban en los informes. No había en el mundo dos minas de petróleo parecidas entre sí: cada una de ellas era un enigma que rendía beneficios colosales, si se sabía arrancar el secreto.

Ordenó Arnold Ross que se preparara el trasporte de tanques. Tenía el millonario dinero contante y podía exigir que se le entregaran los depósitos en la misma concesión. Si fracasaban las esperanzas de obtener raudales de petróleo, siempre podían venderse los tanques.

Llegó, pues, una fila de pesados camiones, y se amontonaron en el terreno láminas de acero plano y curvo, que se adaptaban una a otras perfectamente.

Los compradores de acciones, aunque mustios y cabizbajos, no dejaron de darse cuenta de todo. Circulaban día y noche alrededor de la grúa, tratando de adivinarlo todo con avidez creciente. Intentaban sobornar a cualquier hombre que les pareciese capaz de rendimiento, o entrar en conversación con su mujer.

Bun era popularísimo en Beach City. Asombraba el crecido número de ciudadanos amables que se sentían enternecidos, dispuestos a obsequiarle con cremas heladas y estuches de golosinas. Arnold Ross prohibió a su hijo decir una sola palabra a los desconocidos y mezclarse con ellos. Incluso puso fin a las discusiones familiares en el comedor, a causa de que Emma no era reservada como convenía; charlaba en el club, y las señoras lo contaban todo a sus maridos, además de juzgar por su cuenta sirviéndose de las inspiraciones del millonario.

Las muestras de petróleo fueron siendo evidentes, y Arnold Ross dio órdenes para que estuviesen a punto los tanques. Se oyó el martilleo de remache, y se elevaron, como por arte de magia, tres cubas de diez mil barriles pintadas con minio de rojo deslumbrante. Y fue entonces (¡silencio!), cuando se encontró la verdadera capa de petróleo.

El millonario contrató un equipo de personal mexicano para abrir una trinchera destinada al paso de una tubería. Sabuesos de toda calaña descubrieron el objetivo de Arnold Ross, y la ciudad no pudo ya contenerse.

A media noche saltó el millonario del lecho, llamó a Bun y corrieron al campo. Se habían presentado las primeras señales de la presión. El lodo empezaba a borbotar en el pozo. Se había detenido el sondeo, y los hombres revisaban apresuradamente la gran cubierta que coronaba la maquinaria, colocando encima sólidos bloques de cemento a fin de que la presión se mantuviera constantemente en la parte baja. Todo el petróleo iría a los tanques y desde allí a la cuenta bancaria de Arnold Ross.

Era ya tiempo de impermeabilizar el pozo. Se contaba con una gran capa de petróleo, efectivamente; estaba bajo un macizo de roca dura, impregnado de un gas que hacía presión. Horadada la roca, el petróleo y el gas iban a llegar arriba, pero solo si no colaba el agua de las capas superiores. A través del sondeo se encontraron corrientes; era preciso establecer en la parte baja del pozo un gran tapón de cemento macizo que atajara corrientes e infiltraciones, cegando las grietas.

Una vez sujeto el bloque, se haría un orificio y podría seguirse el procedimiento hasta hallar las arenas petrolíferas, de manera que no se infiltrara el agua y ascendiera el petróleo. Era la parte crítica de la operación, y el equipo estaba en vilo –sin excluir al propietario y al hijo–. Como Arnold Ross era hombre precavido, hacía llegar la tubería cubierta hasta la plataforma de la grúa; se inyectaba agua clara y se hacía el lavado a bomba, hasta que el pozo quedaba libre de lodo y de petróleo. Los obreros que trabajaban el cemento llegaron con un camión a punto de salir en dirección a cualquier pozo. Conducía otro camión sacos de cemento puro, sin arena. Había que acabar en una hora, antes de que el cemento se secara.

El procedimiento era ingenioso y producía una emoción magnífica; adaptaban a la tubería un dispositivo de hierro fundido, a manera de bala, con discos de caucho en sus partes superior e inferior. Se vertía cemento, una vez trabado sobre los discos de caucho flotantes en el agua del tubo. El líquido grisáceo se precipitaba con rapidez y las bombas funcionaban rechazando aquel. En media hora se llenaba una extensión de cientos de cientos de pies de tubería; se introducía luego una bala de caucho perfectamente ajustada, que limitaba con la primera el cemento contenido en el interior.

Cuando se llegaba al cabo de la tubería, la bala inferior caía al fondo del pozo, se extendía el cemento, accionaba la presión sobre la bala superior, y el tapón, de cien o doscientos pies de alto, cerraba el paso al agua.

¿Pueden mencionarse muchas maniobras de parecido interés? Vencía el ingenio humano los obstáculos de la Naturaleza. Un equipo de operarios corría en todas direcciones como hormigas, y entre un torbellino de movimientos permanecían seguros y dominadores.

Terminaba la operación y era preciso esperar diez días para que se consolidara por completo la masa de cemento.

Un investigador del Estado se personó en el tajo para comprobar que se había conseguido cerrar el paso al agua. En caso contrario, había que empezar de nuevo. Algunos pobres diablos tuvieron que repetir veinte o treinta ensayos. El avisado y prudente Arnold Ross no fracasaba nunca. Conocía los mejores procedimientos para domar el éxito, y conocía también a los burócratas que llegaban para hablarle en nombre del Estado.

De cualquier manera obtenía el obligado permiso, y el trépano de seis pulgadas horadaba las arenas petrolíferas. Se comprobaba la presión con frecuencia para atemperarla debidamente, ya que el exceso podía perjudicar tanto como el defecto.

La emoción no podía contenerse y las pulsaciones se aceleraban progresivamente. Era como si amaneciera el día de Reyes y se quisiera ver los regalos.

La muchedumbre se agolpaba junto al pozo, y era preciso contener a los curiosos colocando grandes cartelones con avisos y amenazas.

Dijo Arnold Ross que se había llegado ya a bastante profundidad, puesto que se estaba colocando la última tubería envolvente, agujereada como una criba para dar paso al precioso líquido. Se trabajaba de firme.

Arnold Ross y su hijo iban manchados de petróleo y de fango. Una vez el tubo completamente dispuesto, se sacaron las herramientas y se lavó el pozo echando agua fresca para limpiarlo de fango y arena. La operación continuaría durante cinco o seis horas. Arnold Ross y Bun pasarían ese tiempo durmiendo.

Cuando volvieron, se procedía al agotamiento. La presión del gas y del petróleo estaba retenida por la columna de agua.

Emplearon un vaciador o cubeta de cincuenta pies de largo y la operación se repitió sucesivamente hasta comprender la necesidad de no descender tanto. Se aproximaba el fin. Uno o dos viajes de la cubeta, y el agua se proyectaría fuera del pozo. Fango, agua y petróleo brotarían hasta más arriba del extremo de la grúa.

Era preciso ahuyentar a los curiosos y ordenar enérgicamente a los fumadores que apagaran los cigarros... ¡Por fin! Se oyó el ¡hurra! de los obreros. Todo el mundo escapó a paso redoblado, librándose de la grasienta llovizna de petróleo que empujaba el viento.

El surtidor brotaba con ímpetu. El ruido era un silbido que zumbaba sin cesar y saltaba hacia arriba y hacia abajo. En aquella hora crepuscular, el cielo era de color púrpura.

—¡Apaguen el fuego! –gritaba sin cesar Arnold Ross.

Nadie tenía derecho ni siquiera a poner en marcha un automóvil mientras escupiera el pozo.

Tan pronto se dejaba libre la salida, como se interceptaba. Era misterioso todo aquello; emocionante, en verdad, entre tinieblas. Por último, se ensayó el tubo conductor entre la última cubierta y el depósito o tanque, y llegó al depósito el petróleo. Era un simple derrame, un derrame mágico.

La capacidad de los tanques indicaba que se obtenían treinta mil galones por hora. Bastó la mañana para que se llenara el depósito.

La noticia trastornó a los habitantes de Beach City, como si un ángel hubiese aparecido entre nubes resplandecientes, arrojando monedas de oro de veinte dólares. La Ross-Bankside número 1 había hecho pruebas en todo el flanco norte. Para los millares de especuladores, la esperanza se convertía en triunfante realidad. No se podía callar semejante noticia, ni estaba en las posibilidades de la naturaleza humana dejar ociosa la lengua con temas tan candentes y extraordinarios en perspectiva.

Los periódicos publicaron detalladas informaciones. El pozo rendía dieciséis mil barriles diarios. La densidad del petróleo era de treinta y dos, y los beneficios ascenderían, a los pocos días, a más de veinte mil dólares diarios.

¿Será preciso decir que dondequiera que se presentaran el millonario y su hijo, les miraba la gente con ojos desmesuradamente abiertos? Aquel muchachito era hijo del opulento y triunfante magnate, su continuador y heredero.

—Puede decir que le llueven trece dólares por minuto, tanto si llueve como si no, si es de día o de noche. ¡Por todos los dioses! ¡No se quedará sin comer, el tal Arnold Ross, con esa renta!

No podía Bun dejar de comprender la expectación que despertaba, y pensaba que era un ser extraordinario. Sentía estremecimientos, y hasta se creía capaz de volar, como si la fortuna le liberara.

—Acepta las cosas con serenidad, hijo mío –dijo el padre–. Que no se te suba el éxito a la cabeza. Recuerda que no has ganado tú ese dinero y que si obras con ligereza, lo perderás irremediablemente.

El millonario era razonable. Había pasado ya por dos bautismos de petróleo, en Antelope y en Lobos River. No le fueron extraños en otro tiempo los delirios de grandeza y comprendía el estado de ánimo de Bun. Era muy agradable tener montones de dinero, pero el más saludable y prudente aviso era el del esqueleto sentado a la mesa del festín, que dijera al contemplar cómo se bebía a grandes sorbos el vino del triunfo: *Memento mori!*

IV.
La granja

I

No tardó en llegar la época en que Bun acostumbraba visitar a su madre. Esta no llevaba el apellido del padre de Bun. Se llamaba señora Lang, y vivía en un chalet de las afueras de Angel City. Por un convenio establecido hacía cierto tiempo, la señora Lang retenía a Bun una semana cada seis meses. El chiquillo sabía que se aproximaba el tiempo de ir con su madre, y experimentaba emociones complejas.

La señora Lang era dulce y suave; acariciaba a su hijo de la manera que él deseaba y tanto echaba de menos. Quería ser para él la madre perfecta. A pesar de todo, la visita era embarazosa, ya que Bun ignoraba concretamente las causas que separaban a sus padres, pero comprendía que entre ellos había algo extraño que los mantenía a distancia.

La señora Lang interrogaba a Bun sobre los asuntos del millonario, y el niño sabía que a su padre no le gustaba que se comentara nada que le afectara. Se quejaba siempre la madre de carecer de dinero; solo tenía una pensión de doscientos dólares al mes. ¿Iba a vivir con tan poco dinero una encantadora y joven divorciada como aquella?

La factura del garaje quedaba siempre en descubierto. Hacía la madre tales confidencias a Bun, esperando que este podría procurar algún remedio. Arnold Ross no quería ni oír hablar de aquellos asuntos. La divorciada lloraba desesperadamente diciendo que su marido era un tacaño y un tirano.

Por otra parte, había leído la señora Lang en los periódicos ciertas informaciones sobre el negocio de los pozos y sabía exactamente que Arnold Ross podía contar con dinero en abundancia. Trató de que Bun persuadiera al millonario para que aumentara la pensión, aunque hizo hincapié en que el chiquillo no descubriera la iniciativa de la madre. La extraña propuesta de la señora Lang sorprendía a Bun en el preciso momento de renunciar el niño a decir mentiras.

Los amigos de la señora Lang iban a verla, con escándalo del hijo, cuando se hallaba con ella. Aquellos caballeros podían ser o no ser agradables a Bun, y, sin embargo, se plantaban allí como dueños. Cuando volvía Bun a casa de su padre, tía Emma le hacía preguntas que evidenciaban su deseo de saber algo acerca de los amigos, aunque procurando que Bun contestara sin darse cuenta de la estratagema.

El chiquillo se fijó en que su padre no aludía jamás a semejantes asuntos. Cuando tía Emma se refería a ellos, era siempre en ausencia del magnate.

Tales cosas producían un efecto especial sobre Bun. Así como Arnold Ross tenía en el banco una caja de caudales que nadie más que él mismo podía abrir, Bun tenía un lugar secreto en su propia conciencia.

Aparentemente, era un jovenzuelo franco y alegre, de imaginación prematuramente aventajada. Su vida era doble. Adquiría ideas y las guardaba con el afán de una ardilla para esconder las nueces y mordisquearlas después. Había nueces buenas y malas; aprendió Bun a conocerlas, y separó unas de otras.

Resultaba claro que en las acciones de los seres humanos se advertía una especie de tácito acuerdo, una conspiración silenciosa para impedir a Bun conocer el pasado, rincones oscuros y misteriosos en las vidas de quienes le rodeaban. Bun respetaba en otro tiempo los secretos de su padre, pero las cosas no podían seguir así. La mente trata siempre de llegar a ensanchar la comprensión. No solamente los pájaros, los pollos y los perros eran motivos para excitar la imaginación; las estúpidas personas mayores persistían en hablar de manera que Bun no tenía más remedio que dudar.

Emma tenía la firme convicción de que todas las señoras iban detrás de Arnold Ross, haciéndole la rosca y expresando con los ojos situaciones patéticas.

Arnold Ross sufría una extraña preocupación si recordaba haber estado galante con una señora, y no deseaba que Bun compartiera las preocupaciones de la viuda. La verdad era que tía Emma acabó por irritar a Bun y este decidió no dar la menor explicación sobre si su padre comía o no con alguna linda señora. Era un arte mundano el que adquiría Bun, aunque el secreteo de unos y otros le producía irritación. ¿Por qué no hablaban todos con franqueza? ¿Qué significaban tantos enredos y tantas reticencias?

II

En el lote Ross-Bankside número 1 tenía intención el millonario de instalar una nueva grúa. No tardó en montarse, y las herramientas se trasladaron a la explotación. Se instalaron, además, un par de grúas. Había, en total, cuatro pozos en los cuatro vértices de un rombo de trescientos pies de lado.

Fue preciso contratar a una agencia de trasportes para trasladar los muebles de las oficinas del socio de Arnold Ross al nuevo domicilio del mismo, lo que no representaba una extorsión para Bankside, que se había instalado anteriormente en un magnífico palacio bien dispuesto frente al mar y cerca de la vivienda del millonario.

Bankside vivía espléndidamente. Tenía dos automóviles: uno servía para conducir a Bankside al club, por las tardes, a jugar al golf.

La familia Bankside iba acostumbrándose a la presencia de un mayordomo. Se había propuesto a la señora para entrar en uno de los más exigentes círculos femeninos.

En el Oeste se entendía que cuando se eleva el nivel mundano de una familia, se requiere un cambio completo, sin descuidar ningún matiz.

Bun y su padre hicieron otra excursión a Lobos River y vencieron, no sin dificultad, los inconvenientes que presentaba el número 2, llegando a contar con un pozo excelente. Tenían que construir dos grúas más y adquirir material. Era ese y no otro el procedimiento para conquistar el petróleo; tan pronto como se tenía dinero había que hacer nuevos sondeos y surgían, naturalmente, nuevas responsabilidades.

El juego de las circunstancias determinaba la acción incesante. Era una carrera en la que se disputaban enormes riquezas. Cuando se tenía un pozo, había que construir otros laterales para proteger al primero de las gentes que tenían ciertos derechos y acababan por apoderarse del petróleo del negocio inicial.

No dejaban tampoco de surgir complicaciones para el comercio, y, por una sucesión racional de argumentos, se llegaba a la conclusión de la conveniencia que representaba contar con una refinería propia y ser por completo independiente.

Pero la independencia se pagaba cara, porque se necesitaba mucho petróleo para alimentar la refinería, y depósitos propios para favorecer la venta. ¡Duro juego, que hundía a los colegas de escasa potencia económica! Por poderoso que se llegue a ser, hay siempre alguien más poderoso.

Arnold Ross no tenía obstáculos. Todo iba a pedir de boca. Se le ocurrió ensayar, en pleno triunfo, un sondeo más profundo en uno de los antiguos pozos de Antelope. A pesar de las pocas probabilidades de éxito, este se produjo sin hacerse esperar. Habían llegado a una capa nueva de arenas petrolíferas. Otros pozos, hasta dieciséis más, brotaron como surtidores de oro.

Se planteó un nuevo problema. No había cañería de distribución en el campo de Antelope, y era preciso montarla. Hubiera querido Arnold Ross que otros negociantes se aliasen con él, y propuso un acuerdo. Bun miró a su padre y le dijo muy serio:

—¿Olvidas que estamos cerca del 15 de noviembre?

—¿Y qué, hijo?

—Me dijiste que iríamos a cazar codornices.

—Es verdad, Bun, pero estoy abrumado en estos momentos.

—Porque trabajas en exceso. Dice tía Emma que estás abusando de tu salud, y lo mismo cree el médico.

—¡Ah, picaruelo! ¿Y crees que el médico me receta codornices?

Por el gesto de Arnold Ross conoció su hijo que iba a hacer concesiones.

—Podríamos volver a casa por el valle de San Elido.

—Tendremos que desviarnos del camino más de cincuenta millas.

—Todo lo que quieras; pero puedo decirte que nunca se acaban allí las codornices.

—Las hay más cerca de casa.

—Ya lo sé...

—¿Qué te propones?

—No he pasado nunca por allí, y me gustaría conocer aquella comarca.

—¿Esa, precisamente?

Bun se sintió un tanto perplejo. ¿Le consideraba su padre como un extravagante?

—Vive allí la familia Watkins.

—¿Qué familia es esa?

—La de Pablo. ¿No te acuerdas de aquella noche?

—¿Sigues preocupándote por aquel chiflado?

—Es que encontré ayer en la calle a la señora de Groarty, y me habló de esa familia; dice que están muy mal; que van a verse obligados a vender la granja al banco porque no pueden pagar los intereses de la hipoteca... Ya sabes que la señora de Groarty no tiene dinero: lo gastó en comprar acciones muertas. Ha de vivir de lo que gana su marido, que es sereno de un almacén.

—¿Y qué intenciones tienes?

—Me parecería muy bien que adquirieras el crédito del banco para que los Watkins puedan seguir en la granja. Es una vergüenza que se arroje a gente así de su propia casa, después de pasarse la vida trabajando.

—Todo el mundo se ve en el mismo trance, si no cumple sus obligaciones, hijo.

—Pero cuando no tienen la culpa...

—Habría que instruir un proceso y recopilar datos y más datos para averiguar de quién es la culpa, y los bancos no llevan libros de esa clase.

Al ver el padre que el rostro de Bun se contraía en una expresión de protesta, le dijo con firmeza:

—Llegarás a descubrir que hay muchas crueldades en el mundo, y que no podemos remediarlas. Tarde o temprano convendrás en que tengo razón.

—Permíteme, papá; hay en la casa verdadera miseria. Pablo se fue, y carecen de medios... La señora de Groarty me enseñó un retrato de la familia. Se ve que son excelentes personas que han trabajado toda su vida. No estaría bien si les dejáramos abandonados. Me dijiste que ibas a comprarme un coche... Prefiero que emplees ese dinero en adquirir la hipoteca. Son menos de dos mil dólares, y eso no representa nada para ti.

—Lo sé, hijo; pero nunca podremos desprendernos de ellos, si les ayudamos ahora.

—Creo que te equivocas; los Watkins son muy dignos. La señora de Groarty dice que no aceptarán tu dinero, como no lo aceptó Pablo... Pero no pueden impedir que tú compres la hipoteca al banco... Hay otra solución: compra la tierra, y la cedes a Watkins en arrendamiento. Un tío de Pablo dijo que vio petróleo en esa finca.

—Hay millares de campos así en California. El petróleo a flor de tierra no es nada extraordinario. Sin embargo, ¿emplearías dinero en una empresa quimérica?

—De momento, sería tuyo el campo y no compartirías los beneficios con nadie. ¿Por qué no te haces con esa propiedad? Acampemos unos días allí, cacemos codornices, intentemos resolver el asunto, ayudamos a la familia de Pablo y, de paso, descansas una temporada.

—Programa completo... Conforme.

Habló así Arnold Ross, que se alejó momentos después, mientras pensaba: «¡Qué ocurrencias le nacen a este chiquillo en la cabeza!».

III

El valle de San Elido linda con un páramo y hay que atravesar una zona de tierra desnuda para llegar a él: rocas cocidas por el sol, con escasas, grises y polvorientas plantas esteparias. Se pasaba por una carretera muy cuidada y pavimentada. El país sirvió de tránsito para las caravanas, que en otro tiempo lo recorrieron con fatiga y peligro.

De vez en cuando los coches quedaban en el páramo con el radiador reseco, y los hombres podían considerarse afortunados si salían del trance con vida.

Cavando en la tierra a bastante profundidad se hallaba agua, por lo que se veían, de tanto en tanto, pequeños oasis con cultivos de alfalfa y frutales. En largas extensiones de aquella tierra, el suelo era blanco como la sal.

Cayeron algunos hombres en la trampa al pasar por el país, y se lanzaron a absurdas empresas. El que llegaba de otras zonas al Oeste y veía los frutales, comprando una superficie considerable y creyendo hacer un buen negocio, pagaba a cien dólares el acre. Plantaba árboles frutales y los regaba pacientemente, pero no crecía nada más que la alfalfa, y en escasa proporción. El granjero se veía obligado a arrancar los árboles, y quedaba libre el cazadero de bobos.

Sujeto al estribo del automóvil se veía un paquete grande cubierto con tela impermeable: era una tienda de campaña.

Bun se sentía en plena ráfaga de felicidad ante la perspectiva de vivir a la intemperie, como los hombres de diez mil años atrás. Sostenía con cada mano una escopeta de repetición, que no abandonaba. Le gustaba el contacto de las armas; por otra parte, no era legal llevarlas en estuches o fundas.

Cerca del borde del valle se bifurcaba un camino polvoriento que tenía esta indicación en un cartel: «Paradise, ocho millas».

Pasaron por un desfiladero; las montañas eran masas de rocas inclinadas de varios tamaños y colores. Acá y allá se divisaban frutales sin hojas, con los troncos como calcinados; rodeando los arbustos se veían redes metálicas para alejar a los conejos.

Empezaba a brotar la hierba nueva. Había llovido copiosamente. La primavera de California empieza en otoño.

El desfiladero se ensanchaba, abriendo el panorama, en el que se veían casas de campo diseminadas. Paradise estaba allí; una calleja con almacenes y cosas. Los eucaliptos proyectaban sombras alargadas bajo la luz caediza de la tarde.

Se detuvo el automóvil frente al depósito de gasolina que indicaba también a los carreteros la oportunidad de reponer los piensos para su ganado.

—¿Podría usted indicarme el camino de la granja de los Watkins?

—Hay dos Watkins; uno es viejo y se llama Abel.

—Ese es el que vamos a ver –dijo Bun.

—Está con las cabras allá abajo. No es fácil dar con él. ¿Tienen ustedes intención de llegar allí esta noche?

—Eso es lo de menos –contestó Arnold Ross–. Podemos acampar en cualquier parte.

El hombre dio explicaciones complicadas; era preciso tomar el camino que pasaba por detrás de la escuela y seguir adelante hasta el declive que conducía el agua a Roseville.

Siguieron un camino sinuoso que, al parecer, se había ido formando a través de los tiempos por las huellas de los rebaños.

Ocultóse el sol tras las colinas negruzcas y las nubes se colorearon de rojo. Bordearon un terreno rocoso que apenas permitía la maniobra del coche y subieron la cuesta, cambiando constantemente la velocidad.

Las colinas repetían el «coco» de las codornices, que se agrupaban por la noche, ocultándose en grandes bandadas.

No tardaron en llegar al declive. Corría un reguero con muchas ramificaciones, por lo que se extendía la hierba en todas direcciones, suministrando pasto a un rebaño de corderos que no se dignaban hacer caso de los bocinazos.

—¡Imbéciles! ¿Querrán morir aplastados? –dijo Arnold Ross.

Pasó un hombre a caballo; era alto y moreno, con un pañuelo de colorines rodeando el cuello, ancho sombrero y faja de cuero. Conducía un rebaño. La silla y los estribos producían un ruido que despertaba los anhelos románticos de Bun, en la calma del crepúsculo.

Se detuvo Arnold Ross, y el jinete hizo lo mismo.

—Buenas tardes.

—Buenas tardes.

Tenía el jinete una fisonomía agradable y franca. Les indicó el camino.

—Cuando avancen ustedes un poco más, podrán ver los edificios.

Siguieron la marcha.

—¡Me gustaría vivir aquí, papá, y montar a caballo como ese hombre!

Sabía que el deseo impresionaría a su padre, porque el jinete tenía el aspecto que, según el magnate, convenía a un hombre: alto, fuerte, moreno y rojizo como un indio. No sería difícil convencer al padre para que comprara la propiedad.

Descendieron en zigzag por un sendero de cabras, fijándose en los arroyos, cuyos abruptos límites se perfilaban coronados por fantásticas masas rocosas.

Encendieron los faros del coche y siguieron la marcha desviándose tan pronto a un lado como a otro y barriendo el camino, hasta que, por fin, llegaron a otro arroyo caudaloso que ya se adivinaba mucho más atrás por el color verde intenso de la hierba. Continuaron por una vereda con guijarros. Al frente se elevaban unas casas y brillaba una luz en una ventana. Era aquella la granja donde Pablo nació y se crió.

Se estremeció Bun con inexplicable emoción, como si se aproximara al lugar del nacimiento de Abraham Lincoln.

Arnold Ross dijo entonces a Bun:

—Oye, ¿sabes lo que se me ocurre? Sería fácil hallar aquí petróleo, pero, de todas maneras, no hables de eso con nadie, con nadie absolutamente. ¿Lo oyes? Puedes referirte a Pablo, pero no se te ocurra mentar el petróleo. Deja que lleve yo el asunto por mi cuenta.

Se trataba de una casa de estilo californiano, hecha con tablas de un pie de ancho, con listones de protección para las junturas. La casa no tenía porche ni cobertizo delante ni detrás. La pintura, si es que la hubo alguna vez, estaba tan borrada que no se veían ni restos a la luz de los faros.

Casi frente a la casa, se distinguía vagamente un grupo de cabañas viejas, con un cerco de listones y estacas de eucaliptos. Desde el coche se oía el rumor característico que produce el ganado en el establo.

La familia estaba en el patio contemplando el espectáculo desacostumbrado de un automóvil que entraba en sus dominios. El que parecía jefe de la familia era delgado, macilento y encorvado ya. Los dos llevaban camisas azules desteñidas, sin cuello, y pantalones de algodón, muy apedazados, sostenidos por tirantes. Había también tres muchachitas colocadas en fila, por orden de estatura, vestidas con trajes de percal. En el umbral, un espectro de mujer pálida y lívida, raída, ajada.

Los seis habitantes del caserío permanecieron inmóviles y silenciosos. Entró el coche en el patio y calló el motor, lanzando un suave gruñido.

—Buenas noches –dijo Arnold Ross.

—Buenas noches, hermano.

—¿Es esta la casa del señor Watkins?

—Sí, hermano.

Era una voz débil, insegura y doliente, que hizo estremecer a Bun. Sabía este que aquella voz acostumbraba a susurrar en extrañas lenguas por gracia divina, y que todos los miembros de la familia podían empezar la danza mística de un momento a otro.

—Vamos cazando –explicó el padre–, y nos han dicho que este es un buen paraje para acampar. ¿Hay agua?

—Excelente, y sepa que está usted en su casa, hermano.

—Vamos a ver si por ahí, fuera de las veredas, hay algún árbol grande que pueda darnos sombra...

—¡Enséñales el roble, Elias!

Otra vez se impresionó Bun, porque Elias era un ser privilegiado a quien había bendecido el Espíritu Santo y podía hacer cosas maravillosas. ¿No había curado a la señora Bugner con solo ponerle las manos encima?

El hijo de Arnold Ross recordaba con asombrosa fidelidad todo lo que se refería a aquella familia extraordinaria. Parecía escapada de una novela.

IV

Subió Elias por el sendero; detrás iba el coche y Watkins padre siguiéndolos a corta distancia.

El roble tenía al pie una porción de terreno despejado. Arnold Ross situó el coche de manera que los faros proyectaran luz sobre el árbol. No hay que temer a la oscuridad cuando se tiene un coche bien provisto.

Se deslizó Bun al suelo y se dispuso a sacar la tienda de campaña, que se desenrolló en un periquete. Parecía que el bulto contenía objetos de magia. La tienda era de seda impermeable, y tan ligera, que podía ir en un paquete no mayor que el que forma un traje de hombre. Sacó también Bun el bastidor o armazón de la tienda, formado por varias pértigas articuladas; también figuraban en el espléndido equipo de campo unas estaquillas y una azuela que podía servir para cortar y clavar; no faltaba el surtido obligado de tres tirantes, además de una cubierta impermeable, dos almohadas y dos colchones neumáticos; una maleta con utensilios de aluminio que encajaban uno con otro y tenían el mango desmontable; caja y fiambreras del mismo metal, divididos en compartimientos.

Cuando todo estaba en su sitio, los viajeros podían instalarse en la cima de una montaña, como en el hotel más confortable.

—¡Ayúdales, Elias! –dijo el padre de este.

—No es preciso, porque estamos acostumbrados a estas cosas.

Watkins ordenó a su hijo que fuera a buscar un cubo de agua, y preguntó si deseaban leche de cabra, porque no tenían otra.

—Bien, traiga leche.

Bun se sintió transportado a los Balcanes o a algún otro país fantástico, donde las gentes, según había leído, se alimentaban tan solo con leche de cabra.

Watkins ordenó a Ruth, que llegaba en aquel momento, siguiendo a los viajeros, que fuera a buscar la leche.

Bun se fijó con avidez en la muchacha, porque había dicho Pablo que era inteligente. Le ordenó su padre que sirviera unos huevos. Arnold Ross mostró deseos de comer pan.

—No tenemos pan –dijo Watkins–; no hay tierra para trigo, y el maíz no madura bien, pero podemos traer patatas.

—Herviremos algunas para cenar –murmuró el negociante.

—Mejor se podrán hervir en el hornillo, señor.

Con estas palabras revelaba Watkins su desconocimiento en lo que es una excursión campestre.

Lo que necesitaban, de momento, era fuego.

Les hizo notar el granjero que las noches eran frías y que había escarcha al amanecer.

—Que nos prepare Elias un montón de leña.

Era cosa fácil, porque en las alturas había ramaje seco. Se hizo Elias con unas brazadas y partió los troncos pequeños, sirviéndose de la rodilla en ángulo. Fue después a buscar unas piedras, que abundaban extraordinariamente en la finca; apenas era posible dar un paso sin tropezar.

Hirvieron las patatas y se frieron unas lonchas de jamón. El millonario actuaba de cocinero, mientras Bun disponía los platos sobre la cubierta impermeable que, a falta de mesa, servía de mantel. Cuando el jamón estuvo a punto, Arnold Ross rompió los huevos y los frio. Llegó la leche de cabra, espesa y mantecosa, muy fresca. No se notaba el sabor algo fuerte de la leche, porque se vivía allí en pleno ambiente de égloga, y Bun gustaba la pura delicia íntima. Se sirvió leche en tazas, y después miel de salvia, muy sabrosa y morena, que Ruth había ido a buscar a la granja.

Arnold Ross invitó a la familia a comer algo. El granjero dio las gracias y dijo que habían cenado ya.

—Siéntense, por lo menos.

Como los restantes miembros de la familia habían llegado ya, se sentaron todos a cierta distancia; el granjero un poco más cerca, en una piedra.

Mientras comían, el negociante habló de las cosechas y de la manera de vivir en el país.

Cuando Arnold Ross y Bun se tendieron plácidamente sobre las mantas, les propuso Watkins que Elias montara la tienda.

—No se preocupe usted, porque eso se hace en unos minutos.

—Pues permitan que una de mis hijas friegue los cacharros.

—No hay inconveniente.

Reunió Bun sartenes y platos, y Melie, la hija segunda, llevó los utensilios a la granja.

Siguieron conversando. Observó Bun que su padre trataba de informarse hábilmente de la situación de la familia, y ganaba la confianza de Watkins, aunque no tardó en llegar un momento crítico. El granjero cambió de voz de repente, y preguntó:

—¿Puedo hablarle a usted de una cuestión delicada, hermano?

—Desde luego.

—¿Están ustedes en camino de salvación?

Reprimió el aliento Bun, que se imaginaba asistir a un extraordinario torneo. Watkins no podía oír hablar mal de la religión que profesaba, porque empezaba a mover los ojos y a rezar en voz alta, «dejándose llevar», es decir, entregándose al divino albedrío. Arnold Ross tenía informes seguros que procedían de Bun. Sabía, por consiguiente, a qué atenerse, y contestó en tono solemne.

—Sí, hermano, estamos a salvo.

—¿Se han purificado ustedes con sangre, hermanos?

—Sí, hermano.

—¿A qué Iglesia pertenecen?

—A la Verdadera Palabra.

Hubo una pausa.

—No tengo noticia de esa fe.

—Y crea usted que lo lamento, porque no puedo darle la menor explicación; nos está prohibido descubrir nada a los profanos.

—Pero, hermano –replicó, desconcertado, Watkins–, en la Biblia se dice que «el Señor nos llama para predicar el Evangelio a todos los pueblos».

—Hermano –dijo el negociante, siempre en tono serio–, lo comprendo bien, pero según nuestra fe, hay que conocer a los hombres íntimamente antes de hablarles de religión, respetando siempre las creencias ajenas.

—Así debe ser, hermano...

Su voz parecía extinguirse. No atinaba a decir nada. Miró angustiosamente a su familia, como si buscara un apoyo; no lo encontró. La madre y los hijos solo estaban acostumbrados a obedecer, a decir que sí.

El negociante fue quien restableció la situación.

—Hemos venido a cazar codornices, señor Watkins.

V

Arreciaba el frío y el fuego era insuficiente. La familia Watkins se retiró al poco rato. Padre e hijo montaron la tienda y lo ordenaron todo para descansar. Hinchó Bun el colchón, soplando hasta presentar los carrillos coloreados de carmesí.

Tendieron la cama a la intemperie y se desnudaron, acostándose bajo las estrellas.

Hacía frío. Se enroscó Bun hasta apelotonarse, aireado por las ráfagas.

—Dime, papá, ¿qué Iglesia es esa de la Verdadera Palabra?

Arnold Ross rio por lo bajo.

—¡Ese viejo está loco! Si le hablé con rudeza a última hora, ya comprenderás que era preciso: había que cerrarle la boca.

No tardó en oírse la respiración profunda del padre. Aunque Bun estaba cansado, no se durmió inmediatamente. Seguía haciéndose reflexiones.

El código de su padre era distinto del suyo, porque aquel mentía cuando le parecía conveniente, alegando que muchas personas no estaban dispuestas siempre a admitir la verdad y hasta no sabían qué hacer con ella. A pesar de todo, su padre no mentía en presencia de Bun, ni quería que este mintiera. Su padre fumaba y bebía una copa de tanto en tanto, pero no quería que su hijo bebiera ni fumara. ¡Eran muchos contrasentidos!

Sentía frío el jovencito en la cabeza, pero no en el resto del cuerpo. Seguía fantaseando. Sus pensamientos empezaban a esfumarse, pero de pronto se sintió completamente despierto. Se movía el colchón y le hacía rodar de un lado a otro. Tuvo que apoyarse con los codos.

—¿Qué pasa, papá? –gritó.

Despertó el magnate, y los dos se pusieron de pie rápidamente.

—¡Ira de Dios! ¡Un temblor de tierra!

¡Emocionante espectáculo! ¡Sentir la sacudida del suelo cuando se creían seguros! El roble crujió como agitado por un vendaval. Padre e hijo se separaron del pie del árbol. Se oían balidos y gemidos. Las cabras estaban tan inquietas como los hombres.

Elevóse un clamor que procedía de los Watkins; al parecer abandonaban la casa.

—¡Gloria! ¡Aleluya! ¡Señor, ten piedad de nosotros!

—El temblor cede, y esa gente va a fastidiarnos si nos ve de pie... Vamos a meternos en la cama –dijo Arnold Ross.

Obedeció Bun, y se tendieron los dos, quedando inmóviles.

—Ha sido una sacudida terrible, papá; ¿crees que habrá desaparecido alguna ciudad?

—No lo creo. Probablemente se trata de un temblor de poco radio. Hay muchos fenómenos así por estas montañas.

—¿Y no te parece que los Watkins deberían estar acostumbrados?

—¡Tienen tan pocas diversiones! Seguramente les gusta exagerar las cosas y temblar como tiembla la tierra.

No se le ocurrió decir nada más. Tenía muchas preocupaciones íntimas; no le interesaban especialmente los temblores de tierra ni los delirios místicos. Quedó el padre de nuevo profundamente dormido, mientras Bun, algo excitado, seguía vigilando. La familia Watkins se había «dejado llevar». Hacían todos piadosas cabriolas bajo la pálida luz de las estrellas, recitaban salmos, rezaban, reían, cantaban...

—¡Gloria, gloria, amén!

Algunos términos eran desconocidos para Bun. Probablemente se trataba de misteriosas palabras hebreas o griegas, o de la lengua de los arcángeles.

Dominaba la voz del granjero y respondían a coro gritos agudos de niños. Los balidos del ganado eran los bajos del concierto.

Bun se estremecía. Después de todo, algo sabía de la estructura de la tierra.

El espíritu científico del mundo data de un siglo o dos, mientras que el sentimiento instintivo que hace recitar conjuros tiene antigüedad de millares de años. Los sacerdotes han inventado extravagancias, han difundido profecías, convertidas luego en fuerzas activas de alguna fe. Se trataba ahora de un conjuro contra el temblor de tierra: «Vamos a la gloria con el cordero inmaculado».

Bun quedó, por fin, adormecido. Al abrir los ojos, se distinguía la tenue claridad del alba tras las colinas. Arnold Ross se dispuso a ponerse el traje de caza, que era cómodo y de color caqui. Se vistió Bun en unos momentos. El frío pelaba los huesos. Trepó el hijo a lo alto de una loma próxima y volvió con brazadas de leña, que encendió, poniendo una cacerola sobre la llama. Apareció Elias con los platos limpios.

—¿Desean leche fría de ayer, o la que acabamos de ordeñar, que está caliente? ¿Han notado ustedes el temblor de tierra? ¿No ocurre eso en su país?

Elias tenía el cabello amarillento y largo, sin peinar; sus ojos eran de color azul pálido; la mirada parecía la de un jovenzuelo perpetuamente azorado; tenía cuello largo y muy saliente la nuez. Las piernas eran más largas que los pantalones, dejando al descubierto los zapatos sin calcetines. Permanecía ante los excursionistas como ensimismado, fijándose en la indumentaria ciudadana y tratando de bucear en las almas.

—¿Qué manda hacer la religión de la Verdadera Palabra, cuando tiembla la tierra?

Arnold Ross estaba muy ocupado friendo jamón y huevos, y contestó que deseaba leche recién ordeñada para desembarazarse de la mística oficiosidad de Elias.

Volvió este con la leche y siguió contemplando a los cazadores, siguiendo con la mirada los menores movimientos de Arnold Ross y de su hijo.

—En casa hemos acudido al poder sobrenatural, ya que el temblor es una prueba de que el Espíritu Santo castiga a los hombres por sus vergonzosos extravíos, la embriaguez, la mentira y la concupiscencia. ¿Cometen ustedes alguno de esos abominables pecados?

Bun solo tenía una vaga idea de la concupiscencia, pero recordaba que su padre había mentido tranquilamente poco antes del temblor de tierra. ¿Qué augurio no deducirían los Watkins si se enteraran?

El granjero acudió a la tienda de campaña para saludar a los cazadores. Era Watkins una reproducción grande de Elias. Los mismos ojos azules y la misma nuez saliente. Su rostro estaba curtido por la intemperie y surcado de arrugas que materializaban las preocupaciones místicas del granjero. Se veía que era un buen viejo, afectuoso y honrado a pesar de sus absorbentes manías. Habló del temblor de tierra, y contó que, a consecuencia de otro terremoto, hacía dos años, se habían derrumbado algunas casas de ladrillo en Roseville. Les dijo también que dos de las niñas iban a la escuela y podían comprar pan para los excursionistas.

Arnold Ross entregó un dólar a Watkins y se originó una discusión. El granjero no admitía por las provisiones más que el precio corriente; además, no quería cobrar nada por el hecho de que se montara la tienda en la finca.

—¡La vida es triste en estas soledades, señor! Solo tenemos el consuelo del Evangelio, que nos compensa y nos enardece.

VI

Se ciñeron las cartucheras, cargaron las escopetas y se dirigieron hacia la parte alta del terreno. Bun no se sentía muy entusiasmado: le daban lástima aquellas codornices que corrían y se ponían a tiro; eran de colores oscuros; tenían crestas como penachos majestuosos, movimientos ágiles y vivos; se despedían del sol cantando al atardecer y sacudían el plumaje con graciosa coquetería. A Bun no se le ocurría expresar sus pensamientos, porque la vida al aire libre era la que más convenía a su padre, según decían los médicos. Arnold Ross cazaba un poco por fuerza, y en todo momento estaba pendiente de que su hijo, en un despiste, no dirigiera el cañón de la escopeta contra él.

Las codornices revoloteaban a poca distancia. Sonaba un tiro y caía una; el resto desaparecía rápidamente. No había que tener prisa en juntar las muertas o heridas, porque, seguramente, acudirían otras a los pocos momentos. Por fin, se hacían los cazadores con un montón de aves, calientes aún y con manchas de sangre; algunas vivían y había que retorcerles el cuello, lo que horrorizaba a Bun.

Volvieron al campamento con los morrales llenos de codornices. Tenían hambre. Se presentó Elias y prestóse a descuartizar a los animalitos, guardándose la mitad de la carne para la familia. Daba pena ver a aquel famélico en plena crisis de crecimiento, que dirigía miradas insistentes a las codornices. Evidentemente, su principal alimento había sido impalpable, espiritual.

Llevó las codornices que le dieron a la granja; había allí un tajo para despedazarlas, y agua abundante. Bun se sentó para descansar, recostóse luego, levantó las piernas al nivel de la nariz, y llamó a su padre.

—¿Qué quieres, chiquillo?

—Fíjate en mis botas.

—¿Qué les pasa?

Bun acercó el pie a los ojos para ver mejor.

—¡Petróleo!

—¿Estás seguro?

—¡Mira!

—¿No tenías antes esa humedad en el calzado?

—¡No, papá! Fíjate; está empapada la suela. ¿Cómo hubiera podido meter las botas en el equipaje sin darme cuenta? He debido pasar por algún charco de petróleo. ¿Será que después del temblor de tierra ha subido por alguna grieta abierta?

Examinó Arnold Ross las botas, y empezó por advertir, con su cautela de siempre, que no era prudente hacerse ilusiones; se hallaban con frecuencia rastros de petróleo cerca de la superficie del terreno, pero generalmente se trataba de existencias limitadas y de escaso valor.

—A pesar de todo –añadió–, no hay que pasar por alto esta circunstancia. Después de comer, haremos el mismo camino, por lo que pudiera ser.

El sueño de Bun podría, tal vez, ser una realidad. ¿No quería adquirir su padre terrenos petrolíferos en los que pudiera ejercer pleno dominio? ¿Acaso no demostraba el millonario, como dos y tres son cinco, que explotar una concesión petrolífera pagando al dueño de la tierra la sexta parte del beneficio, equivalía a desprenderse de la mitad neta de las ganancias, ya que era preciso costear los sondeos por cuenta propia, subvenir a la conservación de los pozos y procurar la venta del producto? El socio se embolsaba bonitamente la mitad del rendimiento líquido, solo por ser el titular de la tierra petrolífera. ¡Quién sabe si algún día llegaría ser posible tal acumulación de negocios en terrenos propios, convirtiéndose su padre en rey de un Estado petrolífero!...

¿Cómo descubrir esos terrenos? Tal era la idea fija de Bun. Había vivido, a pesar de sus pocos años, como un bravo que ama la aventura. Tropezaba en el suelo, y salía petróleo. ¿Qué era lo más conveniente? Ocultar el rastro, comprar las fincas vecinas y constituir una empresa grande; Bun podría participar como socio, naturalmente. Y no era fácil que el negociante en cierne hallara petróleo en cualquier cueva, que lo obtuviera a costa de esfuerzos inauditos. Estas y otras hipótesis danzaban en la imaginación de Bun; todo le parecía natural y se confesaba que no había pensado nunca en la extraordinaria eventualidad de que un temblor de tierra abriera unas grietas para que manara petróleo, en el preciso momento en que su padre cazaba codornices por aquellos andurriales.

Estaba tan excitado que apenas saboreó la comida: patatas fritas, un plato de nabos y un guiso de codorniz. Arnold Ross apuró un cigarro y salieron del campamento. Iban mirando al suelo y se paraban de vez en cuando para discutir la exactitud del itinerario. Apenas recorrieron media milla, las codornices echaron a volar. El millonario las mató al vuelo, y cuando iba a buscarlas, gritó a su hijo:

—¡Aquí, aquí!

Creyó Bun que se refería a las codornices.

—¿Están muertas?

—No te hablo ahora de caza.

—¿Pues de qué me hablas?

—¡Aquí hay petróleo!

En efecto; se veía en la tierra un rastro negruzco de seis a ocho pulgadas de ancho, que se prolongaba siguiendo una grieta del terreno. Como si subiera el precioso líquido, se notaban ciertos borbotones tenues, aunque seguidos.

Se arrodilló Arnold Ross para empapar los dedos, que examinó después a plena luz. Rompió una raíz alargada que se veía cerca, en un arroyo, y la introdujo en la hendidura del terreno que manaba petróleo; quería saber la profundidad.

—Sí, sí, seguro; es petróleo... Creo que no estará de más que compremos la finca. Los dos regresaron al campamento, sin acordarse en absoluto de las codornices.

Bun deliraba; su padre hacía cuentas.

—¿Te dijo la señora de Groarty si esta finca era extensa?

—Con exactitud no me dijo nada. Probablemente ignoraba la extensión.

—A ver, a ver cómo se presenta el asunto. Y ahora, ¡boca cerrada! Que nadie sepa absolutamente nada, ni siquiera cuando el campo sea mío... Me convendrá, seguramente, redondear la propiedad adquiriendo las fincas vecinas, y no creo que sea difícil... Unas rocas como estas se compran en buenas condiciones.

—Supongo que pagarás a buen precio esta tierra al señor Watkins.

—Pagaré la tierra, hijo mío, pero no el petróleo. Si le hago una oferta alta, sospechará, y tal vez se niegue a vender. ¿Qué va a hacer Watkins? ¿Puede meterse en trotes? En un millón de años el petróleo no sería nada para él, y suponiendo que con ese carácter que tiene llegara a triunfar, a su edad, ¿qué haría ese viejo chocho con el petróleo que sacara de la tierra y con el dinero que sacara del petróleo?

—Pero no vamos a precipitar su ruina, papá.

—¡Ah, desde luego! Le entregaré la cantidad justa; que no pueda deducir un dólar para los misioneros. Seré, además, una especie de tutor de los hijos, pero nadie cobrará beneficios petrolíferos más que yo. Si quieren sonsacarte, no digas que hago negocios petrolíferos, sino que me dedico a varias actividades comerciales: compra de terrenos y maquinaria, traspasos y comisiones, que tengo un almacén con grandes existencias y que soy prestamista... Al fin y al cabo, eso es verdad.

Sabía Bun que el propósito de su padre era firme, y que no podría oponerse, pero no dejó de plantearse un grave problema moral, que sería para él una obsesión en adelante. ¿Qué derecho tenían los Watkins sobre el petróleo dormido en su finca?

Los cazadores de petróleo, que petróleo cazaban, más que codornices, se dirigieron a casa de Watkins, que estaba haciendo remiendos en la cabaña donde guardaba el hato de cabras.

—¿Quiere usted que entremos en la casa? Deseo hablar con usted y con su señora.

—Cuando usted guste.

Arnold Ross se dirigió entonces a Bun, diciéndole:

—Luego nos veremos... Mira si puedes cazar por ahí un rato.

Bun comprendió perfectamente a su padre. Suponía este que el joven no quería asistir a la conferencia; a aquella conferencia: que era una operación de cirugía, mediante la cual serían separados los desdichados labriegos de sus seiscientos acres de tierra rocosa.

VII

Remontó Bun el arroyo, para hacer algo, y vio en lo alto de una cuesta el rebaño de cabras. Se fijó bien, y vio a Ruth sentada sobre una roca. Llevaba las piernas desnudas y la cabeza al descubierto; el vestido, viejo y apedazado, era de percal; crecía Ruth deprisa para que resultara holgado o siquiera ajustado. Era delgada; a pesar del color moreno, como estaba anémica, en su cara no entraba la menor cantidad de rojo. La frente era redonda, abombada, los ojos azules, como todos los de aquella familia, y llevaba el pelo liso, sujeto por detrás con un trozo de cinta vieja.

Estaba sentada en una roca guardando ganado como se hacía en Palestina dos mil años atrás, según explicaba el único libro que había en la granja. Alternaba con sus dos hermanas en la guarda del ganado, se distribuían el trabajo por semanas y la jornada era de diez a doce horas diarias.

Cuando Ruth vio a Bun se inmutó un tanto. No era corriente que llegaran forasteros a la finca. Pero Bun podía hablar de Pablo, cuyo nombre era un sortilegio para Ruth, la hermana predilecta.

—¿Eres Ruth? Pues te hago saber que vi a Pablo –dijo de pronto.

—¿Dónde?

Bun contó la primera entrevista que tuvo con Pablo, sin aludir ni remotamente al petróleo, y poniendo en la narración el caluroso sentimiento de amistad que le unía al vagabundo.

Era Ruth muy seria y concentrada. Las impresiones más fuertes se hacían profundas en ella, sin dejar que apareciera nada en la superficie. Bun sabía que, a pesar de la reserva de Ruth, esta quería extraordinariamente a su hermano.

—¿No le has vuelto a ver? –preguntó Ruth.

—Ni tal vez lograra conocerle si le hallara por ahí. ¿Sabes algo de él?

—Tuve tres cartas escritas desde sitios diferentes. Dice que vendrá a verme, pero a mí sola. Tiene miedo de nuestro padre.

—¿Qué le hacía?

—Pues, sencillamente, zurrarle la badana. No quiere a Pablo, porque le considera hechura de Satanás. Figúrate que no cree en el Evangelio. ¿Crees tú?

Recordó Bun la falsa afirmación de su padre cuando aseguró que pertenecía a una Iglesia determinada, y dijo que no creía enteramente en lo que afirmaba el libro sagrado.

Ruth se fijó en los ojos de Bun y preguntó a este:

—¿Cómo se producen los temblores de tierra?

Repitió Bun lo que le había enseñado el profesor sobre la corteza terrestre y sus contracciones, las capas y los movimientos. Ruth, con ojos maravillados, tenía la hermosa expresión de quien se inicia en algo que no sospechaba.

—No hay que tener miedo –dijo como comentario a la lección de geología. Pero no era aquello lo que quería decir, sino lo que dijo momentos después–: ¿Eras tú quien enviaba el dinero?

—¿Qué dinero? –preguntó Bun con aire inocente.

—El que he recibido en cuatro cartas con las señas de aquí y cinco dólares en papel, que venían en cada carta. Mi padre decía que los enviaba el Espíritu Santo, pero eras tú.

Ante aquel ataque decisivo, no tuvo Bun más remedio que confesar de plano, haciendo un signo afirmativo con la cabeza. Dio las gracias Ruth con palabras que eran más bien un murmullo entrecortado, un tartamudeo.

—El caso es que no sabemos cómo podremos devolver ese dinero.

—¡Qué tontería! Mi padre tiene todo lo que quiere.

Y contó luego que Arnold Ross iba a comprar la finca, a rescatar la hipoteca y a dejar que la familia Watkins siguiera viviendo en la granja mediante una cuota muy reducida.

Ruth se puso a llorar; tan emocionada estaba oyendo a aquel mensajero de felicidad que llegaba de pronto. Y lo peor era que la infeliz Ruth no tenía ni siquiera un pañuelo para enjugar las lágrimas; el vestido era corto, y no alcanzaba a cubrir las piernas desnudas. Se deslizó Ruth a un lado y fue a llorar tras una roca que la ocultaba a los ojos de Bun.

Este ardía como una llama viva, y no ciertamente por Ruth, tan sensible y sentimental, sino por el cúmulo de problemas morales que se le presentaban día tras día.

«La verdad es que mi padre vino aquí porque le indiqué el deseo de ayudar a la familia Watkins, y si no hubiera petróleo, mi padre compraría también la finca, aunque hubiésemos tenido que discutir para convencerle».

Trataba Bun de hallar argumentos favorables a su padre. Todo inútil. El pensamiento de Bun estaba en la granja. Allí «operaba» el millonario al pobre Watkins, mientras Bun, ante Ruth, se presentaba como un héroe salvador que llega cabalgando en un rayo de luna.

«Mi padre no sabe cómo pueden gastar el dinero los Watkins... Muy sencillo. Ruth está aquí, en el campo, y lleva las piernas desnudas. ¿Por qué otras mujeres lucen medias de seda como mi tía Emma? Y no solo medias de seda; mi tía recibe corsés de París, que guarda en el escaparate de drogas y menjunjes. ¿Por qué no viene aquí tía Emma, con las piernas desnudas, a apacentar cabras?».

VIII

Arnold Ross llamó a Bun desde el automóvil.

—Vamos a Paradise... Cámbiate antes las botas... Que nadie pueda ver el petróleo...

Obedeció Bun a su padre, y saltó al coche.

—La granja es nuestra...

Se sentía reconfortado por la conclusión del negocio, y dio explicaciones a su hijo, sin tener en cuenta los conflictos sentimentales de Bun.

Arnold Ross se había conducido hábilmente con los Watkins, empezando por aludir a la pobreza que padecían, incitando al casero a revelar la verdadera situación de los suyos. Había en la finca una hipoteca de mil seiscientos dólares, a los que se sumaban otros trescientos, por intereses no pagados. El banco les notificó que iba a proceder al embargo. Expuso entonces Arnold Ross que necesitaba una finca grande para que su hijo viviera al aire libre en las vacaciones veraniegas, y que deseaba comprar Paradise por un precio razonable.

La señora de Watkins rompió a llorar. Había nacido allí, según parecía, y amaba el terruño. Dijo Arnold Ross que no había motivo para llorar, porque seguirían viviendo allí. Les otorgaría un contrato de arrendamiento por noventa y nueve años, valedero para ellos y sus descendientes, y solo pagarían diez dólares anuales de renta. El jefe de la familia estrechó la mano de Arnold Ross y dijo que ya sabía que Dios le protegería. El comprador explicó que, en efecto, era una especie de enviado celestial y que lo sabía por revelación de la Verdadera Palabra. Watkins se prestó, pues, con docilidad, a cuanto el Señor le ordenaba por boca del potentado.

Arnold Ross se decidió a poner en orden los asuntos de aquella familia. Nada de dar dinero a los misioneros. El Señor ordenaba que se empleara en nutrir, vestir y educar a la prole. El importe de la tierra se depositaría en un banco, y proporcionaría una pequeña renta, quince dólares al mes, aproximadamente, en vez de tener que pagar diez dólares mensuales por intereses de la hipoteca. El Señor ordenaba, además, que el depósito figurara en el banco a nombre de los hijos. Pablo tenía, pues, que agradecer a Bun que le hubiera salvado su parte.

Dijo Watkins que Pablo era una oveja descarriada, indigna de la misericordia divina. Replicó Arnold Ross que por descarriada que estuviera una oveja, el Señor podía llamarla al buen camino. Los esposos Watkins aceptaron, complacidos, la revelación de la Verdadera Palabra, y convinieron, sin discusión, en las cláusulas de la escritura con el magnate.

El precio de venta ascendía a tres mil setecientos dólares, según el propio cálculo de Watkins, quien dijo que las tierras altas valían veinticinco dólares el acre, evaluando los edificios en quinientos dólares. Aunque a Arnold Ross le pareció el precio algo exagerado, no quiso discutir, y se avino a todo con magnanimidad.

Especificaba el contrato que Watkins dispondría en todo momento del agua necesaria para regar dos acres de tierra, que era, aproximadamente, la extensión que tenían en cultivo. El comprador les permitiría cultivar más extensión si la necesitaban, aunque a nada se obligaba en firme, ni quería verse demandado en ningún caso por peticiones del colono. Al día siguiente se dirigirían al poblado, alquilaría Arnold Ross un automóvil de cuatro asientos y se irían todos a la ciudad para legalizar debidamente el contrato, sin dar lugar a murmuraciones ni oficiosidades.

Arnold Ross se propuso visitar a un corredor de fincas que le facilitara la compra de nuevos terrenos.

—¿Por qué no llamas a nuestro agente, Ben Skutt? –preguntó Bun a su padre.

Este contestó que el agente era un canalla, hasta el extremo de haberle sorprendido tratando de cobrar una comisión a la parte contraria. Podía intervenir con más garantías un corredor del país, que cobraría a lo grande y se prestaría a todo. Debía fijarse Bun en la manera de hacer negocios. Afortunadamente, se había provisto Arnold Ross de cartas de crédito.

—No sabía el tiempo que estaríamos aquí –dijo con expresión de hombre taimado y astuto.

Llegaron al despacho del corredor de fincas: «J. H. Hardacre. Agencia de compraventa de inmuebles, seguros y préstamos».

Estaba sentado Hardacre con los pies sobre la mesa y un cigarro en la boca esperando su presa. Parecía una enorme y voraz araña. No se dejó engañar por los trajes de campo que llevaban los visitantes y comprendió que se trataba de gente acaudalada, por lo que apartó los pies de la mesa y, levantándose, saludó a los recién llegados.

Se sentó Arnold Ross; empezó a hablar del tiempo y del reciente temblor de tierra, declarando, por fin, que tenía un pariente a quien convenía la vida al aire libre, porque no estaba bien de salud. Contó que acababa de adquirir la propiedad de Abel Watkins, y que el pariente enfermo quería dedicarse al negocio de ganado cabrío en gran escala. ¿Se podía contar con terrenos contiguos a la finca adquirida?

Contestó Hardacre, sin vacilar, que podía venderle cuanta tierra quisiera: estaba en venta la finca de un tal Bandy. En un plano que el corredor sacó de la biblioteca, marcó la propiedad: unos mil acres de terreno rocoso y barato.

—¿Cuánto valdría esa finca?

—Las colinas se cotizan a unos cinco o seis dólares el acre.

Trató de hablar de otra propiedad, pero Arnold Ross le contuvo y anotó en un carnet la cabida y precio de la que veía en el plano.

Según Hardacre, todas las tierras inmediatas a la de Paradise podían comprarse. Con planos a la vista, hizo diversas preguntas Arnold Ross.

—¿Y esta parcela? ¿Y esta otra?

—Es de Rascum. Creo que podrá usted comprarla, si lo desea.

—Hagamos una lista detallada de los campos.

En el rostro de Hardacre se reflejó una mueca expresiva, como si estuviera sonando la hora más propicia de su vida.

—Ahora, señor Hardacre, vamos a hablar claro. Si deseo comprar grandes extensiones de tierra, conste que no trato de pagar más que precios razonables. Como si se divulga mi deseo se elevarán automáticamente las demandas, vamos a dejar bien sentado lo que me interesa: repito que no estoy dispuesto a pagar más de lo justo. Si los vendedores quieren que les compre, además de la tierra, las ganas de venderla, no hay nada de lo dicho. Las fincas que se vendan a precio conveniente, tengo intención de adquirirlas por mediación de usted, que retendrá, como es natural, la comisión que le corresponda, más un cinco por ciento que desde ahora le prometo. Eso significa que deseo asociarle a estos negocios, para que proceda a realizar con prontitud las gestiones previas. Tenga en cuenta, sobre todo, que deseo proceder rápida y calladamente, sin dar lugar a la gente para que indague nada. ¿Comprende usted lo que quiero decirle?

—Desde luego, pero no estoy seguro de que podamos actuar con reserva. Hay que hablar en exceso y perder muchas horas antes de que pueda ultimarse un contrato. Por otra parte, estos pueblos son pequeños; todos se conocen, y hasta se espían.

—Ganará usted tiempo si se atiene exactamente a mis indicaciones y posee el instinto de los negocios. No hable de mí; haga las operaciones como si se tratase de un comprador desconocido. Formaliza usted rápidamente la compra y se hace el pago al contado para evitar dilaciones e incidentes.

—Eso requiere mucho capital disponible.

—Llevo tres mil dólares en cheques, que pueden hacerse efectivos inmediatamente. Tengo la chifladura de perseguir a las codornices y necesito cierta extensión de tierra para que me sirva de cazadero. En cualquier colina pueden cazarse codornices, pero no me gustaría que nadie me tomara por una codorniz.

Sacó Arnold Ross de la cartera un documento otorgado por el gerente de un importante banco de Angel City, advirtiendo, a quien pudiera interesar, que el titular del documento era hombre de seguro crédito e integridad. El negociante poseía dos cartas distintas, según sabía Bun; una a nombre de James Ross, y otra a nombre de J. Arnold Ross. Usaba la primera al comprar terrenos petrolíferos, la segunda, en los otros casos; nadie podía identificarle, contra su voluntad, al iniciar una negociación, ya que se valía con perfecta desenvoltura de aquella duplicidad.

La combinación de Arnold Ross era concluyente. Haría un contrato con Hardacre para que este aceptara ofertas convenientes en corto plazo, dando al corredor, además de la comisión, un cinco por ciento de la cuantía de los precios.

Hardacre acabó por decir que se avenía a todo, pero que, en el caso de verse abandonado por Arnold Ross, tendría que declararse en quiebra.

Se sentó frente a una máquina herrumbrosa, que funcionaba haciendo mucho ruido, y redactó dos copias del convenio, con una larga lista de terrenos que costarían, en conjunto, más de sesenta mil dólares. Leyeron dos veces el documento los interesados, firmando el magnate en primer lugar, y luego Hardacre, con mano temblorosa.

Contó Arnold Ross unos billetes, hasta llegar a la suma de mil dólares, y dijo al corredor que no perdiera ni una hora de tiempo.

—¿Tiene usted los contratos dispuestos para la firma? –preguntó el agente.

—Creo que los hallaré en el coche.

Salió de la estancia el magnate y preguntó Hardacre a Bun, con amabilidad dulzona:

—¿A qué se dedica tu padre, hombrecito?

—A muchas cosas: compra tierras...

—¿Qué más?

—Tiene un almacén grande, adquiere maquinaria y presta dinero. Regresó Arnold Ross; llevaba un legajo de contratos impresos.

Expresó Bun, sonriendo picarescamente, la idea que tenía de su padre. Siempre contaba, en el momento estrictamente preciso, con lo que necesitaba: documentos, petróleo, herramientas, vendas, el antiséptico, la comida... Todo estaba, al parecer, esperando que Arnold Ross se dignara tender la mano.

IX

Volvieron al campamento padre e hijo bien entrada la tarde. Las codornices cantaban por las faldas de las lomas.

Se cruzaron con el jinete que ya conocían: iba a encerrar el ganado; habló un momento con el magnate sobre el temblor de tierra y siguió cabalgando con aquel estrépito que tanto entusiasmaba al joven.

—¿Te gusta ese caballo? –preguntó el padre.

—¡Ya lo creo!

—A ver si lo compramos, para que lo montes.

Pasó poco después un joven alto, robusto, aunque algo encorvado. Llevaba sombrero de paja. Al cruzarse con ellos, los miró de manera altiva y apenas inclinó la cabeza para contestar al cordial saludo de Arnold Ross.

—¡Qué tipo más raro! –dijo el padre.

Bun retuvo la imagen de un rostro muy serio, de nariz prominente y boca grande, algo caída.

Llegaron al campamento y prepararon una copiosa cena, codornices asadas, jamón, cacao, melocotones en conserva y unas tostadas.

Bun pudo ver a Ruth más tarde, junto al cercado de las cabras. Miró ella tímidamente en torno para asegurarse de que nadie podía oírla, y murmuró:

—Ha venido Pablo, ¿sabes?

Dio un salto Bun, y de repente se acordó de la mirada severa que le impresionó en el camino. No había duda: era Pablo. Dio las señas a Ruth y esta confirmó la opinión de Bun.

Había llegado sin avisar para ver a su hermana, y entregó a esta quince dólares que tenía ahorrados.

—Le dije que no necesitábamos dinero, pero se empeñó en dejarlo aquí.

—¿Y por qué no se detuvo en el camino? Apenas ha contestado al saludo de mi padre.

Ruth estaba profundamente turbada. No había manera de que hablara mucho de Pablo, pero Bun insistió. ¡Tenía tantos deseos de saber algo del trotamundos! ¿Por qué no le demostraba la menor simpatía?

Ante las palabras de Bun, se avino Ruth a hablar con franqueza.

—Mi hermano está indignado porque se ha vendido la finca; dice que no debió abandonarse.

—¿Y qué otra cosa podíais hacer?

—Según él, vender las cabras, pagar al banco, y cultivar fresas como hacen otros, para ser independientes.

—¡Qué orgulloso es! No parece sino que hayamos dado una limosna...

—Nada de eso me dijo Pablo.

—¿Pues qué dice? Quisiera llegar a comprender a tu hermano.

Ruth se turbó de nuevo.

—No es muy agradable hablar de estos asuntos... Dice que tu padre es un gran negociante de petróleo, y que compra esta tierra para enriquecerse más; añade que tú sabías que aquí había petróleo, porque te lo dijo él. ¿Es cierto que tu padre hace esos negocios?

—Compra tierra y maquinaria; se dedica también a prestar dinero.

Era la consigna de su padre, de la que no se apartaba Bun. Este se despreciaba mientras hablaba así, porque mentía conscientemente. Tergiversaba la verdad ante la tierna y confiada Ruth, de hermosos ojos y agradable rostro, inocente chiquilla incapaz de malos pensamientos ni impulsos egoístas, cuya vida estaba consagrada al hermano predilecto. ¿Por qué se veía obligado a mentir ante Ruth?

Siguieron hablando de Pablo, que había estado en la colina con su hermana. No parecía descontento. Estaba de jardinero en casa de un abogado, a quien no le inquietaba poco ni mucho que Pablo anduviera huido; por el contrario, le ayudaba a permanecer oculto. El abogado era lo que se llama un librepensador. Sostenía que todos los hombres tienen derecho a creer lo que mejor les parezca. El patrón le daba libros, y leyó Pablo cierto día una diatriba contra la Biblia, demostrando que no hay en ella más que cuentos y fábulas, fantasías contradictorias, asesinatos y concupiscencia. ¿No era insensato atribuir tales horrores a la palabra de Dios? Deseaba Pablo que Ruth leyera aquel libro, y la hermana se sentía angustiada pensando en ello, aunque Bun no pudo menos de comprender que el pánico de Ruth se refería a Pablo, al temor de que este perdiera su alma.

—¿Sabes que aquel hombre que pasó junto a nosotros a pie era Pablo? –dijo, después, Bun, a su padre.

—¿De veras? Pues sigo creyendo que es un tipo extraño.

No le interesaba a Arnold Ross la zozobra angustiosa de Bun. Todo el afán del negociante se concentraba en el hallazgo de petróleo, en los contratos y compras de terreno. Recostado en el campo estaba Arnold Ross mirando al cielo estrellado, y con una voz que tenía inflexiones irónicas, dijo a Bun:

—Hay una seguridad entre varias probabilidades, hijo mío: o llegamos tú y yo, por natural sucesión de acontecimientos, a las más altas cimas de la potencia industrial del negocio petrolífero, o seremos los mayores ganaderos de California.

V.
La revelación

I

Se cumplieron los deseos de Emma, con la cooperación de la abuela y de la hermana de Bun, consiguiendo que no siguiera siendo el chiquillo un gnomo del petróleo que practicaba, junto a su padre, el aprendizaje de los negocios. Iba a ser un colegial como los otros, a divertirse y a pasarlo bien, a llevar camisetas deportivas, a alborotar en los partidos de fútbol...

El profesor se vio obligado a hacer un gran esfuerzo para revisar el bagaje intelectual del discípulo, que sufrió el indispensable examen de ingreso en un colegio de Beach City.

Era un gran establecimiento que ocupaba dos manzanas en las afueras de la ciudad. Se habían construido varios pabellones sobre tres de los lados de una superficie cuadrada. El estilo era ostentoso, con profusión de ornamentos y adornos. La ciudad se sentía orgullosa, aunque el presupuesto del colegio recargaba en exceso los gastos.

Asistían al colegio los hijos de familias acomodadas, que no se veían obligadas a que sus vástagos se ganaran la vida antes de los dieciocho años. Toda la clase media se servía del colegio, cuya enseñanza era gratuita.

Los jóvenes de ambos sexos constituían grupos con espíritu de clase, grupos que se subdividían, a su vez, formando asociaciones secretas, a pesar de terminantes y repetidas prohibiciones.

Las condiciones esenciales para ingresar se reducían a contar con las ventajas y privilegios que procura el dinero: cuerpos bien nutridos, indumentaria elegante, modales desenvueltos y actitud resuelta ante las dificultades de la vida.

Se reunía aquella juventud en rebaños, que pasaban de aula en aula para adquirir cultura, convenientemente dosificada. Era el colegio una institución automática, y se pagaba el mejor material, aunque por una circunstancia difícil de explicar, había pasado la dirección, de manos de los profesores, a manos de los discípulos.

Los jóvenes se interesaban poco por el trabajo escolar, y, cada año, menos. Les interesaba, en cambio, lo que llamaban «actividades externas»: el campo deportivo, las carreras, la piscina y el baile. Colegialas y colegiales constituían un mundo con vida propia. Ostentaban insignias especiales, hablaban misteriosamente con palabras convenidas, ininteligibles para los profanos, y se daban apretones de manos como los masones. Tenían reglamentos complicados sobre la manera de llevar las flores, el color de la corbata, la cinta del sombrero, y el ángulo del sobre en que se pega el sello.

Era una vida rebañega, basada en el prestigio monetario y en las proezas atléticas. Deliraban al lanzarse a organizar espectáculos colectivos, que se sucedían indefinidamente. Luchaba un equipo con otro, y los gritos de un sector apagaban los del sector rival. Se repetían las manifestaciones, con ensayos previos, mientras los combates deportivos se repetían también y caldeaban las pasiones. Así se preparaban para las futuras y más efectivas glorias de la universidad. Los escolares más notorios por su riqueza y sus músculos se veían solicitados con porfía y desempeñaban funciones atléticas y sociales con gracia y destreza que llegaban a la perfección.

Poseía Bun los requisitos indispensables para figurar con destacada preeminencia. Tenía tipo anglosajón, y su indumentaria era variada y rica; por añadidura iba al colegio en un coche espléndido, de modelo reciente. No tenía, pues, nada de extraño que le requirieran continuamente. Le interesaba todo. Nunca pudo sospechar que el denso hormigueo del colegio le reservara tantas sorpresas. Como un colibrí, pasaba de una cosa a otra. Miraba con ojos muy abiertos y escuchaba con expectación.

Había siempre algo, sin embargo, que le aislaba de los otros; algo reservado y extraño que tenía en él poderosas raíces. No en vano era, a pesar de su corta edad, un hombrecito que sabía cómo se negocia con petróleo.

No se equivocaba la cruel Berta, su hermana: Bun llevaba petróleo en las uñas.

Estaba lejos de compartir con sus compañeros la ilusión infantil de que el dinero se desprende de los árboles. Sabía que se produce mediante duros y peligrosos esfuerzos. Se daba cuenta de lo que ocurría en su casa, y pensaba en todo con fría lucidez.

Arnold Ross no consideraba el colegio como institución ideal, y observaba a su hijo para comprobar las ideas que este adquiría. Comparaba Bun el sistema docente y las costumbres caseras, y contrastaba inconvenientes y ventajas.

Antes de entrar en el colegio discutió con su padre, teniendo con este la que llaman los mayores «una conversación seria». La entrevista fue algo desconcertante. Ante todo, iban a comprarle un coche a Bun, y había que pactar. Nada de consentir que ningún amigo llevara el volante, ni correr a más velocidad que la legal, lo mismo en el campo que en la ciudad.

¿No era aquello una injusticia? ¿Por qué el padre prohibía al hijo lo que hacía él?

Salió al paso Arnold Ross: cuando se llega a la edad madura, es fácil darse cuenta del peligro y, además, se justifica la prisa con los negocios. Bun, en cambio, no tenía más obligación que ir temprano a la escuela y conducir por pasatiempo.

Podía llevar amigos en el coche, aunque sin tolerar que otros condujeran. No era prudente instalar un garaje para los colegiales. Que repitiera Bun a todo el mundo lo que le decía su padre. Tenía que comprometerse a no beber alcohol hasta los veintiún años.

¡Otra prueba de duplicidad moral! Arnold Ross fue franco: él aprendió a fumar en edad temprana, pero se arrepentía de la precocidad. Si Bun quería fumar, estaba en su derecho, pero le convenía esperar, para discernir, que terminase la época del desarrollo. Lo mismo advertía sobre los licores. El padre bebía poco, aunque en cierta época de su vida había sido casi un alcohólico.

Si permitía a Bun ir al colegio, era a condición de que prometiera no ir con los amigos a perder el tiempo en juergas. Prometió el colegial seguir las indicaciones de su padre.

Hubiera querido hacer preguntas relativas al pasado del magnate, pero no se atrevió. Jamás le había visto bebido, y se estremecía solo con pensar que podía beber con exceso.

Finalmente, se trató de las mujeres. No pudo resolverse Arnold Ross a ser franco. Dijo que todo el mundo le tenía por hijo de un hombre inmensamente rico, y que las mujeres tratarían de seducirle para hacerle gastar dinero o saber sus secretos.

Tenía Bun cierta predisposición a confiar en las mujeres, por lo que convenía darle saludables consejos. Le contó su padre la vida de algunos jóvenes de familias ricas que se arruinaron, con escándalo público y deshonor para los padres. No podía pasarse por alto la cuestión de las enfermedades. Las mujeres de vida libre podían estar enfermas; si le ocurría algún percance, era preciso buscar al médico inmediatamente.

Agradeció Bun aquellas indicaciones, aunque le parecieron incompletas. Le hubiera gustado hacer muchas preguntas, y no se decidió a nada ante la reserva que reflejaba el rostro del padre. Parecía expresar que había algo tan delicado en las cuestiones sexuales, que no puede uno mismo decidirse a ser sincero. Se trataba de una zona oscura que no se mostraba jamás a plena luz.

Pensaba Bun que el discurso de su padre no le aludía a él. Sabía que hay jóvenes libertinos; él no lo era, ni pensaba serlo.

Lo que contribuyó a borrar los consejos de su padre fue un cierto enamoramiento que le acometió de pronto. Había en el colegio tales enjambres de encantadoras jóvenes, que era imposible resistir al encanto, sobre todo, cuando la posición social justificaba el cerco en que se veía envuelto. Algunas muchachas eran audaces en exceso y ostensiblemente insinuantes; usaban otras la gazmoñería como cebo, y el hombrecito tímido se aturdía y se entusiasmaba alternativamente.

La que conquistó a Bun era reservada y serena, de manera que la imaginación del colegial pudo adornarla con los mejores atributos románticos. Se llamaba Rosa Taintor, llevaba trenza larga y se peinaba con tanto gusto, que los rizos coronaban la frente con reflejos dorados. Era corta de genio y tímida, pero sabía admirar y expresar la admiración condensada en una frase corta o en una palabra. Todo era «maravilloso» para ella, incluso el negocio del petróleo, lo que estimulaba a Bun para contar los variados episodios de la explotación de un pozo y las excursiones por el campo.

Los padres de Rosa eran dentistas, y como en el ejercicio de esa carrera ocurren pocos lances novelescos, la joven deseaba corretear por todas partes con Bun, tener ejércitos de obreros a su disposición, y poseer el don de hacer brotar petróleo de la tierra.

Invitaba el galancete a Rosa a hacer excursiones en automóvil. Cuando hallaban camino libre, conducía con una sola mano y estrechaba con otra la de Rosa, su novia, que lo calificaba todo de «maravilloso», incluso el temblor que, como corriente eléctrica, dominaba a aquellos dos seres al darse la mano. Hacían en el campo ramos de flores silvestres, correteaban por las colinas, dejando el coche en la carretera, y contemplaban con arrobo las puestas de sol. Una tarde se atrevió Bun a besar a Rosa en una mejilla, y lo hizo con una especie de terror impulsivo, asustándose de su propia audacia.

Cuando hacía mal tiempo, la pareja se veía en casa de Rosa, cuyos padres tenían la manía de coleccionar estampas inglesas.

Las había en las paredes y en las mesas: siglo XVIII, caballeros vestidos de rojo, cazando en bosques seculares con jaurías de raza; rubicundas mozas que servían cerveza clara a unos bebedores con grandes pipas, junto a la portalada de una venta. Bun daba la razón a su novia y calificaba aquellas estampas de verdaderamente «maravillosas». En plena adolescencia, el enamorado lo contemplaba todo con éxtasis. Le bastaba comprarse un sombrero de paja para elevarse al quinto cielo si encontraba a Rosa en la calle y hacía los ingenuos comentarios que con tanta delicia esperaba el colegial.

II

Arnold Ross viajaba solo, a no ser que el viaje coincidiera con el fin de semana. Disponía Bun de parte del sábado y del domingo y tenía, además, alguna temporada de vacaciones. En estos casos acompañaba a su padre, pero si se trataba de un viaje inaplazable, y Bun tenía que ir al colegio, el magnate renunciaba, no sin pena, a la compañía del heredero. Al regresar, hacía que Bun le explicara menudamente lo ocurrido mientras duraba la ausencia.

Seis pozos manaban en grande en Lobos River y otros cuatro estaban a punto de convertirse en espléndidos surtidores de petróleo. En once pozos de Antelope se trabajaba de firme ahondando los sondeos progresivamente. La concesión Bankside contaba con seis pozos más en plena producción. Había entregado ya a su socio Bankside más de un millón de dólares de beneficios, y no había hecho más que empezar a pagar. En un terreno inmediato manaba ya un pozo y se hacían sondeos en tres. A media milla de distancia, al norte, se empezaba a trabajar en otro pozo de la empresa Ross-Armitage, número 1.

Prospect-Hill era un bosque de grúas petrolíferas. ¿Quién recordaba ya los campos de coles y remolacha? Vista la colina a media luz, parecía invadida por enormes caracoles con los cuernos al aire. A poca distancia de la maquinaria, cualquiera que pasara quedaba aturdido oyendo el infernal estrépito de tantos artificios y el rugido del vapor. Por la noche era aquello algo fantástico, extraordinario; borbotones de llamas en el quemadero donde ardía el petróleo que no podía aprovecharse, halos de luz blanca o dorada, raudales de vapor que formaban masas enormes.

Sentado en un coche ligero y cómodo, cualquiera podía creerse en un paraje de maravilla. Había que recordar el peligro constante de los trabajadores, su labor larga y dura, la frecuencia con que se pierde la vida o un miembro; había que recordar, también, las intrigas y pasiones que se parapetan frente a cada pozo, la competencia, la traición, las esperanzas muertas, y escuchar lo que decía Arnold Ross refiriéndose a millares de especuladores que sucumbían en el pozo, como mariposas en una luz. ¡Oh, no! Aquel país maravilloso era un matadero en el que la mayoría de los hombres daban la carne viva de sus cuerpos para que se hartaran unos pocos privilegiados.

Como el comandante de un acorazado en el castillete blindado, estaba Arnold Ross al frente de la explotación. Instaló una verdadera oficina petrolífera con director y seis empleados. Poseía la empresa más poderosa del país, y la dirigía como si hubiera nacido para ello, con seguridad y tino. Le hacían tentadoras proposiciones. Con la reputación de seriedad que tenía, podía pedir diez, quince o veinte millones de dólares a los capitalistas.

No quería anticipar los acontecimientos y esperaba que Bun fuese mayor para reunir una montaña de oro y poder intentar, los dos, negocios gigantescos con base propia. Bun recordaba su participación en el descubrimiento de Paradise. Tenía la iniciativa.

—Todo lo que hagamos allí es gracias a ti –decía el padre–. El pozo de Paradise podrá llevar tu nombre: Ross Hijo.

Todavía no había intentado nada en los terrenos de la granja, porque sobrevinieron algunas complicaciones al tratar de comprar otras fincas. Por un azar lamentable, el dueño de una de las mayores fincas, Bandy, no estaba en casa cuando le visitó el corredor Hardacre; al volver el propietario, se enteró de que Hardacre tenía prisa, y declaró que no deseaba vender la tierra, añadiendo que si alguien la quería, tendría que abonarle, no cinco dólares por acre, sino cincuenta. Lo más fastidioso era que la finca de Bandy, que tenía mil acres, lindaba con la granja por el sitio preciso donde Bun halló petróleo. La mina de petróleo estaba –así lo sospechaba el magnate– en suelo de Bandy. ¡Bah! Era preciso hacer un deslinde. Dejarían, de momento, que el tozudo propietario se consumiera en su propio interés. Era como un gato que acecha junto a la guarida de un topo. ¡A ver quién se cansaba antes!

—¿Y qué papel representa Bandy en esa fábula del gato y el topo?

—Lo único que puedo decirte es que si hay quien me tome por topo, le demostraré que se equivoca de medio a medio.

Esperarían. El hipotético y valetudinario pariente llegaría a aquellas rocas para dedicarse en grande a la ganadería. Las granjas compradas –Arnold Ross poseía ya doce mil acres– se arrendaban a los que antes eran propietarios; había dos o tres parcelas sin alquilar. Arnold Ross las dejaba, sin duda, para las codornices. Hizo colocar grandes carteles en los límites de las propiedades adquiridas, con la advertencia de que quedaba rigurosamente prohibido el paso. Conseguiría con ello –así lo pensaba él, por lo menos–, demostrar a Bandy que se trataba tan solo de un capricho de cazador. Tal vez la glotonería del vendedor remolón desapareciera con aquella estratagema, y se pusiera a tiro.

III

El mundo estaba en guerra. Los periódicos se convirtieron en carteles con grandes titulares, que acaparaban las páginas con relatos de batallas en las que miles y miles de hombres perdían la vida. Para las gentes de California, tan apacibles y ricas, se trataba de cosas apartadas y lejanas, imposibles de reconstituir con la imaginación. Norteamérica se declaraba neutral, lo que significaba que en el aula de la universidad, donde se explicaba una asignatura especial con el título de Acontecimientos de actualidad, el profesor solo podía tratar objetivamente del conflicto mundial y reprender a cualquier escolar que adoptase una actitud ofensiva contra otro.

Para los negociantes como Arnold Ross, la guerra tenía una significación especial. Podían ganar dinero por partida doble: traficando con los aliados directamente, y con las potencias centrales por mediación de agentes en Holanda y Escandinavia. Pusieron el grito en el cielo cuando los ingleses trataron de impedir el aprovisionamiento de Alemania valiéndose del bloqueo.

El precio del petróleo subió enormemente. A Bun le parecía una cosa espantosa que los millones de su padre tuvieran que multiplicarse a costa de la agonía colectiva del resto del mundo.

—Eso son tonterías –dijo Arnold Ross–. ¿Qué culpa tengo yo de que en Europa se empeñen en romperse la crisma? Si los beligerantes hacen demandas, que las paguen al precio del mercado.

Cuando iban a verle los especuladores y trataban de convencerle de que con su gran base financiera podía el millonario comprar calzado, barcos, lacre, o cualquier otra cosa, para centuplicar el capital, contestaba que su único oficio era el de buscar petróleo.

Si los beligerantes le invitaban a otorgar contratos sobre ventas de petróleo, contestaba que nada le complacía tanto como firmar aquellos contratos, pero exigía cobrar en contantes y sonantes dólares. Podía llevarles a las fondas pequeñas, donde había un cartel que decía: «Tenemos un contrato con el banco; este no vende sopa, y nosotros no admitimos cheques».

La fama financiera de Arnold Ross motivó que se adjudicara a Bun el cargo de tesorero del equipo de fútbol universitario, integrado por los novatos. El cargo era de grave responsabilidad; le confería derechos preeminentes para presenciar partidos, y hasta le daba autoridad para espolear el entusiasmo de los vocingleros, excitándoles en los partidos.

Mientras los hombres al otro lado del mar se arrancaban los ojos y las entrañas y vacilaban entre el lodo de las trincheras, brillaba el sol de paz en California. Bun tenía frente a él, en las gradas del campo deportivo, dos millares de colegiales que gritaban para ensordecer a los jugadores.

Volvía Bun a casa con poca voz para relatar el partido, pero radiante, apasionado y alegre. Hacía resaltar Emma que Bun seguía la moda y que la familia iba situándose convenientemente en la vida mundana.

Se aproximaban las vacaciones de Navidad. Como todos decían a Arnold Ross que trabajaba en exceso, se le ocurrió a Bun hablarle de Paradise y de las codornices. No era muy difícil que su padre aceptara el consejo de Bun; por algo tenían fincas propias. La frase «coto de caza» sonaba tan bien, que hubiera sido verdaderamente lastimoso no poder emplearla.

Reunieron los objetos que formaban el equipo de acampada, y plantaron de nuevo la tienda bajo el roble de Paradise.

—Todo está como antes; solo la estatura de los hijos de Watkins ha aumentado algo y las chiquillas se han vestido.

Desde que podían contar con un ingreso de quince dólares al mes, en vez de tener que desembolsar diez, estaban mucho mejor.

Padre e hijo salieron a cazar codornices y volvieron con un saco lleno de volatería. Al mismo tiempo observaron los rastros de nafta, que estaba endurecida, cubierta de arena y polvo.

En el campamento almorzaron opíparamente y no tardó en presentarse Ruth en busca de la vajilla.

Explicó que iba allí en lugar de Elias porque este cuidaba a la señora Puffer, enferma de jaqueca. Elias había hecho mucho bien con sus curas, lo que producía en la zona cierta excitación, acudiendo muchos enfermos para que aquel les impusiera las manos.

Preguntó Bun a Ruth si tenía noticias de Pablo.

—Vino a verme hace un par de meses, y me parece que no está descontento –dijo con timidez.

Bun atribuyó la brevedad de la respuesta de Ruth a la presencia del padre, por lo que acompañó a la joven hasta la granja.

—Pablo me trajo un libro para demostrarme que no hay necesidad de creer en la Biblia, pero mi padre me sorprendió, y me dio una paliza.

—¡Qué horror! ¿Es posible que te pegara?

—¡Y tan posible!

—¿Con la mano?

—Empleó una correa de los arneses.

—¿Te hizo mucho daño?

—Estuve una semana sin poderme sentar.

Se extrañaba ante la sorpresa de Bun. ¿Qué tenía de particular una paliza, aunque se esté a punto de cumplir dieciséis años? Era castigo merecido que podía salvarla del fuego del infierno.

Por lo que decía Ruth, sospechó Bun que la joven no estaba tan disgustada como él mismo.

—¿Qué libro era el que leías?

—*La Edad de la Razón.* ¿Lo has leído?

—No.

Resolvió comprar un ejemplar y leerlo atentamente para juzgar por sí mismo.

Al encontrar a su padre, dejó Bun que se desbordara la indignación, pero Arnold Ross hizo aproximadamente las mismas reflexiones que Ruth. Era vergonzoso azotar a una hija por tratar de leer un libro, pero el viejo Watkins mandaba en su casa, y tenía derecho a corregir a sus hijos.

—He oído hablar de ese libro –dijo el padre–. El autor es un tal Tom Paine, que tuvo un papel preponderante en la Revolución americana. No he leído el libro ni tengo muchas referencias, pero sí la seguridad de que Watkins se hubiera sentido ultrajado por el solo hecho de consentir que se leyera. Si Pablo se aficiona a tales lecturas, es porque ha «corrido» mucho.

No podía Bun conformarse con tales interpretaciones. Era sacar las cosas de quicio aprobar la vocación de disciplinante que demostraba el «hermano» Watkins. Toda la tarde habló del caso: debía haber una ley para que no pudieran ocurrir tales cosas. Arnold Ross dijo a Bun que la ley no intervenía más que en el caso de que los castigos fueran crueles y excesivos.

—Has de hacer algo, papá.

—¿Quieres que adopte a Ruth?

—Lo que podías hacer es valerte de la influencia que tienes con el viejo.

—De nada serviría querer razonar con un zoquete como Watkins. Cuanto más discutamos, peor... y peor para Ruth. ¿No ves que si tengo alguna influencia con Watkins se debe a que me cree hombre de convicciones religiosas, que tienen cierta afinidad con las suyas?

Bun no se daba por vencido, y se permitió insistir.

—Algo puedes hacer, si quieres, y es absolutamente preciso que quieras.

Tras ligera reflexión, dijo el magnate a Bun:

—Lo que nos interesa, hijo mío, es fundar una religión nueva.

Conocía Bun los procedimientos de su padre, y sospechó que iba a explicar una de sus teorías predilectas, por lo que se dispuso a escuchar con avidez.

—Sí; hay que fundar la religión de la Verdadera Palabra, con su dogma esencial, que sería: los hombres no podrán, en ningún caso, apalear a las muchachas. Es preciso que haya una «revelación» especial sobre ese punto. Dime algo de Pablo, de sus creencias, lo que te contó de Ruth y lo que esta te ha dicho de sí misma.

Cazaron algunas codornices, volvieron al campamento y encendieron una gran hoguera.

—Vamos a lanzar nuestra religión.

Fueron en dirección a la granja; Arnold Ross profundamente pensativo, su hijo intrigadísimo. ¿En qué pararía aquel proyecto de fundar una religión? ¿No conocía su padre el límite de las bromas? ¡Se trataba, nada menos, que de difundir la propaganda de un credo religioso que conmoviera el país de California –o por lo menos a sus campesinos–, y llegara a los Estados circundantes! Cuando, años después, pensaba Bun en ello, no podía menos de estremecerse.

IV

Watkins saludó amablemente a los dos personajes. Dos de las hijas les cedieron las sillas en que estaban sentadas, y se acomodaron en un rincón sobre cajas de madera.

Era la primera vez que penetraba Bun en la granja; se dio cuenta repentinamente de la pobreza de los colonos y sintió que se le oprimía el corazón. Paredes desnudas, nada más que miseria, alumbrada por un lúgubre quinqué.

La casa tenía otras habitaciones: el dormitorio de los padres, una sala en la que dormían las tres hijas en el mismo lecho. En la parte posterior de la granja había dos camas: una era la de Elias; otra estaba vacía, porque pertenecía a Pablo, la oveja descarriada.

Elias estaba ya de regreso. Contaba dieciocho años y alcanzaba la talla media de un hombre hecho y derecho. Tenía voz varonil, aunque con estridencias tan raras, que producían risa, pero la familia era incapaz del menor sentido humorístico. Contó lo que le había ocurrido en casa de la señora Puffer; actuaba allí de curandero; el Espíritu Santo se valía de Elias y le inspiraba un místico temblor que aliviaba los dolores de la enferma.

—¡Amén! –dijo el magnate en voz alta y repitiendo la palabra tres o cuatro veces.

Volvióse de cara a Watkins.

—El Señor le bendice en sus hijos.

—Así es, en efecto.

—¿No ha pensado usted nunca en la posibilidad de que Dios revele una verdad nueva a los hombres?

Los Watkins, hijos y padres, fijaron los ojos en el magnate. Parecían estatuas. ¿Qué significaban aquellas palabras?

—Hay dos revelaciones, amigos míos: la del Antiguo y la del Nuevo Testamento. ¿Por qué suponer que pueda agotarse la iniciativa divina? Los adeptos de la Verdadera Palabra esperan y confían, porque se trata de una promesa consignada en el Gran Libro, como puede comprobarse. Es preciso que la nueva fe sustituya a las precedentes, aunque los fieles que acatan las creencias consolidadas rechacen la nueva luz del Verbo. ¿No se trata de un razonamiento aceptable?

—Sí, hermano –murmuró el colono.

—Pues bien; la Verdadera Palabra se revela por conducto de la inteligencia humana y es un mensaje de libertad que llega de lo alto. El Espíritu Santo quiere que el temor huya de nosotros, que inquiramos con fe y que las almas unan sus aspiraciones hasta descubrir la Verdad. Algún hombre humilde y oscuro, despreciado, tal vez, por sus semejantes, puede ser la piedra angular de la nueva fe.

Hablaba Arnold Ross con tal solemnidad, que Bun estaba aturdido. ¿Pues no se expresaba su padre con la elocuencia de un misionero?

Watkins veía visiones y se apresuró a rogar a Arnold Ross que completara el sermón diciendo cuanto supiera.

—Aquí, en esta granja, sin ir más lejos, vivía un hombre de pocos años y excelsas condiciones –siguió diciendo el magnate–. Ese hombre, a quien se arrojó de Paradise, personifica el verdadero espíritu de la Tercera Revelación. Conozco sus pensamientos, he podido ver sus ojos azules y su cabello rubio. Gracias a mi fe en la Verdadera Palabra adivino en él al mensajero que esperamos anhelantes. Es de estatura aventajada y tiene voz profunda, como un trueno, el mensajero del cielo, el que anuncia a los hombres la Buena Nueva de la libertad.

Escuchaba la familia con ardoroso éxtasis. Watkins miró al elocuente misionero como si a este le nacieran angélicas alas; la famélica esposa, con las manos nudosas y juntas, los ojos desorbitados y el ceño fruncido, parecía entregarse a una plegaria delirante; Ruth sentía, al parecer, el impulso de arrodillarse.

Elias, en cambio, no las tenía todas consigo, porque miraba al magnate como desafiándolo. Se levantó de la silla el curandero, y empezó a gritar.

—¿Puede Pablo mostrarnos algún signo de predestinación?

Como Arnold Ross no probó la menor diligencia en contestar a Elias, dijo este, elevando la voz:

—¿Puede mostrarnos signos ciertos? ¿Cura a los enfermos? ¿Tiene poder para ahuyentar al diablo? ¿Hace andar a un paralítico? ¡Contésteme usted! ¿Pueden los moribundos arrastrar el lecho donde esperan la última hora? ¡Contésteme!

La ofensiva aturdió al magnate, porque no la esperaba de nadie; mucho menos de Elias, aquel cazurro a medio vestir, que iba al campamento a llevar leche y a buscar la vajilla. Y he aquí que aparecía de repente convertido en profeta, con una llama de rabiosa envidia en los ojos.

—¡Soy el Espíritu Santo y Dios me predestina a hacer patentes los signos de salvación! ¿No tengo ojos azules, voz profunda y cabello rubio?

Bajaba la voz al pronunciar las últimas frases, que parecían truenos o maldiciones de ultratumba. Como un visionario iluminado, lanzaba frases broncas, firmes, proféticas, de juicio final:

—En verdad os digo que desconfiéis de quien llega a vosotros como serpiente que se arrastra entre tinieblas para tentar a los que vacilan... En verdad os digo que os guardéis de la raza de Satán, que mancha el alma de pecado y la precipita por la toca de los ángeles malos. No pronuncio palabras vanas; repito la verdad revelada: «Por los frutos conoceréis el árbol». Nuestro Evangelio es ley de nuestros padres y basta para salvarnos. ¡Contrición! ¡Aleluya! ¡Gloria a los que lavaron sus pecados con la sangre del celestial Cordero! ¡Aleluya!

Elevó Elias los brazos como un poseso y Watkins se levantó, al conjuro de las frases proféticas, gritando estentóreamente:

—¡Gloria, gloria!

Fue espantoso lo que sobrevino entonces. Elias se retorcía, arrojaba espuma por la boca entre espasmos y convulsiones; se unían sus rodillas quedando las piernas en ángulo; los rasgos de la fisonomía se contraían y alargaban en horribles muecas; empezó a bramar, a decir medias palabras, a silabear de manera ininteligible, a mugir...

Abel Watkins se enardeció, tendió los brazos como si fuera a volar, y gritó con fuerza:

—¡Entrégate, déjate llevar!

Y empezó a hacer contorsiones, doblando y desdoblando el cuerpo. La mujer, aquella frágil envoltura de huesos y piel, miserable cordaje sin temple, se agitaba con tal violencia, que la silla parecía una barca en mala mar. Las dos hermanas menores se arrojaron al suelo y rodaron como pelotas, mientras Ruth permanecía aterrorizada, sin osar levantarse de la silla, mirando a Elias y oyendo los bramidos, cada vez más fuertes, del curandero.

¡Qué espantoso torbellino de locura! Arnold Ross y Bun se batieron en retirada, saliendo de aquel antro y perdiéndose entre las sombras. Mientras se dirigían al campamento, el magnate repetía palabras condenatorias, palabras de hombre aturdido, que reacciona con energía.

V

Era domingo al día siguiente. Mientras Arnold Ross y Bun desayunaban en el campamento, los Watkins salieron de la granja en una carreta arrastrada por un jamelgo. Iban a la capilla apostólica de Paradise.

La completa soledad en que quedaban los excursionistas les permitía cazar codornices sin que se conmoviera la opinión pública, y dispararon unos cuantos tiros provechosos. Por la tarde fueron a recorrer la finca en automóvil y a saludar a algunos de los colonos de tierras inmediatas, propiedad también del potente Arnold Ross, que tenía sus planes respecto a algunas parcelas, como trazado de caminos y otras mejoras. Tarde o temprano se trasformaría el campo, y convenía tener un programa previo.

Encontraron al jinete de otras veces. Sabían que era el hijo de su rival, de Bandy, y cambiaron un saludo entre ellos, a pesar de todo. También el topo y el gato dialogan, de vez en cuando, cortésmente.

Atravesaron un arroyo que corría por una de las fincas propias, y vieron, con sorpresa, que tenía una casita muy bien situada, con porche rodeado de arbustos, que, en primavera, estarían cuajados de flores color púrpura.

—¿Por qué no nos quedamos aquí?

—Habría que tener un guarda.

—Hasta tenemos un pozo con agua cerca de la casa, papá... Haciendo algunas obras quedaría esto muy bien... Y mira... ¡Un gato! ¡Por cierto que no está de mal año!

Se veían muchos topos. Según Arnold Ross, era un buen augurio para luchar con Bandy.

Descendieron por el declive hasta Roseville. Comieron allí y llegaron al poblado de Paradise. En el extremo de la ciudad, cerca de la carretera, vieron un edificio entre árboles; tenían luz las ventanas, y se oía en el interior como un murmullo. ¡Diantre! Entre el murmullo sobresalía una voz muy conocida, la de Elias, que iba a predicar. Se apearon del coche y permanecieron de pie bajo los árboles. He aquí las palabras de Elias.

—En verdad os digo que la tribulación no seguirá marchitando vuestros corazones... Venid a mí los que padecéis hambre y sed, venid a mí y seréis salvados. Soy el mensajero del Verbo, de la Verdadera Palabra, y puedo presentar signos de predestinación. Sanarán los enfermos, creedme, los diablos tendrán que huir, andarán los paralíticos... Os traigo la Tercera Revelación, hermanos. El Espíritu Santo se muestra otra vez, y el Evangelio Nuevo llega a vosotros con lenguas de fuego. ¡Aleluya! Hay dos Leyes, la del Viejo y la del Nuevo Testamento. Sabed que ambas son viejas y que soy mensajero de la Verdadera Palabra. ¡Maldito quien la rechace, porque se verá precipitado en un abismo sin fondo! ¡Más le valdría caer al mar con una roca sujeta al cuello!... En verdad os digo que traigo la Buena Nueva de la Verdadera Palabra. Malditos sean los que, como serpientes viperinas, se arrastran entre tinieblas para tentar a los que vacilan. En verdad os digo que os guardéis de la ralea de Satán, que mancha el alma con su contacto y la pierde para toda una eternidad. Hablo por boca del Espíritu Santo... Quien me siga, sanará, si está enfermo; beberá, si está sediento; verá la gloria de Dios y recibirá el don de las lenguas. ¡Gloria! ¡Aleluya! ¡Gloria a los que se han purificado con la sangre del Divino Cordero! ¡Aleluya!

Y la voz se perdió entre una salva de aplausos y gritos que anunciaban alguna danza mística, tan grata para aquellos «santos temblones». Era excesivo.

—Vámonos, Bun, sin ver otro torbellino como aquel. ¡Qué degradación!

—¿Has oído? Repite las mismas palabras que dijiste tú en la granja. ¿Crees que es sincero?

—Solo puede decirlo el Espíritu Santo.

Se trataba de un loco peligroso, que usaba términos evangélicos, y por eso no podían aislarlo en un manicomio; hombre poco ladino para hacer el mal por propia iniciativa, aunque capaz de apropiarse de frases ajenas y sacar partido de ellas. Había en California, para desgracia de los hombres, una religión nueva, que se desencadenaba como las tempestades y ni el mismo Todopoderoso podía atajarla.

Recibió el negociante un telegrama en el que no se le daban muy buenas nuevas de la explotación petrolífera Ross-Armitage número 1, y se requería su presencia.

Antes de marchar se las ingenió Bun para tener una entrevista con Ruth, y expuso a su amiga lo que tenía pensado.

—Puesto que poseemos una casita en la finca que perteneció a Rascum, he dicho a mi padre que deje vivir allí a algún guarda o colono. Compraremos unas cabras, y podréis estar en la casa tú y Pablo. Leerás los libros que quieras, y nadie te pegará.

—Mi hermano se negará a admitir limosnas.

—Pero si no se trata de hacer una limosna... ¡Óyeme, por favor, Ruth! Mi padre quiere que haya alguien en aquella casita abandonada, y aceptará lo que yo le diga; incluso puedo explotar yo la finca y entregar a mi padre parte de la renta.

Sonrió de nuevo Ruth, y dijo que Watkins no permitiría a la joven abandonar la granja.

—Mi padre odia a Pablo, porque Elias le odia también, le considera un presuntuoso cargado con todos los pecados de los hombres y predestinado a las llamas del infierno. Siempre ha sido Elias envidioso, pero desde que Pablo encontró alguna ayuda en la ciudad, le mira como se mira a un réprobo, y mi padre está receloso porque hablo contigo y con tu padre; teme que pierda la fe.

Tenía Ruth la misma edad que Bun, ya que ambos iban a cumplir dieciséis años.

—Dentro de poco tiempo serás mayor de edad, y podrás obrar con entera libertad, Ruth... Sé por mi padre, que a los dieciocho años se puede prescindir de los padres... No tengas miedo; te reúnes con Pablo y os instaláis en la casita. ¿A qué andar rodando por el suelo «dejándote llevar»? Lo que importa es que te instruyas mientras vas creciendo junto al hermano a quien tanto quieres. Te liberarás de Elias y de sus pretensiones de profeta, porque si ese energúmeno odia a mi padre, te aseguro que mi padre le corresponde.

VI

Pasaron tres meses. Vencidas las dificultades surgidas en la explotación Ross-Armitrage número 1, alcanzó Arnold Ross grandes éxitos al identificar nuevos terrenos petrolíferos. Le aclamaba la pública voz como el protector de Prospect Hill.

Los médicos insistieron en aconsejar reposo al magnate y terció Bun, como siempre, haciendo a su padre una proposición que no dejaba de ser tentadora: las Montañas Azules estaban a diez millas de Paradise; podían establecer el cuartel general en la hacienda de Rascum y dedicarse a pescar truchas en las inmediaciones de las montañas.

—No puedes vivir lejos de Paradise.

—Es que fui yo quien descubrió aquella tierra de promisión, aparte de que deseo saber algo de Ruth y de Pablo; hasta me intrigan los sermones de Elias y su Tercera Revelación.

Llegó una carta del agente Hardacre comunicando que Bandy, padre, había sido víctima de un accidente: le acometió un toro en el campo y estaba grave. Añadía el agente que el hijo no se avendría a vivir en la finca y que, probablemente, se iría a la ciudad. ¿Insistía Arnold Ross en comprar aquella hacienda?

La carta entusiasmó a Bun.

—Conviene que no te inquietes ni te entusiasmes, hijo mío; los topos jóvenes pueden cazarse con más facilidad que los viejos. Voy a contestar a Hardacre diciéndole que no tengo ningún interés especial en comprar la hacienda de Bandy, por la que solo pagaré un precio corriente, si se pone en venta. Le digo también a nuestro agente que vamos a ir a pescar y que, de todas maneras, hablaré con él, estos días, del asunto, porque vamos a hacer la excursión a las Montañas Azules.

Escribió Arnold Ross otra carta a Watkins para que hiciera limpiar la casita de Rascum, que ocuparía temporalmente con su hijo; dijo a este que hablara con Emma y compraran lo necesario para que pudiera haber todas las comodidades posibles en el refugio: muebles, utensilios de cocina, conservas.

—Se carga un camión y se lleva todo en pocas horas.

No hay que decir con qué alegría cumplió Bun el encargo de su padre. La instalación serviría para que Pablo y Ruth vivieran en la casa. Cuando se es hijo de millonario, cuesta poco convertir una ilusión en realidad.

Arnold Ross y su hijo fueron directamente a la casa. De pie en el porche, que tenía bellas guirnaldas, estaba Ruth bajo un florido arco de púrpura. Junto a ella había un hombre. ¿Sería Watkins, el viejo? A medida que se acercaba el coche, observó Bun que el hombre era joven, y su corazón palpitó con fuerza. Se fijó en el desconocido: alto, robusto, camisa azul, pantalón caqui, cabellos en desorden. ¿Era Pablo? Imposible olvidar sus rasgos, la nariz prominente, la boca algo caída. Sí, sí; era él.

Ruth hizo la presentación de su hermano al magnate.

—Buenos días –dijo Pablo.

Y quedó esperando a que el visitante le tendiera la mano, como hizo. Estrechó después la mano de Bun, lo que fue, para este, una impresión rara. No era aquel, Pablo, el vagabundo; en nada se le parecía. Pablo era un hombre hecho y derecho, que parecía tener diez años más que Bun.

—¿Han llegado los muebles? –preguntó Arnold Ross.

—Sí, señor. Ya lo hemos ordenado todo, y la comida estaría dispuesta si hubiéramos sabido que llegaban ustedes.

Ayudó Pablo a Bun a entrar las maletas.

La casa se había convertido en un pabellón limpio y ordenado. Todo estaba recién estrenado, incluso la cortina de color de rosa y las flores que Ruth había puesto sobre la mesa. La joven se había esmerado delicadamente en la colocación de los utensilios caseros.

—¿Qué les gustaría comer?

—Lo que haya, Ruth.

El jamón chisporroteó en la sartén, extendiéndose por la casa un tufillo agradable. Permaneció Pablo de pie, esperando que le hablasen, y Bun le dirigió impacientes preguntas:

—¿Cómo te encuentras aquí? ¿Qué es de tu vida? ¿Trabajas?

Explicó Pablo que había llegado la víspera para ver a Ruth, que deseaba puntualizar las cosas con su padre. Tenía ya diecinueve años y le parecía tiempo de obrar por su cuenta.

—¿Te ha pegado tu padre?

—No está para pegar a nadie. El reuma va de mal en peor, y tiene el genio más avinagrado que nunca. Me dijo que no le molestara y que ya rogaría por mí aunque me fuera con el diablo.

Notó Bun que Pablo no llamaba a su padre con el diminutivo familiar, y que hablaba correctamente; era un hombre instruido.

Comieron los cuatro. Arnold Ross quiso que se sentaran Ruth y Pablo, y celebraron un verdadero festín.

Bun quiso conocer con detalle la vida de Pablo; recordó las circunstancias que mediaron al conocerse y echó en cara a su amigo que aquella noche no quisiera escucharle. Se habló luego de la señora de Groarty y de sus acciones, depreciadas, inservibles casi.

Sabía Pablo, por su hermana, que Bun había enviado alguna cantidad a la señora de Groarty. Dio las gracias, y prometió que se la devolvería.

Siempre se manifestaba en Pablo el mismo orgullo. Le repugnaba pedir favores, manteniéndose reservado hasta conocer a las personas que trataba. Contó cómo había vivido. El abogado, su bienhechor, acababa de morir, legando a Pablo su biblioteca, con excepción de los libros de leyes. Era un tesoro inapreciable: muchos libros de ciencia y lo mejor de la literatura inglesa. En los tres últimos años, fueron los libros su obsesión; no se acostaba hasta medianoche, y pasaba las horas leyendo con avidez; también leía de día, porque tenía pocas cosas que hacer. Como el hombre de leyes no tenía hijos, se interesó al conocer a aquel muchacho tan deseoso de instruirse, y le protegió eficazmente. Le procuró un microscopio para que trabajase a gusto. Tenía Pablo un plan: seguiría estudiando en los libros de ciencia, podría hallar trabajo en algún laboratorio –aunque fuese en ocupaciones subalternas–, y se dedicaría a trabajos de micrografía.

¡Cuántas cosas aprendió! Leyó a Huxley, a Spencer, a Galton, a Weissmann, a Lodge, a Lankester. Hablaba de otros autores que eran para Bun enteramente desconocidos, a pesar de su ciencia oficial, que se reducía a cero. ¡Qué estúpidas le parecieron, de pronto, sus victorias deportivas!

Tampoco el magnate conocía nada de aquello. A sus cincuenta y nueve años bien cumplidos, podía decir que no había topado con ningún científico. Era asombrosa, sin embargo, la prontitud con que lo asimilaba todo. Explicó Pablo las experiencias de algunos investigadores, que trataban de inquirir si ciertas características adquiridas podían transmitirse por herencia. Era una cuestión de las más importantes y Weissmann llegó a cortar colas de ratón para ver si las generaciones siguientes tendrían ese apéndice. A Pablo le parecía absurdo, porque cuando se le corta la cola a un roedor, no se verifica en este ninguna transformación biológica. Lo interesante era acortar el tiempo que tardaba en curar la cola de un ratón. La mejor manera de resolver el problema de las características adquiridas por medio de la herencia era estimular a los animales para que desenvolvieran en ellos mismos una facultad nueva, observando si se desarrollaba más fácilmente esa facultad en las nuevas generaciones. Terció Arnold Ross y dijo que la observación de lo que ocurre con la raza de los caballos podría aclarar el problema, con lo que Pablo estuvo conforme y ofreció a su interlocutor un libro que tenía, diciéndole que le interesaría mucho.

—Es un gran muchacho este, Bun.

Se ruborizó el colegial hasta las raíces capilares. En realidad, fue él quien «descubrió» a Pablo, como «descubrió» también el campo de Paradise.

Expuso Arnold Ross la necesidad de que alguien se ocupase de administrar la finca, y declaró Pablo, a instancias del dueño, que no tenía inconveniente en quedarse allí.

—¿Y qué plan tiene usted?

—Tengo trescientos dólares ahorrados de mi sueldo; compraría algunas cabras y dedicaría la tierra buena a alubias y fresas, pagando la mitad de los frutos al propietario.

Discutieron a propósito del contrato, porque Arnold Ross se empeñaba en pagar a Pablo alguna cantidad por encargarse de la administración. Contestó Pablo que solo se quedaría partiendo los frutos. Cuando el dueño llegara a la finca, el mediero se instalaría en una tienda de campaña.

—¡De ninguna manera! Tengo el propósito de edificar un alojamiento mejor que este. Puede usted ayudar al carpintero y ganar algo, si lo desea.

—Es que, si se me permite, construiré yo mismo la casa, con excepción del trabajo de carpintería. Cuando se está acostumbrado a la vida de campo, esas cosas no nos vienen de nuevo.

—¿Se quedará Ruth con usted?

—Viviré cerca del pabellón y Ruth vendrá a verme hasta que nuestro padre se acostumbre a la ausencia y podamos estar juntos al frente de todo.

No podían irse, los dos a la vez, de la casa paterna. Elias pasaba fuera la mayor parte del tiempo. El negociante se enteró de los incidentes que provocaba en la comarca la manía religiosa del curandero.

Poco después de que Elias predicara en Paradise, llegó a conferenciar con él una comisión de fieles de Roseville. Dijeron que había llegado a sus oídos la fama del curandero, y que fuera a hablar a Roseville.

No se hizo rogar Elias. A medida que pasaban los días adquiría mayor audacia. Alguien le ayudaba en las peregrinaciones porque usaba automóvil en sus correrías. Tras el coche llevaba un haz de muletas que se exponían ante los congregantes; casi siempre aumentaba el número de muletas en cada viaje, y también la recaudación, copiosa y pronta, que Elias percibía como administrador de los asuntos celestiales. Tenía el título de «Profeta de la Nueva Revelación». Por él se sabría la hora en que Cristo volvería a la tierra.

Los profanos, reunidos en nutridas asambleas, se convertían en masa a la Verdadera Palabra. Por excepción surgían cismas, y en el lugar donde se producían, se propagaba una nueva creencia.

—¿Y cura, realmente, su hermano? –preguntó el magnate.

—Parece que sí. He leído algo relativo al poder de la autosugestión.

—¿Ayuda a sus padres? ¿Les manda dinero?

Sonrió Pablo irónicamente.

—El dinero es sagrado; pertenece al Espíritu Santo, y Elias es su tesorero.

VII

A la mañana siguiente, fueron Arnold Ross y su hijo a pescar truchas. Se detuvieron en el trayecto para visitar a Hardacre. El padre puso en guardia a Bun:

—Nada de imprudencias. No digas una sola palabra y déjame que resuelva yo lo que me proponga.

Les dijo Hardacre que tenía una oferta de Bandy, quien pedía veinte mil dólares por su finca.

El corazón de Bun retozaba, y el joven se hubiera puesto a gritar de buena gana:

—¡No pierdas la ocasión!

Pero se mantuvo, en apariencia, impasible, mientras decía su padre:

—¿Por quién nos toma esa gente?

—Hay veinte acres de tierra excelente.

—Pongámoslos a cien dólares el acre, y tasemos los edificios en cuatro mil... Bandy evalúa su propiedad a veinte dólares un acre con otro y solo valen seis. Es intolerable que se quieran vender a ese precio rocas y guijarro... Nos quiere pescar...

—Lo que ocurre es que sabe que usted es un negociante de petróleo, y cree que va a hacer sondeos.

—Pues dígale que empiece por buscar quien sondee en su tierra, y que, en tal caso, yo sondearé en la mía. Entretanto, mi propiedad será un coto de codornices y procuraré que haya todas las que permite la ley en los cazaderos. Lo más que estoy dispuesto a pagar es doce mil dólares. Si Bandy rechaza la proposición, no quiero oír hablar más del asunto.

Puso el motor en marcha y subió al coche con Bun.

—Pero, oye, papá, ¿por qué no te decides?

—Deja que Bandy se consuma en su propia salsa. De momento, ya tenemos terreno suficiente para sondear.

—¿Y si sale otro comprador?

—No te preocupes. Te gusta esta tierra porque tienes un capricho... ¡Vamos a pescar!

En un lago de la montaña pescaron hermosas truchas, frías y brillantes. Al anochecer volvieron al pabellón.

Frieron las truchas y cenaron copiosamente en compañía de Pablo. Arnold Ross planteó, a los postres, una serie de cuestiones científicas. Le hubiera gustado, según dijo, recibir instrucción en su juventud, porque la ciencia –decía él– tiene secretos que vale la pena conocer. ¿Por qué Bun no estudiaba los problemas científicos en vez de llenarse la cabeza de latín y poesía, de intrigas y guerras, reyes y conspiraciones?

Se despidieron de Pablo a la mañana siguiente, encaminándose, por último, a Beach City, donde llegaron a última hora de la tarde.

Volvió Bun a sus estudios y a regentear la tesorería del equipo deportivo. Arnold Ross empezó la explotación de cuatro nuevos pozos en el terreno de Armitage y de tres en Wagstaff.

Las naciones de Europa habían constituido dos enormes frentes, que se extendían de un extremo a otro del continente. Millones de hombres se mataban sin piedad, como atacados de monstruoso maleficio; se reducían a papilla y regaban la tierra con sangre. Hablaba la prensa de batallas y cercos que duraban meses, y la fortuna de Arnold Ross aumentaba en progresión geométrica, gracias a las demandas de petróleo.

Al llegar el verano, Berta tenía ultimado el programa veraniego para su hermano. Era Berta Ross una deslumbrante criatura de dieciocho años. Elegía vestidos tan ostentosos, que no los hubiera rechazado una artista de circo. Sus piernas estaban siempre envueltas en la más diáfana de las sedas. Los zapatos que usaba no tenían el más leve deterioro. Si se ponía un vestido color púrpura, o azul, o carmín, o verde, las medias, el calzado, el sombrero, los guantes y hasta el monedero, tenían el mismo matiz. Su padre decía que no tardaría en tener que comprar varios coches para hacer juego con la indumentaria; pero cuando tenía que pagar un montón de facturas, se ponía ceñudo y se sentía desconcertado, contemplando la esplendidez de aquella mariposa que él había contribuido a sacar del estado de crisálida.

Decía Emma que Berta tenía derecho a fantasear, lo que el padre no aprobaba ni desaprobaba. Se sentía, en cambio, firme como Gibraltar ante la insistencia de Emma para que el magnate del petróleo se entregara al torbellino de la vida mundana. Le fastidiaban las ínfulas de la gente engolada, los impertinentes de las señoras y la etiqueta de los salones. Ante los profesionales de la vida de sociedad, se sentía un gusano. ¿De qué podía hablarse con aquellos seres, perfectamente inútiles, capaces de confundir un alisador con el émbolo de una bomba?

Bun no dejaba de compartir la actitud de su padre, y hasta creía de buen tono adoptarla como norma de vida. Su hermana, con sus dieciocho abriles, no se dignaba conceder beligerancia a un joven de dieciséis, pero las elegantes damiselas, amigas de Berta, tenían hermanos tan jóvenes como Bun; este debía rascarse el petróleo de las uñas y dedicarse a cultivar un amor más brillante que el de Rosa.

Siempre ávido, Bun, de nuevas emociones, intentó seguir los consejos de Berta, pero hubo de confesar, al poco tiempo, que las inefables amigas de su hermana no le interesaban en absoluto. Llegó a cerciorarse de que eran todas inútiles y tontas, y las abandonó. Las conversaciones eran vulgares con pretensiones, y estaban plagadas de enigmas; usaban una terminología arbitraria, de su propia cosecha, y puede decirse que hablaban en idioma aparte. Ninguna de ellas interesó a Bun para que se molestara en descifrar lo que intentaban decir. Prefería vestirse de mecánico y trabajar en los pozos, ayudando a los obreros de la plataforma giratoria, o dedicarse a apartar la masa de arena y roca triturada, que salía mezclada con fango y atascaba el conducto de un sumidero.

No dejaba Bun de plantearse las cuestiones, siguiendo sus puntos de vista, y habló a Arnold Ross.

—¿Y el pabellón que hemos de construir en las tierras de Rascum, papá?

—¿Qué quieres decir?

—Escribe Pablo que Ruth se va a vivir con él, de modo que no tendremos donde alojamos cuando volvamos. Vamos ahora mismo, y construyamos el pabellón inmediatamente.

—Pero, el caso es que hace allí un calor de mil demonios.

—Bien lo soporta Pablo, y, de todas maneras, ya sabes que conviene sudar de vez en cuando.

Arnold Ross iba perdiendo agilidad a medida que se hacía viejo. Podía sentarse en la glorieta, bajo las enredaderas, vestido con un traje ligero, mientras Bun y Pablo trabajaban. Si su padre no se avenía, Bun hablaría con el doctor Blakiston.

—Sí, hijo mío, haré lo que quieras, incluso adoptar a la pareja de Watkins, que es tu debilidad...

Se dirigieron, pues, a la finca, y llevaron la tienda, pero Pablo y Ruth insistieron en que durmieran los propietarios en la casa. Ruth se quedaría en la tienda, y Pablo en el pajar.

Había comprado el colono un caballejo y un arado de desfonde. Tenía un florido huerto con bancales de alubias y parcelas dedicadas al cultivo de la fresa. Poseían media docena de cabras, que producían bastante leche, y algunos pollos, que cuidaba Ruth con solicitud.

Lo más asombroso era que Pablo había hecho trasportar sus libros al pabellón. La mayor parte de los tomos estaban en cajas, porque había poco sitio, pero Pablo construyó una librería con madera de embalar, y allí estaban Haeckel, Renán y otros autores absolutamente funestos, enemigos del alma. Watkins padre había perdido los ánimos de otro tiempo; la oveja descarriada era ya mayor; Elias, por otra parte, no podía curar el reuma de su padre.

—Cuando enviemos madera para la obra, podrá usted hacer, en invierno, una librería flamante –dijo Arnold Ross–. Deseo tener en casa buenos estantes. Me prestará usted libros y me ayudará a adquirir un barniz de instrucción.

Se sentían satisfechos en la finca. Las incidencias de la vida del campo distraían al negociante y le hacían olvidar los disgustos que le daba uno de los capataces. Acababa este de casarse con una mujer desequilibrada, y se distraía con frecuencia.

Proporcionó la madera un negociante de Roseville. Pablo se convirtió en jefe del taller y Bun en ayudante. Arnold Ross llenaba con dignidad las funciones de inspector, que discutía cordialmente y se retiraba a la glorieta cuando apretaba el calor, mientras Ruth le preparaba un refresco de mosto sin fermentar.

Por la tarde bajaban padre e hijo en automóvil a Paradise, a la hora del correo. Al leer la prensa, halló Bun una información sensacional.

—¡Fíjate, papá! ¡El sermón de santa Lucía! Se dice que la gente se entusiasmó oyendo decir a Elias que tenía la misión de construir el Tabernáculo de la Tercera Revelación, todo él de mármol blanco como la nieve, con un friso o relieve en oro. Ocupará una manzana entera en Angel City, y tendrá las dimensiones que fija Elias, porque se le han revelado en un sueño.

Dio los datos Bun, leyendo la información del periódico, y no faltó inmediatamente la interpretación humorística de Arnold Ross.

—Me parecen excesivas las dimensiones, aunque Elias es hombre que no se para en barras, y, en caso de apuro, siempre tiene a mano otra revelación.

El Águila –era el título del periódico de Roseville– colmaba de elogios a Elias, y afirmaba que por primera vez podía figurar el país en el mapa. Era necesario reconstruir la Iglesia Apostólica de Paradise con ofrendas de los fieles, aunque los peregrinos podrían visitar siempre el edificio primitivo, para admirar el recinto favorecido por Elias y sus revelaciones.

Vieron a Hardacre, quien les dijo que Bandy arriaba velas, y se iba con sus padres a la ciudad.

—¿Y mi oferta?

—La acepta.

—Bien... Hágale saber que la mantengo y que estoy dispuesto a formalizar la escritura.

Hardacre se trasladó al pabellón al día siguiente, y dijo a Arnold Ross que los Bandy habían firmado ya el compromiso de venta.

Entregó Arnold cuatro mil dólares contra el escrito firmado por los Bandy, y dijo que pagaría los restantes ocho mil cuando se otorgara el documento definitivo.

—La cosa va bien, Bun –dijo el padre–. Ya puedes lanzarte a buscar petróleo en tu propio terreno.

El joven quería precipitar las cosas.

—Telefonea al jefe del personal, y procura que se hagan caminos.

—Primero terminaremos el pabellón, y estudiaremos con calma.

Aplacados los nervios de Bun, se puso este a trabajar como peón en las obras de carpintería. Se hubiera sentido feliz a no ser por una grave aprensión: ¿en qué términos comunicaría a los dos hermanos la noticia de que se iba a sondear?

¿Juzgarían ellos a Arnold Ross por el hecho de haberse valido este de una falsedad para adquirir la tierra de Watkins?

Ocurrió entonces algo que apenas sucede dos veces en mil años. Hacía tres días que los Bandy habían firmado el compromiso de vender su tierra, cuando Melie Watkins, la hermana menor de Ruth, llegó al pabellón con capucha azul y una noticia sensacional: el anciano Wrinkum había estado en la granja de Paradise, explicando que una gran empresa, la Excelsior Petroleum Company, se quedaba con el terreno de Cárter, al otro lado del valle, a una milla en dirección oeste de Paradise, y trataba de hacer sondeos. Arnold Ross supo de la sensacional noticia y llamó a su hijo y a Pablo, que estaban colocando el entarimado del pabellón. Acudieron ellos con Ruth, y se miraron unos a otros, tras unas palabras de asombro.

—Pero, papá, si esa empresa es una de las cinco más importantes.

Dijo entonces Arnold Ross, cerrando los puños:

—¡Gran Dios! Esa gente no hace sondeos así como así...

—¿Y si nos anticipamos? –objetó Bun.

—Mi tío Eby decía que no faltaba aquí petróleo –afirmó Ruth.

—¿Es posible?

Sintió Arnold Ross avivado su instinto de capitán de industria, y miró a Bun dedicándole la sombra de una sonrisa, que interpretó el hijo tiempo después, haciéndose estas reflexiones: «Mi padre quiso evitar hábilmente la ocasión de que tuviera yo que confesar mis angustias íntimas; pareciéndole poco cuanto hacía por mí, llegó, incluso, a mentir, por favorecerme».

¿Quién no se sentiría satisfecho ante tal solución de las graves cuestiones morales que atormentaban el espíritu de Bun?

VI.
A salto de mata

I

Era firme y decisivo el plan de Arnold Ross, después de calcular sus probabilidades. Sondearía sin tardanza el terreno Ross Hijo Paradise número 1. La gran empresa rival tendría que apresurarse. No era cosa de permitir que los cinco grandes magnates del petróleo se creyesen acaparadores de la industria y lo coparan todo. Se quedaría en el campo hasta poner la explotación en marcha. Llamó al geólogo y se entrevistó con un contratista que se encargaba de las obras necesarias para cavar un poco y tener agua en abundancia.

Llegó Banning, el geólogo, y lo primero que hizo fue asestar un mazazo a las ilusiones de Bun, diciendo que Arnold Ross no se equivocaba al atribuir poca importancia al rastro de nafta hallado a flor del suelo. Las arenas petrolíferas podían estar a cien o a doscientos pies de profundidad, pero no había garantías para asegurar que fueran de valor estimable. Se podían hacer pruebas con uno de los aparatos pequeños de sondeo que se usan en Pensilvania.

—En estas tierras –siguió diciendo el geólogo–, no se sabe lo que puede haber antes de obtener petróleo. Esta comarca es, a pesar de todo, muy propicia para que hagamos estudios, y vale la pena exponer algún capital.

Recorrió las colinas con el magnate y Bun. Estudiaron las depresiones del terreno, eligiendo, por fin, el flanco de una colina de la finca que cultivaba Watkins padre, no lejos del sitio donde dialogó Bun con Ruth, cuando guardaba esta el rebaño de cabras. Llegó el empresario del pozo de agua, ofreciendo hacer la excavación a dos dólares y medio por pie. Se conformó el negociante, a base de un número determinado de pies por día, más una prima para el empresario y otro destajo si se tardaba más tiempo en terminar la obra.

Arnold Ross y Bun fueron a visitar a Jeremías Carey, un propietario de los alrededores de Roseville, jefe de la Junta de Obras Públicas del condado.

La carretera pasaba por terreno de Arnold Ross. Se le había ocurrido a Bun la inocente idea de llamar a un contratista que se encargara de repararla. Dijo Arnold Ross que se trataba de un servicio público. La carretera iba de Paradise a Roseville siguiendo el fondo del declive, y era natural que fuera nivelada y empedrada a cuenta del Erario público. El negociante la utilizaría más que ningún otro ciudadano, para el tránsito de los camiones, pero también pagaría más que nadie. Los propietarios de tierras inmediatas a la carretera contribuirían a costear las obras y aumentaría el valor de las fincas.

Dio Arnold Ross a su hijo estas explicaciones, y las repitió en la conferencia que tuvo con Carey, anciano de bondadoso aspecto, que cultivaba frutales –albaricoqueros y melocotoneros–, en las vertientes de una cuesta que dominaba el valle de San Elido.

Halagaba a Carey el hecho de hablar con un negociante de fama. Acompañó a sus visitantes, les condujo a su casa, hizo que se acomodaran en sillones de mimbre, y rogó a su señora que hiciera servir limonada.

El magnate obsequió a Carey con un habano, a la vez que ponía de relieve la importancia de los trabajos. Habló de la concesión Bankside, y del palacio que tenía en la playa el señor Bankside.

Los cónyuges Carey abrieron los ojos desmesuradamente cuando les habló Arnold Ross de un bosque de grúas petrolíferas que se alzaría cerca de allí. La realización del negocio solo dependía del buen estado de las carreteras. Era evidente que no se podía hacer el transporte de material pesado por una vereda ganadera, que aquel mismo día fue causa de una avería importante en su coche.

¿Cómo podía suponerse que el negociante costeara la reparación de una carretera pública?

—Es cuestión de apresurarse, señor Carey. Si las autoridades del condado se entretienen en cominerías y me hacen esperar, como poseo otros terrenos y puedo hacer sondeos inmediatamente, reservaré Paradise para coto de caza.

Carey expresó con un gesto la molestia que le producía aquella coacción.

—Haré lo que pueda por mi parte, señor mío, pero ya comprenderá usted que los asuntos públicos no pueden resolverse en un santiamén. Es preciso emitir obligaciones y obtener, por elección, la legalidad de los gastos.

—He venido a adquirir informes precisamente, y me parece que no pido nada extraordinario, si digo que convendría reparar la carretera vieja.

—Hay fondos, desde luego, para reparaciones, aunque ignoro la cuantía... De todas maneras, necesito consultar a mis colegas.

Acompañó a los visitantes hasta el coche. Mientras hablaban, sacó Arnold Ross una cartera del bolsillo.

—Señor Carey, le voy a hacer perder mucho tiempo, y no me parece justo que se moleste; así, pues, espero que me permita indemnizarle a usted por la gasolina y el desgaste de los neumáticos, mientras procura averiguar lo que me interesa.

—No sé si es correcto aceptar...

—Comprenda que no hago más que indemnizarle por el tiempo que emplee, y de ninguna manera intento que altere usted el sentido de la resolución legal. Volveremos a vernos; tal vez me vea en su finca, algún día, a salto de mata.

Se metió el sobre en el bolsillo el funcionario, y prometió informar a Arnold con la posible diligencia.

En el liceo había seguido Bun un curso de Derecho ciudadano. Se originaron, varias veces, cálidas discusiones, en clase, sobre la corrupción de los funcionarios públicos. Sin dejar entrever Bun sus experiencias, preguntó a la profesora si era justo que un negociante gratificara a un empleado por trabajos extraordinarios de interés público. La profesora declaró que no explicaba cómo podía formularse tal pregunta, y que el caso era, ni más ni menos, que un soborno.

El joven explicó a su padre lo ocurrido en el colegio.

—Hay que distinguir entre teoría y práctica. Esa señora no ha tenido que hacer, seguramente, ningún sondeo, ni tampoco ha hecho trasladar material pesado por caminos ganaderos. Lo que importa a la profesora es sentarse en una poltrona para pronunciar palabras grandilocuentes: «ideal», «democracia», «servicios públicos»... ¡Qué fastidiosa es la enseñanza oficial! Las gentes que enseñan jamás han hecho nada, ni tienen conocimiento real del mundo.

Todo se reducía a una cuestión. ¿Se sondeaba el terreno de Paradise? Claro que podían esperar diez años, pero no faltaría quien aprovechara la ocasión, corrompiendo a las autoridades. Por eso trataba él de anticiparse...

En la mayor parte de los casos, los funcionarios eran codiciosos y se vendían, después de hacer muchos aspavientos, para tasarse en más. En otros casos se mostraban simplemente ignorantes o indiferentes; siempre era preciso pagar, si se quería apresurar los trámites.

Explicó Arnold Ross la diferencia entre los negocios públicos y los privados. En la empresa propia, es uno mismo el patrón, y puede obrar libremente, pero si se tropieza con la autoridad, se es víctima de intromisiones, inercia y despilfarro. ¿Y aún había seres embrutecidos, obstinados en reclamar la propiedad única para el Estado? Cuando esos seres consigan su objetivo –seguía diciendo el magnate del petróleo–, será preciso suscribir una docena de instancias y esperar la decisión de los funcionarios, antes de comprar una miga de pan.

—En la vida que llevas, Bun, puedes aprender lecciones de ciudadanía, que harás bien en trasladar a la profesora. Si crees que vamos a conseguir la reparación de la carretera sin dar propina al hortelano Carey y a otros de su ralea, estás en un error.

En efecto: pasaron dos días y habló por teléfono con Carey. Comprendió Arnold Ross que el funcionario había cambiado impresiones con sus colegas y que se manifestaba alguna oposición. Como habían surgido muchas protestas por el derroche de fondos, y la Junta cesaba en otoño, nadie quería comprometerse. La Junta se reuniría al cabo de una semana, y si Arnold Ross contaba con alguna influencia, llegaba el momento de emplearla.

—Ya ves, Bun, qué ejemplos de ciudadanía. ¿Sabes lo que significa la actitud de Carey? Pues, sencillamente, que los restantes miembros del Consejo se llaman a la parte y quieren cobrar. Voy a pagar de una vez, una gran cantidad y deprisa, antes de que la empresa rival se dé cuenta de lo que sucede. Es nuestra única salida, y tengo una idea.

En el despacho de Hardacre, a través del humo de un habano, preguntó el agente:

—Dígame usted: ¿a quién hay que acudir en el condado de San Elido, cuando es urgente la reparación de una carretera, y no se puede esperar?

—En primer lugar, iría yo a ver a Jake Coffey; luego volvería a casa, y descansaría –dijo, sonriendo maliciosamente.

Coffey era un almacenista de forraje de San Elido, capital del condado; al propio tiempo ostentaba Coffey el cargo de cacique de los republicanos del distrito.

Dio las gracias el magnate a Hardacre, y se dirigió rápidamente a San Elido.

—Prepárate a completar la educación ciudadana –dijo a Bun.

II

Jacobo Coffey –heno, forraje, cereales, cal, cemento y yeso– se hallaba en el despacho, situado en la parte posterior del almacén. Tenía los pies en una mesa de centro, sobre la que se veían algunas cartas del juego de póquer.

Coffey era un hombre de aspecto raro: tenía la boca herméticamente cerrada y los rasgos del rostro le hacían aparecer como huraño; se le veía la piel curtida y los dientes de oro, por lo menos, los que enseñaba al hablar.

Oyó el nombre de Arnold Ross, y dijo que esperaba la visita.

—Pues yo acabo de enterarme de que vive usted en San Elido, y he venido a gran velocidad.

Se había roto el hielo. Coffey aceptó un puro, que cambió por el suyo, medio masticado, y se sentaron luego los dos para hablar de negocios.

—Señor Coffey, soy un petrolero independiente, a quien llaman los cinco grandes magnates «el pequeño colega». No soy tan pequeño que no pueda presentarse en San Elido después de comprar doce mil acres de tierra. Trato de hacer sondeos. Si hallo petróleo, instalaré doscientos pozos, emplearé mil hombres, pagaré salarios por valor de millones de dólares, y duplicaré el valor de las propiedades hasta cinco o seis millas a la redonda. La Excelsior Pete intentará ponerme fuera de combate. Me interesa advertir a ustedes, políticos, que esas empresas formidables no sueltan un dólar si no se ven obligadas, y acuden de todas maneras, a altas esferas. Es preciso que haya competencia para tener a raya a esos mastodontes del petróleo. Los independientes pagamos más, en proporción, que las grandes empresas, y obligamos a estas a que paguen. Supongo que estoy hablando con un hombre de experiencia.

—¿Qué quiere usted, en concreto?

—Por ahora, una carretera hasta Paradise. Sin carretera, no hay sondeo, ni más ni menos. Hágase cargo de que usted mismo tiene también material pesado, y que alguna vez lo habrá llevado por esos andurriales.

—Sí, en efecto.

—No es preciso que me esfuerce en hacerme entender. Quiero una carretera, sin recurrir a los expedientes inacabables, y que se empiece a trabajar dentro de diez días para proceder a los sondeos inmediatamente después de llegar el material. No sé si alguien ha procedido como yo antes de ahora; lo único que quiero es saber cuánto vale lo que pido.

—Perfectamente –dijo Coffey.

En su rostro duro brilló una tenue sonrisa. Estaba claro que no le disgustaban los procedimientos expeditivos de Arnold Ross. Bun, por su parte, pensaba que Coffey trataría de exagerar las dificultades para cotizarlas mejor. La mecánica política del condado pasaba por cierta crisis a consecuencia de una malversación de fondos hecha por un imbécil que, según Coffey, se arriesgaba a ganar menos apoderándose de los fondos públicos, que dedicándose a operaciones legales. Se criticaban las concesiones de carreteras, y un tipejo que editaba cierto semanario, *El Perro Guardián,* escribía las más vergonzosas acusaciones. En resumen: emplear los fondos dedicados a trabajos urgentes para construir una carretera, a beneficio de un petrolero, era exponerse a producir disturbios y a perder los votos que la máquina política necesitaba. Como dijo el mismo Arnold Ross, los grandes magnates del petróleo, que tenían ya sus caminos, verían con malos ojos el privilegio favorable que se otorgaba a un negociante. Habría tela cortada para que el tipejo de *El Perro Guardián* se despachase a su gusto, se haría inevitable el descrédito de la Junta de Obras Públicas, y la vida de Coffey sería un infierno.

Escuchó cortésmente Arnold Ross, siguiendo la preceptiva de los negocios, y dijo que se daba cuenta de todo, pero que esperaba indemnizar debidamente a Coffey.

El negociante quería, ante todo, poner a salvo la posición de los miembros de la Junta. ¿No podía aceptarse un donativo de cinco mil dólares para los fondos de reserva, que se utilizaban para las elecciones?

Lanzó Coffey una bocanada de humo gris azulado, y quedó mirando fijamente a la mesa, como si viera allí un cinco seguido de tres ceros.

—Ya comprenderá usted, señor Coffey, que mi indicación se refiere al partido, y que puedo, además, hacer a usted una proposición de carácter personal.

—Expóngame lo que intenta en detalle, se lo ruego.

Arnold Ross pronunció un discurso, mostrándose decidido partidario del sistema de la cooperación. Explicó que, en dondequiera que trabajaba, creaba una organización y hacía copartícipes de los beneficios al mayor número posible de ciudadanos. Citó su Ross-Bankside número 1, expuso de qué manera organizó un sindicato para aquel pozo, añadiendo que contó con una reserva del dos por ciento para el director de una compañía maderera, atención amistosa que tuvo con él para que se activaran las entregas de material. El pozo había producido hasta entonces cerca de seiscientos mil dólares de beneficio neto, y el director aludido cobró doce mil dólares de comisión por tomarse la molestia de ser puntual.

De momento, se trataba de una cosa parecida. Si podía Arnold Ross conseguir la carretera, Coffey no perdería nada.

—Tendrá usted el dos por ciento de los gastos de explotación, que ascienden a cien mil dólares, correspondiéndole, inicialmente, la suma de dos mil dólares. Si el pozo resulta productivo, llegará a cobrar cinco, diez y hasta treinta y cuarenta mil dólares. Casos semejantes suceden con frecuencia. Cuento, claro está, con que seamos amigos, y nos ayudemos, mutuamente, en cuantas incidencias pudieran presentarse.

Lanzó Coffey nuevas bocanadas de humo, y declaró paladinamente que se sentía optimista y apostaba por el negociante.

—Mire usted, señor Arnold Ross, vamos a hacer una especie de permuta: prefiero que destine dos mil dólares a los fondos electorales y que me entregue cinco mil.

—¿Puede usted garantizar la entrega de la «mercancía»? –dijo el negociante, mirando fijamente a los ojos de su interlocutor.

—Desde luego... No se inquiete usted.

Así acabó el coloquio. En una hoja del talonario de cheques escribió Ross unas palabras ante su firma: dos mil dólares en favor del Comité electoral del Partido Republicano. Preguntó luego a Coffey si tenía algún cargo oficial.

—Solo soy un hombre de negocios.

—Así nos entenderemos mejor. Queda firme el acuerdo.

Y redactó un documento, según el cual, había recibido de Coffey la suma de un dólar en metálico, más otras sumas mayores, valoradas legalmente, que justificaban la siguiente compensación: percibiría el cinco por ciento de los beneficios netos que se obtuvieran en un pozo en construcción, el Ross Hijo Paradise número 1. El pozo, según las cláusulas del documento, no se pondría en explotación antes de que hubiera una carretera entre la calle principal de Paradise y la entrada de la finca que cultivaba Abel Watkins, y si la carretera no quedaba terminada en un plazo de sesenta días, J. Arnold Ross no quedaba obligado a sondear ni a compensar a Coffey ni siquiera por un dólar.

Entregó el manuscrito a Jacobo Coffey, y le dijo sonriendo:

—Espero que no vaya a parar a las garras de *El Perro Guardián.*

Contestó Coffey, sonriendo también:

—De acuerdo.

Puso la mano sobre el hombro de Bun, y añadió, con desparpajo:

—Creo que su hijo no dirá una palabra de todo esto.

—Mi hijo es un perfecto aprendiz y sabe lo que son los negocios: esté completamente convencido de que no ha de hablar nunca de nada que pueda perjudicarme.

Se despidieron con fuertes apretones de manos. Arnold Ross y Bun subieron al coche, y, una vez instalados, preguntó el joven:

—Pero, papá, yo creí siempre que eras demócrata.

—No se trata de resolver nada sobre la independencia de Filipinas, ni de fijar la tarifa de los hipercloruros. Nos interesa la carretera, y nada más.

—¿Y cómo puede intervenir Coffey en estas cuestiones, si no tienen ningún cargo oficial?

—Los caciques rehúyen destinos y cargos públicos, a fin de tener las manos libres para los negocios. Carey puede ir a presidio si se prueba que admite dinero; Coffey, en cambio, no tiene destino en ninguna plantilla, aunque lo maneja todo, y es imposible perseguirle. Los que regentan cargos públicos suelen ser pobres diablos que necesitan ganar un sueldo ínfimo, o bien vanidosos insoportables, amigos de ostentar presidencias, oír aplausos y ver su efigie en los periódicos. Nunca verás el retrato de Coffey en los periódicos; sus negocios son de trastienda, y no necesita candilejas ni bambalinas.

Recordaba Bun lo aprendido en la clase de educación ciudadana, y preguntó si se resolvían todas las cuestiones de la misma manera.

—Poco más o menos, ocurre lo mismo en el condado que en el Estado. En realidad, no se trata de maniobras tan inmorales como parece a primera vista; hay que tener en cuenta la incapacidad de las masas. Parece muy gallardo pronunciar grandilocuentes discursos sobre la democracia, pero en realidad se impone: ¿quiénes votan en el condado de San Elido? Pues los mismos que danzan como energúmenos oyendo predicar a Elias. ¿Puede nadie suponer que tales idiotas son capaces de gobernar? ¿Son semejantes cretinos los llamados a permitir que se establezca un pozo? De ninguna manera; por ello los representa Coffey y obra en su nombre. Eso te demuestra que la prisa que requiere un negocio no supone nada en la rígida maquinaria política americana.

III

Se habían iniciado los trabajos de alumbramiento de agua y de comunicación telefónica. Era el momento de pensar en alojar a los obreros. Mientras se hacían los sondeos, tendrían que conformarse con unas barracas; más adelante, si el pozo producía en grande, se construirían confortables pabellones.

Dijo Arnold Ross a Pablo:

—Me parece absurdo que se entregue usted al cultivo de alubias, porque nunca dejará de ser pobre. Valdría más dedicarse a la carpintería de construcción y entrar en un pozo. Haré que venga el contramaestre, que elegirá la madera para las barracas. Usted puede hacer el trabajo, contratando maestros carpinteros. Le pagaré cinco dólares diarios, el quíntuplo de lo que le produce el oficio de hortelano.

Aceptó Pablo Watkins, y se entendió con Arnold Ross para trazar los planos.

—Tendrán que hacerse bien las barracas. El pozo lleva el nombre de Bun, y mi hijo es un reformador social... Creo que trata de dar a los obreros hasta mantequilla.

En lugar de una aglomeración única, habría celdas individuales, con ventilación suficiente, poniéndose, cuando más, en cada celda, dos literas, para que dos trabajadores no tuvieran que ocupar una misma cama. Se instalarían duchas y habría comedor, cocina, despensa y un salón con gramófono, revistas y libros. La idea de Bun, con sus proyectos, era reclutar personal selecto.

Fueron en automóvil a Roseville con objeto de comprar muebles destinados al pabellón nuevo, terminado ya. Arnold Ross se apresuró a comprar un número reciente de *El Águila*, y rompió en una formidable carcajada al leer la primera página. Jamás se le había visto reír con tanto estrépito.

Se publicaba una historieta relativa a un tal Adonijah Prescott, granjero que ocupaba un terreno entre Paradise y Roseville. Hacía tres meses que el carro de Adonijah había volcado en la carretera, y el granjero se rompió la clavícula. Elevó una demanda, el accidentado, a la Administración, pidiendo quince mil dólares de indemnización, y acusaba a los miembros de la Junta de Obras Públicas del condado, por olvidar los deberes de su cargo y permitir que estuviera la carretera en tan mal estado. El artículo de fondo tenía dos columnas, y hacía resaltar las pésimas condiciones de aquella vía pública. Había fuentes de agua mineral en la región, sin que llegaran a explotarse por la imposibilidad del tránsito rodado en la carretera. Se hablaba de negocios de petróleo, y era posible que en San Elido no se pudieran hacer sondeos por la misma causa que hacía de la comarca uno de los territorios más abandonados del condado. Se leía en *El Águila* que un granjero, celoso del bien público, el señor Limacher, repartía una circular solicitando la reparación inmediata de la carretera, esperándose que la firmasen los ciudadanos, contribuyentes o no.

Pasó Limacher al día siguiente por la residencia de Arnold Ross y le invitó a firmar. El negociante adoptó un aire pensativo y dijo que aquello le iba a costar un montón de dinero. El intrépido Limacher, a quien Jake Coffey pagaba tres dólares diarios, discutió con Arnold Ross, quien se conformó al fin. No quería que sus vecinos le tomaran por mezquino, y firmaría la circular.

Supo, cuatro días después, que la Junta de Obras Públicas había celebrado una reunión extraordinaria, votando la reparación inmediata de la carretera.

Llegaron los peones con material apropiado, caballos y carros. ¿Cómo había tantos carros en el condado? Se procedió a remover el suelo y se apartaron con palancas los bloques de piedra. Un grupo se dedicó a nivelar la tierra con gradas y no tardó en verse la carretera casi terminada. Llegaron camiones de piedra triturada, procedente de Paradise. Había máquinas para fijar el firme y rodillos movidos a vapor para allanarlo. Era verdaderamente maravilloso lo que podía hacerse con el dinero de Arnold Ross.

Llegó la madera para las barracas. Pablo empezó a trabajar con un equipo de seis hombres, contratados por teléfono desde Paradise. Si alguno de los operarios se sentía humillado por estar a las órdenes de un capataz de diecinueve años, el cheque de veintidós dólares que recibía el sábado amortiguaba la impresión.

Hasta el padre de Pablo estaba impresionado por los éxitos de la oveja descarriada. No hablaba ya del fuego del infierno ni del azufre. Se sentía orgulloso al ver la actividad desplegada en la tierra que había sido suya. Se oían martillazos a toda hora, y allá arriba, en el origen del manantial, brotaba agua del pozo artesiano, mientras se terminaba la carretera.

Les parecía a los Watkins que su granja era el centro del condado. Aumentaban los precios de todo lo que vendían y no podían menos de alegrarse, aunque supieran que el mismísimo Satán andaba por medio. Ruth resplandecía de felicidad por el éxito de Pablo. Servía a los propietarios y a su hermano. Le sentaba bien el trabajo. Las mejillas se le colorearon, compró calzado, medias, vestidos claros y limpios. Bun no dejó de darse cuenta de que Ruth era muy hermosa. Compartía ella la idea de Bun, de que el negociante era un gran hombre, y le regalaba con sabrosos manjares de repostería, sin tener en cuenta que Arnold Ross quería adelgazar.

Al atardecer, acabada la labor del día, cenaban juntos los cuatro bajo las enredaderas de la glorieta, comentando lo hecho y haciendo planes. El mundo no era un valle de lágrimas.

IV

Era el tiempo de volver al liceo, que esperaba a Bun con sus profesores engolados, pero el joven iría antes a visitar a su madre.

El colegial leyó en un periódico que la señora Andrew Wotherspoon Lang intentaba un proceso de divorcio alegando abandono del marido. Era el segundo. A los dos años de matrimonio, según dijo la madre a Bun, la había abandonado el segundo marido.

Era una pobre víctima, triste y plañidera. Su hijo no podía imaginar que todos se cebaran en la pobre abandonada, indefensa y acongojada.

Comprendió Bun, a través de las lágrimas, que su juiciosa mamá trataba de sugerirle alguna idea. Al obtener el divorcio necesitaría adoptar un nombre nuevo y deseaba llevar el de Arnold Ross.

Dudaba Bun. ¿Quería su madre adoptar a su padre a la vez que adoptaba el apellido?

—¿Qué tal está papá? ¿Tiene amigas?

Las preguntas molestaban a Bun, porque le parecían una intromisión poco delicada. Además, el joven nada sabía.

—¿Por qué no escribes a papá? Yo no puedo ocuparme de sus asuntos, madre.

Rodaron nuevas lágrimas a lo largo de las mejillas de la madre.

—Todos huyen de mí. Hasta mi hija Berta se niega a pasar unos días conmigo. ¿Qué significa eso?

Se explicó Bun lo mejor que supo. Creía que Berta tenía un carácter especial y deliraba por la vida mundana... Volaba muy alto, y no tenía tiempo que dedicar a la familia.

A pesar de los informes de Bun, lo cierto es que Berta tuvo una entrevista con su hermano para saber a qué atenerse respecto a su madre. Emma había puesto en antecedentes a su sobrina; y la joven hablaba a su hermano con franqueza que aclaraba el pasado de los padres.

Se había casado Arnold Ross a los cuarenta años con la niña mimada del pueblo, creyendo hacer una gran conquista. Tenía en aquella época el comerciante un bazar. La esposa puso los ojos lejos del campo y trató de arrastrar al marido, sin conseguirlo, hasta que, por fin la casquivana huyó con un agente de Bolsa de Angel City, que tenía posición desahogada, y vivió con él, aunque no tardó en abandonarlo.

La huida de la esposa con el agente libertó a Arnold Ross. Reflexionó este, pensando que el dinero es el móvil de las acciones humanas. No ganaba lo suficiente, y se burlaban de él. ¡Se iban a enterar de quién era él!

A partir de aquel incidente, se puso a trabajar con ímpetu. Algunos amigos del pueblo proyectaban hacer sondeos; se asoció a ellos; tuvieron éxito, y Arnold Ross se separó de todos para seguir solo y por su cuenta.

Observó Bun a su padre, recordando el relato de Berta, y pensó en el pasado. Comprendía la feroz tenacidad, el brío, aquella implacable manera de conducir el coche... Castigaba a la señora Lang demostrándole que valía tanto como cualquier agente de Bolsa. ¡Y aquella desconfianza de su padre hacia las mujeres! La idea fija de que todas trataban de obtener dinero se le aparecía clara y expresiva. También se explicaba que su padre concentrase sus ilusiones en Bun, deseando que tuviera sus cualidades y no sus defectos. Deseaba que Bun hallara la razón de ser que el padre no pudo descubrir en su propia vida.

Cuando pensaba el joven todo aquello, le asaltaban repentinas reacciones de afecto, abrazaba a su padre y le decía que trabajaba en exceso y que deseaba ser hombre para ayudarle.

Aventuróse muy tímidamente a abordar la cuestión de las deudas de su madre y el repetido ruego de aumentar la pensión. Entonces supo lo que Arnold Ross pensaba de ella.

—No vale la pena darle más dinero. Pertenece a esa clase de gentes que no saben reducirse a lo que tienen y andan trampeando. Puedes creer que no soy mezquino ni vengativo. Tiene suficiente dinero para vivir como soñaba cuando se casó conmigo. ¿No soy justo? No ha intervenido lo más mínimo en mis éxitos. ¿Qué derecho tiene a aprovecharse de ellos? Si consigue dinero valiéndose de ti, acabará por hacerme intolerable la vida... Por eso no quiero transigir. Los acreedores pueden demandar a tu madre por deudas, pero no cobrarán; lo juicioso viene a ser, pues, cerrar la puerta al crédito; así no se enreda en nuevas trampas. Es una cuestión espinosa, pero llega la hora de que vayas conociendo a las mujeres. ¡Si quieren hacerse con tu dinero, ten la seguridad de que llegarán, incluso, a casarse contigo!

No contestó Bun a la catilinaria de su padre, y pensó que era este en exceso pesimista al juzgar a la mitad del género humano. Hay mujeres que no son vampiresas. Rosa Taintor correspondía a su amor hacía un año y no quería que gastara dinero por ella, advirtiendo que no era rica y que se limitaría a ir en el coche, pero nada más. ¡Era tan dulce y buena!

Se sentía casi avergonzado al declararse que Rosa le abrumaba a pesar de su bondad. Contemplaron los grabados ingleses del siglo XVIII y volvieron a contemplarlos innumerables veces. El comentario de Rosa era siempre el mismo: «¡Maravilloso!». Por otra parte, se ensanchaba el horizonte de Bun; necesitaba hacer y oír comentarios nuevos, sin poder dejar de sentir tal necesidad, aunque, a veces, se tachara a sí mismo de cruel.

No acompañaba a Rosa con tanta frecuencia; en cambio llevaba al baile a algunas jovencitas. ¡La bella Rosa seguía dulce, reservada, formal y modesta como siempre! Ni siquiera lloró nunca en su presencia. La actitud de Rosa intrigaba a Bun, pero como todos los hombres, juzgó enormemente cómodo suponer que el amor de antaño se prestase a morir silenciosamente, sin frases de relumbrón ni elegías comprimidas. Sin darse cuenta, estaba dispuesto a enamorarse de otra mujer.

V

Estaba ya terminada la carretera. Y se había acabado la construcción de las barracas, ocupadas por el personal.

Llegó el convoy de camiones con el material de sondeo, que se montó con ayuda de Pablo.

Iba Bun al liceo y tuvo que prescindir del encanto que tenía para él el torbellino de la explotación. Arnold Ross recibía noticias detalladas y diarias del capataz, quien se mostraba prolijo por mandato del patrono. Mientras cenaban padre e hijo, informaba aquel a este de los incidentes del día.

Trabajaban con lentitud en la explotación Ross. Los grandes magnates del petróleo, en cambio, contando desde el principio con buenas carreteras, se les anticipaban.

—No hay que hacerse mala sangre... Tiempo nos queda hasta el fondo del pozo.

Llegó, por fin, la gran hora de Bun. Pidió vacaciones el colegial, un viernes, y se las concedieron. No era frecuente que un pozo de petróleo llevara el nombre de un colegial. Tenía que ir a presionar la palanca y poner en movimiento la maquinaria.

Salió temprano con su padre, y llegaron a media tarde. ¡Qué orgullosos se sentían deslizándose por la carretera dura, pulida, lisa y gris! Llegaron al arroyo Watkins y a la carretera particular, recién construida, que se introducía en la finca.

No había nadie en casa de los Watkins. Todos estaban en el pozo. Se veía una multitud alrededor de la hermosa grúa de abeto amarillo brillante, montada sobre una plataforma, en medio de la pendiente: la explotación Ross Hijo Paradise, número 1.

Subieron en coche hasta arriba y el capataz les dio la bienvenida. Todo estaba dispuesto y el vapor a toda presión. Hubieran podido empezar dos horas antes.

Estaba Pablo entre los trabajadores, formando parte del equipo. Ruth y su familia presenciaban la solemnidad. Les saludó Bun con verdadero afecto, incluso a Abel Watkins, a pesar de la escena de las danzas místicas.

Estaba allí toda la vecindad. Conocía Bun a muchas personas por su nombre, y en todo caso, las conociera o no, tenía siempre en la boca unas palabras amables.

Todos querían a aquel adolescente, joven príncipe que tenía un pozo de petróleo y continuaba la dinastía entre nubes de gloria.

No faltaba quien se sentía pesaroso por haber vendido la tierra tan barata. ¡Si hubieran sabido esperar!

En aquel momento, iba a celebrarse una ceremonia inolvidable, única, radiante. Hizo algunas preguntas Arnold Ross, dio una mirada a todo y se disponía a decir: «Vamos», cuando vio un elegante coche que llegaba por la carretera, a bastante velocidad. ¿Quién venía en él? ¡Santo Dios! Un joven encorvado, alto, desgarbado, curtido por el sol, de ojos azules y con un mechón de cabellos color trigo: Elias Watkins, el profeta de la Tercera Revelación, con cuello almidonado y corbata negra, traje de paño negro, y un aspecto desabrido como el ademán. Se le veía dominado por esa mezcla de humildad y orgullo que engendra la profesión religiosa. Le seguía un señor viejo que ayudó a salir del coche a dos señoras, cuya indumentaria hubiera podido pasar por la edición femenina de la de Elias. Eran dos de las nuevas convertidas a la Verdadera Palabra.

Contempló el público respetuosamente a los que acababan de llegar, y, en los minutos que siguieron, el poder espiritual dominaba al temporal.

Avanzó Arnold Ross y tendió la mano al profeta. Lo pasado no contaba en la hora solemne que congregaba a todos en el pozo... Muy raro le pareció a Bun que su padre discurseara, porque no lo hacía más que en contadas ocasiones y obligado por las circunstancias. Había en el magnate un fondo que se manifestaba muy de tarde en tarde, interpretando los acontecimientos por sus giros y matices más propicios al humor.

—Señoras y señores –dijo–. Sondeamos el pozo en el solar de Elias Watkins, y como se halla presente, tal vez se digne dirigir la palabra al pueblo.

Se notaba en Elias que le halagaba aquel requerimiento, porque se adelantó unos pasos, extendió los brazos a manera de bendición, cerró a medias los ojos y, con voz tonante se puso a bramar:

—Hermanos y hermanas: en estas colinas guardaba yo los rebaños de mi padre, como los profetas de otro tiempo. Aquí oí la voz del Espíritu Santo que me hablaba en medio del fragor de la tempestad. El Señor se revela de las más variadas maneras para dar a sus hijos los dones de la revelación, hermanos. Son de Dios los bienes de la tierra, pero cuando hace donación de esos bienes al divino albedrío, los hombres han de emplearlos en glorificar a la divinidad. Lo corporal se somete a lo espiritual, y si por la voluntad de Dios brota la riqueza a raudales, que se dedique a quien es por los siglos de los siglos el Todopoderoso. Que su bendición caiga sobre quien posee estas riquezas. ¡Amén!

—¡Amén! –repitió el coro.

Ya no faltaba nada después de la bendición. Las mentiras de Arnold Ross, como las propinas a Carey y a Coffey, no significaban nada. Perdonadas las trapacerías del magnate del petróleo, el Ross Hijo Paradise número 1 era, desde aquel momento, un pozo santificado. Miró el padre a Bun, que estaba palanca en mano.

—¡Ya, hijo!

Se apoyó el joven en la palanca, escupió con fuerza la máquina, se puso en tensión la cadena, gruñeron los engranajes y giró la plataforma. Bajo el piso de la enorme grúa se oyó el infernal estrépito que acompañaba a las andanzas de Arnold Ross.

VI

A menos de doscientos pies se encontraron las arenas, origen del petróleo que Bun descubrió tras el temblor de tierra.

La capa de arena tenía dos pies de espesor.

—Habrá aquí bastante petróleo para el coche –dijo Arnold Ross.

Se dispusieron a llegar a más profundidad, usando un trépano de dieciocho pulgadas a través de conglomerados de asperón. Operaban en pozo abierto, sin tubería, en vista de que el suelo era firme. Trabajaba Pablo como hombre que sirve para todo, aunque se dedicaba frecuentemente a trabajos de carpintería.

—Pablo Watkins será algún día nuestro director, papá.

Sonrió el aludido, y contestó que quería instruirse y nada más; que no se dejaba llevar por el pensamiento de que un buen destino es una ocasión para descansar, añadiendo que no cambiaría su jornada de ocho horas por las dieciocho de Arnold Ross, aun teniendo el dinero del patrón. El sutil halago fue muy del agrado de este.

Se aproximaba la fiesta nacional. Tenía Bun el alma como partida en dos. ¡Fiesta en la escuela! Se jugaba un partido de fútbol con el equipo rival de Angel City, que llevaba un nombre extraño: Polly High (Grandes Cotorras).

¿Qué era Bun? ¿Colegial? ¿Negociante? Discutió la cuestión con él mismo en su fuero interno, y anunció su propósito, ante la consternación de aquellas dos mirliflores –tía Emma y Berta–. Iría a Paradise con su padre.

Era el tiempo de cazar codornices.

—Papá necesita cambiar de ambiente.

—Mira, Bun; está bien que te engañes a ti mismo, pero no que trates de engañarme a mí.

No tenían necesidad de llevar la tienda de campaña porque el pabellón estaba dispuesto para ellos con todo el confort, no faltando el teléfono ni en la casita ocupada por los hermanos Watkins. Avisaron, pues, los excursionistas, desde la ciudad, a Ruth, para que dispusiera una cena apetitosa y tuviera fuego encendido. Por cierto, que las cenas copiosas obligaban a Arnold Ross a caminar por las colinas para hacer ejercicio.

Se detendrían, primero, en el pozo, verían el estado de las obras y se entrevistarían con los jefes.

Se presentaban nuevas señales de petróleo.

—Que se guarde una muestra –dijo Arnold, y avió al geólogo.

Cerca de la grúa pudieron ver una serie de tubos colocados en orden. Se había echado un cable al pozo. El capataz Dave Murgins les salió al encuentro. ¿Ocurría algo anormal?

—Un accidente, señor.

—¿Qué pasa?

—Ha caído un hombre al pozo.

—¡Gran Dios! ¿Quién?

Se sentía Bun sin fuerzas para seguir oyendo. ¿Sería Pablo la víctima?

—Se llamaba Joe Gundha. No le conocía usted.

—¿Cómo ha ocurrido eso?

—Nadie lo sabe. Nos disponíamos a cambiar el trépano y Gundha bajó al antepozo sin que tuviera nada que hacer allí. Nadie ha pensado en él hasta que ha pasado un rato y no se le veía.

—¿Está usted seguro de que ha caído?

—Hemos pescado un trozo de la camisa de Joe valiéndonos de un gancho.

Se puso lívido Bun.

—¿Estará vivo aún, papá?

—¡Quién sabe! ¿Cuánto tiempo hace que cayó?

—Media hora llevamos buscando.

—¿Habéis oído gritar?

—No, señor.

—Entonces se ha ahogado. ¿A qué profundidad está el fango?

—Cuando sacamos el vástago, sube hasta quedar a cincuenta pies de aquí. Ha debido caer de cabeza, porque de lo contrario hubiera llamado, sacándola del fango.

—¡Dios, Dios! Estos casos me dan ganas de abandonar el oficio. ¿Qué se va a hacer para proteger a unos hombres que no tratan de protegerse ellos mismos?

Había oído Bun exclamaciones parecidas en distintas ocasiones.

El fango se amontonaba sin cesar, y en su constante movimiento dibujaba una especie de embudo. Los bordes eran resbaladizos y en aquellos momentos tenían algún rastro de petróleo. Era un remolino abierto, un engullidor, y, a pesar de todo, se arriesgaban los obreros. ¿Qué podía hacerse por ellos?

—¿Tiene familia?

—Dijo a Pablo Watkins que tenía mujer e hijos en Oklahoma. Trabajaba antes en los campos de petróleo de aquel país.

Miraba Arnold Ross fijamente a la lejanía y nadie decía nada. Era sabido que el patrono sentía verdadero interés por los obreros y que tenía el orgullo de atenderles. Bun estaba descorazonado; en su pozo, en el primero que llevaba su nombre, ocurría una gran desgracia. No se sentía capaz de gozar con la riqueza de aquel pozo que se había tragado un hombre.

—¿Y qué hacéis? –preguntó el magnate al equipo que maniobraba, tratando de salvar a Joe–. No conseguiréis nada. Hay que usar un garfio de tres ramas.

—Puede destrozar el cuerpo.

—Ya lo sé, pero es preciso. Después de todo, no hay que pensar que pueda estar vivo. Ajustad bien el garfio y haced que descienda más abajo del cuerpo de Joe... Daos prisa... y escarmentad en cabeza ajena... Tú, hijo, lleva el equipaje al pabellón, y explica a Ruth lo que ocurre.

Comprendió Bun que su padre quería evitarle el espectáculo de un cadáver destrozado. No podía ayudar y, empuñando el volante, se marchó. En su imaginación veía a los hombres atornillando el garfio al vástago de sondeo, herramienta hecha para pasar más allá de los objetos que caían en el pozo y apresarlos con sus dedos puntiagudos. Podrían alcanzar a Joe en las piernas o en la cabeza. ¡Horror! Cuanto menos pensara en aquello, mejor; sobre todo si quería conservarse la afición a traficar con petróleo.

A las dos horas apareció Arnold Ross en el pabellón; quería descansar un rato.

Se había retirado el cadáver de Joe y enviado aviso al médico forense, quien exigiría juramento a algunos testigos del accidente, vería el cuerpo, se tomarían declaraciones y, por fin, se otorgaría el oportuno permiso de enterramiento.

Fue Pablo a la celda de Joe y se dispuso a hacer inventario de los objetos del muerto para enviarlos a la viuda. Se hallaron unas cartas en la celda y Arnold Ross se hizo con ellas. Quiso demostrar el padre a Bun que la vida no era un juego, y le entregó la correspondencia.

Bun se sentó en un rincón para leerla. ¡Triste descubrimiento! Con trazos infantiles le escribían al pobre Joe que el corazón de Susie no se fortalecería hasta bastante después de pasada la enfermedad; que al pequeñuelo le salían dos dientes nuevos, y que con tal motivo se había vuelto muy gruñón; que tía Mary llegó a la casa a visitar a la familia; que Willie estaba en Chicago, y que todo iba bien. Al final de la carta había cruces de trazo grueso y círculos: eran besos de mamá, de Susie y del pequeño. Había una frase que reconfortó a Arnold Ross y a su hijo: «Me alegra que tengas tan buen patrón».

La carta impregnó de melancolía la tarde del Día de Acción de Gracias. Comieron algo. Ruth había preparado un verdadero festín. El negociante contó lo que le había ocurrido al sondear en el primer pozo; habían descendido treinta pies en la tierra cuando un chiquillo resbaló, cayendo en la sima. Fue preciso que intervinieran dos hombres para contener a la madre, mientras otros lanzaban un garfio, y, tras delicados esfuerzos, lograban enganchar el cuerpecito. Gemía sin cesar, el pobre, y no se sabía qué hacer. Se decidieron a cavar un pozo suficientemente ancho para que pudieran trabajar dos hombres y comunicar por medio de un túnel, hasta el sitio donde se hallaba el accidentado, a quien lograron salvar, por fin. El garfio se había adherido al muslo sin desgarrar las piernas, y al poco tiempo estaba completamente bien el chiquillo.

¡Qué cosas tan extrañas ocurren en la vida! Si Bun se hubiera quedado en la ciudad, hubiera acompañado a Rosa, yendo con ella al partido de fútbol, y en el momento en que moría Joe Gundha hubiera bramado hasta partirse el pulmón, enardeciendo a los jugadores de su equipo. Por la noche, hubiera ido al baile... En aquellos momentos estaría Berta danzando en algún salón. Imaginaba el joven a su hermana: mejillas brillantes, rostro lleno de vida, vestido suave y tornasolado, copas de champán... O iría del brazo de Ashleigh Mathews, su amor de temporada.

Emma se entretendría jugando a los naipes, y la abuela se dispondría a pintar el retrato de algún aristócrata, con pantalón corto y medias de seda, besando la mano a la dama de sus pensamientos.

La vida era desconcertante y cruel. Se vive en el círculo reducido del propio «yo», y lo que se ignora no daña. La cena de Acción de Gracias se malograba porque un pobre diablo había caído en el pozo, pero ¿no había a aquella hora otros accidentes graves en todo el país, sin que se produjera la menor emoción? ¿Y la guerra? De un extremo a otro de Europa, de Flandes a Suiza, los ejércitos se guarecían de noche y de día en las trincheras y se ametrallaban. Millares de soldados quedaban mutilados y, sin embargo, no producían la menor preocupación. Aquellos hombres tenían menos importancia que las codornices.

Llegó el forense, y tras las formalidades legales, se enterró el cuerpo de Joe en el repecho de una colina, con una cruz de madera sobre la fosa. El pastor de la Iglesia de Elias acudió también, así como el anciano Watkins y su mujer, con otras personas de las que gustan asistir a los entierros. ¡Cosa curiosa! Pareció que Arnold Ross se alegraba de que hubiera concurrencia y personas conocidas que le dijeran lo que había que hacer. Evidentemente, no podía resucitar al muerto por el hecho de que rezasen los fieles ante el cadáver mutilado de Joe. Todo lo que se requería era permanecer de pie, y descubierto, mientras se efectuaba el sepelio, entregando luego al pastor un billete de diez dólares.

Los procedimientos no cambiaban ante la muerte. Siempre hay quien cobra por cumplir unas formalidades extensas. Tanto si el pastor rezaba ante un obrero muerto, como si el encargado de un surtidor facilitaba gasolina o los funcionarios «suministraban» una carretera, había que pagar.

Envió Arnold Ross un telegrama a la viuda de Joe participando la triste noticia y anunciando el giro de cien dólares para los primeros gastos. Tras el telegrama mandó una carta con detalles de la desgracia y una caja con todo lo perteneciente al obrero muerto.

Como Arnold Ross tenía un contrato con una compañía de seguros contra accidentes del trabajo, la viuda cobraría la correspondiente indemnización. Tal vez le correspondieran cinco mil dólares, y esperaba el magnate que los colocara en valores del Estado, sin caer en la tentación de obtener ganancias rápidas comprando valores industriales o acciones de negocios petrolíferos.

El muerto al hoyo y el vivo al bollo. Dijo Arnold Ross que tenía deseos de volver a cazar codornices. Se avino Bun a seguir a su padre aunque sin el entusiasmo de otras veces. En su imaginación se confundían los estragos de la guerra, el cadáver de Joe Gundha y las codornices.

VII

Llegaba Navidad, y Bun se dispuso a seguir un programa personal. Llevaría a su padre al partido de fútbol, y al día siguiente, por la mañana, irían a Paradise, donde permanecerían hasta Año Nuevo, porque en tal fecha señalaba el calendario deportivo otro partido de fútbol.

El negocio iba muy bien. Estaban a dos mil pies de profundidad en blanda arcilla. No había habido incidentes.

Quince días antes de Navidad, dijo Emma a su sobrino:

—Llama tu padre por teléfono: tiene noticias de la Excelsior Pete.

Excelsior Pete era una broma familiar. Emma creía que se trataba de un nombre propio, Peter, y como conocía las reglas del bien hablar, lo pronunciaba según creía correcto.

—¿Qué pasa? –preguntó Bun.

—Han llegado a encontrar petróleo.

—¿En Paradise?

Se lanzó el joven al teléfono.

—Sí –dijo Arnold Ross–. Me avisa Dave Murgins que el pozo Excelsior Cárter número 1 tiene arenas petrolíferas. Consiguieron reservar la noticia, pero no pueden ya mantenerla oculta.

Saltó Bun al coche y corrió al despacho. Todos estaban excitados. Los periódicos de aquella tarde daban publicidad al hecho, y algunos negociantes de petróleo, amigos del magnate, habían ido a enterarse. Aquello significaba que se tenía un rival. Se lanzarían todos en torrente hacia Paradise. Arnold Ross era el afortunado. ¡Pensar que poseía allí doce mil acres! ¿Cómo pudo conseguir hacerse con tal extensión?

—Muy sencillo; he gastado cien mil dólares para complacer a mi hijo, que podrá ejercitar su aprendizaje en terreno propio. Ahora resulta que Bun me enseña a mí.

Observó Bankside, con aire de potentado:

—Respecto a los hijos, lo único que puedo decir es que deseo que pierdan si juegan, porque así escarmientan.

—Bien; pero es que arriesgo algo muy serio en el juego: el alma de Bun.

Este ardía en deseos de ir a Paradise. Quería dejar la escuela inmediatamente, pero su padre no lo consintió.

—Me importa un bledo el partido de fútbol que se prepara, papá.

—Ya sabes que tengo cincuenta y nueve años, y no he presenciado ningún partido.

—Entonces, avisaré a Ruth y podremos llegar la víspera de Navidad. Cenaremos tarde, como se hace en sociedad. Mi hermana no comprende que se pueda cenar a las nueve.

El trépano seguía mordiendo y avanzando. Estaban a dos mil trescientos pies de profundidad, y se sabía que el Excelsior Cárter número 1 alcanzaba las arenas empapadas de petróleo a dos mil cuatrocientos treinta y siete pies. De tal manera se excitaba Bun, que entre clase y clase hablaba por teléfono con el secretario de su padre para conocer las últimas noticias.

Tres días antes de Navidad sonaron las palabras mágicas: se había llegado a las arenas petrolíferas. Era prematuro decir nada más; se había sacado una muestra, y eso era todo.

En cuanto salió de clase, voló Bun al despacho de su padre y oyó una conversación que tenían por teléfono el empresario del material y el magnate. Pedía este una cubierta grande para el pozo, y añadía que la necesitaba para aquella misma noche, por lo que era urgente transportarla en un camión. Inmediatamente llamó Arnold Ross a su capataz para decirle que la cubierta llegaría aquella noche. Ordenaba que empezaran a desmontar el vástago y ajustasen herméticamente la cubierta, enterrándola en una masa de cemento de cincuenta toneladas. Estaban aislados en el pozo, y si sobrevenía una erupción, sería un desastre.

La muestra extraída, que tenía ocho pies de longitud, reveló la presencia de petróleo de alta densidad. Les esperaba una fortuna bajo las colinas rocosas holladas tan solo, hasta entonces, por rebaños de cabras.

Se pidieron tanques, y se volvieron a pedir más. Les comunicaron la llegada de la cubierta, que atornillaron debidamente. Cuando se secara el cemento las erupciones serían imposibles, y todos los gases del Vesubio no podrían levantar aquella carga. Recomenzaron el sondeo y se hicieron con otra muestra de petróleo más denso. Opinó el magnate que el hallazgo valía la pena el viaje. Ordenó el lavado del pozo y tomó disposiciones para que el camión fuera a Paradise. Trabajarían la víspera de Navidad, y si se consolidaba el éxito, lo celebrarían con la matanza del pavo mejor cebado de California.

Se pusieron en viaje Arnold Ross y el delfín, y puede decirse que ganaron una carrera de velocidad en el trayecto Beach City Paradise. Se detuvieron a medio camino para pedir noticias por teléfono. Les dijo el capataz que todo iba bien, y que en el pozo de la Excelsior Pete había terminado la impermeabilización.

—Vamos a detenernos un momento en San Elido, y saludaremos a Jake Coffey.

Le dijo un empleado de Coffey a Bun que su patrón estaba en Paradise, y agregó:

—¿Sabe usted que la Excelsior Pete es un surtidor que no pueden contener?

Con el incentivo de aquella noticia volaron padre e hijo a velocidad vertiginosa.

—Los sabuesos están todos en Paradise. Y podemos correr a nuestras anchas.

El poblado de Paradise estaba desierto. Ni un alma ni un coche, exceptuando los que cruzaban a gran velocidad como ellos. Un malhechor hubiera podido limpiar la zona, aunque los malhechores son gente curiosa y bien podían acudir, con los polizontes, a presenciar el soberbio espectáculo de un volcán de petróleo.

Era preciso parar el coche a un cuarto de milla del pozo. Desde allí se oía el estruendo de la Excelsior Pete, que era una catarata.

La perspectiva visual era una nube negra. Soplaba viento fuerte, y la cortina negra se extendía progresivamente. Quedaba oculta la grúa. Había que maniobrar para no exponerse a ser víctima de la turbonada.

La multitud se agolpaba expectante y despavorida cercando el gran chorro negro que brotaba del suelo para elevarse cientos de pies, produciendo el ruido de un expreso a máxima velocidad. Algunos obreros se esforzaban, con picos y palas, en levantar un dique de contención.

—Poco conseguirán –dijo Arnold Ross.

Le era posible al magnate contemplar el espectáculo y sonreír filosóficamente. Si se tratara de un pozo independiente hubiera ofrecido ayuda, pero la Excelsior Pete no lo merecía. Sus gerentes estaban convencidos de que los pequeños no tenían nada que hacer en la tierra, y les perjudicaban cuanto podían. Era una lástima ver que se desperdiciaba un tesoro, ciertamente, pero el juego de los negocios no admite el sentimentalismo. Lo urgente era procurar que no llegase una ráfaga de petróleo y manchara los trajes.

VIII

Siguieron contemplando el surtidor hasta que se acordaron de que también ellos tenían un pozo.

Conversaron con el capataz de su explotación. El magnate examinó la muestra y el informe del químico. Estuvo junto a los equipos para que el lavado se hiciera con todas las garantías y de madrugada, se procedió al cementaje. Trabajarían mejor que el personal de la Excelsior Pete. No embadurnarían el paisaje con petróleo. Los depósitos estaban en la estación y se examinaban los fondos terminados para los tanques.

—La cosa va bien –dijo el magnate.

Hallaron a Ruth en la finca. Bun se entretuvo cazando un rato, y cenaron todos, Pablo les puso al corriente de lo que se decía respecto al pozo. También habló de Elias, que recolectaba mucho dinero para el templo.

Después de cenar volvieron al pozo. No podían alejarse de allí. Hacía frío. Lucía la luna y una estrella blanca sobre sus cabezas. ¡Era todo tan hermoso, y se sentía Bun tan feliz! Su suerte era una especie de gato salvaje que le daría tesoros incontables, quedando relegadas al rango de historias infantiles las aventuras clásicas y hasta *Las mil y una noches.*

Se preparaban los trabajadores del pozo a desprender la tubería, elevándola un poco a fin de que se pudiera trabar el cemento por debajo de ella. La tubería estaba acuñada y hacía falta golpear con fuerza para desprenderla.

Desde la plataforma de la grúa escuchaba Bun los golpes de los operarios que desmontaban los tubos, cuando se vio sorprendido, de pronto, por un ruido infernal, como no había oído jamás, y que le produjo la sensación de un choque contra el frontal. Parecía que el interior de la tierra estallaba súbitamente.

La enorme cubierta o remate, con su masa de cemento, capaz, según Arnold Ross, de resistir la presión de los gases del Vesubio, saltó en línea recta hacia el cielo, mientras los tubos salían de la tierra sin perder la base de sustentación.

Se lanzó Bun a correr instintivamente. Mientras corría, volvió la cabeza, viendo la cubierta en el aire y un trozo largo de tubería formando como el conducto de una pipa holandesa recta.

Cuando la columna de tubo llegó a tener muchos metros de largo, se partió con estrépito, cayendo destrozada sobre uno de los lados y arrastrando una parte de la grúa.

Brotó un surtidor de agua del pozo; después, torrentes de petróleo con el ruido de un expreso que surgiera del suelo.

Empezó Bun a gritar y vio a su padre que llamaba agitando los brazos. Se dirigió aquel hacia Arnold Ross y, de repente, ocurrió algo espantoso: la masa de petróleo se inflamó de golpe.

Jamás se pudo averiguar la causa del siniestro. Quizá una chispa eléctrica, el hornillo de la caldera, el choque de una roca, proyectada fuera del pozo, con un trozo de acero...

Una columna de llamas como aquella aterraba al hombre mejor templado. El petróleo encendido azotaba el suelo, se elevaba en el aire, estallaba, volvía a elevarse y caía de nuevo. Masas enormes de llamas rojas vomitaban torrentes de humo negro, que pronto pasaba al rojo. Montañas de humo y de fuego ascendían y descendían borbotando. Cada chorro que azotaba el suelo se convertía en un volcán. Los remolinos eran ríos de fuego, torrentes de lava que rugían valle abajo, engulléndose todo lo que tocaban después de inflamarlo, cubriendo el cielo de espesas humaredas.

La fuerza de gravedad hacía descender la masa ardiente, y el viento la extendía hacia los flancos de la montaña. Las barracas fueron solo bocadillos para el monstruo implacable. Engulló el taller con las herramientas de madera, como se engulle un panecillo un elefante.

Cuando crecía el viento, se apartaba la masa ardiente del surtidor y se veía el esqueleto de la grúa entre las llamas.

Arnold Ross reunió a los obreros.

—¿Hay heridos?

—No...

Ordenó a Pablo que corriera a la granja de su padre y llevara su familia a las colinas. No se podía prevenir la dirección que seguiría la lava ardiente y arrolladora.

Tras Pablo fue corriendo Bun a la granja de Abel Watkins. La familia estaba rezando, de rodillas, y las hijas lloraban convulsivamente. Pablo les indicó el sitio que les convenía para ponerse a salvo.

Bun se apresuró a decirles que su padre les indemnizaría de cuanto perdieran. Quiso Pablo ir a dar una vuelta por el corral. Las cabras se habían abierto camino, escapando arroyo abajo.

Al volver Bun por el camino encontró a Arnold Ross que iba a buscar dinamita, desapareciendo en las tinieblas.

Era la primera vez que veía Bun desprevenido a su padre. ¿Cómo no se acordaba de tener dinamita para un caso como aquel?

Había oído hablar el joven del incendio de pozos, terror de la industria petrolífera. El agua no servía de nada, porque el calor disociaba sus elementos y el oxígeno avivaba las llamas. Era preciso tener vapor a gran presión, se requerían muchas calderas y solo contaban con una.

El procedimiento de vapor para apagar el fuego consiste –según recordaba Bun– en un capuchón cónico de hierro colado que se coloca sobre el pozo con un orificio para el escape de las llamas, introduciéndose a la vez bajo el capuchón el vapor a gran presión. Mientras se extingue el fuego se pierde, naturalmente, una millonada de petróleo.

Trataba Arnold Ross de sofocar el surtidor provocando una explosión de dinamita, aun a riesgo de que todo quedara destruido.

Bun y Pablo se dirigieron hacia el pozo y vieron que los obreros estaban cavando una fosa a tan poca distancia del surtidor como podían resistir. Había organizado la defensa contra el fuego, colocando delante dos cubas de hierro forjado, de las que se emplean para mezclar el cemento; lanzaban contra ellas una corriente de agua que no tardaba en transformarse en vapor. Penetraba un operario en aquella atmósfera apenas respirable, daba unos golpes en el suelo o retiraba los escombros y escapaba; corría otro tras él y hacía lo mismo.

Tendido en el suelo el capataz y llevando compresas en la cabeza hacía funcionar la manga de riego. Afortunadamente, tenían presión en el pozo artesiano, porque la bomba, como todo lo demás, había pasado a la categoría de inservible.

Daba órdenes Arnold Ross y la fosa se hacía más profunda por momentos.

Quería ayudar Pablo a los trabajadores, y se reunió con ellos, pero el capataz le ordenó que se retirase. Tuvo, pues, que quedarse a distancia contemplando los estragos del siniestro. Todo lo que podía hacer era requemarse un poco la cara.

Ya llegaba la fosa bajo el fuego, aunque los hombres arriesgaban la vida. Un cambio de dirección del viento hubiera lanzado una masa enorme de petróleo hirviente sobre ellos, pero el viento seguía otra dirección. Saltaban los operarios a la fosa y cavaban denodadamente lanzando fuera una lluvia de tierra.

Pronto avanzaron el túnel en dirección al pozo. Se aproximaron tanto como les fue posible antes de colocar la dinamita, que explotaría por medio de una batería eléctrica.

El peligroso fardo de dinamita que trasportaba Arnold Ross estaba ya cerca. Divisó Bun el coche de su padre que avisaba dando grandes bocinazos y conducía a un hombre desconocido.

—Lleva el coche a lugar seguro, y no te acerques a nosotros... Iremos al pozo con muchas precauciones.

Dirigióse entonces Arnold Ross al desconocido, y le advirtió que no valía la pena exponerse en exceso para salvar algunos barriles de petróleo.

Todo dispuesto, y colocada la dinamita, se retiró el personal. El desconocido que había llegado con Arnold Ross puso la mano en una manivela.

Oyóse en el interior del pozo un rugido prolongado y en un instante desapareció el surtidor de fuego, igual que se detiene, presionándola, el agua de una manga de riego. Se abatió la columna de petróleo, rebotó, y explotó varias veces. El río de fuego descendió en dirección al arroyo. Tardaría en extinguirse el fuego, pero el siniestro espectáculo había pasado ya.

Nadie se había lastimado; todos respiraron satisfechos, excepto Bun, que permanecía contemplando el muñón de su hermosa grúa, las barracas carbonizadas y sus esperanzas marchitas. Si hubiera sido más joven, se le hubiera visto llorar.

Fue hacia él Arnold Ross. Al ver el rostro de su hijo sospechó la verdad, y le dijo sonriendo:

—¿Qué ocurre, hijo? ¿Por qué te preocupas? ¿Acaso no es tuyo el petróleo que espera ahí, en la tierra?

Por extraño que pueda parecer, no se le había ocurrido pensar en semejante cosa. Le abrazó su padre.

—¡Animo, hijo! Se trata de una broma del fuego, pero no es ninguna broma lo que voy a decirte: eres millonario, multimillonario.

—¿De veras?

—Tenemos aquí un océano de petróleo, que nadie más que nosotros puede aprovechar, porque el terreno es nuestro. ¿Vas a preocuparte por una cantidad miserable?

—¿Y lo que llevamos trabajado?

—¡Bah! Volveremos a abrir ese pozo, o bien, a capricho, abriremos otro... Esto no ha sido más que una hoguera de Navidad, una fogata conmemorativa, porque, desde ahora, estamos a la altura de los grandes magnates del petróleo.

VII.
La huelga

I

Pasó un año. Apenas podía identificarse la ciudad de Paradise. ¡Quién lo hubiera dicho meses antes! La carretera estaba asfaltada en toda su longitud y limitada por unos postes con rótulos: «Terrenos petrolíferos. Alquiler y venta».

Había tiendas y paradores cerca de la carretera, a manera de lonjas donde se hacían los contratos. Se veían grúas por todas partes; las había, incluso, cerca de la iglesia de Elias y cerca del más santo de los santos: el First National Bank.

Se compraba un lote y se construía una casa; el comprador la derribaba y comenzaba la instalación de una grúa en el solar. Algunos traficantes montaban la grúa, no para obtener petróleo, sino como cebo para volver a vender la finca.

Había once grúas hacia el oeste del valle. Desde lo alto de las crestas se podían contar unas cincuenta que pertenecían a diferentes sociedades. Hacia el este, otras doce, por el camino que conducía a los terrenos de Arnold Ross.

Más allá, hacia Roseville, se iba a construir un balneario.

Sobre el pequeño arroyo Watkins se elevaba un pueblo y, esparcidas por el flanco de la colina, catorce grúas. Más abajo, depósitos grandes, talleres y despachos.

La nueva morada de la familia Watkins estaba a la entrada de la finca. Vendieron las cabras y cultivaban fresas y legumbres. Suministraban huevos y volatería a la cantina de la Compañía.

Tenían, además, una tiendecita al borde de la carretera. La esposa de Watkins y sus hijas preparaban pasteles, bizcochos y otras golosinas que desaparecían por la boca de los obreros petrolíferos con increíble rapidez, lo mismo que los refrescos multicolores.

No se podía arrojar un cigarro en el suelo de la tienda porque era una acción nefasta, contraria a la Tercera Revelación. El tabaco se vendía en la tienda de la competencia al otro lado de la carretera.

Las nuevas barracas para el personal obrero se elevaban a la sombra de unos eucaliptos. Había seis instalaciones higiénicas para tomar duchas, y por cierto que se veían muy frecuentadas por los trabajadores; estos no iban, con gran pesar de Bun, a la biblioteca, a pesar de las elegantes cortinas confeccionadas por Ruth. Los dedos de los obreros no manchaban el papel de las revistas serias.

Trató Bun de averiguar la causa.

—Consiste –dijo Pablo– en que es excesiva la jornada. Yo, como carpintero, trabajo ocho horas y me queda tiempo para leer, pero los operarios del petróleo están en el tajo doce horas cada veinticuatro, sin exceptuar los domingos, y usan herramientas pesadas. ¿Qué quieres que haga un hombre con ese horario agotador, si no desear el descanso?

El excesivo trabajo de Arnold Ross era causa, probablemente, de no pensar en humanizar el horario.

Era Pablo maestro carpintero y le correspondían los trabajos de construcción, responsabilidad tal vez excesiva para sus pocos años. Se habían construido cuarenta pabellones para familias obreras. El coste de cada pabellón era de unos seiscientos dólares, y el alquiler treinta al mes, con servicio gratuito de agua, gas y luz. No sabía Bun qué cantidad representaba estos servicios, y lo mismo les pasaba a los trabajadores.

—Los obreros están muy satisfechos con los pabellones –decía Arnold Ross.

La satisfacción del elemento obrero era para él una manera de determinar la equidad de su trato.

Había un punto en el que Bun no estaba conforme. ¿Por qué todo cuanto se relaciona con la industria petrolífera ha de ser necesariamente feo? Era preciso hacer algo en el terreno inmediato a los pabellones. Le pidió parecer a Ruth, y en un vivero de San Elido compró Bun cien acacias jóvenes, en potes de hierro blanco, y doscientos rosales trepadores, cada uno de estos con las raíces protegidas por un envoltorio de yute. Los pabellones tendrían, pues, un árbol joven cerca de la puerta. A lo largo de la carretera se montarían unos arcos para formar un espléndido túnel florido. Se permitía que Ruth tuviera a su cargo árboles y rosales, con ayuda de un obrero. Ruth ganaría diez dólares al mes y podría ostentar el imponente cargo de superintendente de los trabajos de jardinería.

Cuidaba Bun de las plantas con verdadera vocación de horticultor.

Sentado en la biblioteca, se consideraba, además, como un reformador social que inicia su actividad resolviendo el antagonismo entre el capital y el trabajo. Precisamente iba a cursar la asignatura de Moral Social en el liceo, y podía tener más experiencia que sus condiscípulos.

Tenía cerca de dieciocho años. Era delgado, pero bien proporcionado: se distinguía en las carreras a pie. Más moreno que nunca, conservaba los cabellos ondulados y la boca fresca y roja como la de una mujer. A primera vista, parecía alegre; en el fondo, era serio y se preparaba para administrar algunos millones de dólares y a dirigir la vida de millares de trabajadores.

Si los autores de obras sociales sugerían algo útil, ponía mucho empeño en asimilarlo. Escuchaba las explicaciones en clase, leía lo que se le recomendaba y, cuando volvía a su casa, hacía preguntas a su padre para disipar alguna duda. La didáctica del liceo establecía que no había oposición entre el capital y el trabajo, que los dos valores sociales debían estar de acuerdo y contribuir al progreso social.

Asentía el magnate, aunque se apresuraba a aclarar la cuestión, estableciendo que una cosa es la teoría y otra la realidad. Sostenía que los obreros son ignorantes, y que pedían lo que la industria no podía permitirse el lujo de dar. De ahí nacían los conflictos. No sabía cómo solucionar estos problemas ni, en realidad, le preocupaban gran cosa. Verdad es que eran excesivas sus ocupaciones y Bun no tenía derecho a quejarse, porque le había estimulado apasionadamente a ampliar la extensión de sus negocios.

El coto de codornices, que podía servir para el descanso, estaba convertido en un centro petrolífero de colosal importancia: proyectos de nuevos sondeos, instalaciones, trazado de caminos, venta de petróleo, solución de intrincadas cuestiones financieras, construcciones, fábrica de gas, oficinas, servicio de aguas... Demostraba la contabilidad que se había gastado cerca de tres millones de dólares y había que instalar una refinería. En la imaginación de Arnold Ross se cruzaban hileras de cifras, datos, referencias, informes técnicos y detalles precisos relativos al negocio.

Un grupo de capitalistas deseaba asociarse a Arnold Ross para transformar Paradise en un campo inmenso de explotación petrolífera, con un capital de sesenta millones de dólares. Habría grandes almacenes, refinerías y agencias de ventas para suministrar petróleo a los mayoristas. ¿Aceptaba Arnold Ross la iniciativa del grupo financiero, o prefería reservar íntegras las posibilidades para que Bun pudiera desarrollarlas? Tendría que decidirse la cuestión sin pérdida de tiempo. ¿Aceptaría Bun la enorme responsabilidad de dirigir la explotación, o seria, simplemente, participante y colaborador? ¿Gustaría de estudiar, como Pablo, o se entregaría por completo al negocio del petróleo?

II

Las ideas de Bun sobre la armonía entre el capital y el trabajo no estaban destinadas a quedar en el vago reino de la teoría. Le preocupaba la actitud concentrada de Pablo, quien le preguntó un día lo que opinaba el patrono acerca de la organización sindical de los obreros. Había en el campo un trabajador que tenía la misión de organizar a los carpinteros, y no tardó Pablo en ponerse de acuerdo con él. Algunos operarios se habían adherido a la organización, indirectamente y sin publicidad, pero Pablo no quería que hubiera secretos entre él y el patrono.

Contestó Bun que su padre no tenía buena opinión de los sindicatos, pero que no se opondría a que Pablo adoptara la actitud que creyera conveniente. De todos modos, ya hablarían más adelante.

Tuvieron los dos y Arnold Ross una entrevista que no fue, precisamente, una reproducción de las clases del liceo. El magnate no desaprobaba la organización: siempre había sido partidario de ella, aplicándola a las variadas actividades de la vida, y los obreros no eran una excepción.

—En la práctica –dijo–, los sindicatos obreros permiten que haya burócratas que viven a expensas de los verdaderos proletarios; los burócratas se constituyen en una verdadera clase privilegiada que atiende a su provecho y no a las cuestiones auténticas del trabajo; poco a poco infiltran en los medios obreros un descontento que en otro caso no sentirían.

—Es una manera de enfocar la cuestión –dijo Pablo–, aunque la idea puede exponerse a la inversa: los obreros se sienten descontentos y los jefes se esfuerzan en sofocar la rebeldía. Los jefes llevan negociaciones con los patronos, y, naturalmente, desean los que intervienen en nombre de los trabajadores, que estos adopten una actitud prudente. ¿No parece más razonable atribuir las luchas al hecho esencial de que un grupo (el obrero), venda el trabajo, y otro (el capital) lo compre? Nadie se asombra de que el comprador de un caballo lo tase menos alto que el propietario.

—Lo que reprocho a los sindicatos es que supriman la libertad individual –dijo el magnate–. Dejan de ser trabajadores libres para convertirse en ruedas de una máquina gobernada por políticos y, frecuentemente, por gente vendida. La grandeza del país se debe al desarrollo de iniciativas personales.

—Pero los patronos dan malos ejemplos –objetó Pablo–, porque se han agrupado estrechamente y gobiernan celosamente la industria. Me han dicho que cuando empezó usted a organizar sus negocios, pagaba a los obreros un dólar más de lo que exigía la tarifa, a fin de seleccionar el personal. Al venir aquí se somete usted a la tarifa impuesta.

—Ciertamente –asintió Arnold Ross–, pero no he reducido los salarios. Se desarrolla el negocio rápidamente y mis obreros tienen los cargos más elevados porque han ascendido en categoría; el jornal mínimo lo cobran solo los obreros que ingresan ahora. Reconozco, desde luego, que pertenezco a una federación patronal y que, hasta cierto punto, hago dejación de mi libertad, pero es evidente que hace falta disciplina entre los industriales para que no se aniquilen, mutuamente. Si fuera obrero, probablemente sentiría la misma necesidad de organización.

—Si todos los patronos fueran razonables como usted –advirtió Pablo–, no sería muy difícil suavizar la lucha. La mayor parte de los patronos solo se rinden ante la fuerza, y los obreros no pueden tenerla si no se agrupan. ¿Por qué los carpinteros tenemos el horario de ocho horas? Porque estamos organizados en todo el país y sería difícil contar con personal no sindicado. Los trabajadores del petróleo, en cambio, no tienen organización. Por eso pueden existir dos relevos permanentes de equipos de doce horas de labor cada una, cosa inhumana, razón única de que los obreros no frecuenten la biblioteca.

En las palabras de Pablo había intensa tristeza, que el joven disimuló con una sonrisa. Sabía que sus razonamientos no podían satisfacer a Bun ni a su padre.

Le era imposible a Arnold Ross aceptar la jornada de ocho horas, porque se lo prohibían los acuerdos de la federación patronal.

—La cuestión de las ocho horas –dijo Pablo– tiene tal importancia, que no tardará en plantearse decididamente, ya que los trabajadores del petróleo se organizan a toda prisa, aquí mismo.

—Lo sé. La federación me ha puesto en antecedentes. No siento la menor inquietud. Si mis obreros quieren un sindicato, hallaré modo de acomodarme a ello. Me esfuerzo siempre en ser justo, y lo saben la mayor parte de los obreros.

—Ya comprenderá usted que la causa inicial del descontento es el coste de la vida, en alza desde que empezó la guerra. Ha subido el precio del petróleo, y los patronos se atienen a la tarifa antigua de salarios. Eso no es equitativo y justifica la agitación actual.

Siguió diciendo Pablo que los patronos que no aceptan el sindicato son cortos de vista, y que empujan a los trabajadores a ingresar en los I.W.W. (The Industrial Workers of the World, Trabajadores Industriales del Mundo). Ante semejantes palabras se estremeció Arnold Ross. Los federados de aquella asociación tenían fama de hombres peligrosos, según el patrono.

—Quieren apoderarse de los pozos –dijo–, para explotarlos en beneficio de los obreros... Son casi anarquistas.

Se contaba que los federados saboteaban, destruían la producción si no conseguían satisfacción a sus reclamaciones; llegaban, incluso, a incendiar los pozos...

—¿Hay federados de los I.W.W. en Paradise? –preguntó el patrono.

—Comprenda usted que no puedo convertirme en espía, pero, desde luego, en todas partes hay trabajadores adheridos a la asociación y no podrá usted impedirlo. Lo único que puede contener la influencia de la organización obrera es una conducta franca por parte de los capitalistas.

No dejaba Pablo de estudiar con la mayor atención las cuestiones proletarias. Leía libros que Bun no conocía en absoluto, porque no se recomendaban en el liceo.

—Y no se recomiendan –dijo Pablo–, porque exponen el punto de vista de los trabajadores. Hablé con un compañero que trata de agrupar a los trabajadores del petróleo. Es un hombre muy inteligente, que conoce a fondo, y por experiencia, el trabajo en los pozos.

—Me gustaría conocerle –dijo Bun–. Y tú, papá, ¿no quieres hablar con él?

—Tengo muchas cosas que hacer con los tubos y la refinería... Tal vez me interese más adelante ver a ese hombre...

Siempre se excusaba Arnold Ross de la misma manera, aplazando para otra fecha lo que le proponían, pero no se opuso a que Bun hablara con el compañero de Pablo. Al fin y al cabo tendría que tratar con gentes como Tom Axton.

Este permanecía en el país de incógnito, pero los trabajadores le conocían perfectamente. El día anterior había sido expulsado del territorio de la Excelsior Pete. Sin duda querría hablar con Bun, aunque la entrevista dejaría a salvo, naturalmente, el derecho de Axton para organizar a los trabajadores de Paradise.

Se convino en que Axton visitara a Bun en la biblioteca. Fue el acontecimiento más sensacional después del incendio del pozo.

Los obreros que integraban el equipo de noche olvidaron que tenían sueño y se quedaron en los alrededores de la biblioteca.

De vez en cuando pasaban grupos de trabajadores ante la ventana de la biblioteca y miraban ávidamente hacia el interior. Consideraban al organizador como si fuera un ser misterioso y terrible, que asistía a reuniones en el campo y aparecía de repente en Paradise para conferenciar con el hijo del patrono. Atribuían a Bun los obreros un carácter extraño y estaban, en eso, de acuerdo con Arnold Ross.

Tom Axton hablaba con dicción suave y lenta; era alto y fuerte; procedía del sur y se le notaba en el acento; necesitaba ser vigoroso para soportar el trato que se le daba. No podía demostrar Axton que fuera la federación patronal la que enviaba unos cuantos hampones para agredirle y tratar de inutilizar su esfuerzo, pero como siempre se encontraba con aquellos hampones en el territorio de California del Sur, deducía lógicas conclusiones.

Le oyó Bun horrorizado, estupefacto. Nunca había oído decir cosa semejante, y se apresuró a hacer constar que su padre no se mezclaba en intrigas tan reprobables.

Asintió Tom Axton. Evidentemente, había cambiado impresiones con Pablo.

—Su padre cree –dijo Axton– que la organización de los sindicatos es obra de vendidos o parásitos. Quisiera que le preguntara usted si conoce a los dirigentes de la federación patronal. Se dará usted cuenta de que el señor Arnold Ross no está en antecedentes respecto a su sindicato, como la mayor parte de los obreros no actúan en el suyo o lo hacen de manera pasiva...

Cuando posteriormente interrogó Bun a su padre, se enteró de que jamás había puesto los pies en el domicilio de la federación patronal, limitándose a pagar las cuotas. La actitud del negociante convenció a Bun de que Tom Axton hablaba con conocimiento de causa.

—Ayer mismo –afirmó el obrero–, la Victor Oil Company probó que su conducta no ofrece garantías. La dirección contaba con un confidente que ha esperado el momento propicio para delatar a catorce obreros que han caído en el lazo... Seguramente estallará una huelga para conseguir que se turnen tres equipos cada veinticuatro horas, en vez de haber solo dos en los pozos. Su padre tendrá que decidirse a tratar separadamente con los obreros o a permanecer ligado a la federación patronal y dejar que los malandrines de alto copete le compliquen la vida.

Puede imaginarse la preocupación que aquellas palabras produjeron a Bun y las muchas discusiones que tuvo con su padre, con Pablo y con la profesora de Moral Social en el liceo de Beach City.

III

Los aliados, dueños del mar, se propusieron aislar a Alemania del resto del mundo, organizando el bloqueo, y Alemania contestó con la guerra submarina.

Estados Unidos obligó al gobierno alemán a declarar que no se torpedearía, sin previo aviso, los vapores de pasaje. A pesar de ello, con la llegada del invierno de 1917, notificó Alemania que se desentendía del compromiso.

La opinión general era favorable a la intervención de Norteamérica en la guerra. El embajador de Alemania en Washington tuvo que abandonar su cargo. Cesó el espíritu neutral en las aulas del liceo ante aquel acontecimiento diplomático.

Opinaron entonces los patronos petrolíferos que era una prueba de poco patriotismo lo que intentaban los obreros: jornada de ocho horas y aumento de salario. Cuando el país iba a defenderse y tendría necesidad de acumular grandes cargamentos de petróleo, ¿se empeñaban los obreros en suscitar dificultades? Replicaban los trabajadores que los patronos no hacían ninguna concesión espontáneamente, y que llegaba el momento de presionar.

Los burgueses no podían alegar que regalaban el petróleo. Lo vendían a precios fantásticos y la guerra favorecía sus balances, porque subirían los precios. Pedían los obreros un aumento proporcionado al coste de la vida y celebraban reuniones en todo el territorio. Hacia fines de febrero, los dirigentes de los sindicatos invitaron a las empresas a una entrevista. Como no obtuvieron contestación, notificaron a los patronos que la huelga era inminente.

Tres obreros fueron a hablar con Arnold Ross. Uno de aquellos era antiguo en la casa, los otros, nuevos. Los tres eran jóvenes. Los obreros del petróleo pasan apenas de los treinta y cinco años, y son, por regla general, americanos de raza blanca.

Sombrero en mano, los delegados se mostraban algo desconcertados en principio.

Todos estimaban a Arnold Ross.

—Nuestra demanda es razonable. ¿No daría usted ejemplo a los demás patronos accediendo a firmar las bases que pedimos de nuevo régimen de trabajo? Caso de producirse, la huelga se extenderá considerablemente. Si pacta usted con nosotros, se sigue trabajando y aumenta el precio del petróleo, y se compensa con creces el mayor desembolso que supone el aumento de salarios.

—Estoy en la federación patronal y tengo el compromiso de someterme a sus decisiones. ¿Cómo quedaría mi fama de hombre leal si abandonara a mis colegas en esta ocasión tan crítica? Solo puedo prometerles que trabajaré en el seno de la federación para facilitar un acuerdo con los trabajadores. Dejaré mis asuntos de aquí y me iré a Angel City... A ver lo que se puede conseguir. Estimo que la jornada de ocho horas es una petición justa, y no duden que intervendré hasta conseguir una escala de salarios proporcional al coste de la vida, para que el salario no esté sujeto a fluctuaciones.

Se sintieron animados los delegados oyendo al patrono e intercambiaron con él fuertes apretones de manos.

El magnate no hubiera nunca adoptado por sí mismo una actitud tan avanzada. Su espíritu estaba por completo entregado al dinero y a todo lo que este permite realizar. Por su parte, se hubiera doblegado a la opinión de los patronos intransigentes; pero su hijo era un idealista, tenía simpatía por los obreros y se veía recompensado por ellos, lo que enorgullecía a Arnold Ross. Era este sentimental pensando en Bun y tratándose precisamente de negocios. Por otra parte, persistía Bun en la idea de mezclar su vida con la de Pablo Watkins. En la conciencia de Arnold Ross era Pablo una fuerza que el carpintero trataba de poner al servicio de los obreros.

Asistió el magnate por primera vez a la reunión de su propio sindicato. La sesión se prolongó desde las primeras horas de la noche hasta la una de la madrugada. Al día siguiente llegó Bun a la ciudad para ver a su padre en el hotel y enterarse de lo ocurrido.

Al parecer, la mayoría de los patronos de la industria petrolífera procedían como Arnold Ross, dejando en manos ajenas la dirección del sindicato. No eran más de cuarenta los que se congregaron, y los delegados de los grandes magnates del petróleo tuvieron intervención preponderante. El que presidía, que al parecer dirigía la organización patronal, era un devoto de la Excelsior Pete y agente de esta. Poseía un pequeño pozo con el único objeto de tener intervención en las reuniones, y dirigía un grupo que votaba con él.

La reunión fue con programa y apuntadores. Como Bun quería conocer detalles, abrumó a su padre a preguntas.

—Hice lo que pude en favor de los obreros, y solo me ayudaron dos colegas que están dispuestos a apoyar, aunque tímidamente, mi punto de vista. El grupo preponderante me considera como un renegado y me lo dijeron crudamente. Aquello es una empresa de esquiroles, una banda. Lo mismo es darse golpes en la cabeza contra la pared, que discutir con ellos la cuestión de los sindicatos obreros. Te hablan de infinidad de cosas, porque han tenido que luchar con los trabajadores organizados y les duele todavía. Dicen que los sindicatos significan atropellos, desórdenes, huelgas, socialismo...

—¿Y qué se resuelve?

—Impedir que se sindiquen los obreros. Hice notar a los patronos que parecían unos esquiroles. El presidente, Fred Naumann, me lanzó un dardo con estas palabras: «Usted lo dice». Constituirán una organización de esquiroles si estalla el conflicto. Así se expresó Raymond, el vicepresidente de la Victor. Intervino después Ben Skutt...

—¿Ben Skutt?

—Sí, estaba allí. Parece que se dedica a hacer investigaciones para la federación, una manera diplomática de encubrir el espionaje. Está enterado de lo que dije a los obreros, y me preguntó si creía que mi actitud no produciría un efecto desastroso entre el personal del pozo, porque representaba un apoyo moral para los huelguistas. Contesté que, en general, me tomo la libertad de decir lo que pienso, y que seguiría diciéndolo en las juntas y en los periódicos... «Creo que no le pedirá nadie que hable en nuestro nombre en la prensa», me dijo Naumann, sonriendo con sarcasmo.

En vez de dar a los periódicos una versión auténtica de lo ocurrido, se envió una nota afirmando que los patronos se unían estrechamente contra las amenazas de los sindicatos. Era el momento, para los que amaban América, de establecer una especie de unión sagrada contra los enemigos interiores y exteriores. En parecidos términos se expresaba la nota oficiosa.

—¿Y qué vas a hacer, papá?

—¿Qué quieres que haga?

En el rostro de Arnold Ross las arrugas parecían más profundas. No estaba acostumbrado a trasnochar y probablemente quedaría desvelado hasta la madrugada, atormentándose con razonamientos que eran verdaderas obsesiones.

—Pero ¿vamos a tolerar que esas gentes dirijan nuestros propios asuntos?

—No tendremos más remedio, porque nuestra posición financiera es poco sólida para parar el golpe.

—¿Y el petróleo?

—Estoy bien de existencias, pero la mayor parte de la riqueza no ha salido de la tierra. Necesito pedir un par de millones al banco. No te das cuenta de la mecánica actual de los negocios. Por mucho que tenga un hombre aislado, nunca tiene bastante, porque intenta avanzar en toda ocasión y ha de hacer negocio con el porvenir. Deposita fondos en el banco, y eso le da derecho a sacar más de lo que ha puesto... Fíjate en nosotros; sondeamos en pozos nuevos y me veo obligado anticipadamente a la compra de máquinas y material, teniendo que pagar, también por adelantado, la mano de obra, y todo a cuenta del petróleo no extraído aún. Me conceden crédito los bancos, porque saben lo que valen mis bienes, pero si la federación patronal me declara la guerra, lo primero que tengo que olvidar es que en California hay instituciones bancarias. Tendré que pagarlo todo al contado, y, naturalmente, me veré obligado a reducir las proporciones del negocio; aun así, no podré hacer frente a los vencimientos.

Consideraba Bun a su padre como uno de los negociantes más ricos e independientes del país y dijo, abrumado por el pesimismo de aquel:

—Según eso, resulta que no poseemos nuestros propios bienes, ni nuestro propio espíritu se puede decir que es nuestro.

—Los negocios son los negocios, hijo mío, y no se parecen en nada a un té aristocrático. La riqueza es esquiva, como tantas veces te dije... Siempre hay alguien que trata de arrebatártela, y la única seguridad, relativa, desde luego, es la unión de las gentes adineradas y la disciplina. Te podrán parecer absurdas mis palabras, si no las comprendes, pero la vida es así. Piensa en la guerra que tiene a Europa en llamas... Se siente malestar solo con pensar en tantos estragos, pero es un hecho, y los que han nacido allá han de batirse forzosamente. Lo mismo pasa en el mundo de los negocios. No hay seguridad alejándose del grupo más poderoso. Se aparta uno del coto, y ha de contar con que le acometan los lobos...

No se conformaba Bun con generalidades; quería detalles sobre la situación.

—Dime qué clase de gentes son las que han de ir contigo, papá.

—Un grupo algo difícil de definir; puede decirse que son patronos de «fábrica abierta», es decir, que no admiten personal sindicado. Puede decirse que dominan en Angel City y en el territorio que circunda la ciudad y viven de ella, o al revés, si te parece mejor. Además del tacto de codos en la federación de patrones del petróleo, cuentan con la Asociación Industrial, la Cámara de Comercio y el Consorcio Bancario. Están compenetrados unos con otros, y el mismo grupo, reducido y oficioso, dirige todas esas entidades. Basta que Naumann llame por teléfono a una docena de hombres, para que nos veamos reducidos a la condición de parias del negocio. Ningún banco nos facilitaría créditos, ni las empresas tampoco; algunas se negarían, incluso, a aceptar pagos al contado.

Hasta la hora de morir no comprendió Arnold Ross el espíritu extraño de su hijo. Se sorprendió siempre de que Bun tomara tan a pecho lo que era solo resultado del fatal encadenamiento de la vida. El padre tenía dos zonas en su espíritu: una, para la justicia pura; la otra, para lo que hay que defender a toda costa contra cualquier razonamiento, a la fuerza, si se quiere, pero obstinadamente. Y he aquí que se hallaba ante el alma de aquel adolescente, que era una sola zona iluminada por un sentimiento de justicia... Las cosas debían ser justas, y de no ser así tenían que modificarse, porque, de lo contrario, ¿qué significaba la justicia? Un engaño.

—Oye, papá; ¿no tienes medio de proceder de otra manera? Suspende las obras en ejecución ideadas a base de crédito, apóyate en dinero contante y sonante, y avanza despacio. Después de todo, sería lo mejor. Emprendes excesivos proyectos y necesitas descansar.

A pesar de que Arnold Ross veía reflejada la pena en el rostro de Bun, no pudo menos de sonreír.

—Hijo mío, si hiciera lo que me propones, no tendría ni una hora de reposo hasta que me vieras enterrado, allá arriba, junto a Joe Gundha.

—¿No tienes petróleo? ¿Acaso no representa eso un capital y una reserva? Si te entiendes con los obreros y se sigue produciendo cuando no produzcan las otras empresas, tendrás una situación preponderante.

—El petróleo no es dinero contante, ya que ha de venderse.

—¿Y crees que no te lo comprarían?

—Podría ser. No he podido ver nunca casos semejantes. Todo lo que puedo afirmar es que no tolerarán mi deserción. Es eso tan seguro como que el sol no dejará de salir mañana.

IV

Reunió Arnold Ross a los delegados obreros. No les contó, naturalmente, lo que había dicho para convencer a sus colegas, pero les advirtió que les había ayudado en la medida de sus fuerzas, sin resultados efectivos.

—Me ligan algunos compromisos que no puedo romper... Tengo verdaderos deseos de estudiar las proposiciones de los obreros, si la federación consiente en ello. En caso de huelga, no reclutaré esquiroles, aunque me expongo a enormes pérdidas y hasta a represalias. A pesar de todo, me mantendré con energía... Piensen ustedes que están pasando una temporada de vacaciones, y vuelvan cuando se solucione el conflicto. De momento pueden ustedes seguir viviendo en las barracas, siempre que no se altere el orden y se comprometan ustedes a no causar daños. Dense cuenta de que mi tolerancia no es cosa de todos los días, ni de todos los patronos.

—Nos comprometemos a cuanto nos propone –dijo un delegado, en nombre de los otros–, y quedamos reconocidos a las atenciones de usted.

Sentíanse algo cohibidos los delegados. ¿No era violento, para un modesto obrero, enfrentarse con un magnate del petróleo, poseedor de la mágica aureola del dinero?

Se decidió iniciar la huelga el miércoles a mediodía. Salieron los obreros cantando al llegar el momento decisivo, y aunque solo un diez por ciento pertenecía al sindicato, se generalizó el movimiento. Los pocos que deseaban seguir trabajando no podían encargarse de los pozos, ni mantener la explotación.

Se cerraron las compuertas de distribución, dejaron todo los huelguistas en orden, y se dirigieron a Paradise para asistir a una asamblea.

Pertenecían al campo cerca de tres mil obreros y asistieron todos, así como gentes de la ciudad y gran número de granjeros. Toda la región, al parecer, simpatizaba con los huelguistas.

El camarada Tom Axton pronunció un discurso documentado. Expuso los motivos de queja que se tenían de las empresas y detalló la manera de sostener el conflicto.

—Por encima de todo, es preciso contar con la simpatía de la opinión pública y no provocar disturbios, compañeros. La federación patronal hará todo lo posible para que haya violencia... Con ese fin se dispone un lujo de equipos policíacos, y lo indispensable para nosotros es mantenernos en libertad, sin secundar las provocaciones. Los esquiroles armados son unos hampones reclutados por los detectives particulares entre la hez de la ciudad, hampones que se proveen de una pistola que llevan en el bolsillo trasero de la derecha del pantalón. Si la botella de whisky que llevan en otro bolsillo se la suministran los patronos o la adquieren ellos mismos, no puedo asegurarlo. Los pistoleros llegan en camiones, pasando antes por la Jefatura de Policía de San Elido, que permanece abierta noche y día. Cuando llega aquella carnaza, se gradúa inmediatamente, y cada uno de los hampones lleva, momentos después, un escudo plateado en el interior de la americana...

Algunos polizontes de los que retrataba Tom Axton estaban entre el público y no es fácil que saborearan el discurso.

El presidente del sindicato obrero, que había acudido con el secretario y un miembro de la organización de la madera, pronunció un discurso. El auditorio se mostraba impaciente y quería que se hablara sin cesar. Se educaban socialmente, iban comprendiendo la idea de solidaridad y se inscribían por centenares en la organización, regulando las cotizaciones. Formáronse comités que se establecieron en una granja vieja, especie de cuartel general proletario, único local disponible que se dejó a los obreros en aquel inmenso campo de petróleo. Los trabajadores se agruparon ordenadamente en la sala. Los organizadores del acto y sus camaradas eran incansables, como si el sueño y la fatiga les fueran extraños. Había que buscar domicilios provisionales, porque no todos los patronos petrolíferos suministraban viviendas a los huelguistas. El sindicato alquiló unas tiendas y no tardaría en necesitar más cuando caducaran los contratos vigentes con las empresas. Afortunadamente, pocos obreros tenían la familia en el campo. El obrero del petróleo es un nómada; cambia frecuentemente de residencia y necesita trabajar mucho tiempo para llamar a sus familiares.

Llegó Bun el sábado por la mañana, extinguida ya la primera llamarada de entusiasmo. Era un día lluvioso. Los hombres estaban distribuidos en grupos bajo los portales y las marquesinas, cobijos provisionales y gratuitos. Tenían aspecto melancólico, como si hubieran descubierto que las huelgas son menos románticas de lo que suponían.

Frente a los terrenos petrolíferos se veían unos hombres con impermeables y sombreros de caucho. Miraban con suspicacia. Algunos llevaban fusil al hombro, como los centinelas.

Subió Bun hasta la tierra de su padre. ¡Siempre el mismo espectáculo! El mismo odio que tanto le apenaba y contrariaba, aquel odio malsano que el joven soñó en desterrar de su campo... La verdad era que el matiz generoso de Bun no podía tener expansión y prevalecía el pesimismo del padre, informando la sucesión de los acontecimientos.

Arnold Ross se hallaba en el despacho.

—¿Es tolerable, papá, que haya aquí gente armada contra nuestros propios obreros?

—¡Claro que sí, muchacho! No te das cuenta de lo que pasa... ¿Vamos a dejar sin protección nuestros bienes, que valen tres millones de dólares?

—¿Dónde se reclutan los guardias?

—La federación se encarga de eso.

—¿Y no podríamos contar con vigilancia propia?

—¡Qué sé yo! Tendría que empezar por dirigirme a una agencia o a un detective.

—¿Y no podríamos emplear a nuestros propios trabajadores?

—¿Qué dices? ¿Montar la guardia con huelguistas? ¿Cómo no te das cuenta de que no puede ser?

—¿Por qué?

—Las compañías de seguros me obligarían a rescindir las pólizas. Suponte que hay fuego después de la rescisión. ¿No comprendes que quedaría en la ruina?

El mundo entero le parecía a Bun un sistema complicado, opuesto a la justicia y a la bondad, amparador de crueldades y sufrimientos.

—¿Pagamos a los guardias, papá?

—Naturalmente.

—Por consiguiente, nos vemos obligados a facilitar fondos a Fred Naumann, para que fracase la huelga, aun deseando que triunfe.

—Lo que es verdaderamente fastidioso –dijo el magnate, desviando la conversación– es tener tantos pozos improductivos.

Como si quisiera seguir las reflexiones de su padre, le miraba Bun atentamente. Eran interpretaciones que no requerían agudeza ni sutilidad. Había once pozos en producción que suministraban un total de treinta y siete mil barriles de petróleo diarios. Al precio de alza a que se vendían, suponía la venta dos millones de dólares al mes. La imaginación del magnate, llena de proyectos para invertir el dinero, se ocupaba en aquellos momentos en hallar soluciones para pasarse sin aquellos millones. La cara reflejaba la tortura íntima de Arnold Ross, y su hijo sintió tristeza incisiva. Deseaba el triunfo de los obreros, pero ¿se conformaba con que el triunfo de los huelguistas representara un cúmulo de preocupaciones para su padre?

V

Arnold Ross ofreció trabajo a Pablo, ya que los carpinteros no acordaron el paro, pero Watkins creyó conveniente hacer causa común con los huelguistas. Estos contaban con pocos elementos instruidos, a consecuencia de la inhumana jornada de doce horas, y le necesitaban. Tuvo que conformarse Arnold Ross con el propósito de Pablo, advirtiendo a este que seguirían siendo amigos, quedando abiertas las puertas de casa del magnate para el carpintero, una vez terminada la huelga.

Bun se llegó al pabellón de la tierra de Rascum para hablar con Ruth. La superintendente de jardinería imitaba a su hermano, declarándose también en huelga, aunque seguían los dos en la casa, y Ruth, por su parte, seguía al cuidado de todo.

—Pablo no está –dijo la joven–. Duerme sobre unas gavillas de paja en el local del sindicato y trabaja allí unas veinte horas diarias. Mi hermana Melie está aquí, y me ayuda en la cocina... Guisamos para los obreros...

Abel Watkins iba a Rascum con su carreta y cargaba provisiones que llevaba a Paradise y vendía a los huelguistas.

Los Watkins habían cerrado su tienda de la carretera porque solo pasaban los guardias, a quienes no hubieran vendido ni un trozo de pan. Así decía Melie, mientras Ruth miraba a Bun algo azorada, pensando que no debía enterarse el joven de aquellas cosas.

—El que está de servicio en casa –contó Melie– no es mala persona. Ha sido guardabosques y tiene buen aspecto. Otros, en cambio, nos parecen malas personas, y mi padre tiene miedo cuando pasamos de noche por la carretera. Juran como energúmenos, y siempre están borrachos.

Llegaba de la cocina una estimulante fragancia de pan de especias. Bun estaba en ayunas, y se sentó a almorzar con las jóvenes. Comieron tortilla, manteca, leche de cabra, pan de especias y fresas. Las plantas habían crecido mediante los solícitos cuidados de Ruth.

Esta tenía ya dieciocho años, edad pareja de la de Bun, aunque, como ocurre casi siempre, se tenía la joven por más vieja. Las mejillas se coloreaban en la cocina. La mirada era cándida y serena y ahuyentaba las reservas y las mentiras. Tenía los ojos azules de todos los Watkins y una cabellera rubia deslumbrante.

En aquel tiempo vivía Bun una intensa experiencia: su primer amor serio. Eunice Hoyt era una joven rica y complicada. Conocerla suponía unas veces placer y otras tormento. Ruth, en cambio, con su sencillez y aspecto apacible, era como una mañana de fiesta. Su vida entera se fundamentaba en la convicción de que Pablo era un hombre bueno y digno. Mientras Pablo estaba con los huelguistas, hacía la comida para todos. Cuando no pudieran pagar los obreros, les serviría de la misma manera.

Melie se sentía en una especie de paraíso participando en las faenas caseras y trabajando para los obreros.

La aparición del petróleo en la finca era el acontecimiento excepcional de su vida. Estaba muy lejos de recordar el tiempo pasado, cuando apacentaba el rebaño por las colinas. Sabía conversar con soltura, llevaba una cinta brillante en la cabeza y un collar de piedras amarillas; se había desarrollado como un capullo y tenía simpatía y gracejo. Estuvo el día anterior en la ciudad, que impresionó a Melie extraordinariamente. Elias era ya un predicador de grandes vuelos. Contaba nada menos que con iglesia propia y celebraba por las tardes un oficio religioso dedicado a la mayor gloria de Dios. Asistían al oficio muchos huelguistas y se concedían indulgencias copiosas. Melie se procuró en la ciudad noticias de la huelga. Hubo una escaramuza en la calle Mayor porque un guardia ebrio se atrevió a tratar desconsideradamente a Mamie Parsons. Una comisión obrera de la que formaba parte Pablo visitó a las autoridades para pedir que se prescindiera de los guardias o, de lo contrario, se arrinconarían las botellas de alcohol y las pistolas.

—Mañana –siguió diciendo Melie– volveré a la iglesia, porque habrá tres oficios. Dicen que los patronos van a traer el lunes esquiroles, y que se reanudará el trabajo en los pozos de la Excelsior Pete con personal esquirol. Los huelguistas quieren oponerse y habrá choques entre unos y otros.

Se dirigió Bun a la ciudad y callejeó para averiguar algo. Nada horraba sus íntimas angustias. No pudo ver a Pablo porque estaba en el local del sindicato, y la presencia del hijo del patrono se hubiera visto con recelo. Ya no era Bun el príncipe del petróleo; no le halagaban ya, ni le mimaban. Veía hostilidad en las miradas de los obreros. Era su situación la del soldado que comprende la injusticia de su causa y no tiene ánimo para luchar, aunque vea con terror su propia derrota.

Lucía resplandeciente el sol. Jamás vio Bun tal afluencia de gente en Paradise. Elias, siempre en funciones, celebraba un oficio en el Paseo, junto al templo del Nuevo Tabernáculo. Decía a los huelguistas que si tenían fe en el Espíritu Santo, no se inquietaran por dólar más o menos de salario; se repetiría el milagro de los panes y de los peces. ¿No podía subvenir a las necesidades de la vida el amor del Eterno, si se tenía confianza en los designios de su providencia?

Algunos oyentes interrumpieron el sermón, diciendo: «Amén». Refunfuñaron otros y se fueron hacia el patio de la escuela, donde el sindicato había organizado una reunión para los creyentes en los salarios.

Bun oyó en el patio un discurso de Pablo que le causó gran impresión, la misma que causó en toda la ciudad. Era curiosa la antítesis de los hermanos Watkins pronunciando discursos tan distintos, aunque es preciso decir en favor de Elias, que no se oponía abiertamente a la huelga, ni comprendió nunca con claridad el hecho de que sus doctrinas podían favorecer la tesis patronal. Sus hermanas hacían pan para los huelguistas y trabajaban la masa, mientras Elias afirmaba que podía colmar los cestos con pan de procedencia sobrenatural.

Los escépticos se burlaban de las prédicas de Elias y decían que probara lo que prometía, con objeto de contrastar el milagro de la panadería divina. Respondía Elias que los burlones carecían de fe, a lo que replicaban los descreídos que empezara el místico a facilitar pruebas, ya que una sola miga de pan producida según el método bíblico multiplicaría el número de creyentes en varios millones y trasladaría a la Iglesia de la Tercera Revelación el movimiento obrero.

Tenía Pablo voz grave y profunda, palabra insinuante, lenta y persuasiva. Era un buen orador, porque no conocía las estratagemas de los oradores, teniendo, en cambio, perfecto conocimiento de lo que iba a decir.

—El conflicto que van a provocar los esquiroles –dijo– es inminente. He oído el parecer de los abogados, y tenemos derecho a apurar los medios legales sin debilitarnos con infracciones que dan ocasión al enemigo para entregarse a las mayores violencias. Está en juego nuestro porvenir, el de las mujeres y el de los hijos. Si se gana la mejora de los tres equipos, tendréis tiempo de estudiar y de reflexionar, podréis elevar vuestra propia condición y sostener a los hijos en la escuela... Esa es la verdadera finalidad de la huelga. Si la democracia se desentiende de tales sugerencias, carece de contenido y en vano invocará el patriotismo...

Aplaudió la muchedumbre con entusiasmo. Bun mismo se contagió y estuvo a punto de juntar las manos, pero optó por marcharse. Llevaba consigo la idea de su propia insignificancia. ¿Qué papel era el suyo en la vida? Reflexionó hasta llegar a Beach City a medianoche. En el camino creía oír, elevándose gravemente sobre el ruido del motor, la voz grave de Pablo tronando contra las creencias de Bun.

VI

Al reanudar la vida normal en el liceo, trató Bun de averiguar nuevas noticias de la huelga. Opinaban los periódicos que la huelga era un crimen de lesa patria. Trataban de desacreditar a los trabajadores y publicaban sombrías informaciones relatando la conducta de los huelguistas, y diciendo que eran hombres perversos.

Un martes por la mañana llegaron al campo de la Excelsior Petroleum Company unos camiones llenos de personal esquirol que fue recibido con gritos, injurias y piedras. La federación patronal publicó una nota denunciando «la tiranía de los amotinados», y se difundió profusamente. Al día siguiente, le tocó el turno a la Victor Oil Company, que organizó un tren para combatir la huelga, trasladando en camiones a los esquiroles desde Roseville a Paradise, y a otros campos, lo que dio como resultado algunos huelguistas heridos y dos guardias vapuleados de lo lindo.

Requirieron entonces los patronos al gobierno para que enviara tropas y se garantizaran los derechos de las empresas, «puestos en peligro por malhechores sin ley, organizados para desafiar al Estado de California y paralizar la actividad del país en el trance de la guerra».

El noventa por ciento de los ciudadanos creían las informaciones de los patronos. Los amigos de Bun consideraban a este como un ser anormal, porque discutía, vacilaba y dudaba. Emma estaba convencida de que los huelguistas eran criminales natos, a sueldo de agentes alemanes o en connivencia con ellos. Las damas que se reunían en el club tenían informes confidenciales, porque muchas de ellas eran esposas de personajes influyentes, que estaban al corriente de lo que pasaba.

Berta se consideraba una especie de princesa en apuros y se reunía con un grupo de amigos «que lo sabían todo».

La hermana de Bun se había prestado a visitar alguna vez los pozos de su padre. ¿Qué seres inferiores pululaban por allí? Hombres embadurnados, que se llevaban la mano a la gorra cuando ella pasaba y la miraban mudos y algo aterrorizados, que fruncían las cejas, manifestando una inteligencia casi humana, que molestaba a la princesa. Estuvo una vez en Paradise. Pasó una noche en el pabellón y se permitió tratar a Pablo y a Ruth, que la servían con glacial arrogancia. Al darse cuenta los dos hermanos, se refugiaron en el silencio. Les atribuía Berta la condición de personas decentes, pero no comprendía la intimidad de Bun con ellos.

—¿Y qué somos nosotros, chiquilla? –dijo Bun a su hermana–. ¿Acaso nuestro padre no conducía recuas de mulas? ¿Qué te parece más digno, ser carretero o carpintero?

—Papá –objetó Berta con altanería– se ha educado a sí mismo por superioridad innata.

—También los hermanos Watkins se educan a sí mismos.

Discutían a menudo la misma cuestión y acababan riñendo. Sostenía Berta que Pablo se imponía a Bun y que abusaba de la bondad de este para tutearle. ¿Pues no se atrevía el carpintero a tratarle sin respeto y a decirle «¡Oye, muchacho!», como hacía su padre?

—Tu querido amigo Pablo ha traicionado a papá. ¡No se puede tener confianza con cierta clase de gente!

Cuando descubrió la princesa que Bun simpatizaba con las ideas de Pablo y tomaba partido por «la gentuza», declaró solemnemente que su hermano era un perrillo faldero.

—Papá arriesga la vida quedándose en el campo a merced de la chusma –añadió Berta–. Los otros patronos están a salvo y no se arriesgan como él, influido por tus ridículas teorías sentimentales. Si le pasa algo, nadie más que tú serás el responsable.

Volvió Arnold Ross a la ciudad pocos días después y excitó la ira de Berta, hasta un extremo delirante, cuando recomendó a la familia cierta saludable prudencia en los gastos hasta que se resolviera la huelga. Estaba en un momento difícil.

—Bun te salvará, papá... Está deseando vender su coche para ayudarte.

Contó el padre que se habían producido algunos incidentes. Un huelguista había reñido con un guardia, y sin averiguarse de parte de quién estaba la culpa, el jefe de la fuerza amenazó con retirarla de Paradise si no se expulsaba a los huelguistas de las barracas. Se llegó a un acuerdo, mediante el cual se establecía una separación entre el campo propiamente dicho y la parte ocupada por las barracas. Consistía la separación en una alambrada dentada.

—¡Muy bien! –comentó irónicamente Berta–. Y que se entretengan allí Bun y «su» Ruth cultivando flores.

El dardo dio en el blanco, porque las inclinaciones del joven podían resumirse en el empeño de cultivar la separación entre el capital y el trabajo.

—Los obreros –observó Arnold Ross– no son malos; la mayor parte de ellos me parecen honrados, bien intencionados y excelentes americanos. ¿Qué tienen que ver los espías alemanes, como cree Berta, en estos incidentes sociales? Lo lamentable es que haya agitadores.

—Como el «querido amigo» de Bun. ¿Por qué vas allí y dejas que esos Watkins te sirvan la comida? Me han contado que los huelguistas, en una fonda, envenenaron la sopa.

Hijo y padre se echaron a reír.

—No digo que Pablo y Ruth sean capaces de algo semejante, pero creo que les disgustará guisar para los huelguistas y para ti... No te indigna nada, hermanito, y atribuyes un montón de excelencias a Pablo y a Ruth, que...

—Que es muy buena muchacha, no lo olvides...

—¿Quién lo duda? Ya he tenido ocasión de ver tu admiración por la incomparable Ruth... No me parecería cosa del otro jueves que fueras su galán, que te enamorases de ella... o de Melie... o de... ¿cómo se llama la otra?

—Eres odiosa con ese fanatismo de clase.

Se levantó Bun con presteza y salió de la estancia. Estaba furioso contra su hermana. El corazón de Bun latía por otra. ¡Y pensar que entre las personas de su clase era Berta generosa y tierna! Ayudaba a sus amigas, era leal con ellas y ponía todo su empeño en distraerlas. Se trataba de sus iguales. Todas eran ricas y deseaba intervenir en sus vidas. Los obreros del petróleo, en cambio, eran seres inferiores, creados para proporcionar placeres y tributos de sumisión.

Era una princesa que sabía gastar el dinero con prodigalidad en compañía de gentes de tan brillante posición como ella. Se dejaba llevar hasta el torbellino mundano; solo se referían las conversaciones a lo que hacían y a lo que poseían. La vida de Berta era fogosa, intensa y divertida. Rara vez volvía a casa antes de la madrugada. ¿Para qué sirve el dinero, si no proporciona la felicidad? En nombre de la felicidad acosaba Berta a su hermano, empeñado en no desearla. Emma era un eco de Berta.

¿Para qué llevar el peso del mundo sobre los hombros? ¿Qué se podía hacer contra las adversidades de «los otros»? Todo estaba ordenado, reglamentado, inscrito en códigos y leyes...

VII

Fue torpedeado un barco americano por los alemanes y Estados Unidos entró en la guerra.

Se convocó el Parlamento. La efervescencia se extendía por todo el territorio federal. Los periódicos insertaban informaciones procedentes de Washington que llenaban páginas enteras. Llegaban también telegramas de Nueva York y de Europa con noticias sensacionales. La huelga quedó relegada a las últimas páginas.

Fueron detenidos tres obreros, y se les acusó de haber dado muerte a un esquirol. Declararon los patronos que los huelguistas trataban de provocar incendios y que los agentes alemanes intervenían activamente en apoyo de los agitadores. Con tales informaciones, se recordaban únicamente que tres millares de hombres, sus mujeres y sus hijos sostenían una lucha desesperada contra la miseria.

Arnold Ross tenía noticias frecuentes del campo, informándose Bun también de lo que ocurría. Los patronos habían conseguido reclutar personal esquirol pagando salarios altos. Por regla general, no eran hombres del oficio, y se producían muchos accidentes. Algunos pozos volvían a producir petróleo y hasta se intentaba algún sondeo. En el terreno «Ross Hijo» se había paralizado toda actividad. Veía Bun que aquella situación irritaba a su padre, quien perdía una fortuna y se desacreditaba ante sus colegas, ya que le consideraban alternativamente como un chiflado o como un traidor.

Los cinco grandes magnates del petróleo se regocijaban viendo en tan mala situación a uno de los burgueses independientes, pero fingían indignación, hacían campañas tendenciosas contra el rival y exageraban los perjuicios que se derivaban de su actitud.

Pensaba Bun en los obreros que, en medio del intenso dramatismo de sus vidas, se aferraban a la esperanza de un mañana mejor. Tenían derecho a vencer; era preciso que vencieran.

Llegaba la primavera. Los frutales estaban en flor y las colinas verdeaban a lo lejos. Y ante el espectáculo vital de la Naturaleza, todo el mundo hablaba de guerra, y se encaminaba a matar o a morir, a destruir vidas sedientas de felicidad. Se aseguraba que era preciso matar o morir, pero Bun no podía menos de soñar en un mundo sin odios, donde los hombres no se arrojaran sobre los hombres para destruir la posible felicidad de todos.

Los huelguistas erraban por las calles, mientras los guardias seguían en los terrenos petrolíferos. Si se improvisaba un discurso en un solar, se agolpaba la multitud y escuchaba religiosamente. Era el tiempo propicio que aprovechaban los iluminados, los predicadores ambulantes, los oradores socialistas, los vendedores de específicos... Se les escuchaba a todos imparcialmente.

La sala de lectura de Paradise se veía frecuentada por los trabajadores. Algunos de estos leyeron todas las revistas, sin olvidarse de los anuncios.

Los delegados obreros se entrevistaron de nuevo con Arnold Ross.

—La situación se agrava –dijeron al patrono–. Los guardias, ebrios la mayor parte del tiempo, son irresponsables. Hemos tenido que montar unas tiendas más para que las ocupen los compañeros que no tienen familia. ¿Cómo van a dejar a las mujeres y los niños cerca de los guardias?

El jefe de la fuerza confirmó, hablando con Arnold Ross, que los guardias tenían alcohol a su disposición.

—¿Cómo quiere usted que estén sin alcohol en estas soledades? –preguntó el capitán.

Volvió Bun a visitar a Ruth y a Melie. Estas seguían trabajando, pero ¿no se puede hablar mientras se trabaja?

—Dick Nelson está en el hospital... Le han partido una mandíbula de un balazo. Mató a golpes a un guardia que se insolentó con su hermana, y le cazaron a tiros. Bob Murphy dio con sus huesos en la cárcel... Le detuvieron cuando llegaron los esquiroles...

Siguió la relación de nombres que eran familiares a Bun. Se agrandaron los ojos de Melie a fuerza de horror, y a pesar de ello se veía que su juventud hallaba un cierto vértigo en todo aquello. Si hubiera aparecido el diablo entre nubes sulfurosas en el templo de la Tercera Revelación, se hubiera sentido Melie satisfecha con la impresión. Le interesaban, por la misma razón, los bebedores de whisky, los rufianes que escupía la ciudad sobre el prado.

—Pablo forma parte del Comité de huelga. Publican un periódico. ¿Lo ha visto usted?

Era un pliego tirado con aparato multicopista. En primera página se veía una grúa petrolífera a la altura del título: «El Defensor del Trabajo».

Insertaba noticias de la huelga y artículos alentadores para los obreros. Publicaba una enérgica protesta, dirigida a la autoridad, denunciando las brutalidades de los guardias y haciendo constar la negativa del jefe de la fuerza a prohibir el alcohol. También se leía un poema titulado «El Alerta del Trabajo».

Pablo Watkins seguía su propaganda y habían tratado de detenerle en Oil Center, pero huyó el carpintero del cerco policíaco después de rogar a los trabajadores que secundaran la huelga.

Norteamérica entraba en la guerra y cundía el entusiasmo. En las escuelas se cantaban himnos patrióticos y se hacían ejercicios militares. ¿Qué era la guerra del petróleo comparada con la que rugía en Europa? A pesar de ello, para Bun eran parecidas. Sabía a qué atenerse respecto a las mentiras que se difundían tendenciosamente contra los huelguistas. Conocía la verdad. Le parecía vergonzoso poseer un dinero adquirido indignamente. ¡Y su padre seguía pagando a la federación patronal parte de lo que cobraría la guardia negra, del whisky que beberían los polizontes, y sin el que abandonarían el país!

¿Qué era lo fundamental del conflicto? Un grupo de traficantes quería seguir pagando salarios de hambre, exigiendo, además, doce horas de trabajo. Para salir adelante, los capitalistas trataban de acorralar, de rendir por hambre a los huelguistas, les provocaban, les sitiaban los guardias, colaborando en el empeño de volver al odioso régimen de antes...

Ruth rebajó el precio del pan que vendía a los huelguistas, porque estos no podían comprarlo al precio normal. Se iban extinguiendo los modestos ahorros de los obreros, y las cotizaciones procedentes de otros campos significaban muy poco para las necesidades de los luchadores.

Pablo, que ahorró dinero para instruirse, lo ahorraba también para ayudar a los obreros, procurando que no vivieran de manera precaria, poco menos que en la indigencia. ¿Y qué hacían entretanto Ruth y Melie? Se entregaban generosamente al trabajo, velaban y se conmovían ante la pobreza de los huelguistas, les ayudaban denodadamente; la madre, anciana y enferma, les ayudaba en la medida de sus fuerzas.

—¿Qué van a hacer los huelguistas cuando no puedan comer? –preguntó Bun a su padre.

—No tienen más que volver al trabajo.

—¿Y entregarse, vencidos, al adversario?

—¿Qué quieres? Es la ley de la vida. Que se rindan, o que esperen a ser fuertes.

—¿Y cómo pueden ser fuertes, si todos están contra ellos? Ya sabes que al volver al trabajo no se admite al personal sindicado.

—¿Y qué quieres que te diga? Por mi parte, solo puedo decir que no me es posible permanecer inactivo, con los pozos cegados...

Sintió Bun que el corazón se contraía dolorosamente y no se atrevió a formular este pensamiento que le quemaba el cerebro: «¡Los esquiroles trabajarán en nuestros pozos!».

VIII

Si había un rincón en el mundo donde Bun podía sentirse feliz era en el pabellón del campo de Rascum. Pasó allí la tarde del sábado ayudando a Ruth y a Melie. ¡La única solidaridad que podía prestar a la huelga! Charlaban los tres amigos animadamente; tan pronto se referían a las angustias del momento, como bromeaban entre ellos mientras preparaban la comida para los sindicalistas.

Al atardecer llegó Abel Watkins con la carreta. La colmaron de provisiones y Melie se fue con su padre. Ruth y Bun se quedaron solos, y este explicó a su amiga las razones que tenía para no ayudar a los huelguistas.

El domingo asistió Bun a un mitin de propaganda y oyó otro discurso a Pablo, que apareció en la tribuna con aire sombrío. Comía poco y descansaba mal. Dio detalles de la represión a que se entregaban los agentes y dijo que no había justicia.

—Las autoridades del condado son testaferros de la plutocracia, que solo procuran destruir la organización obrera... Nuestro espíritu se pone en contacto con la cruda realidad, se templa como una hoja de acero, compañeros...

Los huelguistas, entusiasmados, aprobaban las más generosas determinaciones de solidaridad. Sentía Bun el dramatismo intenso de su vida ante la grandiosa manifestación proletaria, y parecía querer entregarse al torrente interior, pero retrocedía como el joven de la Sagrada Escritura, que poseía excesivas riquezas.

Pablo vio a Bun y le habló, después de invitarle a retirarse un poco de la apretada masa humana.

—Tengo algo que decirte, Bun; quisiera que dejaras en paz a mi hermana.

—¿Qué dices?

—Melie sabe que estuviste allá anoche, y que no sales del pabellón.

—Alguien ha de estar con Ruth.

—Eso es lo que no te importa. Mi hermana puede ir con nuestro padre, y no necesita que ningún señorito haga guardia.

—Pero, Pablo, te aseguro que te equivocas por completo.

—Por si te equivocas respecto a mi hermana, te prevengo que al menor perjuicio que causes, te mato...

—Óyeme, Pablo, óyeme... No te ofusques... ¿Cómo puedes tener ni asomos de razón, si estoy enamorado de otra joven de la ciudad?

Era imposible desoír aquellas razones tan sinceras, y se aplacó un tanto la ira de Pablo.

—Es que no sois dos chiquillos, y aunque tú tengas una novia de tu clase, podría ocurrir que mi hermana acabara por quererte... En fin, dejemos esto y procura no hacer visitas a Ruth.

No sabía qué decir Bun, y le pasó por la imaginación preguntar por la huelga. Se expresaba con precipitación, como quien habla de un tema poco grato, y con su franqueza de siempre expresaba ante Pablo el compromiso entre la lealtad que debía a su padre y la simpatía por los rebeldes.

—Tu padre contribuye a mantener la guardia negra en los campos.

—Quieres decir que cotiza a la federación patronal con la que tiene un contrato...

—Contrato ilegal... Los guardias cometen ilegalidades a cada momento.

—En nuestro campo no hay esquiroles.

—Pero los habrá, entregándose tu padre, como los demás burgueses, a la guerra sin cuartel que se nos hace. Está en juego el capital de tu padre, y, naturalmente, haces lo que te dice.

—¿Y cómo quieres que vaya yo contra mi propio padre?

—¿No fui yo contra el mío, apoyado por tus razonamientos?

—Sería la muerte de mi padre.

—Tal vez hice yo daño al mío... No sé... ni tú tampoco sabes nada. Tu padre comete una injusticia; no ignoras que quiere negarnos los derechos más elementales, que lanza contra nosotros la jauría... Nada puedes hacer, porque eres un «blando». Como siempre te sirven lo que deseas en bandeja de plata y no has de esforzarte para nada, has llegado a ser un hombre débil, que tiembla si ha de causar un disgusto.

Tuvo Bun que volver la cabeza para que no viera Pablo la emoción intensa que le dominaba. ¿No sentía que iba a llorar? ¿Y no era aquella emoción una prueba de lo que Pablo decía?

Se despidió el carpintero, diciendo a Bun, mientras se alejaba:

—¡Hasta la vista! Cuando muera tu padre, seguirás tú amontonando dinero. Este conflicto se habrá resuelto, pero se producirán otros... Dudo que el dinero te haga feliz. ¡Salud!

Y desapareció.

Quedó Bun como clavado en el suelo. Le exasperaba la energía de Pablo, porque él era débil. Berta parecía estar de acuerdo con el carpintero, pues sostenía que Bun se sometía a Pablo. ¡Tenía una idea muy pobre el atribulado Bun de la altivez que comunican los millones!

IX

Los obreros resistieron con heroísmo mientras el Parlamento votaba la emisión de un «empréstito de la libertad», para los gastos de la guerra. Al mismo tiempo se ordenaba el reclutamiento de un ejército inmenso. Empezó entonces a circular un rumor que se refería a la huelga de los ferroviarios. Si a estos se les hacían concesiones por la necesidad que existía de que no se interrumpiese la circulación, también podían obtener sus reivindicaciones los obreros del petróleo.

Llegaban telegramas de Washington animando a los huelguistas de Paradise a que resistiesen, porque el gobierno iba a imponerse a los patronos, salvando la situación.

Iba a ocurrir lo que ocurre en los melodramas a diez, veinte y treinta céntimos, que en otro tiempo veíamos representar en Bowery, barrio popular de Nueva York, con sus ferias permanentes: la heroína está sujeta al tronco de un árbol; la llevan los sayones al lugar del sacrificio; la cinta dentada de la sierra ha de partirla en dos; llega el héroe, hunde la puerta a hachazos y penetra en la serrería deteniendo la palanca en el momento crítico.

En las clásicas tragedias griegas, cuando los destinos de los hombres están tan embrollados que no hay quien pueda entender nada, desciende un dios del Olimpo y resuelve las situaciones más confusas, facilitando el triunfo de la virtud y el castigo del vicio.

Semejantes cosas se creen cuando están en un libro clásico, pero no cuando se trata de California, con el poder de su sistema industrial, los millones de sus bancos, su poder político, sus agencias de esquiroles, sus espías, confidentes y hampones, sus milicias, que llevan ametralladoras y coches blindados. ¿Cómo puede sentirse dominado ese poder formidable por una potencia más fuerte?

Una divinidad yanqui, aquel viejecito de barba nívea con bandas rojas y blancas consteladas de estrellas, el tío Sam, extendió un brazo, haciendo un ademán de poder, y declaró que los obreros del petróleo eran seres humanos, además de ciudadanos; se les protegería en sus derechos.

Del cuartel general proletario llegaron noticias optimistas: los obreros petrolíferos ganarían la huelga; ya estaba en camino un representante del gobierno para facilitar un arreglo favorable a los trabajadores. Se aconsejaba que volvieran estos a los campos con objeto de que el tío Sam tuviera el petróleo que necesitaba con urgencia.

El presidente de Estados Unidos pronunciaba maravillosos y convincentes discursos, hablando de la guerra, que acabaría con todas las guerras, mientras se establecía en toda la redondez de la tierra el gobierno del pueblo por el pueblo y para el pueblo. El fervor de los oyentes tenía categoría de consagración.

¡Qué alegría en Paradise cuando llegó la noticia de que los pistoleros iban a escabullirse, volviendo a sus antros!

Cuando se enteró Bun de la solución del conflicto empezó a dar brincos como una trucha. Arnold Ross estaba muy contento. El joven pensaba arrancar, al volver a Paradise, aquella maldita alambrada que separaba el capital del trabajo. Se acabarían los rencores. Florecerían rosales junto a las caras de los obreros; como tendrían tiempo que dedicar a la lectura, coleccionaría los discursos presidenciales y figurarían en un lugar preferente de la biblioteca.

VIII. La guerra

I

Eunice Hoyt era hija de Tommy Hoyt, socio este de la casa Hoyt y Brainerd, que se dedicaba al negocio de valores bancarios y publicaba anuncios y reclamos en los periódicos de Beach City.

Solía Tommy asistir a las carreras y a los combates de boxeo; iba a cada espectáculo con una señora muy maquillada y peripuesta que llevaba, a veces, un velillo sobre la cara. Los espectadores apartaban la mirada de la pareja, dándose cuenta de que Tommy se entregaba al juego del amor, y en efecto: se mostraba con frecuencia en compañía de mujeres distintas.

Entre los retratos de damas notorias en la vida mundana de Beach City, figuraba el de la esposa de Tommy. Protegía el arte y era frecuente ver en su casa a algún joven espiritual. La servidumbre comprendía el caso y Eunice también.

La joven era morena y esbelta, impaciente y vivaracha, con cierta gracia picante, que le parecía de muy buen tono. Asistía a algunas clases del curso de Bun. Dándose cuenta de que el colegial era formal y comedido, le disparaba frases mordaces que tenían para aquel un sentido equívoco, aunque no se atrevía a pedir explicaciones por temor de que Eunice se burlara de él. Siempre estaba entre los grupos de condiscípulos, y no era fácil rehuir su conversación.

Una tarde Bun ganó las doscientas yardas de una carrera, quedando convertido en héroe y mereciendo felicitaciones estruendosas de sus colegas. Terminada la prueba deportiva y la ducha, fue en busca de su coche. Como Eunice se preparaba en aquel momento a ocupar el suyo, llamó a Bun.

—Vente conmigo.

—Tengo el coche por ahí.

—¡Vaya una excusa! Vente, hombre, decídete...

Obedeció Bun, un poco atolondrado, y tuvo que aguantar la burla de Eunice:

—¿Tienes miedo de que te roben ese carricoche?

Se disponía Bun a defender la modernidad del último regalo de su padre, cuando oyó que le decía:

—Mis padres han reñido, y me parece insoportable ir a casa.

—¿Y qué vas a hacer?

—Podríamos cenar por ahí, como buenos amigos.

Se dirigieron a la cima de una colina. Había allí un café con terraza, que daba a una bahía. Pasaba cerca una línea ferroviaria, que serpenteaba entre rocas costeras; habría tenido fama, de estar la vía en Italia. Cenaron y charlaron animadamente. Hablaron del colegio y de los incidentes deportivos. Dijo ella que su madre sabía, por otra persona, que Tommy gastaba grandes sumas en las mujeres.

—Mi madre se puso furiosa y dijo que los hombres son unos idiotas, que gastan sin necesidad.

Se ocultó el sol; se encendieron las luces a lo largo de la costa, y una enorme luna apareció tras la colina.

—¿Me tienes simpatía, Bun? ¿Te gusto un poco?

—Claro que sí, Eunice...

—Pues nunca me lo demuestras.

—Es que me parece que te burlas de mí.

—Algo burlona soy, en efecto, pero creo que, a veces, la chanza es una manera de guardar reservas mentales, un procedimiento para tener secreto lo que no es burla. Tenía miedo, viéndote tan comedido, porque soy charlatana y tonta...

Las palabras de Eunice tranquilizaron a Bun. Subieron otra vez al coche y se alejaron de la fonda corriendo a través de los montículos de arena movediza.

—Es un encanto esta costa, Bun.

Al llegar a tierra firme, desvió el coche Eunice, y se apearon los dos.

—Vamos a contemplar el mar, amigo mío... Ahí llevo una manta.

La tendió Bun, caminaron un rato sobre las dunas, y se sentaron.

Eunice devoró un cigarro y trató de abominable puritano a Bun porque no quería fumar.

Un transeúnte curioseó al pasar, y preguntó a Bun la joven:

—¿Llevas pistola? Para dedicarse a la galantería es preciso tener un arma.

A Bun le pareció incorrecto negar que aquel paseo fuera una excursión galante, y calló.

—Hay hombres que se dedican a atracar a las parejas que se aventuran por estas soledades; algunos son atrevidos, bestiales... ¿Qué harías si apareciera uno de repente?

—Trataría de defenderte lo mejor que pudiera.

—No querría oír disparos a pesar de lo que dije antes, porque ya hay bastante tela cortada en casa para los que les gusta chismorrear... Vamos a vagar un poco por ahí...

En un paraje donde la arena formaba una superficie llana y uniforme, extendió Bun la manta y se sentaron. La luna contemplaba la escena como millares de veces ha contemplado otras semejantes, sin que jamás haya contado ningún secreto.

Eunice dejó descansar la cabeza sobre el hombro de Bun, murmurando:

—¿De veras me quieres un poco?

—Te aseguro que sí...

—Debo parecerte atrevida y frívola... No protestes, Bun. Si te pareciera agradable, me besarías...

Bun la besó, un tanto aturdido.

—Me besas sin intención, sin querer... Tú no sabes lo que es amor.

—En efecto, no lo sé, Eunice.

—Ya suponía que eras un poco raro.

El corazón de Bun era una encrucijada de emociones. ¿Por cuál se dejaría llevar?

—Déjame que sea tu profesora, Bun...

Y le dio un beso largo y apasionado, que produjo vértigo al discípulo.

—¿Y si te hago daño, Eunice?

—No te preocupes... Por algo soy tu profesora, y por algo soy una mujer prevenida.

II

Tal fue la iniciación amorosa de Bun. Quedaban atrás los días de inocencia, cuando se sentía feliz reteniendo las manos de la cándida Rosa entre las suyas. El amor era ya para él un descubrimiento y una experiencia. Le asustaba el cúmulo de emociones nuevas y más aún la actitud de la mujercita que tenía en sus brazos. Agitaba a Eunice una especie de frenesí y se contraía como una gata en celo... Deliraba... Bun tenía que compartir aquel delirio porque ella lo exigía; era como una sacerdotisa del eterno rito del amor... Quedó Bun como anonadado, pero ella le dijo, abrazándole estrechamente:

—No te avergüences, Bun... ¿Por qué no hemos de tener derecho a la felicidad?

Bun lo hizo lo mejor que pudo.

—Eres tan dulce amante... ¡Qué dichosos vamos a ser!

Bajo la luna primaveral de California –la misma que alumbra otra zona cualquiera del mundo–, se amaron hasta que el frío de la noche les invadió y tuvieron que atravesar las dunas en busca del coche, besándose infinitas veces.

—He sido mala, Bun... Perdóname... Dime que estás contento.

El deber del galán era confortar a Eunice, y lo cumplió románticamente.

Volvieron a Beach City comentando el lance. Bun no profesaba ninguna filosofía sexual, y sin duda por ello se creyó Eunice en la obligación de hacer una exposición franca de sus teorías.

—Los viejos no saben más que repetir las mismas antiguallas, aunque también tienen sus tapadillos. ¿Por qué nos hemos de conformar con sus teorías? El amor puede satisfacerse al margen del matrimonio, cuando se evitan los hijos. La mayor parte de las parejas son desgraciadas. Si los jóvenes podemos encontrar la felicidad, que se nos deje en paz. Lo que ignoran los viejos no les produce ningún disgusto. ¿Te parece mal lo que digo?

—De ninguna manera. Eunice... Mi timidez solo se sostenía por una razón: porque no te conocía.

—A los hombres no os gusta que las mujeres tomemos la iniciativa, y en adelante, la iniciativa te corresponde a ti.

El colegial prometió ser muy puntual en el ejercicio del privilegio amoroso que le otorgaba Eunice, y hubiera dado a su amante pruebas inmediatas y fehacientes, pero como iba ella al volante, no quiso iniciar ninguna escena resbaladiza.

Deseaba saber si había otras jóvenes como Eunice, y cuando oyó algunos nombres en labios de su amante, quedó desconcertado, porque se trataba de muchachas distinguidas en el liceo y con excelente fama.

—Hemos formado una especie de sociedad secreta, sin junta, comité directivo, ni ritos, pero con un código perfecto. Nos llamamos entre nosotras «zulúes». Tenemos el espíritu libre y audaz, y hacemos lo que nos parece mejor. Nos guardamos los secretos con lealtad y ayudamos a las más jóvenes, para acortarles el aprendizaje de la felicidad. Guardamos celosamente las prácticas malthusianas y poseemos la preceptiva del amor con ayuda de ciertos libros que muchas veces están en nuestras propias casas y que conseguimos descubrir entre otros. Circulan tales libros, y las profanas pueden leerlos y entenderlos porque llevan notas al margen.

Las jóvenes construían su propia personalidad sin ayuda de los padres. Eunice no sabía que en aquellos momentos estaba desarrollando ante el atónito Bun las bases fundamentales de un nuevo código. Hablaba, sencillamente, de lo que sentía y de lo que pensaba.

—¿Crees en la posibilidad de tener un corazón bicolor, Bun?

—¿Bicolor?

—Quiero decir si puedes amar a dos mujeres a la vez. Clara Reynolds sostiene que no, pero Billy Rosen dice que sí, y se pasan la vida discutiendo. Mary Blake ha conseguido ser amada por dos hombres y que no estén celosos uno de otro.

El mundo que iba descubriendo Bun era laberíntico; no se cansaba de preguntar, ni podía impedir el rubor cuando oía ciertas contestaciones realistas de Eunice.

Llegó Bun a su casa a las dos de la mañana. Nadie se enteró de la escapatoria del heredero ni de su retorno desacostumbrado. Se repitieron las andanzas amorosas. ¿No había prometido Bun tomar la iniciativa?

La familia llegó a darse cuenta de la anormalidad que regía la vida de Bun. Emma y la abuela estaban nerviosas, aunque sin decir por qué. Era la actitud clásica. Las dos acabaron por interpelar a Arnold Ross sin referirse más que al peligro de trasnochar, que iba haciéndose endémico.

Cuando Bun confesó a su padre que había hecho una excursión con Eunice, dijo Arnold Ross:

—¿Quién es?

—La tesorera de un equipo de baloncesto del liceo. Su padre es el señor Hoyt, a quien ya conoces. Eunice tiene coche propio, y ha querido pagar la cena.

Ante la seguridad de que Eunice no trataba de saquear a su hijo, Arnold Ross le aconsejó, con frase breve y expresiva:

—Toma las cosas con calma, y no trates de vivir treinta o cuarenta años en un par de semanas.

Por lo que respecta a Berta, el caso era distinto. ¿Sabía algo? ¿Había descubierto la aventura de las «zulúes»? He aquí lo que dijo:

—Me alegro de que, por fin, te interese algo más que el petróleo y que los huelguistas.

La frase ocultaba una refinada seguridad, que no dejó de advertir sutilmente Bun.

¿Acaso para Berta el «trasnochar» tenía el mismo significado que acababa él de descubrir? Berta asistía a los bailes. ¿Volvería a su casa directamente, o tomaría un atajo?

Superó Bun la sorpresa que le produjo la desenvoltura de Eunice, pero tardó mucho más en hacerse a la idea de que su hermana podía corretear por la orilla del mar. Al bordear la costa, había visto muchos coches estacionados en discretos recodos del camino.

III

América se preparaba para la guerra. A las excitaciones del sexo se mezclaban en Bun los delirios del patriotismo. No estaban los dos sentimientos tan disociados como parece a primera vista; los jóvenes iban a combatir y la guerra relaja las normas sexuales. Podían morir, y esa posibilidad quitaba trascendencia a los demás actos. Las jóvenes se sentían enternecidas y los soldados no dejaban de aprovechar los minutos antes de que fuera tarde para emplearlos bien.

Bun era joven para formar en las filas del ejército, pero aprendía las prácticas militares y ello le daba nueva aureola y atractivo.

El campo atlético era una zona de concentración. Se contaba con armamento del Estado. Los nuevos soldados marchaban acompasadamente unos tras otros, conservando una dureza de rasgos que contrastaba con la marcialidad. Les dieron uniformes. Las muchachas inscritas en los equipos de enfermeras vistieron los suyos. Se reunían todos en las aulas y cantaban himnos patrióticos. ¡La guerra, la guerra! Las flotas trasportaban material a Inglaterra y Francia; brigadas de ingenieros y operarios prepararían el terreno.

El presidente de Estados Unidos continuaba pronunciando elocuentes discursos. Una raza de hombres diabólicos, los hunos, se movilizaban al otro lado del mar para aplastar la civilización; el poder de la democracia americana iba a luchar denodadamente. El deber de los patriotas era pelear. No se trataba de una guerra, sino de la última guerra, de una pugna en pro de la democracia.

Los políticos coreaban al presidente y se repartía un millón de ejemplares de prensa por hora. Los oradores «minuteros» invadieron fábricas y teatros, plazas y calles, para empujar a América hacia la guerra.

Arnold Ross y su familia estaban en el ojo del huracán. Devoraba Bun la materia de propaganda que le servían copiosamente; necesitaba creer en la patria, y discutía con su padre, que no sentía ningún delirio.

—Ganaremos la guerra –decía el magnate–; la guerra actual, y todas las que emprendamos... En cuanto a lo que venga después... ya tendremos tiempo de tomar el mejor partido.

Al magnate le convenía regularizar la producción del petróleo y venderlo en alza perpetua. Hubiera sido una insensatez regalarlo. El gobierno necesitaba grandes reservas, y ¿quién las facilitaría si el precio dejaba de ser remunerador? La generosidad del Estado era evidente, y esa generosidad equivalía al patriotismo de Arnold Ross. Este ponía sus ojos y su interés en el surtidor de petróleo, y dejaba que los otros surtidores manaran en provecho de los políticos.

Consideraba Emma que las teorías de su hermano político no tenían nada de políticas; se indignaba oyéndole hablar de aquella manera y empleaba tan obstinada porfía en contradecirle que agotaba casi el fuero concedido por Arnold Ross a su cuñada. Iba esta al club y escuchaba discursos patrióticos. Las oradoras se referían a los niños belgas mutilados o a la explosión de algún polvorín provocada por los espías alemanes. Volvía Emma al hogar con un ataque de patriotismo agudo.

Era peor el caso de Berta, porque su compañero de baile era miembro de una agrupación de contraespionaje y conocía los nombres que figuraban en las listas negras. Su indignación estaba llena de sombrías referencias y adoptaba la actitud de quien conoce importantes secretos.

Nadie podía pensar que la acción belicosa que flotaba en el ambiente pudiera ser fuerza de choque. ¿Imaginaba nadie que una respetable dama de más de setenta años, criada en el campo, y a quien todos suponían entregada a la pintura al óleo, demostrara, de repente, una franca simpatía por los hunos? Declaró la abuela que no quería saber absolutamente nada de la guerra; que los alemanes no eran peores que sus enemigos; que todos llevaban sangre en las manos, y que las pretendidas atrocidades que se difundían por América no tenían más fin que inspirar rencor y odio. Ella no odiaba a nadie, aunque tuviera que enfrentarse con sus familiares.

Para dar una prueba de sus convicciones pintó una tela que reproducía el interior de una cervecería alemana con bebedores vestidos con trajes de época antigua. Quiso a toda costa colocar el cuadro en el comedor, lo que pareció un sacrilegio a Emma y Berta, que trataron de interesar al magnate en la contienda.

Escuchaba Bun y aprendía. De su padre aprendió a sonreír ante las debilidades humanas y a no perder de vista la política del dólar.

—Los discursos están muy bien –decía Arnold Ross–, aunque la guerra no se hace con discursos, sino con metralla. El petróleo nutre los camiones que llevan las municiones al frente, impulsa barcos y destructores, lubrica la maquinaria de las fábricas y no puede prescindirse de la enorme importancia que tiene. Desde que terminó la huelga, he firmado muchos contratos con el gobierno y hemos abierto una docena de pozos en Paradise. Lo único que me molesta es no poder triplicar contratos y pozos. Los grandes magnates dominan en los bancos y no me facilitan suficiente crédito, porque tratan de que me una a ellos y les ceda la mayor parte de las ganancias. ¿No soy yo beligerante de otra guerra? Lo peor es que el discurseo presidencial no acabará con ella... Reflexiona, Bun, que no hay más remedio que limitar el delirio idealista.

IV

En Paradise iba todo a las mil maravillas. Se habían reintegrado los obreros al trabajo, incluso los que figuraban en las listas negras. Se concedió un dólar más de jornal diario y la promesa de otro aumento. Un buen obrero valía casi su peso en oro.

Invadieron el campo los oradores «minuteros», que fueron bien recibidos. Eran patriotas los obreros; se hubieran alistado en el ejército, pero nada importaba tanto como el petróleo, y la manera de servir al país era seguir produciendo, trabajar en los pozos y cuidar de que los espías no pudieran provocar incendios.

Pablo ocupó de nuevo su puesto en el taller de carpintería y le correspondió inscribirse en la primera leva. El patrono le prometió librarle del servicio militar; podía hablar con Carey, el granjero que admitió dinero para construir la carretera y arreglar el asunto, ya que Carey presidía la Junta de exenciones.

—No me quedaré en el taller, señor Arnold Ross. Hay carpinteros que tienen familia, saben el oficio tan bien o mejor que yo, y pueden quedarse... Yo me voy al cuartel.

Amigo, otra vez, de Bun, pasados los incidentes de la huelga, no cesaba de discutir con él. Creía Bun que Pablo no se mostraba muy partidario de la guerra.

—Es posible que ganemos la guerra, pero también podríamos dejar de hacerla –dijo Pablo.

Ruth adoptó una posición parecida a la de la abuela de Bun. Todas las guerras eran malas para ella. No deseaba que Pablo pusiera en peligro su vida.

Cuando el carpintero tuvo que ir al cuartel, no hubo manera de tranquilizar a su hermana. Se colgó del cuello de aquel y quiso hacerle prometer que no iría a pelear, asegurando que ella moriría de pena. Al convencerse de que nada podía hacer, se reintegró a su trabajo, pálida y silenciosa. Desde que Pablo se convirtió en soldado, la palidez y el silencio fueron las notas dominantes en Ruth. Iba a casa de su padre por la noche, lo que significaba que al día siguiente seguiría a la familia camino de la iglesia. Tendría que morderse los labios mientras sermoneaba Elias. Este era un profeta como los del Antiguo Testamento. Clamaba al cielo y pedía castigos para la maldad de los hombres... Todos perecerían, todos merecían la muerte, incluso los pequeñuelos, hijos de Satanás...

Metido Elias a teólogo, no tenía que intervenir en la matanza. Melie resolvió su problema casándose con un obrero del petróleo, y consiguiendo que Arnold Ross nombrara capataz al marido, reteniéndole, además, una semana en Paradise. Melie dijo a Bun que Ruth hacía muy mal en no buscar marido.

—¡Quién sabe! A lo mejor podéis resolver vuestros asuntos al mismo tiempo...

V

Fue febril aquel verano para Bun; entre la guerra y el amor exigente de Eunice, estaba siempre en vilo.

La primera grieta de su felicidad se produjo cuando se empeñó en seguir haciendo visitas frecuentes a Paradise. Eunice no podía ir.

—Estás obsesionado con el petróleo... ¿Para qué quieres tanto capital? ¡Por lo que más quieras te pido que me permitas pedir dinero a mi padre, si necesitas algo!

Tommy Hoyt hacía enormes negocios. Compró barcos viejos antes de intervenir América en la guerra, y se dijo que aquel negocio le había producido tres millones. Como la gloria del dólar era la aspiración colectiva, se habló de los beneficios de Hoyt con amable criterio.

¿Qué argumentos tendría que emplear Bun para convencer a su amante, linda criatura de dieciocho años, de que lo que apetecía no era dinero, sino la satisfacción patriótica de facilitar petróleo al Estado?

—Mi padre necesita que vaya yo a Paradise.

—¿Le quieres más que a mí? –dijo Eunice a su amante zarandeándole de lo lindo–. Pues elegiré a otro para ir al baile... Si quieres enterrarte en el desierto, allá tú; buscaré otro amigo, y asunto concluido.

Era insaciable y codiciosa para el placer; no sabía contenerse; quería ser la última en abandonar el baile; la que repetía los sorbos y los besos sin cansarse. Incitaba a Bun a beber, y se sentía contrariada al no conseguirlo. ¿Cómo le importaba más a Bun complacer a su padre y dejar de beber, que dar gusto a Eunice?

Ya no satisfacía a Eunice perderse por las dunas, ni compartir sus secretos con la luna. Le gustaba que se gastara rápidamente el dinero. Iba con Bun a Angel City y asistían, en elegantes hoteles, a veladas y fiestas, entre el estrépito de los días.

Los salones del hotel ostentaban decoraciones de las naciones aliadas, y se veían variadísimos uniformes. Para Eunice, la guerra era mezclarse con aquella brillante multitud, permanecer en pie mientras la orquesta tocaba *Starspangled Banner*, y danzar al compás de *Kiss me, honey baby*, o alguna dulce pieza de jazz. Eunice se adhería con pasión a su pareja, lo que a Bun le parecía un tanto indecoroso. Era la moda del momento y nadie se fijaba, porque las horas pasaban con rapidez y se bebía con furia.

Luchaba Bun para apartar a Eunice de aquellas excitaciones. Tenía que arrastrarla. En el camino se le quedaba dormida, apoyada en el hombro, mientras él mismo se esforzaba en permanecer despierto. Un camarada tenía rota la nariz por haberse dormido con el volante en la mano; otro estuvo preso diez días, porque la policía advirtió que había bebido alcohol. Se recomendaba a los que tuvieran que conducir que no bebieran más que ginebra, porque no compromete, aunque los agentes se empeñen en oler el aliento.

Decidió Eunice que no valía la pena molestarse en ir a Beach City después del baile. Halló un hotel confortable y pudo inscribirse la pareja en el registro: los señores Smith, de San Francisco. Pagaban por adelantado, ya que no llevaban equipaje, salían al día siguiente por puertas distintas y nadie se daba por enterado.

Dijeron en sus casas respectivas que habían pasado la noche con los amigos. Nadie quiso averiguar nada, obedeciendo, tal vez, al temor de saber demasiado.

No era la vida de Bun como en otro tiempo. Estaba pálido. Su padre le observó, y no tuvo que sentirse violento para hablarle con franqueza.

—Lo que haces es una locura, hijo...

—Es que asisto a algún baile, y tengo que volver tarde...

Eunice se colgaba de su brazo y hasta de su cuello cuando Bun hablaba de dejar la fiesta. Los sentidos del joven se impregnaban de Eunice: la seda, el cabello, el perfume, los besos ardientes y repetidos... Se sentía a veces violento porque las escenas se desarrollaban ante los padres de Eunice. ¿Y qué podían hacer estos? Su hija era una «zulú» que se había educado a sus anchas, que tenía sus servidores y no se perdonaba el menor capricho. Todo lo que se le ocurría decir a la señora Hoyt eran palabras suaves, insinuantes:

—No sea usted cruel, Bun...

Parecía censurarle por las pataletas de Eunice, como si fuera él culpable. En cuanto al pobre Tommy, si presenciaba el efecto de alguna rabieta de su hija, se apuraba enormemente y procuraba hallar a solas a Bun para decirle sentenciosamente: «No hay en el mundo una mujer normal».

VI

Fue Bun a Paradise para quedarse una semana con su padre. Pablo estaba allí con licencia de tres días. Al parecer, no cruzaría el mar rumbo a Europa. Le habían destinado a trabajar en la construcción de barracas, pero sin ganar diez dólares diarios como en el taller de Paradise, sino treinta al mes y la manutención. Era una de las consecuencias de la guerra para un trabajador. No ganaba tres millones en unas horas traficando con barcos viejos, como Hoyt, ni los ciento veinte mil dólares que semanalmente cobraba Arnold Ross por el suministro de petróleo al Estado. ¿Quién pensaba en tales cosas, si podían oírse estupendos discursos, y todos, desde el presidente de la República a los oradores «minuteros», exaltaban el patriotismo y la democracia?

Con el uniforme caqui parecía Pablo más guapo y fornido. Ruth era feliz, porque su hermano no tendría que ir al desolladero. Melie era también feliz porque tenía un bebé en camino, y Sache no se mostraba menos encantada de la vida: un granjero aspiraba a merecer su amor.

Arnold Ross seguía triunfando en sus exploraciones de hurón del petróleo. Podía declararse independiente, dictar su propia ley y desdeñar los créditos del banco.

Todos eran felices menos Bun. Eunice se había disgustado y corría el riesgo de perderla.

—Si me dejas, te aseguro que no estaré sola, y que te acordarás de mí, Bun.

Significaban aquellas palabras que Eunice tenía un corazón tornadizo y que Bun no fue su primer amante. Tenía necesidad Eunice de constantes pruebas de amor, y no se la podía complacer sin llegar a cierto límite. El «límite» del mundo elegante eran veinte millas. Los jóvenes ricos salían con muchachas de su edad, y si estas no se mostraban amables, las dejaban en el camino, en cualquier parte que distara por lo menos veinte millas de la ciudad.

Cuando volvía a su casa pensaba en Eunice, al salir y al pasear. Se la representaba con todos sus encantos y todas sus miserias. Quiso Bun explicar a Pablo lo que pasaba. Tenía al carpintero por un prestigio moral y una inteligencia clara, y recordaba que en otro tiempo le hablaba con desprecio de los placeres de Venus.

Volvió a Beach City sin atreverse a hablar con el carpintero. ¿Timidez? ¿Seguridad de merecer la reprobación de su amigo? Este le había dicho en los días dramáticos de la huelga: «Eres blando, Bun, muy blando...». ¡Cómo lo recordaba!

VII

Bun halló a Eunice en casa de esta. No había buscado otro amante. Ensayaba un experimento que conocía gracias a un libro de su madre, que trataba de la sugestión a distancia.

Conocido es el procedimiento: hay que sentarse, cerrar los ojos, concentrarse y querer con fuerte voluntad que alguien haga algo. Se cumple el deseo y la doctrina se vindica. Ensayaba Eunice el procedimiento más propio de concentración, pero cuando oyó a Bun, lanzó un grito de entusiasmo y se precipitó en sus brazos. Mientras le sofocaba a fuerza de besos, le contaba su maravilloso hallazgo de psicología experimental.

—Ya sabía yo que ibas a venir, y que no me olvidarías. Estoy sola... Mamá se fue a recaudar donativos para los huérfanos serbios. Vamos, Bun...

Y trataba de seducirle, dándole sonoros besos. Protestó Bun amablemente.

—¡Eres un tonto, Bun! ¿Vamos a salir, con lo que llueve? En un hotel de Beach City nos conocerá todo el mundo.

—¿Y tu madre?

—¡Bah! Tiene un amante y le consta que lo sé. ¿Que no está enterada de lo nuestro? Mejor; que se entere... Vamos a mi cuarto...

—Y, ¿cómo salgo luego?

—Saldrás cuando a mí se me antoje, tal vez mañana... Prometo tratarte con generosa hospitalidad.

—Nunca he oído una proposición semejante.

—Querido Bun, hablas como tu abuela.

—¿Y los criados, Eunice?

—¡Cállate, bobo! ¿Serías capaz de hacer cualquier sacrificio por no disgustar a un criado?

Retuvo a su amante toda la noche, y bien entrada la mañana fue Eunice a contarle a su madre lo que ocurría. No es fácil averiguar si la dama sintió disgusto oyendo la confesión de su hija, o si se le ocurrió un filosófico «somos tal para cual». La madrina de los huérfanos serbios desayunaba en la cama y se pasaba la mañana leyendo en los periódicos los relatos de sus elegantes correrías filantrópicas.

Como dicen los franceses, el primer paso es el que cuesta. Quedó roto el hielo después de la primera noche de tapadillo, aunque no es probable que una madre de la vieja Francia resolviera aquel espinoso asunto con tanta desenvoltura. Llovía continuamente, haciendo imposibles las excursiones, por lo que Bun dormía en casa de Eunice siempre que quería. Todo resultaba normal y de acuerdo con las avanzadas normas modernas. En realidad, solo faltaba un pequeño detalle, y Bun lo puso de relieve.

—¿Por qué no nos casamos, Eunice?

—¡Con lo felices que somos ahora! ¿Quieres que destruyamos esa felicidad?

—¿Por qué hablas así?

—Todos los matrimonios son desgraciados; ya sé lo que pasa... Mis padres darían un millón... Bueno, quizá no tanto, pero gastarían doscientos mil dólares si pudieran separarse a espaldas de los tribunales, sin publicidad y sin escándalo.

—Pero nosotros seremos felices.

—¿Qué sabes tú? Si nos casamos, te creerás con derecho a dominarme. No harías nunca lo que yo te dijera, y la felicidad huiría de nosotros. Hagamos lo que nos parezca bien y no lo que quieran los otros. Ya estoy cansada de ser obediente y de pelearme. Hasta he reñido contigo...

En apariencia, era todo decoroso y limpio en aquella sociedad, adaptada a las fórmulas matrimoniales impuestas por las leyes y propagandas en las iglesias. Si se profundizaba un poco, se encontraban seres humanos que, sintiéndose desgraciados, llegaban a ponerse de acuerdo para concederse mutuamente la libertad. Maridos y mujeres hacían lo que mejor les parecía. Llevaban ellas amigos a su propia casa y ellos amigas, quedando establecidas rápidamente las sustituciones. Secretarias, institutrices, parientes próximos y compañeros de club, eran los personajes que intervenían frecuentemente en las mutaciones más extrañas. Si los hijos descubrían la verdad, tenían un motivo para exigir un coche, un collar de perlas o un vestido, pero de lo que se apropiaban con más desparpajo era la libertad de vivir a su antojo.

VIII

A principios del año, mientras América entraba en la guerra, el pueblo ruso destronó al emperador, estableciendo la República. En América se recibió la noticia con regocijo; al fin y al cabo, era más agradable aliarse con una República que con un Imperio.

Ocurrió al poco tiempo algo verdaderamente extraordinario: volvió a rugir la revolución en Rusia como hecho nuevo; los revolucionarios no eran escolares, sino unos seres terribles llamados bolcheviques, que se apresuraron a confiscar la riqueza y a destruirlo todo.

Pareció, en principio, que el hecho de la revolución significaba una calamidad para los aliados. Abandonados por Rusia, la espesa masa germánica podría lanzarse contra el casi exhausto frente occidental. Los ejércitos rusos se desmoronaban; eran frecuentes las deserciones y aumentaba la desmoralización. Los jefes del nuevo gobierno hacían y difundían por todo el mundo una propaganda perseverante contra los aliados.

Como buen americano, Arnold Ross tenía fe en los periódicos de su país. Consideraba que la revolución bolchevique era el acontecimiento más importante ocurrido desde que el mundo es mundo. Palidecía cuando hablaba del asunto con Bun.

América no enviaría soldados a Europa hasta la primavera o quizá hasta el otoño. Los alemanes, en cambio, podían trasladar fácilmente un millón de hombres contra el frente del oeste; arrollarían a los franceses y a los ingleses, y llegarían a París. ¿Quién sabe si se apoderarían de todo el territorio francés? América tenía la misión de expulsar a los invasores. El peso de la guerra caería sobre América.

Leía Arnold Ross revistas y periódicos. Se enteraba de los horrores de Rusia. Millones de personas asesinadas –lo más educado y culto del país–, torturas, obscenidades y otros estragos. Las mujeres rusas eran propiedad de todos; los comisarios las violaban a su antojo. Lenin quería matar a Trotsky, y este le metía en la cárcel. Se alzaban los terribles y oscuros instintos de la naturaleza humana y sembraban la muerte.

—Ahí tienes, Bun, la insensatez del idealismo a que te entregabas cuando querías que los huelguistas hicieran su voluntad y se apoderaran de la industria... Ahí tienes el ejemplo de Rusia. ¿Qué te parece?

Confesó Bun que lo ocurrido en Rusia no le complacía, y quedó abrumado y sombrío. Ante la crisis en que estaba el mundo, resolvió cumplir con su deber. Estaba en el último año de sus estudios, y se acercaba el momento de ir al cuartel.

—Nadie me criticará si procuro que Carey te libre del servicio militar.

—Mi voluntad es ir a Europa y pelear en el frente... Incluso me iría hoy mismo.

Después de discutir, llegaron a un acuerdo: esperarían el fin del curso para tomar una decisión.

Se debía Bun a su país como a sí mismo. Dedicaría más horas al estudio y menos a las diversiones. Si un joven comprendía realmente la crisis del mundo, tenía el deber de no malgastar la vida en disipaciones y francachelas.

Se ruborizó Bun, bajó los ojos y dio la razón a su padre. Procuraría portarse mejor en adelante.

IX

Fue a casa de Eunice y trató de explicar sus preocupaciones a la astuta amante. La conclusión que se deducía de las palabras de Bun era esta, poco más o menos: «Ha caído sobre mis hombros el peso de salvar la civilización».

—Hablé ayer con mi madre –dijo Eunice–. Me explicó que iba a establecerse la tasa de víveres y que el Club Femenino votó una proposición decidiendo adquirir tan solo comestibles caros, dejando berzas, patatas y manteca de cerdo para los pobres. Mi madre ha regalado toda su ropa al Ejército de Salvación, y lleva gastada una fortuna comprando lo más caro que encuentra... A mí me parece bien ese derroche, pero ¡qué sé yo! Estoy desorientada por la actitud de tía Alicia, empeñada en comprar cosas baratas para dar ejemplo a los trabajadores. ¿Qué te parece?

Las preocupaciones de Eunice duraron poco: por aquellos días la invitaron a bailar para socorrer a los huérfanos belgas. Se empeñó Bun en no ir al baile, y amenazó Eunice:

—Pues me iré con Billy Chalmers, el capitancito del equipo.

Ante el concurso que asistió a la fiesta, danzó la caprichosa Eunice con su nuevo esclavo y empezaron a circular rumores sobre el cambio de preferencias de aquella.

Aprovechando Bun la ocasión de asistir a un baile –podía ir solo a uno por semana–, avisó por teléfono a Eunice. Se reconciliaron entre lágrimas y salvajes rachas de pasión. «Nunca he querido a nadie más que a ti. ¿Por qué fuiste tan malo conmigo?».

Al llegar Navidad, el astuto y persistente Arnold Ross preparó una serie de tentaciones: dos nuevos pozos a punto de brotar, un pavo que asaría la diligente Ruth, las codornices cantando en las colinas al atardecer...

Sufrió Eunice la más tremenda de las pataletas al enterarse de que Bun se iba a Paradise. Asió a su amante por el cabello y le empujó hasta el cuarto de su madre, que presenció el atropello con aristocrática impavidez. Juró Eunice que Bun era un miserable, que llamaría a Billy Chalmers y que se divertiría con el capitancito los días de Navidad o los que le diera la gana.

Fue Bun a Paradise, estudió los pozos y el proyecto de establecer una refinería.

Le parecía vivir tan rápidamente, que se miraba al espejo cada mañana para ver si tenía canas. Cazaba sin gusto, comía por fuerza y pensaba en zigzag.

En el liceo le enseñaban biología y poesía inglesa del siglo XIX. ¿Cómo contribuiría a arrojar a los alemanes de Francia? Eunice era una desgraciada frágil criatura que destacaba entre todas, y tan difícil de comprender... El capitancito no sería tan bueno como él.

—Y esa sociedad que me impone la severidad por boca de mi padre y me prohíbe asistir a un baile, es la misma que se mata en la guerra... ¡Bah! Es posible que mi abuela tenga razón y que la guerra no sea más que un caos de crueldad por parte de todos los beligerantes. Mi padre, al menos, está seguro de sus propias ideas y me habla de proyectos que me distraen, sin ponerse de humor trágico. Me gustaría hablar francamente con mi padre, sin reservas mentales, pero es imposible: me siento violento solo pensando en ello.

Un año llevaba sin ver a su madre. ¿Aumentó el padre la pensión, exigiendo que se fuera ella a Nueva York, donde residía? De todas maneras, deseaba Bun dialogar con su madre sobre Eunice y peguntar a aquella su opinión relativa a los amantes de recambio.

Más dueño de sí que en otras ocasiones, dejó de visitar a Eunice al regresar a la ciudad. Se sentía interesado por ella, pero se desviaba voluntariamente para no encontrarla.

Entre las «zulúes» se difundió el rumor de que el príncipe del petróleo había reñido con Eunice, y algunas vivarachas damiselas, que pretendían convertirse en sucesoras, le insinuaron claramente sus intenciones. Todo fue inútil. Tenía Bun el corazón herido y se juró a sí mismo que no volvería a hacerlo servir de blanco.

En las obras de Byron pudo hallar los acentos de un corazón dolorido y selecto, parecido al suyo. Eunice siguió sus aventuras galantes amando al capitancito, pero esquivando las calamidades que Bun profetizó en un día de pesimismo.

IX.
La victoria

I

Se examinó Bun en febrero con regular éxito y dispuso de unos días de vacaciones. Arnold Ross le expuso un tentador programa en Paradise.

Se sentía cohibido viviendo con los Watkins, a quienes compró la tierra por tres mil setecientos dólares y sacaba una millonada. Quería hacer algo por aquellos seres, aunque temía regalarles en exceso, porque podían creerse que merecían la predilección del magnate y acostumbrarse a malos vicios. Propuso, por fin, una excursión familiar. Llevaría a las tres hijas de Abel Watkins, con Bun, en su coche, y alquilaría otro para los viejos. Irían todos al campamento donde estaba Pablo, le harían una visita y verían grandes masas de soldados. Pasarían un par de días en un hotel próximo al campo; verían todo lo que hubiera que ver; oirían los sermones de Elias, que seguía su vocación de misionero con insistente furia apostólica, y predicaba en un barracón cerca del campamento de Pablo.

Las muchachas se mostraron muy contentas. ¡La primera vez que hacían un viaje largo en automóvil! Bun expuso el programa a Ruth, quien lo comunicó a su madre y esta a Abel Watkins, consiguiendo la promesa de que intercedería con el Espíritu Santo para que no le hiciese danzar ni hablar la jerga angélica hasta llegar al barracón donde, por lo menos, tenían un profeta de su parte.

El Espíritu Santo declaró, por boca de Elias, que la gimnasia mística había llenado ya sus fines y debía suprimirse. Corrieron vagos rumores de que la gente acaudalada y nada ascética que subvencionaba la propaganda de Elias estaba poco conforme con los delirios coreográficos; respecto al idioma de los arcángeles, opinaban los ricos que no era inteligible para los oídos humanos.

Uno de los discípulos de Elias era juez y otro especiero. Sus esposas se sentían protegidas por el profeta, aunque, en realidad, fueron ellas las que le enseñaron el arte de usar modales distinguidos y hablar con cierta corrección. Le enseñaron también a usar el cubierto en la mesa y a vestirse con elegancia, llegando Elias a ser poco menos que un petimetre.

Aquella enorme ciudad campamento de hierro acanalado, lona y armazones de pino, edificada como por arte de magia, ciudad con masas de jóvenes uniformados, verdaderos hormigueros de soldados atareados y animosos, tenía una curiosidad ávida, y las hermanas Watkins no pasaron inadvertidas. Se podía atravesar la ciudad a ciertas horas, contando, naturalmente, con el oportuno permiso, y ver los ejercicios militares. Cuando Pablo estaba libre se sentaba con el magnate y con Bun en la terraza del hotel para hablar de lo que pasaba en el mundo, mientras el matrimonio Watkins iba, con las hijas, a oír a Elias.

Los rusos habían pactado con Alemania.

—Es una traición de los bolcheviques –dijo Arnold Ross.

—¿Recuerdas, Bun –preguntó Pablo–, lo que decían los periódicos cuando hablaban de la huelga? Piensa por un momento que no tenías entonces conocimiento del hecho y que solo podías servirte de la información amañada por los periódicos... Algo parecido puede asegurarse de Rusia, sino que allí se trata de un conflicto enorme; podríamos decir que los huelguistas rusos se han apoderado del petróleo y de los pozos. Algún día sabremos la verdad de lo que ocurre en Rusia, pero la ignoraremos siempre si damos crédito a los diplomáticos aliados y a los aristócratas que ya no pueden seguir viviendo en Rusia.

Como el magnate había leído atentamente los periódicos en los últimos meses, y creía a pie juntillas lo que contaban, se indignó con Pablo, y le preguntó:

—¿No cree usted que ha habido degollina de capitalistas en Rusia?

—Sin duda habrá habido algo de eso, como en todas las revoluciones, pero recordemos el trato que daban al pueblo ruso las clases dominantes. Hay que juzgar esa revolución por sus propias normas, no por las nuestras. Me parece un error que usted, patrono americano, que trata razonablemente a sus obreros, se confunda con los plutócratas que en Rusia la emprendían a latigazos con los siervos...

—Pero es que los bolcheviques son agentes alemanes. Lenin atravesó el territorio alemán en un tren blindado dispuesto por los alemanes.

—¿Sabe usted lo que se dice sobre el tratado de paz entre Rusia y Alemania? Al parecer, los alemanes recelan de los rusos, como recelamos nosotros. Los bolcheviques combaten a las clases gobernantes de todos los frentes, y a los alemanes puede resultarles esa paz más peligrosa que la misma guerra. La propaganda revolucionaria puede extenderse en su ejército y llegar al frente occidental.

—¡Bah! Si los rusos quieren ayudarnos para servir todos la causa de la paz y de la justicia, ¿para qué se desentienden de la guerra antes de que termine?

—¿Conoce usted el texto de los tratados secretos entre los aliados?

—Nada sé de eso.

—Los soviets, después de pedir en vano a los aliados que concretaran la finalidad de su programa bélico, han descubierto los tratados clandestinos de los aliados con el zar para repartirse los territorios que pensaban ganar a los alemanes, austríacos y turcos. Lo más importante de ese descubrimiento lo oculta cuidadosamente la prensa americana. Si vamos a Europa para defender con los ojos cerrados el imperialismo de los aliados, creo que colaboramos con ellos injustamente y que no tardaremos en sufrir las consecuencias.

—Puede usted estar seguro, Pablo, de que esos pretendidos tratados secretos resultarán invenciones de los bolcheviques. ¿No da a conocer nuestro gobierno ciertos documentos que prueban lo que dije hace un momento, que los bolcheviques son agentes alemanes? ¿Acaso no le merecen garantía esas informaciones? Algún día podrá usted convencerse de que está en un error.

Bun no perdía palabra de la discusión. Era desconcertante, en verdad, decidirse a tomar partido, pero creía que su padre estaba en lo cierto. ¿Qué podía hacer un americano en tiempo de guerra, si no confiar en su gobierno?

Le chocaba a Bun oír ciertas frases de Pablo que encerraban una crítica para los superiores. Llamó aparte a su amigo y le repitió los argumentos patrióticos que oía a los oradores «minuteros». Pablo se contentó con darle unas palmadas en la espalda y decirle sonriendo:

—Mira, Bun, no te molestes. ¿O crees que no tengo bastante con la propaganda que nos sirven en el campamento?

II

Fueron todos, una tarde, a oír a Elias. En una tienda tan grande como tres circos –bancos de madera, soldados, granjeros, mujeres, jóvenes, serrín en los pasillos, miles de coches fuera– se celebraba una especie de mitin. El evangelista estaba en una gran plataforma. Llevaba túnica blanca y una estrella dorada en el pecho, lo que le daba aspecto de mago persa.

En la banda dominaban las trompetas brillantes. Cuando la trompetería iniciaba el himno de gloria, y los fieles entonaban un cántico, la parte alta de la tienda parecía elevarse hacia el cielo.

Predicaba Elias contra los hunos.

—Me ha revelado el Espíritu Santo que el enemigo caerá derrotado y vencido antes de terminar el año. Me ha prometido la salvación eterna de los que mueran por la causa del Señor...

¿Se entendía que aquella salvación era hipotética hasta que intervenía el profeta? En la plataforma, que era de grandes dimensiones, había un estanque.

El contorno tenía una escalerilla en toda su extensión. Los conversos se sentaban cerca del borde, vestidos con albas. Descendía Elias al estanque, sujetaba a sus víctimas por el cuello, una por una, y en el nombre del Padre, del Hijo y del Espíritu Santo, zambullía en el agua a los penitentes. Quedaban puros y sin mácula. Si sacaban del baño alguna enfermedad, algún reuma, tenían que ser objeto de nueva purificación en la que, naturalmente, intervenía el profeta.

La familia Watkins regresó a sus lares. Bun y su padre los acompañaron, comentando el bautismo de la Tercera Revelación.

Pensaba Bun vivir en un campamento al año siguiente, a no ser que, por influencia de su padre y por sus conocimientos personales, le destinaran a un campamento de oficiales.

A últimos de marzo empezó la terrible ofensiva contra el frente oeste, una de aquellas batallas con cientos de kilómetros de línea, que duraban semanas enteras sin interrupción, día y noche enormes pugnas que no llevaban nombre de ciudad, sino de provincia: la batalla de Picardía. Los alemanes rompieron la línea inglesa y se retiró el ejército británico dejando cien mil prisioneros. Los aliados no sabían que en un poblado de California, entre los huertos verdes, se ejercía la magia en su favor. Leyó Elias que solo la lluvia podía salvar a los ingleses en Picardía, y reunió a sus secuaces para orar a coro. Pidieron todos los beneficios de la lluvia, retorciendo las manos y haciendo genuflexiones, para que la tempestad rugiera en Picardía. Les oyó el

Señor, se abrieron las esclusas del cielo, y los pies de los hunos se hundieron en el fango; el material pesado quedó clavado en el lodazal. No cayó la lluvia en la zona de los soldados del Señor; la tierra se conservó dura, llegaron refuerzos y se salvó el ejército británico.

En los huertos de California, los vibrantes «hosannas» sacudieron el ramaje de los frutales en flor.

III

A pesar de las inquietudes que agitaban a Bun, podía este hacer su vida habitual.

Al volver a su casa halló a Nina Goodrich, una compañera de clase. Iba ella en automóvil, cubierto el cuerpo con espléndida capa sobre el traje de baño. ¡Qué incidentes, al parecer insignificantes, cambian el rumbo de una vida!

—Ven a darte un baño conmigo.

Subió Bun al coche de Nina y llegaron a la playa en dos minutos; en cinco más alquiló el joven un traje de baño y se puso con Nina a corretear por la arena.

Era Nina una de las miles de pródigas Junos caldeadas por el sol de California. Sus piernas eran fuertes como columnas; las caderas estaban admirablemente construidas, como los senos. Tenía rubio el cabello y su tez estaba bronceada por el sol. El pequeño traje de baño revelaba bastante más del cincuenta por ciento de sus naturales encantos. Nunca un marido podía llamarse a engaño en el sur de California.

Nadaron y corrieron por la playa, y dijo Nina al volver a la caseta:

—Vente a cenar conmigo, Bun... Estoy cansada de tratar a los de casa y pasaremos un rato charlando a solas.

Mientras se ponía ella el traje de calle, esperaba Bun en el coche, recordando una lección de preceptiva poética y un ejemplo: «Besa al mar la luna. ¿Y qué me importa, si tú no me besas a mí?».

Fueron a uno de esos cafetines de California donde puede hallarse pescado, fruta y ensalada, manjares apetitosos para seducir a una Juno, aunque tratara de reducir su peso.

Sentados cerca de la ventana contemplaron la puesta de sol, el brillo del mar y la bruma. Subieron de nuevo al coche, guiándolo Nina en dirección a la carretera de la costa. Una de las manos de Nina estaba en la de Bun, quien, rebuscando en el archivo de su memoria, recordó haber oído decir a Eunice que Nina tuvo que ver con Barney Lee, un mocetón que estaba luchando en Francia.

Detuviéronse en un lugar solitario. Como en el coche de Nina había una manta parecida a la de Eunice, la tendieron cerca del mar, oyendo el estruendo de la resaca.

Dijo Nina al oído de Bun:

—¿No te intereso un poco?

—Sí.

—¿Por qué no me acaricias?

Cuando empezó a complacer a Nina, esta le estrechó como una desesperada, sosteniendo el beso. Sabido es que los besos responden en el cinematógrafo a una duración que se fija según le geografía del lugar; en el Japón, cero de extensión de cinta; en Argelia y en la Argentina, cinta larga.

Era evidente que aquella Juno de diecinueve años trataba de complacer a Bun fuera como fuese. La cabeza del joven estaba llena de recuerdo de Eunice y se prometió no comprometerse en nuevas aventuras. ¿No hablaban los poetas ingleses de romanticismo?

No amaba a Nina, criatura del todo extraña a él, y vaciló al ardor de sus besos.

—¿Qué te pasa, Bun?

—No me parece muy correcto lo que hacemos.

—¿Por qué?

—¿Y Barney?

—Está lejos.

—Ya lo sé; pero volverá.

—¡Bah! Está tan lejos... Además, Barney tendrá una amiguita en Francia.

—No estás segura de eso, y repito que me parece una incorrección robarle la novia a Barney mientras combate por América.

Siguió hablando de la guerra, de Rusia y de Pablo, mientras aquella sólida Juno de California le atraía ardorosamente, pero como avanzaba la noche y se enfriaban, tuvieron que abandonar la costa.

Besó Nina a Bun violentamente, y le dijo:

—Eres un camarada estrambótico, pero me gustas con locura.

IV

Los alemanes embistieron de nuevo a los ingleses. Se trataba de la batalla de Flandes. Los ingleses perdieron mucha parte del frente y poco faltó para que la red ferroviaria de Flandes cayera en manos de los alemanes. Se repitió la ofensiva alemana poco después, pero no contra los ingleses, sino contra los franceses: batalla de Aisne-Oise.

Al parecer, pesaba sobre París una terrible sentencia. En la batalla se produjo un hecho de importancia decisiva: apurado el mando francés, puso en la avanzada las tropas americanas, para que sirvieran de fuerza de choque. Los americanos, a pesar de estar poco familiarizados con la metralla, embistieron a los alemanes y avanzaron un par de millas en un fondo de tres. Esta victoria y la que siguió halagaron al pueblo americano. Al leer las listas de muertos y heridos, se veían los apellidos de las más distintas razas: Harowitz, Schnierow, Samerjian, Samaniego, Constantinopulos, Toplitsky, Quong, Ling... A pesar de ello peleaban con ardor y la victoria se atribuyó a la arenga perpetua que fluía de la Casa Blanca.

Llegó el momento de que Bun tomara una decisión. Habló solemnemente con su padre. Nunca había visto al viejo tan conmovido.

—¿No te das cuenta, hijo mío, que tu deber es quedarte aquí para ayudarme?

—Si no ingreso en el ejército, voy a sentirme deshonrado para el resto de mi vida.

—¿Y qué será de mí? Me es imposible hacerme cargo de tantas actividades. Se hacen nuevos sondeos, y cada uno de ellos supone nuevas preocupaciones. Hay que instalar una gran refinería y no se puede contar ahora con un apoyo decisivo del Estado. Paradise es tuyo, y si quieres explotarlo, hemos de negociar con los grandes magnates. Si vas a la guerra, no hay que hacerse ilusiones, porque no ha llegado ni a la mitad: se vuelve o no se vuelve, hijo...

Al hablar así le falló la voz, y por poco tuvieron que sacar los pañuelos, cosa que hubiera turbado a ambos.

—Permíteme que te diga lo de antes: mi deber no está en Paradise, sino en los campos de batalla de Europa, en el frente americano...

Dos semanas después le destinaron a un campo de entrenamiento. Lloró Emma mientras la abuela contraía los descoloridos labios, y repetía que la guerra era un crimen. Berta se entregó a los preparativos de despedida. Arnold Ross inició negociaciones con el negociante Vernon Roscoe, presidente de Flora-Mex y Mid-Central Pete. Era el más importante de los «independientes», y, probablemente, se asociarían más adelante.

V

Subieron a Paradise para que Bun se despidiera de todos. Se enteró allí el joven de que Pablo estaba a punto de llegar también con el propósito de despedirse de los suyos poco antes de emprender el viaje a través del Pacífico.

—Esta guerra –dijo Arnold Ross– es una caja de sorpresas o un incendio de tanques: nunca se sabe lo que va a pasar... Ya ves Pablo: con el grupo de carpinteros que dirige, va a embarcar para Vladivostok.

Al adueñarse los bolcheviques de Rusia, hallaron una cantidad enorme de prisioneros, entre ellos cien mil checoslovacos. El checoslovaco era un hombre nuevo que no había tenido tiempo de entrar en las enciclopedias. En realidad, el checoslovaco no era más que bohemio, pero así como los americanos aceptaron la palabra francesa, «choucrout», los bohemios quedaron convertidos de la noche a la mañana en checoslovacos, es decir, en gentes que en cualquier país ajeno al suyo, eran más extranjeros que nadie.

Acordaron los bolcheviques que los prisioneros checoslovacos embarcaran en Vladivostok, donde los aliados se harían cargo de ellos, llevándolos al frente a pelear, si así lo deseaban los prisioneros, pero en Siberia lucharon contra los bolcheviques y exprisioneros alemanes, apoderándose de una red ferroviaria.

Intervinieron los aliados en tan complicada cuestión. El movimiento bolchevique, según los periódicos, era impuesto al pueblo ruso por gentes mercenarias –chinos, mongoles, cosacos–, criminales en libertad y hampones profesionales. Aquello no podía durar mucho: unas semanas todo lo más. Era necesario dar facilidades a los buenos rusos, para que pudieran rehacerse. Los aliados se comprometieron a ello. Tropas americanas y japonesas sostendrían a los checoslovacos en Siberia, y un ejército angloamericano organizaba a los refugiados rusos en Arkangel. Pablo iba a construir blocaos y cuarteles de madera a lo largo del transiberiano.

Bun, por su parte, deseaba ir al frente francés, aunque era su mayor deseo que le enviaran a Rusia. Se disponía a trabajar mucho. ¿Llegaría a ser jefe de un batallón de carpinteros, entre los que estaría Pablo Watkins?

Apenas pudieron los jóvenes conservar su presencia de ánimo. Ruth estaba desesperada, inconsolable. Iba de un lado para otro, lloraba con desconsuelo y de vez en cuando tenía que levantarse y salir de la habitación. Al llegar el emocionante momento de la despedida, se puso Ruth fuera de sí. Abrazó a su hermano y tuvo este que desasirse con penoso esfuerzo. ¡Era triste tener que marchar dejando desmayada a su hermana! El viejo Watkins tuvo que llevársela a casa y enviar otra hija para servir a Arnold Ross. ¡Por los dioses, que era aquella una triste consecuencia de la guerra!

VI

Regresó Bun a Beach City para ser protagonista de una escena de parecida índole. La abuelita no gritó ni se desmayó. Se metió en el estudio y no apareció ni a la hora de comer. Cuando Bun se dispuso a marchar, subió al estudio, llamó a la puerta y entró en aquel templo del arte. La anciana apenas podía sostenerse; estaba medio muerta, rígida. Solo los marchitos párpados enrojecidos por el llanto revelaban su estado de ánimo.

—Chiquillo –dijo a su nieto, como si este fuera un niño–, eres una víctima más de los crímenes de los hombres. Estas palabras no significarán, de momento, nada para ti; pero cuando me muera, seguro que recordarás lo que digo.

Besó silenciosamente a Bun y se retiró este, deprimido y enervado, como si acabara de cometer un crimen. El dolor se agudizó tres días más tarde cuando recibió un telegrama comunicándole que habían encontrado muerta a la abuelita en su cuarto.

Consiguió Bun una licencia de tres días para asistir a los funerales, y tuvo que volver a despedirse del resto de la familia.

El campamento de Bun estaba en el sur, donde el sol brillaba espléndidamente. Había jóvenes de todos los pueblos del

Estado, en su mayor parte estudiantes de instituto y universidad, con los que se mezclaban otros camaradas, ascendidos a oficiales por el hecho de poseer alguna experiencia militar. Eran hijos de huertanos, de vaqueros o negociantes madereros, gente de clase media rural o ciudadana. Deseaba Bun saber lo que pensaban todos de la vida, del amor y de la guerra. Hacía el ejercicio con verdadera vocación, estudiaba como en la escuela, comía vorazmente, vivía en una tienda y se complacía en permanecer a la intemperie el mayor tiempo posible.

De vez en cuando exploraba el país con algún camarada, rehuyendo las aventuras sexuales que ocupaban el tiempo libre de los militares. Todos se expresaban con franqueza; los superiores daban por descontado que cuando salían del campo iban en busca de una mujer, y les daban órdenes para cuando volvieran. En el departamento sanitario se alineaban los muchachos y bromeaban sobre los lugares de perdición y lo que les costaban las correrías amorosas.

Sabía Bun lo suficiente para comprender que las mujeres de la vecindad estarían pervertidas al año de profesar el amor, y no hacía caso de las miradas insistentes ni de tobillos cubiertos con ricas y sedosas medias.

Solicitó servir en artillería, pero le adjudicaron una plaza en la sección de transportes militares, a causa de su conocimiento del petróleo. Aceptó el joven ingenuamente porque no sospechó el juego de la influencia de su padre hasta conseguir que se asignara a Bun dicha plaza.

Arnold Ross estaba absolutamente decidido a que Bun no cruzara el mar aunque durase la guerra diez años más. Sería su destino suministrar gasolina y petróleo al ejército, procurando que se enviaran tales productos al frente con rapidez.

Intervendría, tal vez, en los contratos, y, ¿quién sabe?, podría decir una palabra oportuna, que, en determinada ocasión, favorecería decididamente los intereses de su padre y los suyos propios, todo en honor de la empresa Ross Consolidada.

VII

El nuevo negocio del petróleo progresaba incesantemente. Arnold Ross escribía largas cartas a su hijo dándole extensas explicaciones y le imponía la obligación de devolver los papeles una vez leídos, sin que nadie más que Bun pudiera verlos.

Los periódicos difundían rumores sensacionales relativos a las empresas del magnate, y espoleaban la curiosidad preparando al público para el lanzamiento de un negocio colosal. En verano Bun obtuvo un permiso, y fue a su casa; quería conocer las últimas noticias.

Ya no vivía Arnold Ross en Beach City. El magnate dejó la ciudad poco después de que su hijo abandonara la escuela. Por quince mil dólares anuales alquiló un palacio en el barrio más elegante de Angel City. El exterior de tan espléndida mansión era de color inalterable. Estaba el palacio entre setos de boj recortados, obras maestras de jardinería que reproducían campanas y globos, figuras caprichosas, como peones de ajedrez. Había helechos en fila sobre enormes conchas marinas y columnas sostenidos por cadenas de bronce. Se veían desde el exterior grandes planos de cristal en las ventanas amplias, siempre cerradas.

Los muebles eran de roble y de época antigua; tan pesados, que apenas podían moverse. El magnate tampoco deseaba moverlos y se sentaba sin exigencias en cualquier silla. El único sitio donde se encontraba bien era en su madriguera: gran sillón de cuero, estuches con magníficos cigarros y un plano de Paradise que cubría por completo una de las paredes.

Hizo colocar los lienzos de la abuelita en el comedor, incluso el cuadro de los bebedores alemanes. Los restantes cachivaches de la anciana –caballetes, apuntes y manchas de color–, fueron llevados al sótano. Emma gobernaba la casa y Berta lo criticaba todo.

En la mesa de Arnold Ross había un montón de papeles relativos a la nueva empresa: la Ross Consolidada. Llegaría a tener un capital de setenta millones, de los que veinte pertenecerían al magnate: en obligaciones y títulos preferentes, diez millones; otros diez, en valores corrientes. Su socio predilecto, Roscoe, obtendría parecidos privilegios respecto a Prospect Hill y Lobos River. Un grupo financiero aportaría cinco millones. El equilibrio financiero se completaría con una clase especial de acciones: veinticinco millones, que se ofrecerían al público para favorecer el negocio, organizar refinerías y depósitos, y montar un servicio completo de distribución por todo el sur de California.

Los dueños de valores no tendrían derecho a votar en las asambleas. El empresario explicaría a Bun los detalles de la gigantesca explotación. El público que adquiriera valores petrolíferos obtendría el correspondiente beneficio sin intervenir en la dirección de la empresa.

—Que la turbamulta de imbéciles no meta las narices en los libros... Nadie podrá fiscalizarlos.

Bun acabó por comprender el formidable plan de su padre y la colaboración de Roscoe. En los anuncios de la Ross Consolidada se informaría al público debidamente, haciéndole saber los recursos inagotables de Paradise y entendiéndose bien que la Ross Consolidada no se encargaba de aquel campo, sino que lo alquilaba a la Ross Hijo Operating Company. Y nadie más que Arnold Ross, los banqueros y Roscoe tendrían acciones en ella. Se acumulaban intrincados artificios, separando unos servicios de otros y asociando los más distintos beneficios y valores; se especulaba, contando unas veces con el conocimiento del público y otras no. La empresa parecía más bien un laberinto. Cuando Bun, siempre idealista, hizo objeciones, vio que contrariaba el amor propio de su padre.

—Se trata de hacer lo que requieren los negocios normales, hijo. ¿Vamos a luchar por un simple gazpacho? El público tendrá su parte, porque la cotización llegará a doscientos en el primer año, como podrás comprobar tú mismo. Hemos sido los dos, tú y yo, ¿oyes?, los iniciadores de sondeos en Prospect

Hill, en Paradise, en Lobos River... El gobierno desea que abramos otros cien pozos, que contribuyamos a ganar la guerra. ¿Y cómo lo lograremos si repartimos el dinero entre gentuza, que lo gasta en juergas? Fíjate en esas mujeres que se venden con el pretexto de la guerra y andan de aquí para allá, y ten en cuenta lo que se derrocha en Nueva York...

Era perfectamente sincero Arnold Ross al hablar así. Estaba convencido de merecer los mejores beneficios y de que su talento organizador era concienzudo y eficaz. Él y Roscoe lucharon con las grandes empresas, conservándose a flote en las más furiosas tormentas. Tenían la clave de una combinación inquebrantable.

VIII

Los alemanes iniciaron otra ofensiva colosal contra los franceses: «la tormenta de la paz», según los germanos, acontecimiento que decidiría la guerra con la llegada a París de las huestes del kaiser.

Las tropas americanas ocupaban importantes sectores del frente de Europa. Un millón de soldados americanos había cruzado el Atlántico, y llegaban trescientos mil al mes con material eficiente. Eran tropas frescas, mientras que las que luchaban desde el principio de la guerra estaban agotadas. En los sectores americanos, la línea se mantenía con firmeza y los alemanes tuvieron que detenerse. Ocurrió entonces un acontecimiento sensacional: el avance de los aliados. Atacando por distintos puntos ganaban zonas importantes de terreno y arrojaban al enemigo de un recinto atrincherado que se consideraba inexpugnable.

Empezó a desmoronarse, a hacer comba y a quebrarse la potente línea de Hindenburg, y tras ella la línea Sigfried, como tantas otras que tenían nombre mitológico. Para el pueblo americano, el acontecimiento significaba el primer rayo de sol tras la tormenta. Los americanos destruían las famosas avanzadas, capturando millares de prisioneros, y lo que era más importante, se apoderaban de armamento pesado que los alemanes no podían reemplazar.

Los jóvenes del campamento de Bun dieron muestras de impaciencia, por creer que terminaría la guerra sin ocasión de hacerla ellos en Europa.

No se supo nada de Pablo en muchos meses. Recibía Bun cartas de Ruth con preguntas angustiadas: «¿Qué cree usted? Si estuviera vivo, ¿dejaría de escribirme?». Contestó Bun que el correo de Vladivostok tardaba unas seis semanas en ir y volver, que nadie podía calcular el tiempo fijo, que la censura retrasaba enormemente la correspondencia y que no se podía hablar de seguridad en tiempo de guerra. Seguía diciendo que, en el peor de los casos, no hubiera dejado de comunicar el jefe de la unidad donde servía Pablo noticias auténticas, y que la carencia de estas no podía interpretarse en sentido pesimista. Pablo no estaba en la guerra y Bun lo probaba enviando recortes con noticias de Vladivostok. No eran extensas y, desde luego, tenían importancia tan secundaria, que probaban la tesis de Bun: no ocurría nada grave. Seguía informando a Ruth: «En el mes de julio de 1918, desembarcaron efectivos americanos y japoneses en Vladivostok sin hallar resistencia, y se extendieron a lo largo del Transiberiano, encontrando a los checoslovacos en el lago Baikal. Con ayuda de tales hombres, los aliados organizaron la vigilancia, mientras los bolcheviques se concentraban en el interior... De vez en cuando dicen los periódicos que un almirante o un general va a establecer un gobierno estable en Rusia, con ayuda de capital y material de los aliados. Al extremo oeste de la línea habrá un general cosaco; al este, un mandarín chino. La tierra va a ser libertada de la maldad bolchevique, pero tu hermano está a cubierto en un sector de la línea, construyendo blocaos y cuarteles. Volverá relatando maravillas. Ten fe en la benevolencia del tío Sam, y no te entregues al pesimismo».

IX

Las noches eran frías en el campamento. Las emocionantes noticias de Europa se extendían en profusión de ediciones –seis u ocho diarias– de los periódicos. Seguía el avance aliado, y hasta se hablaba de ir a Berlín, a Viena, a Sofía y a Constantinopla. Se iniciaba el colapso germánico. El presidente Wilson expuso sus catorce puntos. Corrieron rumores contradictorios. Sugería Alemania una tregua. Pasaron dos o tres días. ¡Nada de tregua! Seguiría la marcha hacia Berlín.

Pero no tardó en llegar la gran noticia de que capitulaba Alemania. En realidad, se trataba de una información prematura, cuyo efecto se explica por la costumbre americana de anticiparse a los acontecimientos. Desea cada periódico desacreditar a los otros, y anticipa discursos no pronunciados o ceremonias que no han tenido lugar. Algún reportero trepidante deslizó sus dedos con febril premura, y la noticia trastornó los cerebros.

Desde que el mundo es mundo, no había ocurrido nada parecido. Se descolgaron toda clase de instrumentos capaces de producir ruido. Hombres, mujeres y niños se lanzaron a la calle profiriendo estentóreos gritos. Se hicieron salvas, se alborotó de lo lindo; hasta los automóviles llevaban latas arrastrando. Desde repartidores de periódicos hasta banqueros, todos lloraban en brazos de sus camaradas. Banqueros ancianos, inabordables en otro tiempo, bailaban el cancán con mecanógrafas y telefonistas. Cuando un día o dos más tarde llegó la verdadera noticia, no pudieron entregarse los patriotas a la emoción que produjo la noticia falsa. Estaban cansados.

La alegría del campamento militar se evaporó de repente. Los jóvenes pensaban volver a su vida habitual. Si contaban con influencias, las utilizaban obteniendo permisos y licencias, que se suponían elásticas y amables. ¿Para qué servía ya la rigidez militar?

Obtuvo Bun su correspondiente licencia y volvió a casa para enterarse de la marcha de los negocios. Una serie de valores de la

Ross Consolidada subió desde ciento ocho a ciento cuarenta y siete en pocos días y siguió en alza. Se establecieron las cotizaciones mediante pago efectivo, lo que era una treta sugerida por los abogados de Roscoe. Por tal procedimiento se rehuía el pago de algunos impuestos federales y del Estado de California; además, no había necesidad de emitir acciones en favor de los indignos de votos, y era sumamente fácil ocultar los beneficios del balance.

Era Roscoe un mago de los negocios, el más inteligente que encontró Arnold Ross en su vida de cazador de dólares.

La intervención personal de Arnold Ross estaba en la avanzada, y sus iniciativas se desarrollaban en los campos con toda libertad. Era vicepresidente del Consejo de Administración con cien mil dólares al año, y tenía la misión de explorar y sondear. Viajaba sin cesar de un lado para otro y elegía los terrenos, que examinaban luego los técnicos. Quiso que Bun participara en los trabajos de la Ross Consolidada, teniendo un sueldo de seis mil dólares al año hasta que los del Consejo se convencieran de que entendía el negocio. Contestó Bun que no tenía prisa. Prefería esperar, mientras olvidaba la decepción de no ir a Europa. Aunque el magnate nada replicó le apenó la falta de brío que demostraba su cachorro para los negocios.

X

Subieron a Paradise. Ruth parecía diez años más vieja. La cara pálida, la sonrisa difícil y el cabello hacia atrás le daban, con las faldas hasta los tobillos, aspecto de solterona... Y todo por atormentarse pensando en Pablo.

—Ya sé que ha muerto –dijo Ruth–. Lleva cinco meses fuera. ¿No comprenden que mi hermano es incapaz de olvidarme tanto tiempo?

—Averiguaremos lo que haya pasado –dijo Arnold Ross–. Ya hemos esperado bastante.

—¿Qué quiere usted decir?

—Pues, sencillamente, que no se ha perdido nuestro ejército en Siberia y que habrá algún medio de tener noticias.

—No sé si tendré valor para esperar la noticia de su muerte.

—Vamos, criatura... Las desgracias que se imaginan son siempre peores que las reales. Voy a pedir noticias de mi contramaestre ahora mismo.

Llamó a Coffey por teléfono:

—Hola, amigo. ¿Cómo va?

—Bien... Diga, señor Ross...

—Un momento... No recuerdo el nombre del diputado por el distrito. Nunca le he pedido el menor favor y me creo con derecho a reclamar su interés para que averigüe en el Ministerio de la Guerra el paradero y salud de Pablo Watkins, compañía B, regimiento 47 de California, fuerzas expedicionarias a Rusia... Deseo que cablegrafíen a Rusia desde el ministerio, y que pidan contestación rápida por el mismo conducto. Gire al diputado veinticinco dólares para los gastos. Envío hoy el cheque. Diga que hay una persona enferma en la familia Watkins, y que es cuestión de vida o muerte saber noticias... Telegrafíe al diputado diciéndole que urge... ¿Necesita usted gasolina para su coche? Podrá disponer de la que quiera cuando tengamos la nueva refinería. ¿Qué le pareció el último dividendo? Hasta otro rato...

Dos días estuvo Ruth pendiente del timbre del teléfono. Llamó, por fin, Jake Coffey.

—Pablo Watkins sigue sin novedad en Irkutsk, según informa el Ministerio de la Guerra.

No pudo resistir Ruth la emoción; dio un grito y cayó desmayada. La atendió Bun, tendiéndola en el suelo y rociando su cara con agua. Al volver en sí, se puso Ruth a gritar como una chiquilla.

Arnold Ross dijo entonces, dirigiéndose a la joven:

—¿Dónde estará Irkutsk?

Contestó Ruth rápidamente:

—En el lago Baikal, en medio de Siberia.

—¿Cómo sabes tanta geografía?

Entre los papeles de Pablo había un atlas viejo en el que estudió Ruth los nombres de Siberia y se aprendió de memoria las estaciones del Transiberiano: Omsk, Tobolsk, Tomsk...

Al magnate le hacían gracia aquellos nombres y los hizo repetir. Sabía Ruth cuantos detalles constaban en el atlas, incluso los más insignificantes. Solo había un inconveniente: que las informaciones tenían veinte años. En vista de ello, se iría Ruth a Roseville; compraría un atlas nuevo y los libros que pudieran dar orientaciones.

Bun la llevó a la ciudad. En una librería hallaron el atlas que buscaban; entre las reproducciones había una vista de Irkutsk; la plaza con algunos edificios, iglesias, mezquitas o como se llamasen, con cúpulas redondas, la cima puntiaguda. Se veía nieve en la tierra y trineos con pintorescos arreos en el cuello de los caballos de tiro.

—Hará un frío horroroso allí... Mi hermano está poco acostumbrado a temperaturas bajas.

—No hay que alarmarse. En Siberia tendrá medio de abrigarse bien, porque se acumularon reservas y equipos: cuando esté libre la vía, no sufrirán allí y estarán muy bien.

—Lo que deseo es la vuelta de mi hermano.

—¿Y las negociaciones diplomáticas? El ejército ha de esperar, criatura. Cuando se consolide la paz Pablo regresará –dijo Bun.

¡Qué inocencia la de aquellos cándidos seres, criados bajo las sombras de la flora californiana! Ignoraban, lo mismo que los niños, las arterías de la diplomacia...

XI

Cazaron codornices Bun y su padre durante siete días. El joven se decidió a hablarle francamente y a explicarle sus íntimos pensamientos.

—Me temo que no estés conforme, padre, pero he de decirte que mi deseo es ir a la universidad.

—¿Y qué diablos vas a hacer allí?

El rostro de Arnold Ross parecía el de un viejo zorro. Se hacía el sorprendido y había pensado infinidad de veces en aquella cuestión.

—¿Qué deseas aprender, hijo?

—No sabría explicarme... Tengo curiosidad, deseo de saber, llegar a poseer una cultura...

Se contrajo el rostro de Arnold Ross en una expresión dolorosa.

—Todo eso quiere decir, sencillamente, que no te interesas por el petróleo.

—¿Por qué lo dices? ¿Acaso no puedo volver a la vida de los negocios después de pasar por la universidad?

—No, hijo... Si vas allí, te creerás tan por encima de nosotros, que nos perderás de vista. Si quieres ser un empresario del petróleo, el estudio que te interesa es el del petróleo.

—No sé... La verdad es que soy joven para saber lo que quiero, y no me falta dinero para...

—No se trata de dinero, sino del trabajo; más concretamente: del oficio. Ya sabes mi deseo: quisiera tenerte conmigo.

—Es que no me quiero marchar –se apresuró a puntualizar Bun–. Hay universidad aquí; puedo vivir en casa y venir a Paradise algunos días por semana. Conste que no he perdido el interés por los pozos, pero, francamente, para entregarme de lleno a los negocios, quisiera contar con una preparación más sólida.

El magnate tuvo que ceder. Sentía en su mundo interior una pugna, mezcla de respeto por la cultura y de recelo. Temía que se exacerbara el idealismo de Bun en la universidad, incapacitándole para ser el perfecto heredero de veinte millones de dólares.

X.
La universidad

I

La Universidad del Sur del Pacífico fue fundada por un potentado de California como escuela metodista dominical. Los profesores debían ser metodistas, lo que provocaba controversias de carácter religioso.

Se desarrollaron los proyectos universitarios gracias a los donativos de un rey del petróleo que había sobornado a media docena de gobiernos de México y de Estados Unidos. No teniendo el donante la absoluta seguridad de salvar su alma, aumentó la cuantía de sus donativos, entregándolos a los fomentadores de la gloria celestial. Como el potentado dudaba también antes de elegir el grupo más indicado para administrar el dinero, decidió repartirlo por igual entre núcleos rivales, que aprovecharon la fuerza del dinero para combatirse entre sí.

Si hubiera sabido Arnold Ross que su hijo iba a educarse gracias a la fundación Pete O'Reilly, se hubiera regocijado. Hizo una visita previa a la ciudad universitaria que cobijaría al príncipe del petróleo, y salió reconfortado.

La universidad se fundó en las afueras de Angel City, pero ya se había desarrollado la institución con los donativos de los rentistas de la ciudad y se veían muchos pabellones lujosos que impresionaron a Arnold Ross.

El hecho de que vivieran en aquel centro docente cinco mil jóvenes de ambos sexos le impresionó aún más. Cuando veía que una gran masa de gente hacía lo mismo, deducía que se trataba de algo normal y constructivo. Más tranquilizador, si cabe, fue para el magnate el gesto del rector, Alonso T. Cowper, doctor en Teología, Filosofía y otras disciplinas. La misión de Cowper era entrevistarse con los padres de los escolares. Le eligieron los síndicos de la fundación por su habilidad para sonsacar a los millonarios.

Sabía Cowper elegir el momento oportuno para halagar y premiar a los estudiantes y requerir con diplomacia el auxilio de los padres, que acrecentaban los recursos de la universidad. Arnold Ross leyó en la cara del rector: «Si este hombre queda contento, hará donación de un pabellón especial para la enseñanza de la química del petróleo, o al menos pagará una cátedra dedicada a la investigación de la geología petrolífera».

La actitud del rector le pareció propia de un pedagogo. Lo que importa en la vida es aprender el oficio de hacer dinero, y, ¿por qué no empeñarse en procurarlo el profesor Cowper para la universidad?

Arnold Ross y su hijo pensaban en la universidad con evidente optimismo. No sospechaban que el dinero ganado a costa de subvencionar partidos políticos, y de sobornar funcionarios, legisladores, jueces y jurados, se devolvía mediante la concesión de instituciones docentes.

Se entregó Bun por completo al estudio y obtuvo las primeras notas: cinco puntos de Inglés, dos de Español, siete de Sociología y catorce de Historia Moderna.

Acumuló un montón de libros de texto, oyó lecturas, tomó notas, y repasó en su imaginación innumerables detalles relativos a la ciencia y a la vida.

Tardó bastante tiempo en comprender que el idioma inglés es atrozmente insípido y melancólico y que el profesor que lo enseñaba se aburría visiblemente. El español universitario tenía acento francés, y el profesor se dedicaba a los negocios, para consolarse, por vivir en una «tierra de bárbaros», como decía él. La Sociología era una teoría inventada, artificial, ciencia de leguleyos. La Historia Moderna se enseñaba en textos que habían sido objeto de cuidadoso escrutinio, para no herir la sensibilidad del fundador y dar a los escolares una idea de las fuerzas dominantes en la mecánica del mundo.

II

Con verdadera seriedad se entregó Bun a la vida de relación en la universidad. Estaba entre los afortunados que llegan a la cima del favor social.

Como todas las universidades del Oeste, la del Sur del Pacífico era coeducativa, exponiéndose Bun de nuevo al choque con la feminidad refinada y tentadora: rostros agraciados, finos tobillos, brazos gordezuelos, blancos o morenos; trajes que reproducían los colores de las mariposas brasileñas; una sucesión de sonrisas, miradas brillantes y céfiros fragantes perfumados con lilas, jazmines y azahar de California... Algo tendría que ocurrirle a Bun en aquel ambiente, y más saliendo de un campamento solo para hombres.

Ninguna de las bellas damiselas de la universidad seguía las cotizaciones de Bolsa; por consiguiente, ignoraban toda la solidez de la empresa Ross Consolidada, aunque no tardaron en averiguar que Bun era un personaje llamado a los más altos destinos como presunto heredero del campo de Paradise. Concentraron muchas jóvenes su mismo interés en Bun; dieron rienda suelta a su fantasía; le invitaron a veintenas de bailes, cientos de meriendas y miles de excursiones en automóvil. ¡Caso extraordinario y sensacional el de aquel delfín del petróleo! Rehuía la notoriedad y hasta el amor. Todas las tejedoras de ilusiones se esforzaron en vano; surgieron acaloradas disputas y hasta apuestas sobre quién sería la destinataria del primer beso de Bun. Llegaron las serpentinas del espionaje hasta el liceo de Beach City, y los informes fueron concluyentes: Bun guardaba en el pecho un amor desgraciado.

El prestigio del joven tuvo, desde entonces, aureola romántica, y creció la admiración por él en los círculos universitarios. Si entre las jóvenes que trataba en Angel City hubo una que interesó a Bun, se debió a que no le asediaba.

La familia de Enriqueta Ashleigh era rica de abolengo; podía permitirse el lujo de despreciar el dinero y rechazar a los que se acercaban pidiéndolo con cualquier pretexto, una boda, por ejemplo. El capital de Bun carecía de historia, era lastimosamente nuevo. Nunca llegaría a ostentar la agresiva altanería de su hermana para conducirse por los caminos de la vida. Buscaba el príncipe del petróleo un ambiente moralmente elevado, y lo halló en la familia Ashleigh, que tenía costumbre de mandar delicadamente a la servidumbre, porte señoril y una mansión espléndida, con libros, obras de arte y muebles de valor.

Enriqueta era alta y esbelta, amable, de voz suave y carácter reservado hasta el remilgo. Había muerto su madre, y Enriqueta llevó luto hasta un año después del funeral. Pertenecía a la Iglesia Episcopal. Los domingos por la mañana se ponía largos guantes de cabritilla, y con un devocionario y un libro de himnos, encuadernados ambos en piel negra con cantos dorados, se dirigía a la capilla.

Bun estuvo en el templo y Enriqueta le dijo que no se debe interpretar literalmente la mitología hebraica, sino atenerse a la versión de un anciano de cabellos blancos que habla con perfecta fonética inglesa. Era Enriqueta, para Bun, el refugio tras la tempestad de ardientes desvíos y violentos deseos: una Madona. ¡Estaba tan por encima de la picante despreocupación de las otras! No usaba cremas ni aceites, y a pesar de ello, era imposible suponer que la nariz, apéndice tan correcto y bello, pudiera aparecer un solo momento brillante y vulgar. Se podía soñar en besarla, pero solo cabía imaginar que el deseo naciera de la ilusión. Llamó a Bun, al principio, «señor Ross», y cumplidos los seis meses de amistad, le distinguía familiarmente: «Bun». Tratar a Enriqueta significaba vivir serenamente y tener buenas calificaciones en la universidad... Tal vez se reflejaba en la conducta del joven una de las máximas del elegante devocionario de Enriqueta: «Es preciso honrar y obedecer a las autoridades, a los tutores, maestros, pastores espirituales y amos».

III

Estuvo Bun en Paradise pasando las vacaciones de Navidad y tuvo noticias de Pablo. Se recibió una tarjeta con el sello de la unidad expedicionaria, aunque sin la menor indicación de lugar o posición. Se leía en la postal: «Querida Ruth: solo unas líneas para decirte que estoy bien. He tenido tres cartas tuyas. Escribe con frecuencia. Estamos muy atareados y puedo decirte que esto tiene mucho interés. Afectos a todos, sin olvidar al señor Ross. Recuerdos a Bun. Abrazos. Pablo».

Guardaba la carta, Ruth, como un tesoro que se contempla y se vuelve a contemplar con embeleso. A Bun le pareció que Pablo se mostraba excesivamente parco. Arnold Ross opinó que la censura de la correspondencia exigía brevedad.

—¿Cómo se explica el rigor de la censura? –preguntó Bun.

—El ejército necesita protección contra la propaganda del enemigo, y se impone la necesidad de anular las informaciones tendenciosas, hijo mío... He leído que el derrumbamiento de los imperios centrales representa el triunfo de la democracia, pero la tarea urgente queda por hacer, y consiste en vencer a los bolcheviques. Se trata de sitiarlos por hambre con el bloqueo... Dondequiera que surge un gobierno de orden en territorio ruso, merece el apoyo de los aliados: dinero y material de guerra. El general Denikín gobierna el sur de Rusia; en el oeste, se consolidan nuevos estados. En el norte, en Arkángel, avanza un ejército antibolchevique protegido por Inglaterra y América. En Siberia, había un gobierno socialista, pero se trataba más bien de un grupo de charlatanes, a los que el almirante Kolchak ha dado unos pasaportes, es decir, unos puntapiés. Los aliados sostienen a Kolchak, exjefe de la flota del zar, que avanza por

Siberia, y nuestras tropas están allí para ayudar al almirante y proteger los caminos. Los bolcheviques y sus simpatizantes inventan patrañas sin cuento, y de ahí que se imponga la censura...

Aceptó Bun las explicaciones de su padre sin discutir. Después de los meses pasados en el campamento, había adquirido el punto de vista militar y estaba alerta contra el peligro de la propaganda bolchevique; incluso se proponía denunciar lo que supiera. Tan inocente y poco conocedor era de las sutilezas del enemigo, que estaba lejos de sospechar en sí mismo conatos de infiltración bolchevique. Procedía el veneno de un profesor de la más cristiana y conservadora de las universidades, del templo de Minerva de Angel City.

Recomendaron personas prestigiosas la candidatura de un profesor joven, que tenía de su parte a las autoridades superiores. El profesor había trabajado con notable provecho en Salónica y era hijo de un clérigo metodista. Se llamaba Daniel Webster Irving. ¿Quién podía sospechar que aquel hombre tuviera ideas extremistas?

Era sutil en sus métodos de enseñanza. No decía nada que pudiera comprometerle. Sembraba la duda mediante esa dialéctica premeditada que sugiere, insinúa y se retira para arremeter de nuevo con las mismas suaves armas.

En todas las universidades hay, por regla general, unos alumnos barrenas que se anticipan a suscitar cuestiones litigiosas y despiertan la curiosidad de sus camaradas. Lo que interesaba al profesor Irving, en tales casos, era dejar libre la iniciativa de los heterodoxos. Estimulada la curiosidad del grupo, quedaba flotando en el ambiente esos miasmas que, según los principios pedagógicos de la enseñanza japonesa, son las ideas peligrosas. En la clase de Bun había un condiscípulo racionalista; otro de sus camaradas ostentaba nada menos que un apellido moscovita.

El presidente Wilson estaba en Europa preparando el advenimiento del reino de justicia que había prometido. A través de Inglaterra y Francia hacía paseos triunfales, y los periódicos salían empapados de gloria democrática y grandiosas concepciones. En la clase del profesor Irving oyó Bun unas frases expresivas:

—El presidente de Estados Unidos deja de mencionar el más importante de sus catorce puntos: la demanda de libertad de los mares.

¿Sería el silencio un precio como otro cualquiera para que Inglaterra aceptara los catorce puntos de Wilson? Supo también Bun que los tratados secretos firmados por los aliados, al iniciarse la guerra, estaban en la mesa del banquete de la paz y motivaban celosas disputas. No olvidaba Bun aquellos tratados, calificados por su padre de «invenciones bolcheviques». Los aliados demostraban la existencia de secretos diplomáticos, porque se esforzaban en hacerlos cumplir, sin atender a las promesas de juego limpio que dirigía Wilson a los alemanes.

—¿Qué te parece, papá? Los hechos parecen dar razón a los bolcheviques y a Pablo.

—No sé qué decirte, ni tengo criterio sobre eso. Hay que esperar...

Las cosas iban de mal en peor mientras se esperaba, y era evidente que hacía Wilson lo que Arnold Ross aseguraba que no haría nunca el presidente de los catorce puntos: dejar que le hincaran las espuelas.

Como el agua que se desliza bajo un dique, se extendió una corriente sutil de escepticismo entre la masa escolar de la clase número 14 de Historia. Irving no tenía por qué discutir la conferencia de la paz, sino procurar que se refinara la memoria de los alumnos para retener nombres de batallas y de caudillos de la guerra francoprusiana; pero no resulta muy difícil pasar de un tema a otro como quien no quiere. Por otra parte, ¡era tan violento dominar a los heterodoxos! En varias aulas ocurría algo semejante, y hasta en otros medios de la República. Así se difundían las ideas peligrosas, que no tardaron en llegar al Parlamento. Intervino la prensa como si una tormenta asolara el país. Un millón de idealistas, que tenían la mentalidad de Bun, abrieron los ojos súbitamente y vieron que el hada de sus sueños era un depósito de aserrín.

IV

Se vivía en una triste época de contrariedades. Brillantes promesas y doradas esperanzas caían rotundamente en una sima negra. Cientos de millares de muertos yacían en Francia... mientras los crueles y ceñudos estadistas dejaban el mundo tan mal como antes estaba. Subsistían odios, injusticias y crueldades, para seguir atormentando a los hombres. Los alemanes cedían territorio a los franceses, los austríacos a los italianos, los rusos a los polacos, y se completaba una larga lista de feroces desatinos. Se condenaba a millones de gentes a reconocer gobiernos que despreciaban y temían; sembrando la cizaña, se preparaban nuevas hecatombes.

¿Cómo podía nadie darse cuenta del problema global? Cada grupo nacional favorecía la propaganda del propio interés egoísta. El presidente Wilson se alzaba en medio de la confusión, empujado de un lado para otro, impotente para imponer los principios que proclamaba. El reflejo de aquellas escenas de Europa disgustó a los ciudadanos de América y les decepcionó.

El presidente regresó a Washington. Se había consumado la victoria. En nombre del derecho de los pueblos a disponer de sí mismos, esta dio a Francia la tierra del Rin; el África alemana a Inglaterra; el Tirol germánico a Italia; una provincia china a Japón; a Estados Unidos un mandato sobre Armenia. Había concertado alianza perpetua con Inglaterra y Francia. Los americanos mantendrían esa prueba de libre determinación y el derecho de las pequeñas nacionalidades.

Conociendo el programa en su integridad, se exteriorizó el matiz de regocijado cinismo que nutría la crítica de los intelectuales jóvenes de América. Elegantes matronas engañaban a los maridos por pura castidad, ya que Wilson, en nombre de la libertad, prescindía de ella. Por disociación de ideas, para rendir homenaje a las leyes prohibitivas del alcohol, los estudiantes llevaban frascos de licor en el bolsillo trasero del pantalón.

El torrente de impresiones que se desparramaba por América contrariaba a Bun en extremo. Iba a ir a Paradise y a dialogar con Ruth, a la que explicaría que el principio de libre disposición significaba, para el pueblo de Siberia, que Pablo tendría que permanecer allí en tiempo de paz, con el arma dispuesta a herir.

Llegó Bun a ser tan diestro en las explicaciones que daba a Ruth, como un diplomático que goza de inmunidad extraterritorial. No dejó de ejercitar sus dotes oratorias en el campo de Paradise. Los alemanes, entretanto, se veían en el trance de firmar un tratado tan oneroso, que era sumamente difícil expresar numéricamente la cuantía de las reparaciones.

La tarea patriótica de Bun se hizo imposible después de leer una carta, sin importancia, al parecer, escrita por ruda y tosca mano en pliegos de papel barato. Procedía de Seattle y figuraban en el sobre las señas de Bun, en Paradise. He aquí lo que se leía en la carta:

«Usted no me conoce y voy a presentarme: Soy un soldado repatriado con licencia temporal por enfermedad. Antes de alistarme, me ganaba la vida en el valle de Salinas y me dedicaba a marcar el ganado. Escribo a usted por encargo de Pablo Watkins, que se ve imposibilitado de hacerlo por temor a la censura. Me repatriaron porque tenía disentería. Sangro hace tres meses y le recomiendo que se desinfecte las manos después de leer estas líneas. Estoy aislado aquí y le envío esta carta de manera que pueda circular libremente, o, por lo menos, con probable suerte. Me castigarían si supieran que se la dirijo. Según dijo Pablo, al señor Ross no le sería difícil contribuir a que las fuerzas americanas abandonen Siberia. ¡Aquello es horrible! ¿Qué hacemos allí? La temperatura es de cuarenta grados bajo cero en invierno, y hay temporales violentos y frecuentes. A pesar de todo, es preciso estar de centinela, arma al brazo. Los mosquitos son tan grandes, en verano, que parecen moscas; las picaduras son sangrientas, peligrosas. A pesar de que los japoneses figuran como aliados nuestros, quieren tener preponderancia en el país, porque sin poder concentrarse más que siete mil, han llegado a ser setenta mil. No se permite que tengamos armas blancas como los japoneses, que llevan bayoneta. Tenemos zonas de influencia, pero los japoneses no quieren evacuarlas. Si hay guerra con ellos en Siberia, morirán muchos de los nuestros. He oído decir al coronel que los refugiados rusos, a los que parece hemos de ayudar, se van a los garitos y hay que arrojarlos por la noche. Disparan contra los trabajadores y torturan a las mujeres. He presenciado escenas que le causarían tremenda impresión y le horrorizarían si se las explicara. Desde el general Graves al último subordinado, estamos disgustados. Más de veinte soldados se han vuelto locos y algunos de estos desdichados han sido repatriados con camisas de fuerza. Hay camaradas en Siberia que no han recibido ni una línea de sus padres en seis meses, y figúrese la inquietud que sentirán... ¿Qué hacemos allí una vez terminada la guerra? Tenga la bondad de decírmelo, señor, si lo sabe. Me pidió Pablo que no viera esta carta su hermana Ruth. A él no le va mal del todo, porque puede trabajar de carpintero. Otros compañeros se ven obligados a transportar vigas de hierro de un sitio a otro sin necesidad, para no estar parados. ¿Quiere enviarme un paquete de cigarrillos? En caso de recibirlos, sabré que ha leído usted esta carta. Si manda dos paquetes, entenderé que desea tener nuevas noticias. Su afectísimo, Jeff Korbitty».

V

Entregó Bun la carta a su padre. Le abrumó extraordinariamente lo que decía, pero ¿qué podía hacer él?

Tenía tres pozos a punto de brotar aquella semana; fracasó uno de ellos, inundando la tierra inmediata el torrente de petróleo. Con Roscoe llevaba detalladamente los negocios, y vigilaba la marcha de las cotizaciones. Parecía que todas las naciones se habían puesto de acuerdo para comprar gasolina. ¿Empezaban los preparativos para otra guerra? De todos modos, los precios del petróleo subían sin cesar y se agotaba la existencia en el sur de California.

Era verdaderamente asombroso que los almacenistas se negaran a vender el producto más que a los clientes. Algunos depósitos carecían ya de existencias y la circulación decrecía sensiblemente por la escasez de gasolina. Arnold Ross y Roscoe estaban haciendo un negocio espléndido y solo admitían dinero contante y sonante, sin aceptar valores que pudieran averiarse.

Envió Bun doce cajas de cigarrillos a Jeff Korbitty. Constantemente pensaba en Pablo; se apresuró a escribir a Leathers, el diputado por el distrito, rogándole preguntara en el Ministerio de la Guerra por la expedición a Siberia y su posible repatriación; a la vez podía enterarse de las causas que impedían la libre circulación de correspondencia. ¿Cesaría la censura?

La carta tardó cinco días en llegar a su destino. A los siete de ser depositada en Correos, recibió Bun la visita de un desconocido que habló con sobria elocuencia de posibles negocios petrolíferos en Siberia, lo que interesó mucho a Bun. Este se refirió a las tropas expedicionarias, criticó la actitud del gobierno sosteniéndolas en aquel territorio, y acabó por mostrar al desconocido la carta de Jeff Korbitty. Pero el desconocido resultó ser un confidente de las autoridades, y poco después recibió Bun una carta de Korbitty, diciendo que le habían apresado y mandando al infierno al príncipe del petróleo, que adquirió otra experiencia en su vida de ingenuo idealismo.

Cuando salía de la universidad al día siguiente, vio al profesor Irving, que tenía un defecto físico y andaba trabajosamente. Le pareció descortés no invitarle a subir al coche.

—Aceptaré –contestó Irving–, si va usted por mi camino.

—Iremos donde usted quiera... Precisamente estaba esperando una ocasión para hablar con usted; de manera que el favorecido voy a ser yo.

Aceptó el profesor.

—¿De qué se trata?

—Querría saber su opinión sobre la permanencia de las tropas americanas en Siberia.

El profesor tenía un aspecto muy especial: con el cuello largo y la cabeza siempre en movimiento, parecía una codorniz que espía, entre el ramaje, los movimientos del cazador. El cabello era hirsuto y rebelde; el bigote negro y poco suave; los ojos grises de Irving se fijaban incisivos en la mirada del discípulo cuando decía este alguna estupidez.

—¿Y por qué le interesa a usted eso?

—Tengo un amigo en Siberia; lleva cerca de un año allí sin que sepa yo lo que hace, ni lo comprenda tampoco después de leer sus cartas, que llegan con intermitencias inexplicables...

—¿Me habla usted como discípulo, o como amigo?

—Me complacería extraordinariamente ser amigo suyo. ¿Qué diferencia hay entre un amigo y un discípulo?

—La diferencia puede determinar la pérdida de mi cátedra.

—No podía pensar en eso, señor Irving, ya que desconozco...

—Francamente, Ross, estoy arruinado. Al volver de Europa, donde gasté en socorros filantrópicos todo cuanto poseía, entré en la universidad y cobro mil trescientos dólares al año. Es posible que tenga doscientos dólares de aumento el año que viene. Este mismo mes se ha de formalizar el contrato. Si se me delata como simpatizante del bolchevismo, y corre la voz, ni en Angel City ni en otra parte podré dedicarme a la enseñanza.

—Pero, señor Irving... yo no pienso delatarle.

—Solo con que explique usted a sus familiares lo que opino de la cuestión de Siberia, pensarán en cumplir el imperioso deber de delatarme.

—¿Es posible que se haya llegado a tanto?

—Posible, no; cierto... En la confianza de que acepta usted el compromiso de no referirse en absoluto a nuestra conversación, le hablaré francamente, como a un amigo.

—Puede confiar en mí, señor Irving.

Así iba cayendo Bun en las redes que le tendían los bolcheviques...

VI

—La permanencia de las tropas americanas en Siberia se explica porque Rusia debe muchos millones a los banqueros de aquí, y se niega a reconocer esa deuda... El embajador ruso en Washington tenía en su poder, al estallar la Revolución rusa, cien millones de dólares procedentes de préstamos americanos a la Rusia zarista. Derribado el trono ruso, el gobierno americano autorizó al embajador para invertir los cien millones de dólares en propaganda y espionaje contra los bolcheviques. Periódicos y periodistas, funcionarios y legisladores de variadas cataduras figuran en las nóminas del embajador. Además, los diplomáticos americanos casados con damas de la nobleza rusa, que perdieron sus bienes cuando los expropió la Revolución, se unen a los voceros del embajador. Hay compromisos bancarios y empresas comerciales en la sinuosa conspiración, y resulta el hecho de que América estaba y está en guerra con Rusia... He aquí por qué un profesor ha de callar, señor Ross...

Dijo Irving que no intentaba propagar el bolchevismo; incluso llegó a afirmar que no sentía simpatía por él. La inocencia de Bun aceptó la declaración sin saber que todos los agentes bolcheviques dicen lo mismo hasta que emponzoñan la sangre de sus víctimas.

—El hecho de Rusia –siguió Irving– es una experiencia social. ¿Puede triunfar un gobierno de clase? ¿Es posible democratizar la industria, o se trata solo de un sueño? ¡Que vayan a Rusia personas desapasionadas, obreros y técnicos! En vez de eso, ayudamos a Inglaterra y a Francia a matar de hambre a los rusos, y se les obliga a gastar todas sus energías en defenderse del enemigo. Hacemos imposible que el experimento pueda desarrollarse. En esas condiciones, ¿qué prueba el fracaso?

Bun, víctima de la solapada propaganda, dijo que empezaba a modificar sus puntos de vista sobre Rusia, y añadió, mirando al profesor:

—Los rusos tienen el derecho de atender a sus propios destinos, naturalmente, y nosotros el de conocer lo que ocurre en Rusia, señor Irving.

Este le indicó los títulos de dos semanarios excluidos de las bibliotecas americanas por peligrosos.

Es fácil imaginarse lo que ocurrió después. Cuando se le dice a un joven que no pueden figurar unas revistas en la biblioteca, siente impetuosa necesidad de leerlas. Bun se suscribió dando su propio nombre. Era lo mismo que enviarlo a los secretos del espionaje de guerra, marina, policía, sociedades patrióticas, periódicos y agencias privadas de detectives. ¿Cómo suponer que su nombre figuraría también en el archivo del eterno embajador de un gobierno inexistente?

El joven envió una carta al director de cierta revista exponiendo su opinión sobre el asunto de Siberia y teniendo cuidado de no mencionar a Korbitty, ni a Pablo, ni al profesor Irving. El gerente de la publicación le contestó devolviéndole la carta y extrañándose de que un hombre de su categoría prestara ayuda a los enemigos de la patria.

Circularon los más extraños rumores sobre tal incidente, viéndose asediado Bun por amigos y conocidos que deseaban conocer las cartas y discutir con él. Solo permitió leer la correspondencia a un condiscípulo, que declaró su punto de vista de manera concluyente: «Los rusos tienen derecho a gobernar su país». El condiscípulo simpatizante se llamaba Billy George; su padre era un rico fabricante de cañerías de hierro.

Los ficheros de los archivos se enriquecieron una vez más con otro nombre: el de Billy George.

Ya que se ha permitido a tantas personas inspeccionar los ficheros, se nos permitirá que hagamos una pequeña incursión en ellos.

Tenían las fichas seis por ocho pulgadas y estaban impresas por ambos lados. A Bun le correspondía la siguiente:

«Ross, James Arnold, hijo, alias "Bun", vive en San Mendocino, 679, Angel City, Calif., y también en Paradise, San Elido, Calif.; veinte años, talla cinco pies y nueve y media pulgadas, cabello oscuro, ojos negros, rasgos regulares; fotografía adjunta. Hijo de J. Arnold Ross, vicepresidente de la Ross Consolidada, socio de Roscoe, Angel City. También es el padre negociante independiente del petróleo. Capital que se le calcula: veinticinco millones de dólares. Graduado el hijo en 1918, Liceo Beach City, Calif.; informes escolares favorables. Sensibilidad sexual. Informe agente 11.497. Simpatizante huelga Paradise 1916-17, íntimo amigo de Pablo Watkins, líder de la huelga. Véase 1.272-W-17. Intimidad supuesta con Ruth Watkins, hermana de Pablo. Destacado para prácticas Camp Arthur 1917-18, informe satisfactorio. Escribió al diputado Leathers, incitado por soldado con licencia por enfermo Korbitty. Véase 9.678-K-30 y también informe adjunto 23.672. Promoción 1923. Universidad Sur Pacífico, miembro de la sociedad escolar Kappa Gamma Tau, buen corredor carreras atletismo. Discípulo del profesor Irving, véase 327.118: simpatiza sentimentalmente con los bolcheviques; suscriptor *Nation* y *New Republic*. Para más informes, agente 11.497, condiscípulo de Bun, y también 9.621, íntimo de la hermana del mismo, Berta Ross».

VII

Arnold Ross tenía medios de información, además de los periódicos y de lo que contaba su idealista hijo.

En el mundo de los negocios se pensaba largamente en los medios más rápidos y seguros para contar con detallados informes. Los capitanes de industria estaban disgustados con el presidente Wilson por la diplomacia de este: repartía seguros de democracia y no aseguraba el petróleo de los negociantes. En los territorios ganados a los enemigos de los aliados, había terrenos petrolíferos de incalculable riqueza. América, en nombre del imbécil idealismo, permitía que Inglaterra y Francia se apoderaran de cuantiosos tesoros, mientras a los americanos les confiaba la misión de mantener la separación entre turcos y armenios.

El interés personal de Arnold Ross estaba en el país. Los cinco grandes magnates del petróleo trataban de obtener concesiones extranjeras. Si se salían con la suya, descendería el precio del petróleo americano y perdería Arnold Ross grandes sumas a consecuencia de la baja.

El país americano necesitaba petróleo y haría todo lo posible para que no faltara.

¿Acaso no era aquello idealismo? Lo que vejaba al magnate era que Bun no quisiera aceptarlo. Iba convenciéndose Arnold Ross de que la universidad era un centro pernicioso. No educaba a los jóvenes para los negocios. A veces se daba cuenta Bun de que no tendría la virtud de callar las confidencias de Irving, y se le ocurrió la audaz iniciativa de presentárselo a su padre. No era posible sospechar que Arnold Ross se atreviera jamás a delatar a una persona recibida en su casa.

—Deseo llevar a Paradise a uno de mis profesores...

—Lo celebro, hijo –contestó el padre con algún recelo.

Temía que el escolar se avergonzara ante el profesor de la ignorancia del magnate.

¡Hay gentes altaneras hasta el punto de despreciar veinticinco millones de dólares!

Tenía que profesar Irving un cursillo de verano, y Bun le invitó a ir un domingo a Paradise.

Aceptó el profesor e iniciaron el viaje. ¡Mañana de junio, espléndida mañana de California que nos hace olvidarlo todo!

Hablaron en el trayecto de varios temas: acontecimientos de Rusia, campaña de Kolchak y Denikín, esfuerzos de los bolcheviques para organizar el ejército rojo, empeño de las clases gobernantes alemanas de ganar la simpatía de los aliados a costa de la Revolución rusa...

—Verá usted, señor Irving –dijo Bun al profesor–, he de permitirme unas sencillas indicaciones relativas a mi padre... Es un viejo que se empeña en llevar siempre la voz cantante, y convendría que se limitara usted, al conversar con él, a exponer escuetamente los hechos, apartando toda idea litigiosa de la conversación, no diciendo más de lo que pueda oír un viejo algo gruñón, sin salirse de sus casillas.

VIII

Instalaron a Irving en un pabellón de estilo español que hizo construir Arnold Ross para uso propio y de los huéspedes. Era un edificio con patio central, alberca en el centro del patio, emparrados y enredaderas. Una japonesa actuaba en el pabellón, haciendo las funciones de cocinera, y un muchacho alternaba su trabajo de jardinero con el de pinche de cocina. Ruth figuraba como ama de llaves y administradora general. Había seis habitaciones en la casa. Cuando acudían a Paradise consejeros, directivos y geólogos de la Ross Consolidada, eran huéspedes del magnate y formaban una comunidad feliz. Se sentaban en torno a una mesa cubierta con un tapete verde, después de cenar, y jugaban al póquer en mangas de camisa. La japonesa proveía a los jugadores de tabaco, whisky y soda. Se llenaba la estancia de humo azulado y los contertulios prolongaban la velada hasta el amanecer.

El magnate prefería que Bun se quedara en su cuarto leyendo, porque en el salón se soltaban las lenguas y se oían frases poco edificantes. La reunión de aquella noche era distinta, ya que se trataba de obsequiar a Irving. Arnold Ross se mostraba orgulloso. Disponíase a enseñar al profesor un pozo a medio abrir, otro que sondeaban los equipos y el que estaba en plena producción. Visitaron la refinería nueva, que era un verdadero alarde, una especie de milagro de la ingeniería del petróleo, obra de arte de los nuevos tiempos, loada en los periódicos como maravillosa invención: edificios de hormigón y metal brillante, construidos en el centro de un admirable parque.

Los pozos de petróleo son negros y grasientos, pero una refinería tiene distinto carácter. El producto circula por cañerías subterráneas y se extrae por métodos limpios. Una refinería puede ser obra de jóvenes idealistas como Bun; admite setos en su inmediación, plantas trepadoras y rectángulos verdes como praderas en miniatura entre caminos de grava.

El conjunto de la refinería formaba algo parecido a un pueblo; la mayor parte de las casas eran tanques: altos y rechonchos, oblongos, cuadrados, negros, rojos... Lo más notable de la refinería era una batería de calderas destinadas a la destilación. En la primera caldera estaba el petróleo en bruto, que se calentaba a cierta temperatura; parte del producto pasaba a un condensador y parte a la caldera inmediata, sucediéndose la operación hasta que las calidades se vertían, por conductos apropiados, en los correspondientes tanques. Se obtenían diversas clases de gasolina, lubricantes y derivados.

Se multiplicaban las más variadas y curiosas experiencias. El químico era un hombre prodigioso. No se cansaba Arnold Ross de alabar la competencia de aquel genio, que conocía secretos y combinaciones como un brujo. El fuego y el petróleo obedecían a la mágica voluntad del químico, que obtenía, sin cesar, fórmulas nuevas. Dibujaba en la pizarra cifras, figuras y letras, y comprobaba luego las fórmulas, para llegar a una tintura purpurina, o a pastosa materia verde, susceptible de variadísimas aplicaciones, de nombres largos y endiablados.

El químico, Mac Ennis, era pálido, encorvado, bastante calvo y corto de vista. Se sentía orgulloso Arnold Ross con la amistad de Irving, y le presentó al químico. Mac Ennis les enseñó una larga fila de retortas y tubos; trataba de averiguar por qué el hexano normal y el más sólido metilo ciclopentano son menos inalterables al calor que los hidrocarburos saturados del mismo peso molecular. La experiencia podía determinar un gran ahorro, el mayor de los conocidos en la historia de la refinería, pero la dificultad estaba en que el mayor porcentaje de definas que pedía la ecuación general, y empezó el químico a escribir en la pizarra: – RCH2 – CH2 – CH2R2 – RCH2 + CH2 = CH.R2–, se obtenía excepcionalmente a causa de la polimerización de las definas y de la formación de naftenos.

Saturados de química petrolífera volvieron al pabellón para saturarse de química culinaria; una cena de pollo asado, maíz tierno y dulcísimos melones. El profesor Irving se mostró discreto en la conversación y contó lo que sabía de la filantropía griega y de la diplomacia francesa. Tenía parientes que ocupaban elevadas posiciones y podía hablar largo y tendido.

Arnold Ross convenía en que todo iba bastante mal. Los japoneses tenían más petróleo que nadie en Saghalian; los ingleses se dedicaban a reparar las cañerías distribuidoras de Bakú, y en Mosul tenían manos libres; ingleses y franceses se apoderaban de Persia y Siria. ¿Qué hacía el tío Sam? Roscoe, según Arnold Ross, poseía algunos derechos en Bakú y echaba chispas. ¿Qué importaba propinar un puntapié a los bolcheviques, si ocupaban su sitio los angloholandeses?

—Ya dice Roscoe que nuestro país necesita un hombre práctico en la presidencia y no un profesor universitario...

Se detuvo con cierto temor porque estaba presente el profesor Irving, pero este se echó a reír:

—No se preocupe, señor Ross... Mi ambición no llega a pensar en la investidura más alta del Estado...

Tranquilo, Arnold Ross siguió comentando la diatriba de su socio Roscoe.

—Los productores de petróleo van comprendiendo, gracias al diablo, las ventajas de la unión, y cuando haya elecciones nos veremos las caras... Queremos un presidente que sea hombre de negocios, y no un simple teórico...

Irving y Bun cambiaron una rápida mirada de inteligencia, pero el magnate no sospechó nada y habló con su hijo al quedarse con él a solas:

—Tu profesor es muy comprensivo... Te aseguro que me complace extraordinariamente hablar con él... Al parecer, tiene una visión muy clara de los negocios.

¡Hasta qué extremos se infiltraba el veneno bolchevique!

IX

Bun pasó gran parte de aquel verano leyendo ciertos libros doctorales escritos por tratadistas de política internacional y estudió detalladamente los informes secretos de los agentes que tenía la empresa petrolífera en el extranjero. Las grúas escalaban otras dos colinas en el campo de Paradise.

Insistía Berta en sus cartas para que Bun ingresara en la vida del gran mundo y tratara de elegir mujer en el círculo limitado y elegante que frecuentaba ella. No había manera de rehusar aquellas insinuaciones insistentes, y se prestó a acompañar a su hermana a la mansión ultraelegante de Woodbridge Rileys, situada en lo alto de una montaña. Era una especie de club, abierto tan solo a los selectos entre los selectos. Los habituales de aquel mundillo elegante nadaban y remaban de vez en cuando, pero no dejaban de llevar una vida complicada. Se debatían en una maraña de compromisos, esclavos de la etiqueta rigurosa, que ordena frecuentes cambios de indumentaria y tiene una exigencia para cada hora. Bebían copiosamente por la noche. Bailaban al son de una orquesta de jazz hasta la madrugada. La gente joven se distraía, después del baile, dando paseos a caballo y estimulando el apetito en espera de la hora del desayuno; dormían dos horas escasas y se vestían para sentarse a comer otra vez.

Allí conoció Bun a Eldon Burdick, que había sido pretendiente de Berta y novio favorito de esta dos años seguidos. El noviazgo no tenía trazas de terminar en boda porque, hablando Berta del asunto con su padre, le dijo que deseaba atenerse a sus compromisos personales sin intervención de nadie, ni siquiera de su padre.

Descubrió Bun que la pareja había regañado y hasta vio lágrimas en los ojos de su hermana, colérica porque Eldon solo pasaba en aquel club un par de días a la semana. La joven se vengaba bailando con otros hombres, pero ni ella ni Eldon secretearon con Bun, no permitiéndose este tampoco la menor oficiosidad con ellos.

Era Eldon el hijo menor de unos terratenientes californianos. Las posesiones de los padres estaban en Angel City. Cada doce meses vendían una finca dividida en parcelas, por lo que la propiedad que restaba aumentaba progresivamente de valor. Tenía mucho dinero el padre de Eldon, a pesar de lo que dilapidaba la familia viviendo por todo lo alto y no reparando en gastos.

Era Eldon arrojado y elegante deportista, con menudo bigote negro; parecía un apuesto teniente del ejército inglés. Se mantenía siempre estirado y rígido, y Bun descubrió que poseía mentalidad de militar profesional.

¿Conocía Eldon, por Berta, las ideas de Bun? Invitó aquel al hermano de Berta a dar un paseo a caballo y trató de sondearle. Era Eldon un patriota convencido y ardiente, hasta el extremo de no molestar a sus jacas de polo durante todo el verano, porque se dedicaba a salvar a la sociedad.

Conocía las fórmulas bolcheviques: «Libre disposición de Rusia para gobernarse», «Improcedencia de la intervención americana en Rusia»... pero, en realidad, tales fórmulas equivalían a capciosos pretextos... El soviet era una cueva de salvajes y había que combatirlos con sus propias armas, no dejándose llevar por la ramplonería que encierran las palabras solemnes de derecho y libertad. Así hablaba el apuesto patriota.

Escuchó Bun cortésmente, mientras su camarada explicaba los proyectos soviéticos.

—No solo tratan los traidores bolcheviques de dar la victoria a Alemania, sino que excitan a todo el mundo contra la raza blanca; propagan el odio a los blancos en los más remotos confines; atizan la ira de negros, amarillos y mahometanos. Subvencionan ochocientos periódicos que predican la lucha de clases. ¿Cómo puede una persona decente dar beligerancia a tales monstruos?

—Me permito hacer alguna objeción: creo que no tenemos derechos en Rusia, y si dejamos en paz a los bolcheviques, ¿qué daño pueden hacernos? Cuando se sofocan las ideas del pueblo, parece que no se tienen razones para contestar. Si llevamos a la cárcel a los ciudadanos por sus ideas, y no les dejamos ni siquiera el derecho de reunión, propagamos las doctrinas que tratamos de combatir... Al hacer víctimas aumentamos la masa que simpatiza con ellas... Fíjese en los judíos rusos detenidos en Nueva York, todos menores de veinte años... Su delito consiste en repartir unas hojas de propaganda pidiendo al pueblo americano que no llevara la guerra a Rusia. Esos jóvenes han sido encarcelados; uno de ellos ha muerto; los otros irán a presidio y tendrán que pasar allí veinte años...

Cuando Eldon advirtió el ardor defensivo de Bun en favor de esas ideas, se acaloró; después se quedó helado. Bun se dio cuenta de la mala impresión que producían sus palabras en Eldon y en otros personajes que estaban presentes.

Berta se acercó a su hermano para decirle con trágica y fría altivez de diosa ultrajada:

—Acabas de matar mis ilusiones.

X

Fue Bun a visitar a Enriqueta Ashleigh, que estaba en la residencia veraniega con la familia. Era una casa situada al borde de un lago azul con sólidas escolleras y lindas canoas. Sobre las escolleras se elevaban casitas de estilo español pintadas con vivos colores.

Trató de razonar sus impresiones bogando por el lago en compañía de Enriqueta, pero no tuvo más éxito que en el club. También Enriqueta sentía un prejuicio de antipatía por los soviets. Sin duda había leído algo relativo a la nacionalización de las mujeres.

Hubiera querido Bun oponerse al punto de vista de Enriqueta, pero ¿cómo abordar ciertos temas resbaladizos, tan opuestos a la idea de femenil pureza, de arquetipo juvenil que sintetizaba aquella mujercita?

Se alejó de Enriqueta, y como buen corazón quebranta mala ventura, invitó al profesor Irving a almorzar. Quería hablarle de sus preocupaciones, aunque estas aumentaron al leer un artículo que le entregó Irving. Lo firmaba un socialista inglés que regresaba a su país después de recorrer el territorio ruso.

El trabajo del articulista era una información sobre los desesperados esfuerzos que hacían los bolcheviques para defender su causa. El Partido Comunista reclutaba hasta un cincuenta por ciento de sus militantes para ir al frente y morir. A enorme proporción se elevaba la mortandad, porque un país de más de cien millones de habitantes no tenía antisépticos. Los trabajadores rusos luchaban en veintiséis frentes contra sus enemigos. Solo en Finlandia, el general contrarrevolucionario Mannerheim hizo matar a cien mil personas por simpatizar con el bolchevismo. Había consumado su triste hazaña con armas y municiones de Estados Unidos, y buena parte de su ejército llevaba uniformes americanos. Cuando las tropas aliadas fueron derrotadas por los bolcheviques, la Cruz Roja americana quemó millares de dólares de material sanitario, para impedir que pudiera favorecer a los heridos y a las parturientas.

Ante aquellas atrocidades, no se podía recordar siquiera la poesía del lago azul, ni la excursión con Enriqueta.

Volvió Bun a Paradise. Estudió, meditó y esperó. Llegó otra postal de Pablo sin más noticias que las que caben en ocho líneas indiferentes. Estaba bien, trabajaba y se cuidaba. Tenía otra carta de Ruth y saludaba a los Ross.

Conocía Bun los litigios sensacionales del mundo para comprender la amargura de su amigo al verse forzado a escribir así. Pensó que a él le correspondía enviar noticias a Pablo, y le dirigió una postal diciéndole que se producía mucho petróleo para contribuir a la derrota de los enemigos de América. Añadió: «Pienso mucho en nuestras cosas», pero la frase le pareció comprometedora y escribió otra postal, terminándola con otra coletilla mucho más peligrosa: «Estoy completamente de acuerdo con Tom Axton». No pensaba Bun que el censor conociera el nombre de Tom Axton, organizador de los obreros de Paradise y promotor de la huelga.

Sentía Bun en su mundo interior dos emociones radicalmente contradictorias. Había pasado por el cuartel como aspirante a oficial, inflamado de patriótica fidelidad; siete meses más tarde sentía deseos de que triunfaran los enemigos de su país y hasta de aplaudir cuando la bandera tachonada de estrellas tenía que retirarse. Casi se sentía contento al leer que los efectivos americanos en Arkángel se frenaban, y que fracasaba el mando británico. Recordaba la emoción del campamento al oír el toque de diana ante la bandera, que ondeaba impulsada por la brisa del amanecer. Con las ideas que sentía meses después de abandonar el campamento, se hubiera juzgado perverso y traidor entre sus camaradas.

XI

Era creencia general que los rusos serían impotentes para defenderse del frente único capitalista. Sin embargo, conseguían sostenerse y no era aventurado suponer que vencerían. En las informaciones telegráficas de los frentes antibolcheviques se observaban extrañas cosas. Según el texto, ganaban grandes batallas los aliados y se apoderaban de Perm y Ufa, capturando millares de enemigos. Obtenían posteriormente dos nuevas victorias, y los patriotas se entregaban al delirio, pero si se les ocurría consultar el mapa, se veían en el caso de reconocer que la segunda victoria correspondía a un lugar situado a retaguardia del ejército aliado.

No tardó Bun en descubrir lo que significaba aquello. Los campesinos permanecían quietos mientras avanzaban las tropas aliadas, las dejaban pasar y atacaban la retaguardia, imponiendo la retirada. ¡Tan potente era la propaganda soviética! Así ocurría en Arkángel y en toda la línea del frente oeste, desde el Báltico a Crimea. Las victorias eran teóricas, amañadas. El almirante Kolchak avanzó en Siberia; el general Denikín pasó por Ucrania y llegó a ciento veinticinco leguas de Moscú, pero, en realidad, los avances se convirtieron en decepciones.

Al verano sucedió el otoño, y al otoño el invierno. Los ejércitos imperialistas sucumbieron al mortal veneno de la propaganda soviética. Ya era el segundo invierno a partir del armisticio. ¿Por qué los soldados aliados no volvían a sus hogares? Empezó a realizarse la peor de las profecías de Eldon Burdick: los marineros de la flota francesa del mar Negro se sublevaron, sin que nadie pudiera sospecharlo. Las tropas alemanas renunciaron a conquistar el respeto de los aliados abatiendo al bolchevismo. Los soldados británicos se negaron a embarcar en Folkestone, porque se les obligaba a ir a Arkángel... Y lo más espantoso de todo: surgía el descontento en el ejército americano, que se rebelaba, produciéndose el primer chispazo en los fastos de su patriotismo.

Leñadores y colonos de Michigan, embarcados en la zona ártica, desobedecieron la orden de disparar contra los andrajosos y hambrientos rusos, y arrojaron las armas al suelo.

Se ocultó el hecho en los periódicos, pero no se mantuvo el secreto en los círculos militares y diplomáticos, ni en los centros burocráticos, donde los patriotas dictaban normas para organizar la vida del mundo.

Los aliados hicieron el último esfuerzo militar en octubre. Enviaron al exgeneral zarista Yudenich a tomar Petrogrado con recursos abundantes. Llegó a pocas millas de la ciudad, obligando a los soviets a trasladar su capital a Moscú, pero los hambrientos y andrajosos comunistas rechazaron a sus enemigos, y la propaganda bolchevique produjo una revolución en Hungría y otra en Baviera.

En América ocurrían también acontecimientos inesperados. A despecho de cárceles y deportaciones, se decía públicamente que no era lícito hacer la guerra a un pueblo amigo. Cundía el descontento. La prensa radical seguía circulando y no se podían reprimir las grandes reuniones públicas.

Era difícil organizar una protesta eficaz por la situación especial en que se colocaba el gobierno. El presidente de la República pronunció elocuentes discursos para convencer a los ciudadanos de que debían estar satisfechos, una vez firmada la paz. Habló en Angel City. Arnold Ross y su hijo asistieron al mitin en un local de vastas proporciones, capaz de contener las diez mil personas que aplauden a una señal y se sientan o se levantan obedeciendo los dictados de una etiqueta que no se diferencia de la palaciega.

Las palabras del gran hombre eran tan inseguras como su gesto. Parecía abatido, cansado, rendido.

Días más tarde se supo que el presidente estaba mal de salud. Tuvo que regresar apresuradamente a la capital federal, y no tardó en ser víctima de un ataque apopléjico. Mientras yacía imposibilitado, inconsciente, medio muerto, gobernaba el país un extraño triunvirato: un secretario particular católico, un médico militar y una de las más encopetadas damas de la sociedad de Washington.

En el ministerio quedaba un resto de agudeza, la suficiente para sospechar los muchos peligros que se cernían en el ambiente de América y en el exterior.

Una mañana de vacaciones salió Bun a buscar el correo, abrió un periódico matutino y vio en primera plana un telegrama de Washington informando que las autoridades militares decidían poner término a la ocupación del Transiberiano. Los japoneses se encargarían de ello, y serían repatriados los soldados americanos. Informó de ello a Ruth:

—¡Tu hermano vuelve!

La joven se desmayó. Apenas tuvo tiempo su amigo para sostenerla.

XI.
El rebelde

I

La Universidad del Sur del Pacífico tenía sus clases sociales, que se agrupaban tácitamente. En el curso ordinario de los acontecimientos, un joven como Bun –elegantes maneras, riqueza, buen mozo– se asociaba tan solo con los miembros de ciertas fraternidades escolares.

Si algún negro desarrollaba con soltura sus dotes de polemista elocuente, o sobresalía en una carrera de obstáculos, podía dedicarse a polemizar o a brincar, pero que no pensara en asistir a un té.

Se reservaban los máximos honores a los anglosajones de estatura aventajada, regulares facciones, cabellera planchada hacia atrás y pantalones tan bien planchados como el cabello. Las jerarquías se mantenían sobre todas las cosas.

Persistía Bun en sus generosas locuras y producía verdadera indignación entre los amigos. Fuera de su círculo había estudiantes que trataban de acercarse a él y a los selectos, valiéndose de una estratagema, que consistía en hablar de la intervención americana en Rusia, criticándola abiertamente para que Bun apoyara las candidaturas. Era todo inútil. Se toleraban las opiniones de Bun porque era un selecto, tan refinado como su petróleo.

Conoció Bun en sus excursiones libres, a Peter Nagle, cuyo padre presidía una agrupación racionalista. Sostenía el hijo, reproduciendo las teorías de su progenitor, que no habrá progreso hasta que los hombres prescindan de la divinidad. Puede imaginarse el escándalo que producirían tales teorías en un centro docente de origen y desarrollo devoto y metodista.

Tenía Peter el aspecto que podía esperarse de su rusticidad: cabeza cuadrada, boca excesivamente llena, como si contara con superávit de dientes, mechones desparramados por las orejas, motas de caspa en el cuello de la americana, una americana que estaba en poca consonancia con el pantalón. Para completar el bosquejo de la personalidad de Peter, falta un detalle abominable: llevaba el almuerzo a la universidad en un paquete atado con una correa.

Gregorio Nikolaieff no se portaba mal, y merecía la simpatía de muchos amigos, pero solo una especie de simpatía preventiva, porque era difícil intimar con él a causa de que, en los momentos críticos, cuando hay que discutir para contrastar la amistad, Gregorio Nikolaieff olvidaba por completo el inglés que sabía. Tenía cabello color azabache, ojos negros y ceño duro. En resumen; era un tipo que se parecía a los bolcheviques. El padre de Gregorio había pertenecido a uno de los partidos revolucionarios que los bolcheviques perseguían después de la Revolución. ¿Cómo dar explicaciones sobre todo ello en aquel medio universitario que confundía lastimosamente el credo de socialistas, comunistas, sindicalistas, anarquistas, anarcosindicalistas, socialrevolucionarios, socialdemócratas, populistas, progresistas, individualistas, pacifistas, pragmatistas, altruistas, vegetarianos, antiviviseccionistas, partidarios de la abolición de la pena de muerte y del impuesto único?

Raquel Menzies pertenecía a la raza judía, elegida por el Señor, pero no por el cuerpo estudiantil. Era Raquel bastante guapa, de tipo exótico por el color sombrío de la tez. De pequeña estatura, regordeta y descuidada, no tenía pretensiones. Iba a la universidad con medias de algodón negro y llevaba una blusa que no armonizaba con la falda. Se decía que su padre trabajaba en un taller.

Y he aquí que Bun paseaba públicamente con el rústico librepensador, el ruso y la hebrea, y que les presentaba a sus íntimos. Se excusaba diciendo que los selectos eran partidarios de la libertad de opinión.

—¡Naturalmente! –contestó un refinado–. En todo caso, nada pierde la chusma con la libertad de opinión y trata, en cambio, de ganarlo todo.

Parecía Bun un propagandista de este concepto: «¡Proletarios de todas las universidades, uníos!».

—¡Oye! –le dijo un selectísimo estudiante de segundo año–. No vuelvas a presentarme beldades, ni «elegantes» amigos de tu mundo.

Protestó Bun:

—¿Por qué no hemos de conocernos todos?

Raquel, por su parte, dijo a Bun:

—Los hebreos tenemos muchas experiencias crueles con las relaciones sociales, y no vamos donde no hacemos falta, así que no me presente usted a la gente de su mundo.

—Pero si se cree en una idea, hay que propagarla.

—Evidentemente: creo en mis ideas, pero no puedo suponer que convenzan jamás a Donald Burns, ese exquisito producto de la aristocracia americana.

—Usted influye sobre mí, Raquel, y no pertenezco a la clase trabajadora.

Militaba Raquel en el Partido Socialista. Tenía conciencia de clase y hasta conciencia de raza. Suponía que tan solo pedía encontrarse un hombre como Bun entre un millón; aceptaba el joven las ideas contrarias a su posición económica y el hecho le daba excelencias que raramente pueden atribuirse al hijo de un millonario.

En vez de ser un personaje de relieve en el mundo de la política y de los negocios; en vez de prepararse para presidir potentes Consejos de Administración, trataba de hallar seres en quienes apoyarse fraternalmente, confiar y esperar. Algo de eso halló en la pura Enriqueta Ashleigh, y más en la israelita Raquel

Menzies. Esta y Enriqueta eran dos destellos de luz de la florida California. La dificultad estaba en asociar los dos caracteres opuestos. La verdad era poco gallarda –Raquel–, y la gallardía elegante, poco acorde con la verdad –Enriqueta–. Esta calificaba a Raquel de insoportable y se empinaba orgullosamente en su presencia, mientras Raquel decía a Bun que Enriqueta era la mujer ideal para él.

II

El joven se sintió reconfortado cuando volvió a ver a Billy George, veterano de la universidad, anglosajón de raza y de reconocida solvencia en los medios universitarios.

—Creo que hemos de esforzarnos en hacer comprender nuestras ideas entre la grey estudiantil. ¿Por qué no organizar un grupo cultural para el estudio de las cuestiones rusas o algo así? –insinuó Billy.

—Preguntaré a Irving... Seguramente nos apoyará y tendremos más facilidades; desde luego, contamos con sus consejos.

El profesor, al recibir, poco después, a Bun y escuchar la demanda, se apresuró a decir:

—De ninguna manera puedo meterme en eso... Aparte de que sería un peligro para mí, creo que los estudiantes han de seguir sus propias inspiraciones, desarrollarlas y perfeccionarlas. De todas maneras, destierren ustedes el nombre de Rusia si no quieren exponerse a disgustos. Pongan al grupo un nombre liberal, que no sea sospechoso de contaminación.

Explicó Bun a sus camaradas lo dicho por el profesor Irving.

—Es poco valiente –apuntó Billy. Se indignó Raquel al oír la frase.

—¿Acaso no se sabe que el profesor está en situación comprometida? ¿Por qué no ha de reservarse? ¿Y qué derecho tiene a la crítica el que no hace nada?

—¿Qué puedo hacer? –preguntó Billy.

—Intervenir en la publicación de una revista universitaria, semanal o mensual. Costaría muy poco y haría ruido. ¿Cuánta gente desea leer la carta de Ross sobre la ocupación de Siberia? ¡Provocaríamos la tensión más fuerte! Billy podría encargarse de la edición, y yo me comprometo a pagar algo, lo que pueda...

La proposición de Raquel era un escándalo, si se considera la cantidad enorme de tubos de hierro que tenía que vender el padre de Billy en Angel City. Se discutió el asunto.

—Creo que no puede ocurrirme nada. En el peor de los casos, mi padre me saca de la universidad y me pone en un despacho –dijo Billy.

El interés del grupo se concentró en Bun, que se ruborizó, y dijo lentamente:

—Es razonable que queramos propagar nuestras ideas; también es razonable que tratemos de hacerlo por medios poco escandalosos. Un semanario hará excesivo ruido...

Pensó en Enriqueta y en su padre, y volvió a hablar para negarse a apoyar la iniciativa de Raquel.

—No hay que censurar a nadie por las disculpas –dijo Raquel. Y añadió, dirigiéndose a Billy–: Ni criticar al profesor Irving por su falta de valor...

III

El trasporte *Bennington* llegó a San Francisco de California con dos mil soldados que regresaban de Siberia. El nombre de Pablo estaba en la lista de desembarque.

Llamó Bun a Ruth por teléfono y le dio la nueva. Dos días después llegaba Pablo a Paradise. Era viernes, y al enterarse Bun de la gran noticia, saltó al coche y se dirigió rápidamente a la finca. Su padre estaba «pescando» petróleo en Lobos River.

El aspecto de Pablo era desolador; volvía flaco y amarillo; la guerrera colgaba, en vez de ajustarse al cuerpo.

—¡Has estado enfermo! –dijo Ruth.

—Sí, pero estoy mejor...

—¡Cuéntame, cuéntame, Pablo! ¡Si supieras lo que deseaba verte!

—No ha sido una fiesta la expedición a Siberia, querido Bun.

Se fueron al pabellón del campo de Rascum donde Pablo y Ruth habían vivido a las órdenes de Arnold Ross.

A la hora de cenar, presentó Ruth exquisitos manjares.

Pablo tenía miedo de comer en exceso. Mientras duró la cena habló de Manila, donde se había detenido el barco; se refirió también a una tormenta en el Pacífico, pero no habló de Siberia.

Terminada la cena, le dijo Bun con afectuosa deferencia:

—He reñido con casi todas las personas que conozco, por la cuestión de Rusia, Pablo, y te esperaba para que me dijeras algo...

Pablo se sentó en un sillón, con la cabeza penosamente apoyada en el respaldo. Su rostro tenía acusado carácter melancólico; el labio inferior parecía colgar; macilento y delgado, llevaba Pablo una máscara de tristeza.

—¿Quieres saber lo que me ocurrió, Bun? Te lo diré: me secuestraron.

Ruth y Bun lanzaron exclamaciones que delataban pena y asombro.

—Me llevaron a la guerra para derrotar al kaiser, pero me secuestraron los banqueros de Wall Street, obligándome a actuar de esquirol. ¿Recuerdas la huelga de Paradise? ¿Recuerdas la conducta de aquellos tunantes armados y vestidos con trajes y sombreros impermeables, que llegaron al campo para actuar de rompehuelgas? Pues yo he sido como uno de ellos reventando una huelga en provecho de los banqueros de Wall Street, con la diferencia de que los guardias ganaban aquí diez dólares diarios o, de lo contrario, se iban, mientras yo tenía solo treinta al mes y me habrían fusilado si hubiese intentado marcharme. ¿Qué quieres? Una de tantas gangas que ofrecen los banqueros...

Hubo una pausa. Cerró Pablo los ojos como buscando algo que estaba en su recuerdo.

—Los aliados se apoderaron de Vladivostok. Los huelguistas estaban allí y lo tenían todo en orden. No se resistieron mucho. Les sorprendía extraordinariamente nuestro proceder. Disparamos contra algunos hombres que trataban de defender un edificio. Fueron conducidos los muertos al consulado americano y preguntaron los huelguistas por qué se había causado aquel estrago... Era, precisamente, el 4 de julio y celebrábamos nuestra Revolución. ¿Por qué derribábamos la suya? ¡Qué sabíamos nosotros! Pasaron los días y empezamos a descubrir algo... En las afueras de la ciudad, a lo largo de la vía del ferrocarril, había un campo con montones de material (fusiles, granadas, locomotoras, raíles, maquinaria, camiones). Parte del material estaba en cajas, y parte al descubierto, sin lona impermeable, sobre el barro, hundiéndose bajo la lluvia. El valor de aquel material era de cien millones de dólares y se había desembarcado con intención de llevarlo a través de Rusia, pero estalló la Revolución y quedó allí. Una de nuestras obligaciones era custodiarlo. Creíamos, al principio, que pertenecía al gobierno americano, pero llegamos a saber la verdad. Los ingleses habían comprado el material para el zar a cambio de acciones de la deuda rusa. Cuando más tarde intervinimos en la guerra, la banca Morgan se posesionó de las acciones de la deuda rusa. El material era, por consiguiente, de Morgan, y nosotros derribamos el gobierno de Vladivostok para favorecer los intereses del banquero.

—¿Estás seguro de lo que dices? ¿Es, realmente, verdad todo eso?

Sonrió tristemente Pablo, y siguió el relato:

—Me movilizaron los nuestros: telegrafistas, ingenieros, ferroviarios electricistas... Eran todos militares graduados y trataban de organizar el tráfico. Creíamos que eran, naturalmente, de los nuestros, pero cobraban sueldos especiales, fantásticos, consignados en cheques sobre bancos de Wall Street. Se trataba de una maniobra privada, para proteger a los millonarios.

—¿En qué consistía?

—En romper la huelga más importante que registra la Historia: los trabajadores rusos contra los amos de la tierra y contra los banqueros. Nosotros estábamos allí para abatir a los obreros y enriquecer aún más a los potentados. Los grupos de refugiados (oficiales zaristas, grandes duques, propietarios y sus familias) se congregaban en la ciudad, y nuestro deber era suministrarles material de guerra. Emitían papel moneda, conseguían la ayuda de aventureros y hampones, reclutaban campesinos, y aquello era un ejército. Trasportábamos ese ejército en ferrocarril, se atacaba a los soviets, se asesinaban masas de trabajadores, miles y miles... Ya sabes lo que hice en año y medio... ¿Tiene algo de particular que me encuentre mal?

—¿Y has llegado a matar, Pablo? –preguntó Ruth horrorizada.

—No; era carpintero y solo luchaba disputando con los japoneses, que no se avenían a ser aliados nuestros. Estaban allí para apoderarse del país, y no les interesaba mucho que triunfaran los rusos blancos ni los rojos. Lo primero que se les ocurrió a los nipones fue falsificar papel moneda del ejército blanco y produjeron millones y millones de rublos falsos, comprando bancos, hoteles, almacenes, fincas... todo lo que podían. Se hicieron capitalistas por ese procedimiento tan expeditivo y arruinaron a los blancos multiplicando emisiones falsas. Molestaba nuestra presencia a los japoneses y se inmiscuían en nuestra zona. Cuando formábamos, era preciso amenazarles para que se alejaran. Siempre acosaban a nuestra gente. A mí me dispararon tres tiros: una bala me atravesó el sombrero, y otra la camisa.

Escuchaba Ruth con las manos juntas y el rostro pálido. Imaginaba las balas horadando la camisa de Pablo. A buen seguro que siempre conservaría ella su repugnancia hacia la guerra.

—Muchos americanos llegaron a odiar a los japoneses, pero yo no. Mi única adquisición en aquellas tierras fue una filosofía estoica y diferencial... Los gobernantes japoneses se apoderaban de medio continente, pero los soldados solo podían contar con una paga más mísera que la mía. No sabían por qué estaban allí secuestrados. Algunos conocían nuestro país y conversaron conmigo en buena armonía. Lo mismo me pasaba con checoslovacos y alemanes. Te aseguro, Bun, que si los soldados enemigos pudieran dialogar entre ellos, no habría ninguna guerra, pero intentarlo tan solo es un delito que, según los que mandan, merece la muerte.

IV

Siguió Pablo en días sucesivos explicando a Bun los acontecimientos de Rusia y la Revolución.

—Tienes un ejemplo que puede serte útil para juzgar las cosas de Rusia, Bun; el conflicto de Paradise. Pregúntate a ti mismo lo que significaba la represión de aquella huelga y te explicarás lo que no comprendas de Rusia, Washington y Angel City. La Federación de Explotadores del Petróleo, enemiga de nuestra huelga, tenía el mismo plan que los negociantes promotores de la expedición a Siberia. Leí ayer en un periódico que un sindicato de patronos petrolíferos ha conseguido algunas concesiones en Saghalian. Recuerdo un nombre: Vernon Roscoe... Es uno de los grandes hurones de la industria petrolífera, ¿no es eso?

Preguntaba Pablo con extraordinaria seriedad. Ruth y Pablo se miraron. El carpintero había olvidado ya el juego de los intereses petrolíferos y los nombres de los magnates.

—Los explotadores son los mismos y también los huelguistas. ¿Te acuerdas, Bun, de aquel israelita ruso, Mandel, que hizo la huelga con nosotros? Tocaba la balalaika y cantaba aires del Volga. No le dejábamos hablar en los mítines porque era un «rojo». Pues bien; topé con él en Manila. Viajaba como podía; al enterarse en el barco de que era un apestado bolchevique, lo dejaron en tierra y le despojaron de cuanto tenía, robándole hasta la balalaika. Le presté cinco dólares y se dirigió a Irkutsk. En un anaquel vio su balalaika. Le dijeron que la había comprado un soldado y que no sabía tocarla, ofreciéndosela. Cantó *Los remeros del Volga* y *La Internacional*, que era para nosotros un himno desconocido... Días después, se recibió una orden de detención contra él, pero le ayudé a escapar. A los pocos meses dimos con él no lejos de Omsk. Como había sido comisario soviético, fue capturado por los soldados de Kolchak y lo quemaron cara al cielo para que pudiera respirar más tiempo y se prolongara la agonía. Las hormigas se le comieron los ojos.

Al relatar tales tragedias, estaba Pablo solo con Bun y este se horrorizó.

—Puedo decirte cosas peores, Bun; ayudé a quemar un centenar de cuerpos fusilados a sangre fría: hombres, mujeres y niños. He visto que un oficial blanco disparaba a las mujeres con nuestras balas, llevadas allí por ferroviarios americanos, es decir, por los ferroviarios de nuestros banqueros. Un gran número de americanos se volvieron locos, y de los que llegamos a San Francisco creo que ni el diez por ciento teníamos sano el juicio. Así se lo dije a un médico, y estuvo de acuerdo conmigo.

V

Los informes eran tan distintos de lo que Bun esperaba, que le costaba adherirse a ellos. Interrogaba repetidamente a su amigo:

—¿Te parece que los bolcheviques no son mala gente, Pablo?

—Aplica el ejemplo de la huelga. Muchos de los «rojos» llegaban de América después de vivir aquí... Hablé con ellos en Siberia. Tratan de redimir a los rusos de la ignorancia y de la superstición. Creen en la cultura. No he visto que pierdan tiempo: se aplican a enseñar, a propagar sus ideas. Dondequiera que estén, leen, hablan, imprimen... He visto periódicos obreros en papel de estraza. Aprendí el ruso regularmente y puedo decirte que sus periódicos tenían el tono de nuestras hojas de huelga, aunque los rojos poseen mayor experiencia en la lucha.

—Luego ¿estás de acuerdo con ellos?

Sonrió Pablo de manera áspera.

—Ve a Frisco, y pregunta a los que volvieron conmigo. Todos se contagiaron en Rusia... Por ese motivo creo que nos hicieron volver. Hubo una rebelión en Arkángel, como sabes... o tal vez no...

—Algo sé...

—Ya te contaré: los bolcheviques son los únicos que tienen fe y solidaridad. ¿Cómo combatir contra ellos, si luchan voluntariamente por su causa?

—Y oye... ¿Es verdad lo que se decía de la nacionalización de la mujer?

—¿Qué obscenidades son esas?

—¿A qué versión hemos de atenernos?

—He conocido mujeres nacionalizadas por los bolcheviques, pero como maestras de escuela. Enseñaban a leer y a escribir a los soldados, y hacían jurar a estos que enseñarían lo aprendido a diez camaradas. Vi unas docenas de maestras en un vagón ganadero del Transiberiano; no contaban con la más elemental comodidad; iban sin abrigo y no poseían ni siquiera un cubo para el aseo. Las conducían prisioneras a Irkutsk para fusilarlas sin formación de causa... Por otra parte, la verdad es que he pasado dieciocho meses en Siberia, que no he visto que los bolcheviques hicieran ninguna atrocidad, ni mis compañeros de expedición han presenciado tampoco nada desfavorable. No diré que no haya excepciones... He dialogado con hombres que viajaron por Rusia, naturales del país y americanos, y la única atrocidad ha sido enseñar a los trabajadores que tienen derecho a gobernar el mundo. Si los bolcheviques han ejecutado, sus enemigos han ejecutado diez y hasta cien veces más. Los periódicos burgueses no hablan de las hecatombes provocadas por sus amigos; están muy atareados contando que Lenin ha asesinado a Trotsky, o que este ha metido en la cárcel a Lenin.

VI

Las palabras de Pablo llegaron a tener para Bun significación tan trascendente, que desvalorizaron las ideas del estudiante. Las pretendidas monstruosidades, los supuestos horrores, se convertían en actos heroicos. Las cosas más respetables cayeron en una sima. Comparando Bun la realidad del mundo industrial con sus múltiples injusticias, se consideraba como un viajero perdido en intrincada selva. De repente, se elevaba a alturas insospechadas y veía caminos y veredas en la selva. Los trabajadores iban a apoderarse de la producción y a dirigirla, en vez de obedecer a los amos. El nudo de la injusticia social se cortaba de un golpe.

Oyó explanar tales ideas en distintas ocasiones sin adherirse a ellas, pero no se trataba ya de discursos; las teorías se realizaban en una zona considerable del mundo. Un pueblo de cien millones, que ocupaba la sexta parre de la tierra, se había apoderado del engranaje industrial y acabaría por triunfar. ¡Si la codicia organizada del mundo quisiera apartarse y dejarlos solos!

Visitó Pablo la refinería. ¡Admirable obra de arte! Parecía formado el edificio por enormes recipientes, unos dentro de otros, en elevada pila que casi llegaba al cielo, gigantesca repostería para que los serafines prepararan golosinas y se extendiera la fragancia por las colinas, mientras huían las codornices. El vapor blanquecino que salía de los recipientes tenía un delicado matiz violado que se confundía con el cielo en aquellos momentos del crepúsculo. Aparecieron las luces eléctricas –blancas, amarillas y rojas–. ¡Parecía aquello un rincón de la Coney Island! La semejanza crecía a medida que se alejaba el observador y se introducía en un edificio largo y bajo, donde había cuarenta y cuatro holandeses que soplaban al unísono en cuarenta y cuatro tubos, como si formaran una orquesta. ¡Cuarenta y cuatro emisiones de vapor a la vez!

Relacionó Bun sus ideas con el campo de Paradise. ¿No había engañado su padre a los Watkins? Los títulos de propiedad eran legales, pero poco honestos, poco limpios, Pablo pensaría lo mismo. Entre tales reflexiones descubrió de repente Bun la improcedencia de su inútil tortura, porque Pablo no trataría nunca de reivindicar la propiedad de Paradise para él ni para su familia, sino para los trabajadores, a los que pertenecía. La refinería era como un melocotón maduro que cuelga de un árbol y espera que alguien lo elija. Solo faltaba que hubiera alguien capaz de propagar aquellas verdades. Si Pablo no estuviese enfermo, podía ser el hombre que diera la voz revolucionaria, para seguir el trabajo normal al día siguiente, sin amo. ¡Todo el poder para los soviets!

VII

Saturado por aquellos pensamientos electrizados, volvió Bun a la universidad. Tan pronto temblaba, excitado y fuera de sí, como se asustaba al comprobar la profundidad de sus convicciones. Comprendió por instinto que la idea de expropiar las industrias del sur de California no tendría éxito entre los estudiantes, divididos en jerarquías cerradas, categorías, clases y subclases, limitándose a contar las noticias de Rusia.

—La Revolución rusa no es una explosión de ferocidad, sino el nacimiento de un nuevo orden social.

Nagle oyó, boquiabierto, la frase de Bun. Nikolaieff salió con que todo aquello podía ser cierto, tan cierto como que los bolcheviques habían metido a su primo en la cárcel. Raquel Menzies añadió que había millares de socialistas en la cárcel. Billy George hizo una proposición:

—Reunamos un grupo de compañeros, que venga Pablo y hable.

Las noticias de Rusia se difundieron rápidamente en los medios universitarios y hasta se llenaron las lagunas que Pablo ocultaba en sus palabras, silenciando algunos hechos graves. Decían todos que Bun era amigo de un trabajador que le había convertido al bolchevismo, y llamaban al hijo de Arnold Ross «el millonario rojo». Alumnas y alumnos le rodeaban estrechamente, haciéndole preguntas y discutiendo con él. A menudo, terminaban las discusiones en furiosas disputas, que se reproducían sucesivamente. En realidad, Bun se convirtió en un agente soviético, porque cuando le estrechaban los adversarios, iba a proveerse de argumentos, pidiéndolos a Pablo.

Los refinados camaradas del grupo de Bun pasaban con él hasta medianoche discutiendo las recusaciones de Bun a todo lo que ellos consideraban bueno.

El reposo y la cocina casera favorecieron la salud de Pablo, que se dirigió una tarde a Angel City para visitar a un amigo. Se le unió Bun y conoció al amigo de Pablo: Harry Seager. Tenía este diez años más que el carpintero, dirigía un pequeño colegio y había estado en Siberia, como Pablo, ayudando a los banqueros. Recorrió el Transiberiano y sabía a qué atenerse, no callando lo que deseaba decir, a despecho de las autoridades y de cuantos, por su cargo o su posición, podían coaccionar al dueño de un colegio de Angel City.

Estaba Arnold Ross muy ocupado en el campo Bandy planeando negocios nuevos, pero Bun insistió en que debía conocer a Harry Seager, consiguiendo reunir con él en un almuerzo a su padre, al director del colegio y a Pablo. Antes de dar fin al primer plato, el magnate ya estaba a las últimas oyendo las lindezas que decían sus compañeros de mesa. Se horrorizó sobremanera, pero no tenía costumbre de echar al vuelo las campanas de la imaginación. Por otra parte, no trataba de enderezar los entuertos del mundo, ni sentía deseos de intentarlo. Le preocupaba que los japoneses estuvieran en Siberia, que la diplomacia ignorara por completo la importancia del petróleo y que el tierno y delicado Bun tuviera ideas peligrosas. «Ese hombrón del Oeste –pensaba Arnold Ross, refiriéndose a Harry Seager– dice la verdad; no es posible suponer lo contrario oyéndole y viendo su cabello prematuramente gris; pero, ¡qué demonio!, no es cosa de que lo hagan zozobrar a uno y se fomenten disturbios en el país atacando al gobierno porque en medio de la confusión producida por la guerra hacía algún disparate...».

Siguiendo Bun su arriesgada campaña de propaganda, arrastró a su padre a un mitin socialista: hablaría Seager.

El local estaba atestado. Creyó Arnold Ross, al ver dos o tres mil personas congregadas allí, que nunca se había reunido tanta gente peligrosa: rostros exóticos, de color oscuro y siniestro: intelectuales de mirada intensa y largas melenas; mujeres de cabello corto y lentes desmesurados; trabajadores hoscos, sombríos, de expresión agreste y dura... Y aquel hombrón del Oeste, aquel Seager que había comido con él, hablaba del «tren de la muerte»; más de dos mil seres, mujeres y hombres, embutidos en vagones de ganado, prisioneros de los blancos, que no sabían qué hacer en Siberia con aquella masa humana y la llevaban de un lado a otro, desviando el tren hacia líneas muertas, inmovilizándolo semanas enteras, mientras las víctimas morían de hambre, de sed o de cualquier otra enfermedad, porque todas eran incurables... Y las tropas americanas sosteniendo a los asesinos, dándoles armas y dinero... Y a todo eso, los polacos invadían el territorio ruso con municiones y uniformes procedentes de Estados Unidos...

Un rugido estremeció hasta la médula a Arnold Ross. El océano humano se agitaba al impulso de la tempestad, se crispaban los puños y las miradas parecían relámpagos. Sabía lo que significaba aquello. Cuando la muchedumbre aclamaba el nombre de Lenin, no se trataba del revolucionario ruso, sino de lo que sus émulos trataban de hacer en América. «¡Libertad para Rusia!», gritaba el pueblo, y pensaba Arnold Ross: «Lo que queréis decir es otra cosa: "Libertad para apoderarnos de la Ross Consolidada"».

Miró de soslayo a Bun, que no compartía, al parecer, el miedo de su progenitor. Brillaba el rostro del joven y gritaba como todos: «¡Libertad para Rusia!», sin tener en cuenta lo que harían las masas con la Ross Consolidada y otras industrias.

VIII

El grupo rojo de la universidad asistió al mitin; los adherentes de aquel núcleo estaban excitadísimos.

Los camaradas refinados de Bun se negaron a asistir al acto en su mayor parte, sin perjuicio de discutir los alegatos que no habían oído, lo que indignaba al príncipe del petróleo y aprendiz bolchevique. ¿Por qué las patrañas pasaban por verdades en la universidad? ¿Por qué se hablaba de la mentira de la nacionalización de la mujer y de las atrocidades bolcheviques, puras invenciones también de los enemigos? Porque no se contrarrestaba la nefasta propaganda reaccionaria.

Habló Nagle a su padre y le dijo que trataba de editar un periódico escolar para exponer la verdad de los hechos. Se suscribieron inicialmente treinta dólares, acordándose publicar un semanario de cuatro páginas, *El Indagador*.

Para empezar con buen pie se convino en que los interesantes informes de Harry Seager figuraran en primer término. Raquel sometió al maestro a un interrogatorio que desarrolló luego la ferviente israelita en forma de entrevista, empleando dos mil palabras. Otro de los rebeldes reunió datos sobre un estipendio clandestino del tesoro estudiantil para subvencionar el viaje a Angel City de unos famosos atletas. A Bun se le indicó un tema alusivo a la vida universitaria y al exclusivismo de los estudiantes refinados que rechazaban el ingreso en el círculo universitario a un joven indio de buenos antecedentes escolares.

Nagle quiso debutar con un suave poema satírico en contra de la divinidad. El original suscitó una discusión sobre la oportunidad del tema, pero Nagle replicó, haciendo valer sus derechos de editor, que estaba de acuerdo con la famosa sentencia rusa: «La religión es el opio del pueblo» y se mantuvo terco. Le apoyó Billy George diciendo que los redactores del semanario debían abarcar todo el campo del pensamiento moderno.

Se imprimió el semanario. Al día siguiente estaría seca la tinta. Entretanto, ¡silencio! Acerca de la distribución de *El Inda-*

gador, Bun, con sus eternas manías señoriles, dijo que debía regalarse al público. Opinó Raquel que su padre, corresponsal de una editorial socialista de Angel City, creía oportuno poner precio al semanario, porque, de lo contrario, no se vendería. Era un detalle de justo discernimiento judío. Su hija apuntó en la reunión esta frase, de justo fervor socialista:

—Si estamos realmente convencidos de nuestras ideas, nada puede importarnos el ridículo.

Era una apelación al martirologio, que todos deseaban, aunque con escrúpulos y reservas mentales.

A las ocho y media de la mañana señalada para la aparición de *El Indagador*, el arrogante, aristocrático y acaudalado Bun era un jovial repartidor de periódicos.

—¡*El Indagador*! ¡Acaba de aparecer el primer número! ¡Cinco centavos!

Amontonáronse los grupos alrededor del gentil y aristocrático vendedor, que despachaba muchos ejemplares. Los grupos engrosaron y formaron un río humano. Viendo el tropel de gente acudían los curiosos.

—¿Una pelea?

—¿Un accidente?

Los compradores formaban círculos; leían y comentaban los artículos; algunos transeúntes curioseaban por encima del hombro de algún lector.

Siguió el movimiento unos diez minutos, hasta que surgió de la universidad, majestuoso y digno, con lentes de oro y collar de grasa alrededor del cuello, un personaje solemne y obeso: el decano Reginaldo T. Squirge, doctor en Filosofía. Tranquilo e imperioso, atravesó los grupos y se apoderó del repartidor de periódicos, que tenía aún en la mano el resto del paquete.

—¡Espere aquí! –ordenó a Bun al llegar al despacho.

Salió de nuevo y volvió con Nagle, a quien depositó también en el despacho, hasta que introdujo a Nikolaieff y surgieron otros profesores escoltando a los demás criminales de la banda.

No se sabía el número de ejemplares vendidos. Los que quedaban estaban en un rincón del despacho del decano, pero se distribuyeron los suficientes para conmover a la gente. Las preguntas más corrientes eran, aquel día, en Angel City:

—¿Ha leído usted *El Indagador*?

—¿Tiene un ejemplar?

Llegó a alcanzar cada número el precio de un dólar, y al anochecer se vendieron algunos ejemplares a dos y tres dólares.

Llegó un ejemplar de *El Indagador* a la redacción de *El Noticiero de la Noche,* que tiraba cinco ediciones diarias. En la segunda edición se insertaba una información en la primera plana con grandes titulares: «Guardia roja en Angel City. Propaganda bolchevique en la Universidad del Sur del Pacífico». Seguía una información a dos columnas que continuaba en la página catorce, con un relato fantástico de *El Indagador,* se hacía hincapié en la denuncia de los pagos hechos para contratar atletas y en el poema del ateo, pero se silenciaba poco más o menos la información de Seager relativa a Siberia.

Horas después, los periódicos rivales de *El Noticiero de la Noche, El Rugido* y *El Ladrido,* se dejaron pisar la noticia, pero se apresuraron a sazonar las ediciones sucesivas con multitud de datos. Decía *El Rugido*: «Aterrador complot bolchevique en la universidad». Contaba que los ladinos agentes bolcheviques se valían de los estudiantes para difundir la propaganda. *El Ladrido,* siempre a la caza de sensacionales informaciones, se refería especialmente a Bun: «Millonario rojo que se convierte al bolchevismo. El hijo de un magnate del petróleo apoya a los soviets».

Se reproducía una fotografía de Bun obtenida arteramente por un periodista, quien se introdujo en casa de Ross y habló con Emma:

—Tenemos interés en publicar la fotografía de su sobrino, porque ha obtenido un premio extraordinario en la universidad, premio que equivale a diez años de aplicación ejemplar...

Emma entregó la fotografía y envió tres veces a un criado a comprar *El Ladrido*...

IX

En el curso ordinario de los acontecimientos, aquellos incidentes periodísticos hubieran durado unas horas. Con recordar el hecho de que las autoridades académicas habían reprimido la publicación de *El Indagador*, quedaban libres las páginas de la gran prensa para continuar sus informaciones habituales: el divorcio de una estrella de la pantalla o la fuga de la dama enamorada de un detective.

Los hados prepararon un tormento para los estudiantes rojos. A la mañana siguiente de la aparición del periódico, un camión cargado de pólvora chocó y estalló en Wall Street. El accidente sobrevino frente al Banco Morgan, y provocó la muerte de doce personas. Minutos después del accidente, los banqueros llamaron a los más famosos detectives de América, que se hicieron estas reflexiones: «Si el accidente es puramente fortuito, no hay consecuencias; si decimos que se trata de un atentado comunista, hay muchos miles de dólares en perspectiva».

Se extendió la horda de espías, confidentes y delatores, con la seguridad de que si se dedicaban a buscar una pista, ganarían dinero. Las emociones cundían en el país, hasta el extremo de que en Nueva York, Chicago y Angel City esperaba el público revelaciones sensacionales sobre la caza de aquellos nigromantes que simpatizaban con Rusia y que estaban en todo el mundo. ¡En los calabozos rumanos y polacos se descoyuntaron brazos y se mutilaron cuerpos humanos! En cuanto a los periódicos de Angel City, la situación era la siguiente: si relacionaban la explosión de Wall Street con el comunismo universitario del grupo de Bun, iban a hacer un negocio con la venta de números extraordinarios; en otro caso, tendrían que contemplar el triunfo de algún diario rival.

El Ladrido dio extraordinaria importancia a la edición de *El Indagador* y le bastó leer lo que decía Harry Seager para enterarse, por medio de sus agentes de espionaje, de que en un reciente mitin, el tal Seager denunció con vehemencia los manejos del Banco Morgan, prediciendo sus horribles destinos. En su tercera edición de la tarde, escribió *El Ladrido*, para que todo el mundo leyera: «La bomba provista por un rojo. La policía busca en Angel City al agente soviético».

Aquello era escandaloso, realmente, pero también constituía un negocio, y al atardecer llegó a la redacción un veterano del ejército con la confirmación. Hacía dos días que habló con Seager en un tranvía y profirió el maestro graves amenazas: «Dentro de tres días leerá usted que la casa Morgan ha pagado sus crímenes de guerra». El soldado hubiera podido ser sincero en su conversación, porque habló con Seager de la invasión polaca en Rusia, declarando este último: «Dentro de tres días verá que los polacos retroceden».

Antes de este incidente, la puerta del Colegio Seager quedó desencajada por los detectives que acudieron allí por la noche. Utilizaron también un hacha, y cuando llegó Seager por la mañana, encontró los papeles en desorden y el material escolar pisoteado por los zapatos del patriotismo. Se apoderaron los patriotas, no solo de los papeles del maestro, sino también de los ejercicios de mecanografía de los alumnos. Seager no les hacía escribir frases como esta: «El astuto zorro salta sobre el perezoso dogo», sino máximas de propaganda revolucionaria: «Los hombres nacen todos libres e iguales», «Dame la libertad o la muerte».

X

No se creía en la universidad que el grupo de estudiantes rojos tuviera nada que ver con la explosión de Wall Street, pero se sabía que aquellos insensatos estaban influidos por personas peligrosas que figuraban en el complot o que eran muy capaces de figurar en el mismo. Se sabía también que los estudiantinos rojos se aprovechaban de la universidad para hacerse ellos mismos el reclamo, por lo que fueron amonestados uno por uno en el despacho del decano, vejados, interrogados... Les dirigieron frases insultantes; no solo el rector, sino algunos caballeros torvos y rígidos, representantes de los tribunales, del espionaje y del embajador fantasma.

Cuando se dio cuenta Bun de lo que ocurría, recordó que, como hijo de millonario, estaba acostumbrado a hacer valer sus derechos, y preguntó a uno de los que le interrogaban:

—Y usted, ¿quién es? ¿Con qué autoridad se mezcla en estos asuntos?

—Vamos, Ross, si hay hombres malos que conspiran contra la tranquilidad del país, supongo que no querrá usted protegerlos –atajó el decano.

—Eso depende de lo que usted considere «hombres malos» –contestó Bun devolviendo la pelota–. Si se trata de seres que propagan la verdad, quiero protegerlos en la medida de mis fuerzas.

—Lo que nos interesa es saber su relación con Pablo Watkins.

O se sometía Bun al interrogatorio, o favorecía con su silencio las más sombrías sospechas acerca de Pablo.

—Watkins es mi mejor amigo... Nos conocemos desde hace siete u ocho años. Es el hombre más fuerte y franco que conozco. Ahora ha regresado enfermo después de pasar año y medio en Siberia con las fuerzas expedicionarias. Reclamaría el auxilio del Estado si fuera menos orgulloso... Me contó lo que había visto con sus propios ojos, y como le creo completamente y tengo fe en su palabra, repetiré lo que me dijo aquí o fuera de aquí, donde sea, sin que nadie me detenga.

Dejaron en paz a Bun y se apoderaron de los conspiradores menos ricos. El más culpable era Nagle, porque figuraba como director legal de la publicación. Le obligaron a retractarse de su ateísmo, y juró que no lo haría. Sonrió con ironía y añadió que cuando pudiera publicaría un periódico para burlarse de Dios todos los sábados.

El Rugido publicó un artículo a dos columnas titulado: «Estudiante rojo expulsado».

Le tocó el turno a Raquel. Le preguntaron por la intervención de su padre en el complot. Se sabía que el padre de Raquel había nacido en Polonia y podía ser expulsado dejando desamparada a la familia. En Polonia, con la acusación de rojo, no hacía falta más proceso para ser fusilado.

Ante aquellos hombres, no pudo Raquel contener las lágrimas y dijo que su padre no era comunista, sino socialista, como si el distingo tuviera la menor importancia para un patriota.

¿No se habían opuesto los socialistas a la guerra? ¿Y no tenía el país un fiscal que quería ser candidato a la presidencia de la República, haciendo valer como mérito preeminente sus campañas contra los rojos?

Llamó por teléfono Raquel a Bun, saltó este a su coche y llegó a la universidad, pidiendo una entrevista con la joven al rector Cowper, en contra de la etiqueta universitaria. Empezó por declarar al rector su propósito de no hacer propaganda política mientras permaneciera en la universidad, aunque añadió que si las autoridades permitían que el señor Menzies fuera deportado como castigo por haber colaborado su hija en *El Indagador,* él, Bun, seguiría las huellas de la guerra, y utilizaría parte del dinero de su padre en propaganda.

El rostro de clérigo de Cowper se enrojeció al escuchar la apenas velada amenaza de Bun.

—Joven –le dijo–, me parece que olvida usted lamentablemente el hecho de que las autoridades académicas no tienen nada que ver con las decisiones del gobierno.

—Doctor Cowper, aprendí de mi padre a no perder el tiempo en rodeos. Sé que si aconseja usted a los encargados de sustanciar este asunto que se detengan, se detendrán... Quiero hacer constar, además, que conozco a Menzies por su hija. Menzies cree en la democracia y en la educación del pueblo. Pertenece a la derecha del grupo socialista y no simpatiza con los bolcheviques. Le supongo a usted en posesión de antecedentes para comprender que no es esa clase de gente la que merece ser deportada.

Cowper no sabía gran cosa de todo aquello, pero deseaba aprender. A pesar de la indignación oficial que tenía el deber de ostentar como una insignia más del cargo, sentía una impía curiosidad por conocer los móviles que guiaban a uno de los discípulos predilectos de la universidad en su carrera loca. Habló Bun al rector de Seager, de Pablo Watkins, de lo que habían visto estos en Siberia. Hizo el doctor las más ingenuas e infantiles preguntas, despachándose Bun a su gusto, como si diera una conferencia de dos horas a Cowper sobre socialismo y comunismo.

Despidió el rector al millonario rojo y le dijo que no sería deportado Menzies tan lejos como creía Bun, añadiendo:

—Y dejen ustedes, jóvenes inexpertos, que las inteligencias formadas analicen las ideas que difunden ustedes tan desatinadamente...

XI

Se entrevistó Bun con Enriqueta Ashleigh. No la encontró apenada, como temía, porque ocultó ella su disgusto bajo una máscara de dignidad.

—Empiezo a temer que se entrega usted a esa vulgar avidez de notoriedad que ataca a los propagandistas, amigo mío...

Quiso aceptar el reproche, pero no pudo. En el fondo le aburrían las ideas de Enriqueta, y cuando el aburrimiento se apodera del ánimo, es imposible adherirse al romanticismo.

Emma se horrorizó con ostentoso escándalo. No había obtenido el premio su sobrino por culpa de los rojos. Aquel espeluznante peligro bolchevique en su propia casa... Conocía historietas sobre el bolchevismo porque en el club se difundían algunas, pero ¿cómo suponer que los emisarios de Satanás podían seducir a Bun?

—Procura defenderte de esas influencias diabólicas, tía, porque tal vez te invadan dentro de poco...

Berta estaba fuera de sí. Invitada a una reunión muy esperada por ella, se sentía avergonzada. ¿Cómo mostrarse ante la sociedad elegante? Era fatal; tan pronto como obtenía un triunfo en los salones, salía Bun y lo inutilizaba con alguna idiotez. Era lo más fastidioso que podía ocurrir: Bun demostraba sus gustos plebeyos, soeces. Se querían mucho los dos hermanos y se insultaban con fraternal franqueza.

Arnold Ross no hizo la más leve pregunta a nadie... Era todo un carácter. Cuando Bun se dispuso a darle explicaciones, le interrumpió diciendo:

—Está bien... Ya sé lo que ha ocurrido... ¡Basta!

Conocía a Seager y a Pablo y se ponía en el lugar de su hijo. Sabía que cada generación elabora sus propios errores.

La conmoción no tuvo derivaciones y decreció rápidamente el sensacionalismo de los primeros días. Los camaradas refinados de Bun parecían tomarlo todo a broma. Solo se produjo una consecuencia seria: el profesor Irving recibió una carta del rector en la que se decía que el contrato de aquel en la universidad no se renovaría para el curso siguiente.

Irving mostró la carta a Bun con seca sonrisa. El muchacho se encolerizó y trató de amenazar al doctor Cowper, Irving le disuadió con cuerdas palabras.

—Desentiéndase usted de favorecerme, porque, de todas maneras, tienen mil modos de hacer odiosa la vida a un hombre indeseable... Veré de buscar otra colocación. Tienen un espionaje perfecto y a lo mejor figuro en el fichero negro.

—¿Cómo cree usted que se han enterado de lo que piensa?

—Cuentan con un ejército de espías.

—Pero hemos extremado las precauciones y jamás hablamos de usted, no siendo entre nosotros...

—Probablemente hay un confidente entre ustedes.

—¿Un estudiante?

—¡Claro que sí!

Y sonriendo ante la incredulidad de Bun, le enseñó un escrito a máquina.

—Lo ha traído un amigo; es el boletín semanal de la «Liga de Defensa Americana», organización de los negociantes de Angel City, con espías en colegios y escuelas superiores. Se ingenian para conseguir que los escolares den el soplo cuando observan la menor contaminación bolchevique. Presume la Liga de contar con ciento sesenta mil dólares al año durante un quinquenio.

Otro mazazo de la realidad contra el joven idealista. ¿Quién podía ser el confidente?

—Alguien que alardea de rojo, extremista exasperado... Cuando no pueden demostrar su celo esos viles sujetos porque no ocurre nada, son capaces de convertirse en provocadores y producir una hecatombe.

Puede usted conocer al traidor por lo que se dan a conocer los de su cuerda: hablan mucho y no hacen nada...

—¿Será Billy George? Ahora recuerdo que prometió ayudarnos a vender los periódicos y no apareció cuando llegó el momento... Nunca éramos bastante extremistas para él, que defendió a capa y espada el poema del ateo, una tontería inoportuna... Últimamente se ha escabullido y no ha sonado su nombre estos días...

Sonrió Irving.

—Vea usted cómo entra en acción el terror blanco. Aprenda a comprender los hechos y la historia del mundo. Afortunadamente, es usted rico y se trata de una broma, pero no lo olvide: si fuera usted un judío ruso de los que viven en los arrabales, estaría ya en la cárcel, le pedirían diez mil dólares de fianza y diez o veinte años de prisión... Si vivieran ustedes en Polonia, en Finlandia o en Rumanía, les hubieran llevado a la hoguera...

XII.
La sirena

I

Floreció la primavera en California mientras se marchitaban las ilusiones de Bun, cuya presencia en la universidad era pura fórmula. Se enseñaban allí cosas fastidiosas, de escasa importancia, y asustaban, en cambio, las ideas nuevas. Lo único que halló Bun en la universidad fue una guía para lecturas que imaginaba de provecho, pero podía leer en casa. Se preguntaba si volvería a la universidad al curso siguiente.

No iban mal las cosas en Paradise. Pablo era maestro carpintero y trabajaba en el campo, repuesta ya su salud. El trabajo de construcción era escaso después de la guerra.

Ruth parecía feliz. Tres obreros estaban enamorados de ella, pero Ruth solo pensaba en Pablo. Este estudiaba de firme, pero no libros de biología, sino obras de carácter social.

Muchos de los soldados que habían hecho la guerra pensaban como Pablo y se reunían con él dos veces por semana para leer en alta voz las obras de más interés y comentarlas amigablemente.

El pabellón Rascum se convirtió en «un nido bolchevique», como hubieran dicho los periódicos de Angel City. Podían sostener los obreros opiniones distintas sobre la táctica más conveniente, pero todos estaban de acuerdo en que el capital y el trabajo solo una cosa tienen común: la lucha. No temían a nadie; mientras trabajaban o comían discutían concienzudamente, y el eco de aquellas discusiones se extendía a los cuatro vientos. Arnold Ross estaría enterado, pero no le interesaba terciar en el asunto porque nunca impuso ningún punto de vista al personal. Tampoco podía intervenir con éxito, ya que eran públicas las concomitancias de Bun con los rojos. La organización de los trabajadores del petróleo era un hecho desde los tiempos de la guerra.

La mano del tío Sam empezaba a aflojarse. El presidente de la República vegetaba en Washington, semiinválido, y los patronos de Angel City, partidarios de admitir a los trabajadores no sindicados, deseaban volver a las andadas. La renovación de los contratos de trabajo se hacía a fin de año, y el interés de los trabajadores se concentraba en aquella cuestión de los contratos; la misma inquietud sentían los rojos agrupados en el pabellón Rascum que la masa. Se cernía en el ambiente la amenaza de otra huelga.

No se desentendió nunca el magnate de la idea fija que tenía respecto a las actividades de Bun, deseando que tomara parte activa en los negocios. El hijo estudiaba las particularidades de la producción, el mercado, las estadísticas y los precios. Iba a los pozos y hablaba extensamente con los capataces. El petróleo no le interesaba tanto como años atrás; se daba cuenta de que un pozo se parece a otro. El número 142 había producido seiscientos mil dólares, mientras el número 143 produjo solo cuatrocientos cincuenta mil. ¿Qué importaba, en fin de cuentas, la diferencia, si se invertía en hacer nuevos sondeos?

La respuesta de Arnold Ross estaba archivada en la mente de Bun: «El mundo necesita petróleo». Mentalmente hacía Bun objeciones y se decía: «Efectivamente, el mundo necesita petróleo; los hombres se trasladan de un lugar a otro mediante ese producto, pero no están mejor en su residencia nueva... Ahora, que tales consideraciones son letra muerta para mi padre; están al margen de su pensamiento».

Parecía Bun caballo de noria: daba vueltas durante el día tratando de explicarse los contrasentidos del engranaje social;

por la noche seguía dando vueltas en el lecho a sus preocupaciones. Sufría mucho, pero situado fuera de su ambiente peculiar, hubiera muerto, sin pasto adecuado para su avidez analítica.

Aprendió progresivamente a reservar sus dudas íntimas. La teoría de la lucha de clases y los rumores de huelga que leyó en un periódico que editaban los trabajadores del petróleo, le inquietaban extraordinariamente. Sin embargo, al ir con su padre a cazar codornices y siendo los dos dichosos en el seno de la madre Naturaleza, comprobaba Bun que la felicidad era tan solo exterior, aparente. Su padre estaba pesado, sin flexibilidad ni soltura para entusiasmarse trepando por las rocas...

II

Pasó Bun las vacaciones de Pascua en Paradise. Vernon Roscoe fue a visitar a su padre.

Apenas se conocían Bun y Roscoe. Se habían visto muy raramente, sin ocasión de intimar. Todo lo que el joven recordaba del socio de su padre era que tenía un rostro grande, estatura grande y bronca voz. Decía Arnold Ross que Roscoe tenía también un gran corazón, pero la única demostración de aquella grandeza que recordaba Bun era que el amigo de su padre le daba unas palmaditas en la espalda llamándole melosamente: «Jim chiquito».

Llegó con Roscoe una endiablada borrasca procedente del páramo. Por regla general, el tiempo era soportable en Paradise, y las noches frescas, pero tres o cuatro veces al año se levantaba una ventolera caliente. «Con tantos grados a la sombra, no hay sombra», decían los obreros mientras trabajaban al sol y bebían con frecuencia agua de cebada. Lo peor era que la ardiente ventolera soplaba toda la noche y se calentaban las casas. Como hornos estaban durante tres o cuatro días.

Roscoe salió de Angel City después de comer y llegó al campo a hora avanzada de la noche. Le esperaban Arnold Ross y

Bun sentados bajo el pórtico. Antes de que parara el motor, la voz de Roscoe atronó el espacio:

—¡Hola, Bun! ¡Por los clavos de Cristo, qué calor hace! ¿Seguirá soplando mañana este viento infernal? En tal caso tendré que marcharme lo más deprisa que pueda...

Llegó al pórtico. Su cara, redonda como la luna, brillaba extraordinariamente. Se quitó la americana y la camisa quedando el cuerpo cubierto con una camiseta rosada.

¡Calor de maldito desierto!

—¡Hola, amigo! –dijo el padre.

—¿Cómo está usted? –añadió Bun, sin osar darle la mano, porque Roscoe la hubiera apretado con excesivo ímpetu. Había sido marcador de ganado en Oklahoma y se decía que llegó a apoderarse de un potro salvaje, domando sus ímpetus. A pesar de la grasa que tenía en el cuerpo, conservaba la fuerza.

—¿Haré bien en quedarme aquí? ¿No voy a achicharrarme?

—Tiene usted que quedarse... No puedo seguir el trabajo del campo Bandy hasta que examine usted todos los datos. Si es preciso, le sentaremos sobre hielo, pero quédese.

—¿Hay cerveza? Que me traigan un cubo lleno –dijo dirigiéndose al criado japonés que estaba a poca distancia–. No he querido aventurarme a traer mucha cantidad de cerveza en el coche. O'Reilly trató de cruzar la frontera con un cacharro no muy grande de whisky, y tuvo que pagar cien dólares antes de pasar... ¿Cómo soportaremos el calor?

—Beberemos limonada en vez de cerveza, amigo –dijo Arnold Ross. Bun había impuesto el cambio y su padre se encontraba muy orgulloso. Se quitó Roscoe el calzado y el pantalón y se sentó bajo el ventilador.

—¡Pero si el aire del ventilador es también caliente! –dijo el visitante con cómica angustia.

Y dirigiéndose a Bun:

—¡Hola, bolchevique! ¿Y la bandera roja?

El interpelado iba a entrar en los veintiún años, pero Roscoe era huésped de su padre y no tuvo más remedio que sonreír.

—Veo que lee usted los periódicos.

—¡Eres un gran periodista revolucionario y sabes compaginar bien, tienes chispa para los títulos!... Por cierto, que en mi despacho te presentaría un comisario del pueblo, un bolchevique disfrazado, que trata de venderme una concesión en los Urales. «¿Dónde diablos estarán los montes Urales?», me dije yo; pero resulta que, efectivamente, existen en alguna parte del mundo... El bolchevique pronunció un discurso en el que habló, con absurda elocuencia, de la fraternidad humana, pero le interrumpí enseñándole tu retrato, Bun, para que comprendiera que el hijo de mi socio estaba en el secreto... Desde aquel momento somos camaradas...

III

Fue a acostarse Roscoe a la intemperie sobre una cama de campo, cerca de la fuente. Llevaba un pijama de seda verde Nilo. Le despertaron a las cinco de la mañana para ir con Arnold Ross, el ingeniero y el geólogo a examinar el terreno. Regresó poco después dando resoplidos y pidiendo cerveza en vez de desayuno. ¡Qué haría cuando caldeara el sol! Le convencieron de que no se aventurara a cruzar el páramo hasta que se pusiera el sol. Se retiraron los dos magnates y Bun al salón, cerraron las ventanas y permanecieron allí a cubierto del calor sofocante. Cada diez minutos miraba Roscoe el termómetro y lanzaba una letanía de palabrotas de carretero. A media mañana parecía frenético. ¿No podía regarse la habitación con una manguera? Bun, que había estudiado Física, objetó que si regaban solo conseguirían trasladarse del clima del desierto al del Congo. Sugirió Roscoe que se regara el pórtico de la casa y el techo, lo que hizo un criado sin tardanza. Llamó Arnold Ross por teléfono a un capataz y le dijo que improvisara un refrigerador.

—Pagaré un dólar a los obreros que le ayuden, si terminan dentro de una hora.

Llegaron cuatro obreros con una caja metálica grande, de paredes dobles; hicieron un agujero en el fondo de la caja para el ventilador; metieron media tonelada de hielo y un par de sacos de sal en la caja, funcionó el ventilador y bajó la temperatura en gran proporción.

Empezó Roscoe a emitir enormes suspiros de alivio y acabó con un victorioso bramido que les hizo desternillar de risa. Roscoe tenía sueño y se quedó dormido mientras salía Arnold Ross al campo con Bun.

Después de la comida durmió Roscoe otro rato y al despertar se sintió bien.

Hablaron largamente, y Bun aprendió algo más de lo que sabía.

—Necesito que me des doscientos mil dólares, chiquillo.

—¿Dónde tiene usted la pistola? –preguntó amigablemente Arnold Ross.

—Es que esos doscientos mil dólares podrán recobrarse con enorme beneficio. Es un capital que vamos acumulando O'Reilly, Fred Orpan y yo, y no queremos que se enteren más que unos pocos.

—¿De qué se trata, pues? –preguntó Arnold Ross.

—Nos preparamos para cuando se reúna la Convención republicana. ¡Por los dioses del Olimpo, que no será presidente ningún llorón, ningún caralarga profesor de universidad! Tendremos un hombre de cara redonda como la nuestra. ¡Voy a Chicago a elegirlo!

—¿Piensa usted en alguien?

—Estoy en negociaciones con un dirigente del partido en Ohio, Barney Brockway, quien desea que aceptemos al senador Harding. Piensa Brockway que puede conseguirse el triunfo con dos o tres millones, prometiéndonos la secretaría del Interior...

—Comprendo perfectamente –interrumpió Arnold Ross.

No era preciso preguntar lo que aquello significaba.

—Tengo los ojos puestos en un campo, que conozco bien por haberlo estudiado diez años seguidos. ¡Una maravilla! La

Excelsior Pete abrió dos pozos de prueba y dejó de trabajar, manteniendo el secreto. Hay un informe oficial, que se refiere a ese campo, pero se oculta cuidadosamente, aunque he podido obtener una copia: ¡cuarenta mil acres de terrenos petrolíferos!

—¿Y cómo puede conseguirse desvincular a la Excelsior Pete?

—El gobierno cuenta con ese campo para extraer petróleo con destino a la Marina, pero, si no se explota, ¿de dónde se saca el petróleo? Creen los ignorantes que pueden emprenderse trabajos en los pozos y obtener producción en un santiamén, mientras el Parlamento vota una declaración de guerra... Entremos nosotros en ese campo, y ya venderemos a la Marina todo el petróleo que pida.

Aquella doctrina encajaba perfectamente en el espíritu de Arnold Ross, quien observó, dirigiéndose a su amigo:

—Haría usted bien en contar con la fiscalía del Tribunal Supremo, además de la cartera del Interior.

—He pensado en ello. Barney Brockway ha tratado el asunto con Harding, y el mismo Brockway será fiscal.

Se fijó Roscoe en Bun, que estaba sentado y leyendo, al parecer, un libro.

—Supongo que nuestro bolchevique comprenderá que esta conversación no es propia para repetírsela al pregonero.

A lo que replicó Arnold Ross con rapidez:

—Bun conoce todos mis asuntos desde que andaba a gatas... Y sobre la cuestión de los doscientos mil dólares, cuente usted con el cheque en el momento que quiera...

IV

Se ocultaba el sol y Roscoe tenía que marcharse, pero esperaba la cena. Una vez apurada la crema helada y la taza de café apartó la silla de la mesa y respiró con aire alegre. Mientras desprendía la vitela de un habano, se dirigió a Bun.

—Voy a decirte lo que te interesa.

—Estoy dispuesto a escucharle...

—Eres un joven agradable, pero endiabladamente serio, porque te tomas la vida demasiado por lo trágico... En eso te pareces mucho a tu padre. Hay que conceder sus fueros a la vida y no entretener las preocupaciones; hay que alegrarse de vez en cuando. ¿Has tenido novia?

—Ahora, no –dijo Bun, ruborizándose un poco.

—Lo suponía... Necesitas una que te anime... Piensa que no me refiero a una mariposa casquivana de jazz, sino a una muchacha discreta como mi Ana Bella... ¿La conoces?

—De vista.

—¿La has visto en *Madama Tee Zee*? ¡Es algo portentoso! Me quiere como una madre... Si llega a estar aquí, no hubiera bebido yo tanta cerveza, puedes estar seguro... Es desinteresada, encantadora... Ven a mi casa y la tratarás. Es casamentera, y nunca se considera tan feliz como cuando busca la media naranja de alguien... ¿Por qué no te vienes ahora conmigo?

—Tengo que volver a la universidad pasado mañana.

—Bien, pero no dejes de venir a verme... y trae al viejo. También necesita una muchacha, como le he dicho docenas de veces.

Dirigiéndose a Arnold Ross:

—¿Se atrevería? ¡Miren cómo se ruboriza el talludito doncel! Ya le contaré a Bun algunas aventurillas de su padre...

Roscoe, que estaba ya de pie, dio unos amistosos golpecitos a su colega, y se echó a reír estrepitosamente.

Se deducía, en efecto, que Roscoe tenía muy buen corazón. Parecía dispuesto a introducir a Bun en los goces de la vida.

Al marcharse, insistió Roscoe con el joven.

—Lo dicho... ¿Irás a casa?

—Se lo prometo.

Arrancó el coche, y minutos después se ocultó a lo lejos, en un zigzag de la carretera.

V

—¿Vas a dar dinero a Roscoe? –preguntó Bun a su padre.

—¿Por qué no?

Nunca se podía saber si fingía Arnold Ross o se asombraba de veras. Era más astuto que el diablo.

—¿Te propones comprar la presidencia de Estados Unidos?

—Puesto que lo dices...

—¿Y qué opinas tú?

—Que es una de tantas maneras de hablar. Si no actuamos con energía, nos encontraremos después de las elecciones con que hemos perdido la partida. Hay unos bravos tipos en el Este que gastarán un par de millones en favorecer la elección del general Leonard Wood.

—Pero es un juego sucio.

—Ya lo sé; el único posible. Si quiero, puedo prescindir de jugar, porque soy lo bastante rico, pero no es ese el caso.

—¿Y no tenemos derecho a dirigir nuestros propios asuntos?

—De ninguna manera. Te bloquearían los bancos y te inutilizarían. En el mundo de los negocios no hay sitio para un capitalista que se empeñe en vivir aislado. Crees que soy un gran burgués porque tengo veinte millones, y yo creo que Roscoe lo es porque tiene cincuenta. Luego está la Excelsior Pete, que supone el tráfico de treinta o cuarenta empresas, con mil millones de dólares, la Victor (tres o cuatrocientos millones más), y el peso de las compañías de seguros y de los bancos tras esas estructuras formidables. ¿Qué probabilidades tenemos los independientes? Observa la baja de los valores... Dicen los periódicos que hay exceso de producción. ¡Vaya una sandez! ¿Quién produce la plétora más que los grandes magnates del petróleo inundando el mercado para aplastar a los independientes, inutilizarnos y ponernos fuera de combate? Surgen muchos inconvenientes, y hay que defenderse. ¿Cómo obtener facilidades sin ayuda? ¿Qué hubiéramos conseguido sin entregar dinero a Jake Coffey? ¿No influimos en la política? Seremos vencidos. Ahora nos defendemos, ni más ni menos... Si yo, Fred Orpan y O'Reilly podemos conseguir el campo, seremos grandes magnates del petróleo como los otros. Ten la seguridad de que seguimos las huellas de quienes han buscado petróleo desde que se inició la industria hace medio siglo.

Conocía Bun los argumentos habituales de su padre.

—Está bien que imaginemos cómo debe ser el mundo, hijo, pero no se trata de eso, sino de producir petróleo. Con el procedimiento socialista quedaría entre las manos la riqueza que puede producirse. Transferir derechos al Estado es como enterrar riqueza. Habláis de las leyes, pero hay leyes económicas que no puede alterar el gobierno ni nadie. Cuando el poder público hace mal las cosas y los hombres de negocios le obligan a rectificar, no se les debe hacer objeto de crítica. Estamos en la era del petróleo. ¿Se quiere impedir la producción? Es lo mismo que cegar las cataratas del Niágara.

Era aquel un momento crítico en la vida de los dos. Cuando, tiempo después, recordó Bun tales razonamientos de su padre, lamentó no haber tomado una determinación, aun teniendo que verse en el caso de romper con él al declarar que no se prestaba a colaborar con Roscoe para comprar la presidencia de la República. ¡Qué desolación la de Arnold Ross si el hijo renunciaba a la herencia en favor de Berta! Se hubiera sentido decepcionado su padre, pero no hubiera intrigado para cometer acción tan escandalosa.

¿Por qué no rompió con su padre? ¿Cobardía? No. Bun sabía poco de la vida para temerla. No había ganado un dólar, pero creía que podía vivir bien trabajando. La dificultad estaba en que no nació para hacer sufrir a nadie. Por ello le había dicho Pablo que era blando y dúctil. Se adaptaba fácilmente al parecer ajeno. ¡Veía con tanta claridad el intento de Roscoe y el de su padre!

Sentado horas más tarde entre sus amigos, los trabajadores, y pensando en la escena que había presenciado, comprendía con perfecta claridad el punto de vista de aquellos sobre la expropiación.

VI

Volvió Bun a la universidad y al terminar el curso se reunió en Chicago la Convención del Partido Republicano.

Miles de delegados y suplentes, corresponsales de prensa y personajes de variadas categorías se congregaron para justificar aquel acontecimiento.

Se pronunciaron largos discursos, se bebió y se fumó enormemente... En una habitación del hotel Blackstone, media docena de personajes se aprestaban a trazar con desenfado el programa de la solemnidad.

Entre los millones de palabras que se difundieron por el mundo sobre la Convención, no se refería ninguna a Roscoe, que manejaba los hilos. Hizo ofertas concretas, compró con cheques a los hombres estrictamente precisos y, tras repetidos escrutinios, el pedestal del general Leonard Wood empezó a tambalearse. A la novena votación resultó elegido candidato del Partido Republicano Warren Gamaliel Harding, de Ohio.

Terminó Bun los estudios universitarios. Nikolaieff embarcó en San Francisco con rumbo a Alaska, para encajonar salmón. Raquel y un hermano suyo se unieron a tres estudiantes israelitas, y en un automóvil desvencijado fueron a trabajar en la recolección de la fruta, teniendo que dormir en el campo tras la jornada. Recorrieron muchos caminos y se detuvieron en las fincas, contratándose para amontonar fruta y seleccionarla.

El único de los rojos que estaba ocioso era Bun. No sabía qué hacer de su vida. En otro tiempo, cuando se abría un pozo, trabajaba entre los obreros; ya mayor, no podía hacer chiquilladas. La empresa había crecido en proporción, tenía los preciosos engranajes y no podía interponerse Bun como en sus años de niño.

Ni siquiera podía regar las plantas del jardín sin entrometerse en la tarea del jardinero. Resolvió estudiar en los libros de Pablo, pero ¿quién estudia ocho horas seguidas? Y respecto a ayudar a su amigo, no se tenía por un perfecto carpintero y le parecía tarde para ser aprendiz.

Vivía en un mundo poblado por seres que trabajaban o jugaban durante toda su vida. Los que trabajaban, lo hacían por fuerza; los que jugaban, no tenían nada interesante que decir. Solo hablaban del juego y empleaban una ridícula fraseología para referirse a las diversas maneras de golpear una pelota en el campo. Está bien que se juegue como recreo y ejercicio físico, pero dar la vida y el pensamiento a la pelota y a los partidos, seguir los ritos con minuciosa religiosidad, leer y escribir libros, discutir a todas horas del día un tanto o una patada, tener el alma en el campeonato, le parecía absurdo a Bun. Veía seres vestidos con traje deportivo, que en la flor de la edad repetían una especie de ejercicio hipnótico para convencerse a sí mismos de que estaban gozando de la vida.

VII

Hizo Berta nuevos esfuerzos para atraer a Bun hacia las delicias del gran mundo. ¿No le pertenecía hacer vida de sociedad por derecho propio?

La joven había reñido con Eldon.

—Era un lechuguino, un tonto –dijo Berta a Bun. Siempre quería salirse con la suya.

Tenía otro pretendiente: Carlos Norman, hijo único del difunto Augusto Nerman, fundador de Aceros-Occidente.

—Una cabeza algo loca, pero un hombre fascinante, y tan rico como Craso...

Tal fue el informe de Berta.

Tenía una madre vanidosa que trataba de pasar por joven. Se vestía como una chiquilla y hacía intervenir la más radical cirugía en el rostro para impedir las arrugas. Como poseía un espléndido yate, rogó a Berta que llevara a bordo a su arrogante hermano. Este supuso que su hermana estaría en algún gran apuro, pues contaba con la poca dispuesta afición de Bun para alternar con aquella gente encopetada.

Camino del puerto aleccionó Berta a su hermano.

—Si te hablan de lo ocurrido en la universidad, no tienes más que seguir la broma, sin hacer mención de tus horribles manías bolcheviques, ¿oyes?

Bun no tuvo que esforzarse mucho, y se dejó llevar. Precisamente Carlos Norman era uno de esos chuscos que siempre tienen algo que decir: cuando no, hacen un mal retruécano.

El yate *Sirena* era una espléndida mansión blanca, con brillantes metales; un barco de maravillosas maderas talladas, entre las que abundaba la caoba. Se veían a bordo profusión de tapices de seda.

Los marineros que pulían los metales y los filipinos que transitaban por el yate, llevando espléndidas bandejas con cristalería tallada, eran jóvenes, vestían de blanco y parecían recién vestidos para representar un vodevil.

Los invitados hacían vida agitada: desembarcaban para ir a un campo de golf; de allí se dirigían a un club campestre para almorzar, bailaban durante una hora o dos, se bañaban en la playa, asistían a un partido de tenis, volvían al yate y se vestían para cenar. La etiqueta era rigurosa, como la que se usa para comer en las embajadas.

Sobre cubierta había espléndida iluminación multicolor y una orquesta. Se danzaba hasta el alba, mientras las olas azotaban los costados del yate y las luces de la costa hacían palidecer las estrellas.

Los invitados murmuraban continuamente, refiriéndose a menudos sucesos. Era imposible entenderles sin pertenecer a su círculo, porque utilizaban una jerga para su propio uso y les hacía delirar el hecho de que no se les entendiera. Hablaban de las modas venideras, de los hombres de confianza para el contrabando de bebidas, de los pelotazos, de los tantos... ¿Se mantendría firme en su sitio el campeón de tenis? ¿Qué éxito alcanzaban los jugadores americanos en Inglaterra? ¿Llegaría el equipo de polo de Filadelfia a dejarse arrebatar la copa?

Hay hermosos trofeos de oro y plata sobredorada, con inscripciones en relieve, que llegan a sugestionar a la gente hasta el punto de hacer creer en la importancia de un pelotazo.

VIII

Sentado a la mesa en aquella soberbia mansión flotante leía Bun noticias de Rusia, de la región del Volga.

No había cosechas, y los campesinos se morían de hambre. Se alimentaban con hierbas y raíces, se comían a sus propios hijos, huían a la desbandada y quedaban sus cadáveres en el éxodo. ¡Prueba del fracaso del comunismo!, decían los periódicos.

Si Carlos Norman no aprovechó la ocasión para satirizar a los rusos hablando con Bun, fue por la sencilla razón de que no leía periódicos.

El hambre lo causaba la sequía, no el comunismo. La sequía y el hambre eran endémicas en Rusia y nunca se habían atribuido al zarismo. La cuestión se había agravado por la desorganización de los ferrocarriles, pero los que atribuían esa desorganización al bolchevismo, olvidaban que durante la guerra, antes de la Revolución, ya estaban desorganizados. Los soviets habían tenido que enfrentarse a una guerra civil con muchos frentes. Los periódicos que estaban conformes con la intervención del dólar en las provocaciones, censuraban a los dirigentes bolcheviques por no saber contener los rigores del hambre.

¿Cómo puede gozar de la vida un hombre que después de conversar repetidas veces con Pablo, tiene tales soliloquios? Trató de comportarse como los otros invitados, pero se notaba la diferencia.

Se sentó a su lado la madre de Carlos y le llamó cariñosamente por su nombre familiar. En aquella sociedad todos tenían monosílabos por nombre. En cuanto un elegante daba unos pelotazos o se bebía una copa, quedaba bautizado con un monosílabo.

—Usted va a la universidad –dijo la señora–, y estoy segura de que estudia.

—No mucho, no mucho, señora.

—Quisiera saber cómo me las arreglaría para que estudiara Carlos; solo piensa en el juego y en el amor.

Estuvo a punto de replicar: «Suprímale usted la pensión», pero se contuvo; la frase horripilaría a Berta; se contentó con decir diplomáticamente:

—Es un verdadero problema...

—La gente joven sí que es para mí un problema infinito, muchos problemas; siempre están correteando los jóvenes de un lado para otro, y no puedo avenirme a soportar el ajetreo.

Se compadeció Bun oyendo a la dama, porque hasta aquel momento había creído que la madre de Carlos callejeaba por su gusto. Era alta y erguida; iba vestida con los bellos colores de su yate: azul y blanco. La brisa acariciaba sus ojos azules y sus cabellos negros. No se veía en el rostro la menor señal de cicatriz ni arruga.

—He dedicado la vida entera a mi hijo y no lo agradece... Se sacrifica una por los otros y creen que se trata de una cosa natural... ¡Ah, no! Esta tarde me declaro en huelga y no voy con ellos al golf.

Carlos anunció, al disponerse a salir del yate con los jugadores, que su madre no les acompañaba.

—Se queda con Bun en el yate –dijo en alta voz.

Se alejaron los donceles rápidamente, satisfechos por verse libres de quien se empeñaba en ir con ellos a todas partes.

IX

La dama y Bun se acomodaron sobre cubierta en sillones de lona, bajo un toldo a rayas. Sorbieron zumo de fruta y hablaron de diversas cosas.

—Cuénteme algo de su vida.

Creyó este que la señora Norman empleaba una táctica especial como posible suegra de su hermana, y le habló de la manera más agradable que pudo. Presumiendo que no sería indiferente a las cuestiones prácticas, se refirió a la próspera industria de su padre.

—¡Siempre dinero! –dijo ella–. El dinero es lo que nos sobra... ¿Cómo comprar la felicidad?

Inició las revelaciones diciendo que era teósofa y esperaba el advenimiento de una era nueva; se viviría en distinto plano astral.

—Cuando está usted en un claroscuro, he observado que tiene una aureola dorada, Bun. Eso significa que tiene naturaleza espiritual y está destinado a grandes y nobles cosas.

Le hizo preguntas sobre sus ideas. Al parecer, nada sabía de los sucesos de la universidad. Bun se apresuró a hacer un discurso sumario del que se deducía que las riquezas del mundo estaban mal distribuidas.

Recostada la dama sobre unos almohadones de seda, dijo con negligencia:

—Todo eso es material, poco elevado... Creo que debemos aspirar a las alturas.

Surgía una cuestión espinosa y Bun la soslayó con tino, empezando luego la señora Norman a hablar de ella misma:

—Mi vida ha sido un desastre... Me casé muy joven, sin saber lo que hacía, y por obedecer a mis padres. Mi marido fue una mala persona: tuvo amantes y me trató cruelmente. He dedicado los mayores esfuerzos a la educación de Carlos, pero confieso el fracaso... Carlos está siempre enamorado, pero nada sabe, en realidad, del amor. Y usted, joven, ¿qué piensa del amor?

Otra cuestión difícil. Bun se escabulló de nuevo con evasivas.

—¿Qué sé yo? Las gentes se atormentan unas a otras... Tengo mucho que aprender, y, francamente, no sé a qué atenerme en cuestión tan complicada...

—Un ensueño de amor, vive eternamente en el alma de una mujer o en la de un hombre. Pueden ser cínicos los hombres y decir que no creen en nada, pero esperan en secreto, porque el amor es algo que no puede compararse a nada del mundo.

Se sentía satisfecha la señora Norman pensando que entre la vulgar, ruidosa y turbulenta generación, se distinguía Bun ventajosamente, pero la turbulenta, ruidosa y vulgar generación volvió al yate y cortó aquellas intimidades.

Recibió la dama a los excursionistas y apareció luego en el salón del yate, que tenía lindos paneles estilo Watteau; pastores y ninfas, damas recostadas voluptuosamente, oyendo romanzas de laúd.

La señora Norman se había transformado en una musa de salón. Vestida de seda azul pálido, con el cabello dorado, pecho y hombros desnudos y blancos, y doble gargantilla de perlas, estaba encantadora. Bun, que conocía la química habitual de su tía Emma, debió comprender el secreto de aquella trasformación, pero no parecía muy dispuesto a pensar en la magia de tocador. Sentado junto a la viuda, la miró con alguna complacencia.

—¿Bailará usted conmigo, Bun? Esos jóvenes olvidan su deber...

Danzaron y descubrieron que lo hacían muy bien.

—¿Volverá usted a bailar conmigo, Bun?

—¡Con mucho gusto! No tengo empeño en buscar otra pareja.

Exhalaba la dama sutil y fugaz perfume. También pudo recordar a Emma. ¡Era tan agradable aquella fragancia, que parecía natural!

El seno de la viuda estaba a medio cubrir y enteramente al descubierto la espalda. Carlos les importunó y el concurso sonrió discretamente. Al día siguiente comprendió Bun que aquella juventud se acostumbraba a todo en menos de veinticuatro horas y no molestaba más a la manera de los céfiros.

Paseó en automóvil con la viuda, jugó al golf con ella y bailaron repetidamente como una pareja feliz, lo que agradaba a Carlos, a Berta y a la viuda. Tres personas, por lo menos, estaban completamente satisfechas.

X

Deseaba Bun leer una revista. Recostado en la lujosa litera que tenía almohadas de seda rosada bordadas a mano y una lámpara dorada sobre ella, se entregó a la lectura. No tardó en trasladarse imaginativamente a Rusia, a la tragedia sangrienta, con las carreteras sembradas de cadáveres... Pensó también en Hungría, donde se aplastó la Revolución social por el expeditivo procedimiento de asesinar a cuantos creían en ella, utilizando municiones americanas y dólares.

Estaba Bun tan absorto, que no oyó el rumor de la puerta que se abría, ni la llave que giraba por la parte interior.

Lo primero que advirtió fue el sutil y fugaz perfume de la viuda, que apareció ante sus ojos con un quimono purpurino, con enormes flores rojas. La visión parecía medrosa y tenía las manos juntas.

—Bun, ¿puedo hablar con usted? –dijo la aparecida.

La víctima tuvo que decir que sí, y la dama cayó de rodillas junto a la litera.

Tembló la suave voz de la aparecida.

—Me encuentro tan sola y soy tan desgraciada... ¿Sabe usted lo que significa la soledad de una mujer? Usted es el único ser a quien he deseado confiar hace tiempo mis inquietudes. Sé que doy un paso poco correcto, pero le pregunto: ¿por qué no admitir la sinceridad de una mujer?

Bun ignoraba las razones contrarias y no supo qué objetar. La sinceridad de la viuda palpitaba de amor.

—Dulces ensueños agitan mi corazón lastimado... No piense que soy frívola... Soy honrada y honesta...

Y las lágrimas inundaron sus ojos.

—¡No me desprecie, por Dios! Deseo ser feliz, ¡y hay tan pocos seres dignos de amor! Dígame, ¿está enamorado de alguna mujer?

Hubiera sido una solución decir que estaba enamorado, pero no se atrevió a mentir. Al oírle la viuda, brilló una sonrisa dulce en su rostro, como el sol tras un aguacero primaveral.

—¡Soy una tonta! ¡Las lágrimas van a afearme! Permítame que apague la luz.

Y cumplió su deseo, mientras a oscuras decía la aparición, convertida en perfume:

—¿Cree que podrá amarme un poco?

Tenía que decidirse Bun.

—¡Señora Norman!

—Ya sé que soy vieja, pero las jóvenes son unas tontas... Haré todo lo que pueda, le daré lo que necesite...

Sabía Bun que solo tenía que tender los brazos. Eunice había sido su maestra. Podía haber caído en éxtasis y desde aquella hora hubiera sido su esclava la viuda, la hubiera dominado, gastado su dinero con otras mujeres... Estaba en el trance de comprender que había tahúres.

Muchos hombres no sienten la elevada indiferencia de Bun hacia el lujo y el poder, y seducen a la dama rica, convirtiendo sus encantos en presa. Tales hombres se distinguen de distintos modos: holgazanes lagartos, camaleones, romeos, reptiles parlantes, domadores de gatos, jaques, castigadores, pintaloros... ¿Cuánto tiempo se afanó el viejo Norman para poseer una industria, tener un palacio flotante y una espléndida mansión en la costa? Y he aquí que los tesoros que producía el acero estaban en aquel palpitante cuerpo... El quimono se había deslizado suavemente y solo quedaba el traje de noche, tan leve como el perfume, unos brazos que estrechaban con fuerza y unos labios ardientes que besaban frenéticos.

—¡Bun, me casaré con usted, si quiere, y tendrá todo lo que pida!...

El joven aprendió de Eunice que los besos son seductores cuando se está dispuesto al amor, y repelentes en el caso contrario.

—Telma... no necesito nada.

—¡Dios mío! Ya sé que soy muy poca cosa, pero solo quiero que piense en que le quiero.

Recobró Bun el aplomo.

—Mi afecto por usted no es amor, sino amistad, Telma...

Se relajó la presión de los brazos de la viuda y cayó sollozando junto a la litera.

—Seguramente va usted a aborrecerme, Bun, y no querrá verme nunca más.

—Nada de eso, Telma. ¿Qué razón hay para reñir por el hecho de que no me sienta enamorado?

Estaba tan abatida, que Bun sintió lástima y quiso consolarla alargando la mano. Ella la cubrió de besos, lo que impresionó a Bun, mientras recordaba que un poeta inglés del siglo XVIII había descubierto que la piedad mueve al alma hacia el amor.

No quería entregarse más que a la mujer amada, y esta no era la madre de Carlos.

—Creo que debe usted marcharse, Telma...

Se hizo ella con el escurridizo quimono y se puso de pie.

—Hay tanta maldad en el mundo, Bun, que si se sabe algo...

—No tema usted... No diré nada a nadie...

Se abrió la puerta y quedó solo Bun, que dio vuelta a la llave. Jamás olvidaría la precaución de cerrar la puerta.

Encendió la luz. ¡Qué extraño incidente! Con su modestia habitual, no se atrevía a atribuirse ninguna cualidad atrayente. «Lo que ocurre –pensaba– es que, en la nueva civilización pagana, se sienten las mujeres tan extrañadas al hallar un hombre poco disipado, que pierden el juicio».

Al día siguiente se ruborizó la viuda al hallar al desdeñoso Adonis sobre cubierta, pero desapareció el rubor, hablaron de teosofía y siguieron siendo excelentes amigos. Él la llamó Telma y Carlos no se permitió ninguna broma.

Berta interrogó a Bun:

—¿Te hizo el amor Telma? ¿Hasta dónde? Eres tonto teniendo secretos con tu hermana... Algo ha ocurrido entre los dos... ¡Bah! Las luces son discretas en el yate, y no están puestas para ayudar a ningún detective a perseguir fantasmas. Te advierto que no sois los primeros... Ahora, que no vayas a creer que te quiere para marido... Habla mucho de la reencarnación, pero no tiene el menor interés en renunciar a sus millones.

XI

Las acciones de Acero Occidental sufrieron una baja en el mercado de valores industriales. Como Berta no descontaba de sus ilusiones la posibilidad de casarse con Carlos, preguntó a Arnold Ross lo que significaba la baja.

—Son manipulaciones de los especuladores.

Se tambalearon después otros valores, incluso los de la Ross Consolidada, y el magnate del petróleo emitió su opinión:

—Los aventureros provocan alzas ficticias y, en resumen, perjudica a los valores más firmes.

La crisis se extendía por todo el país. Algunas industrias y hasta algunos bancos sufrían quebrantos en su crédito. Cundía el pánico. Arnold Ross y Roscoe decidieron paralizar algunas obras y despedir personal. Decía el magnate:

—Hay mucho dinero en los bancos, pero solo los grandes magnates disponen de él.

Roscoe se indignó con el banquero Mark Eisenberg, que rechazó amables proposiciones. Los cinco grandes magnates del petróleo y sus banqueros trataban de excluir a los independientes, aunque, según Roscoe, no conseguirían comprar la Ross Consolidada por cinco o diez millones.

Irving habló con Bun y le dijo que la alta política bancaria gobernaba la economía y tenía el privilegio de emitir ilimitada cantidad de papel moneda en tiempo de crisis. El papel volvía a los grandes bancos, que prestaban a las industrias potentes, cuya seguridad protegían, mientras los independientes, en épocas difíciles, se verían entre la espada y la pared. Llegaba el turno a los propietarios de tierra, que estaban desorganizados y huérfanos de protección. Tenían que apresurar la venta de cosechas y los precios oscilaban desfavorablemente por la abundancia de ofertas. Millones de hacendados quebrarían antes de finalizar el año. El precio de los géneros manufacturados no bajaría en la misma proporción, porque las grandes concentraciones que contaban con la Banca de Wall Street defendían sus valores.

Dio Bun tales explicaciones a su padre, quien las comunicó a Roscoe. Sabía este quién gobernaba los intereses de la alta banca en la costa del Pacífico: un grupo poderoso, que hacía enormes compras, pero no podría adquirir la propiedad de la Ross Consolidada.

El dinero abundaba tan poco, que Berta no pudo comprar un coche después de inutilizarse en un accidente el que tenía. Habló Arnold Ross de economizar en el presupuesto casero. Emma aprovechó los restos de filete desde que supo la verdad. Todos hablaban de crisis excepto los periódicos, que la ocultaban lo mejor que podían, aunque se adivinaba entre líneas.

Sobrevino entonces un curioso episodio. Se detuvo un elegante automóvil ante la mansión de los Ross y descendió un elegante personaje vestido con blancos hábitos. Era un joven rubio, de continente solemne: Elias Watkins.

Dio la mano a todos –se conducía con la elegante parsimonia de un arzobispo–, y solicitó hablar confidencialmente con Arnold Ross. Conferenció con este durante media hora y salió el profeta del despacho con el rostro sonriente haciendo reverencias a diestro y siniestro.

Arnold Ross se expansionó con Bun:

—¿No sabes lo que pasa? Elias está metido ahora en un lío. En las afueras de la ciudad halló la manera de hacerse con la voluntad de algunos granjeros y consiguió reunir solares suficientes para construir el templo de la Tercera Revelación. Encontró algunos propietarios que tenían influencia con las autoridades locales, y se le permitió contar con terreno para edificar. La palabra del Señor quedaba confirmada y el templo se alzaría por fin, pero, por razones que desconozco, no ha sustraído el Señor a Elias del pánico general y tiene que atender a los vencimientos como cualquier hijo de vecino que no comunica con las alturas. Hace cerca de un mes que debió pagar ciento setenta y cinco mil dólares, y como las colectas fracasan, el Señor le indicó que reuniera fondos por otro procedimiento.

—¿Y qué quiere de ti?

—Le ha revelado el Señor que tengo la obligación de aceptar una segunda hipoteca, aunque en la revelación faltan indicaciones precisas sobre la existencia de numerario disponible; a pesar de eso, le he dado quinientos dólares a Elias para ayudarle.

—¡Gran Dios! ¿No habíamos quedado en ahorrar?

—Es que Elias me recordó su intervención en nuestros negocios. ¿No recuerdas que bendijo el primer pozo de Paradise? Hubiera sido una blasfemia negarle el dinero.

—Pero tú no crees en las pretensiones de Elias.

—Desde luego... Creo, en cambio, que el profeta ha conseguido hacerse con buenas relaciones y podemos necesitarle tarde o temprano. Cuando haya elecciones y lleguemos a la lucha encarnizada, podemos recobrar con creces el dinero, consiguiendo que Elias avale nuestra candidatura.

XII

Reflexionó Bun y dijo a su padre:

—Si has entregado quinientos dólares a Elias por pura broma, deseo otros quinientos para cosa más seria.

Lo primero que se le ocurrió a Arnold Ross fue pensar que no debió descubrir a Bun la conversación con el profeta.

—¿De qué se trata, hijo?

—He visto al profesor Irving, que está muy apurado, sin encontrar trabajo. Le han puesto en las listas negras. Como al solicitar una plaza hace constar que ha estado de profesor en la Universidad del Sur del Pacífico, se piden informes a Cowper, y, naturalmente, dice que Irving es un bolchevique.

—¿Y qué culpa tenemos nosotros?

—Convéncete de que nos alcanza alguna responsabilidad, porque yo le induje a que me hablara francamente. Pensé que podría mantenerse la reserva, pero nos espiaban.

—¿Te pide dinero?

—Le ofrecí el poco que puedo tener, y lo rechazó, pero sé que lo necesita. Hablé del asunto con Seager y con Nagle. Conocen a los trabajadores de la ciudad y piensan organizar una escuela, una especie de Instituto del Trabajo. Todos hemos convenido en que Irving es el hombre ideal para dirigirlo.

—¿Y qué os proponéis?

—Educar a los trabajadores jóvenes, instruirles...

—Ya tienen las escuelas del Estado.

—No enseñan nada que se relacione con el trabajo, o, mejor dicho, no enseñan nada que sea verdad. ¿Qué tiene de extraño que los obreros traten de tener sus propias escuelas?

—Serán planteles de socialistas.

—Nada de eso; en vez de elaborar doctrina, tratamos de abrir las inteligencias; queremos que los trabajadores piensen por sí mismos.

Aquellas frases no convencieron a Arnold Ross.

—Esos jóvenes se convertirán todos en bolcheviques, en rojos... No me importa que des quinientos dólares al profesor Irving, aunque comprenderás que no voy a pasarme la vida ganando dinero para que lo emplee en enseñar a los jóvenes que no tengo derecho a ganarlo.

Sonrió ligeramente Bun. Era la actitud más cuerda ante aquellas palabras del astuto viejo, que sabía penetrar en el futuro y comprender la realidad.

XIII.
El Monasterio

I

Se habituaba Bun progresivamente al estudio de las cuestiones sociales. En su mente brillaba con claridad la convicción de que los recursos y riquezas del país, en el sistema imperante, eran arrojados a un redondel para que los codiciosos se aprovecharan de ellos. Se preguntaba por la solución humana del magno problema y deducía que no puede hallarse al margen de los trabajadores, ya que estos no tienen espíritu de rapiña y lo producen todo. Solo los trabajadores pueden prevalecer por acuerdo mutuo, ideal de fraternidad y cooperación.

Tal era la fe fundamental de los radicales, fe que profesaba Bun mientras se evadía del mundo enmarañado del dólar y de la guerra. Tenía que organizarse el trabajo, apoderarse los obreros de la industria y reconstruirla sobre bases humanas. La fórmula era sencilla y merecedora de la mejor adhesión, pero Bun no pudo menos de admitir que la realidad era complicada. Los creadores y artífices de la nueva sociedad no eran capaces de ponerse de acuerdo sobre la estructura nueva ni sobre la manera de librarse de las fuerzas caducas.

Estaban divididos los trabajadores en sectores y discutían sin cesar. Pensaba Bun que ya era bastante luchar contra la federación patronal, contra los agentes y rompehuelgas, contra los políticos, que aplican siempre la ley burguesa. Los jóvenes radicales necesitaban, además, ser enemigos unos de otros. Les separaba la interpretación de la Revolución rusa. Por primera vez en el curso de la Historia, se apoderaban los trabajadores del poder. ¿Cómo aprovechaban la lección los radicales?

La prensa capitalista de todo el mundo pintaba la realidad rusa como una pesadilla, pero los soviets sobrevivían, y cada día significaba una batalla perdida para la prensa. Podían los trabajadores dirigir los destinos de un pueblo. En cada país del mundo se dividieron las clases laboriosas en dos grupos: los que deseaban seguir el ejemplo de Rusia, y los que, por cualquier motivo, creían que el intento significaba una locura. Las divisiones se mostraban en todas las escuelas. Entre los socialistas había partidarios de imitar a Rusia, y partidarios de lo contrario; lo mismo ocurría entre los anarquistas; incluso los dirigentes obreros se dividieron para apoyar unos a los soviets y otros al capitalismo.

Tales disidencias estaban representadas, para Bun, en la familia Menzies. El viejo era un socialdemócrata de la escuela clásica, muy activo y decidido para procurar la unión de los trabajadores. De los seis hijos de aquella familia, dos hijas vivían como su madre, una israelita de cabellera polvorienta, que se quedaba en casa para guardar estrictamente el día del Señor, llorando por los hijos descarriados, influidos por la pervertida América, que hacía de ellos unos seres agnósticos y burlones, capaces de trabajar el sábado sin remordimientos de conciencia. Raquel y el hermano mayor, Jacobo, eran socialistas como su padre. Los otros dos hermanos, Ikey y Joe, pertenecían a la izquierda y eran partidarios convencidos de la dictadura del proletariado.

II

Recibió Bun una carta de Raquel.

«Querido señor Ross: Después de seleccionar la cosecha de ciruelas de California, hemos vuelto a nuestra casa. La semana próxima empezaremos con las uvas. Como dijo usted que deseaba asistir a un mitin de la organización socialista local, le comunico que mañana habrá uno muy importante. Asistirán mi padre y mis hermanos y se alegrarán mucho si le ven allí».

Contestó Bun con un telegrama invitando al militante socialista y a los cuatro hijos a cenar con él antes del mitin.

Los llevó a una fonda elegante, sin tener en cuenta que molestaría el ambiente y la etiqueta a los invitados. Verdaderamente, es más fácil que un camello pase por el ojo de una aguja, que un rico comprenda los sentimientos de los desheredados.

Raquel estaba muy cambiada. No era ya la amarillenta figurilla de otro tiempo. Pertenecía al tipo oriental que puede pasar unas semanas al sol, trabajando en la recolección de la fruta, sin preocuparse de la tez. Tenía el crepúsculo en las mejillas y la aurora en el espíritu. Por primera vez se le ocurrió a Bun que Raquel era una mujer interesante.

Las aventuras de Raquel en el campo le parecieron extraordinariamente románticas. Cuando se da rienda suelta a la imaginación, se sueña, generalmente, en grandezas, sirenas, amantes, coches, el boato que poseía y despreciaba Bun. Raquel, en cambio, no hacía más que trabajar en las huertas, seleccionar fruta y enviar a los suyos un giro. ¡La vida de Raquel sí que era puro romanticismo!

El viejo Menzies tenía el pecho hundido a fuerza de trabajar. No podía pronunciar algunas letras inglesas. Su hijo Jacobo, el socialista, era un poco cargado de hombros y pálido. Bun le conocía, porque era estudiante. Le halló muy mejorado por la vida que había llevado al aire libre. Los otros dos muchachos de la familia Menzies eran locuaces y animados, algo jactanciosos y dicharacheros. Se mostraban un tanto hoscos con Bun; no tenían confianza con él y les parecía muy airoso sostener ante el plutócrata la severa integridad de las ideas proletarias. ¡Que nadie pudiera decir que les intimidaba el millonario! Por añadidura, estaban en pugna con el resto de la familia a consecuencia de las discusiones políticas.

El local del mitin estaba lleno de trabajadores con los ánimos en tensión. El Comité local había decidido expulsar a los miembros de la extrema izquierda. Las minorías, a su vez, eran partidarias de expulsar a sus rivales.

La carne estaba, pues, en el asador. Tenía Bun verdadero interés en sostener su entusiasmo por el movimiento radical. Eran todos estrepitosos; mientras él tenía el prejuicio de la serenidad y de la quietud. No esperaba que los trabajadores usaran maneras perfectas y hablaran un inglés impecable, pero ¿qué necesidad tenían de manotear y chillar? ¿No podían discutir las ideas sin llamarse unos a otros «traidores a la causa» y «zafios esquiroles»?

Estaba Bun en un momento crítico de su vida. No trataba de exhibir sus correctas maneras ni era aquel el momento más propicio para la etiqueta. El viejo Menzies subió al estrado insultando en alta voz a sus hijos y diciéndoles que eran unos borricos, si pensaban que las masas de América harían la Revolución.

—La Revolución rusa surgió por la ruina que produjo la guerra, pero los banqueros americanos necesitarían diez años de guerra para verse en mala situación. ¿Qué hacéis vosotros? Si hay confidentes de la policía que se introducen en el movimiento obrero, se debe al extremismo de la izquierda...

Aquellas frases parecieron muy prudentes a Bun. Los capitalistas de Angel City deseaban que el movimiento radical derivara hacia la izquierda, con objeto de tener un pretexto para aplastarlo. Querían que surgieran extremismos y estaban dispuestos a favorecerlos, incluso provocándolos.

Decir aquello a los extremistas era lo mismo que tremolar una bandera roja ante una manada de toros bravos.

—¿Qué dice usted de la policía? –dijo Ikey a su padre–. ¿Qué hacen los socialdemócratas en Alemania? Se han hecho cargo de la función policíaca y disparan contra los comunistas en beneficio de la burguesía.

—Lo mismo harán en California –gritó el otro hermano–. Sois los eternos colaboradores de la burguesía.

Era una frase nueva, al parecer. La cuestión estaba en saber si el vacilante sistema capitalista se apuntalaría diez años más con la ayuda de los trabajadores. Se indignaba hasta el rojo vivo Joe Menzies.

—Sois agentes y sobornáis a los trabajadores por dos centavos de aumento por hora.

Los rojos del país se dividieron en tres grupos. Ikey y Joe Menzies dejaron el hogar paterno y se fueron a vivir con dos muchachas que pensaban como ellos.

Bun quedó más perplejo. ¡Qué complicaciones hallaba en la vida!

III

Roscoe llamó a Ross hijo por teléfono. Contestó Bun:

—¿Qué tal, señor Roscoe?

—Hola, Bun. Llamaba para invitarte a venir. Ana Bella está aquí y se alegrará de verte. Viola Tracy nos acompaña y también Harvey Manning.

—Iré.

—Tu padre te dará el itinerario.

Dijo Arnold Ross a su hijo que la vida doméstica de Roscoe era algo complicada.

—Ana Bella, la famosa estrella de cine, es lo que la gente llama «amante» de Roscoe, pero más afectuosa y deferente con él que una amante, porque parecen casados, aunque Roscoe tiene mujer y cuatro hijos que viven en la ciudad. La esposa de Roscoe quiso arrastrar a su marido a la vida de sociedad, pero no estaba él por los salones. Va a veces la señora de Roscoe a El Monasterio, una casa de campo, pero no cuando está allí Ana Bella. Algún acuerdo debe haber entre todos para no encontrarse unos con otros... Ana Bella tiene su propia casa cerca del estudio donde trabaja como estrella de cine, y recibe a sus amistades cada fin de semana en El Monasterio.

Conducía a El Monasterio una mágica carretera de cemento, desarrollada, al parecer por una mano de gigante. Volaba el coche a través de masas de colinas, escarpadas montañas y valles, trayectos costeros en los que se veían muchas redes tendidas al sol. El padre de Bun no imponía a este la más leve adhesión a los reglamentos sobre velocidad.

Siguiendo una bifurcación de la carretera se llegaba a un terreno costero después de recorrer diez millas. En un paraje espléndido estaba El Monasterio, rodeado de vegas con puertas de hierro. Se leía cerca de la entrada esta indicación: «Terreno de propiedad particular». Había una plazoleta para que los coches pudieran maniobrar.

Se abrió la puerta y entró Bun con su coche. Ascendió por el repecho de una colina y desde la cima –¡oh, maravilla!– vio una hondonada verde y amarilla que lindaba con el mar y las grises torrecillas de piedra de El Monasterio. ¡Montañas, y el mar por límite! Si algún pobre mortal trataba de penetrar en El Monasterio, tendría que hacerlo a fuerza de remos o a nado.

Había bosquecillos de robles centenarios a los lados del camino. Si se tenía la fortuna de ser huésped del dueño de la quinta, se llegaba guiado por canelones a una puerta cochera. Aparecía un criado y ordenaba solemnemente que se pusiera el coche a cubierto. Se entraba en la quinta como en una catedral o castillo: bóvedas, relieves, festones de almenas, matacanes y torres góticas de carácter imperial y místico a la vez.

El crucero catedralicio ocultaba un ascensor del que vio salir Bun una diminuta figura: traje color limón, sombrero y zapatos del mismo color, una verdadera pastora de tapiz.

Pertenecía Bun al noventa por ciento de los hombres civilizados que podían contar el número de pestañas de Ana Bella, situar en un diagrama los hoyuelos de la estrella y dibujar el curso de sus lágrimas a lo largo de las mejillas. En el Paraguay, Madagascar, el Tibet y Nueva Guinea, la proporción de los admiradores no pasaba del setenta por ciento.

Había visto Bun a Ana Bella convertida en hija de un rey del acero, de Pittsburg, castigada duramente por sus insensateces y arrepentida al fin. La conocía también como favorita de un rey de Francia, muriendo con elegancia para expiar elegantes pecados; como rica heredera raptada de un palacio de Georgia; como gentil pastora descalza de las Montañas Azules...

—¿Es usted uno de los invitados? –dijo Ana Bella con gesto de escena muda. Su voz era atiplada, sobreaguda–. Roscoe me habla siempre de usted... Porque supongo que es el señor Ross... Me complace mucho verle aquí y deseo que se considere como en su propia casa. Haga lo que le plazca; está en el vestíbulo de la libertad.

Aquellas palabras, ¿eran de *Corazones de acero* o de *La noble doncella*?

—Está aquí el gran Harvey... ¡Harvey! ¡Venga! Ha llegado el señor Ross.

Y presentó el recién llegado a Harvey.

—Sea usted amable con él, Harvey, para que vuelva otra vez. Ha pasado por la universidad, lee mucho y lo sabe todo. ¡Le vamos a parecer ignorantes y frívolos!

Harvey andaba lentamente, sin acelerar el paso. Hablaba lentamente también. Nunca parecía tener prisa, porque pertenecía a una familia de abolengo y la indolencia le parecía elegante. El rostro era raro, poco juvenil. No sabía Bun, ni aproximadamente, la edad de Harvey.

—¡Hola, Ross! –dijo–. Tengo mucho gusto en conocerle. Y a propósito: tengo un tío que se está gastando cien mil dólares para meterle a usted en la cárcel.

—¿Por qué? –inquirió Bun, algo asustado.

—Se empeña en cazar a los rojos... aunque dice que los rosados son peores que los rojos... Conste que me ha preocupado usted de veras.

Diose cuenta Bun de que las frases de Harvey eran una broma de salón, como las que se hacen para endulzar la vida a los hombres ociosos, jóvenes o viejos.

—Si por cien mil dólares se me puede encarcelar, mi padre gastará doscientos mil en libertarme, señor Harvey.

—Creo que a Roscoe le gustaría intervenir en el asunto, ¿no le parece a usted, Ana Bella?

—Ninguno de mis huéspedes ha estado en la cárcel. Avisaría Roscoe por teléfono al jefe de Policía y saldría el detenido a respirar el aire libre.

—Como ve usted, Ross, Ana Bella es positiva –dijo Harvey.

IV

Aquella brillante luminaria de la pantalla, Ana Bella, era un ser dado a la interpretación directa y positiva de las cosas. La poesía novelesca que el público veía en ella residía solo en los ojos del público. La artista no tenía más que contribuir a la ilusión con su bella figura y su rostro expresivo. Los directores de escena, espléndidamente retribuidos, ponían el resto. Igual desarrollaba películas que negocios, y hablaba de porcentajes sobre las ventas al extranjero, como si se tratara de negocios de petróleo. Por ello congeniaba con Roscoe, que tenía también una inteligencia práctica.

Había en Bella más empeño en ser actriz que en ser amante. Dijo Roscoe a sus huéspedes:

—Me cuesta ocho millones de dólares convertir en estrella a esta muñeca de treinta años.

Pero Ana Bella era agradecida. Alguna vez soñó en imponer alguna obra maestra, ganar ocho millones y vindicar su amor. Era emocionante y respetable ver que Ana Bella pagaba lo que debía a Roscoe dedicándose por entero a él.

Ana Bella era un freno para Roscoe.

—Ya has bebido bastante –solía decirle.

Y no temía ostentar su fuero ante la gente, en un banquete o en una reunión.

—¡Pero si no he dado ni el primer sorbo! –protestaba Roscoe.

—Pues detente antes de empezar. Recuerda lo que dice el doctor Wilkins.

—¡Que se vaya al diablo el hígado, sano o enfermo!

—Me dijiste que te hiciera obedecer, y me obligarás a que te haga avergonzar en público.

—¿Avergonzarme? Querría encontrar quien fuera capaz de eso.

—Ya sabes que si repito lo que me dijiste la última vez que te dejaste llevar por el vino...

Calló Roscoe con el vaso en el aire.

—¡Que se diga! –clamaron los comensales, dando grandes voces.

—¿Lo digo?

—Me rindo...

La concurrencia aplaudió, pero Ana Bella no descubrió nada.

Por extraño que pueda parecer, Ana Bella era una piadosa católica.

¿Cómo se las arreglaba para regularizar su vida ante el confesor? Bun lo ignoraba. Se entregó ella a las obras de beneficencia; su nombre figuraba entre los favorecedores de asilos y hospitales. Su cabecita estaba tan llena de supersticiones como la de una nodriza negra. No hubiera empezado a trabajar en una película ningún viernes por los ocho millones que debía a Roscoe. Si se derramaba la sal, no solo aconsejaba que espolvoreara el culpable sus propios hombros, sino que lo hacía ella misma. En un almuerzo hizo que una jovencita comiera en mesa aparte, asegurando que la jovencita podía ser víctima de un maleficio, ya que los comensales eran trece. Era buena; tenía temperamento afectivo. Cuando insistía en que volvieran los invitados, era que verdaderamente lo deseaba. No hablaba mal de los ausentes. Rehuía los celos, tan propios en los artistas. Era una de las pocas estrellas que toleran los elogios dedicados a otras. Sentía respeto hacia Bun porque le atribuía un conocimiento profundo de las cuestiones públicas. El hecho de que el nombre de Bun tuviera notoriedad periodística de peligroso rojo le confería a los ojos de Ana Bella cierto prestigio novelesco.

V

—¡Harvey! –dijo Ana Bella–. Puede usted acompañar a Bun; que conozca la casa.

Bun se convenció de lo que era un modelo de quintas, pero Harvey no era buena escolta. Para desempeñar el papel que Ana Bella adjudicaba a Harvey era preciso tener propicio el entusiasmo, y Harvey había visto tanto en su vida, que se inclinaba a patrocinarlo todo, aunque con indiferencia.

Había casi tantos edificios en aquella hacienda, como tanques en la refinería de Paradise, solo que en El Monasterio se trataba de tanques góticos. En las construcciones góticas no había capillas, altares, ni tumbas de abades, pero había un gimnasio, una piscina de mármol verde, campos de tenis, de golf y de polo: todo lo que podía contener el más refinado club. Había también una caballeriza con corceles de silla que montaban criaditos jóvenes, y una biblioteca frecuentada tan solo por directores de empresas cinematográficas que buscaban color local para las películas, como decía Harvey. También se veían unas jaulas que contenían la fauna del país.

El parque estaba cuidadosamente cercado. Había corderos y ciervos, guaridas de osos pardos tras sólidas barras; en otras madrigueras, gatos silvestres y leones. Había también águilas en una caseta que tenía dentro un árbol y estaba cubierta con una red. El vuelo de las águilas es un magnífico tema poético, pero en una jaula decepcionan: son melancólicas.

—Como esas águilas están algunos de sus amigos rojos: en la cárcel –dijo Harvey.

El hombre más hastiado del mundo se interesa por algo, según pudo observar Bun en su visita. Eran las seis y media; se imponía la vuelta.

Regresaron a grandes pasos y les salió al encuentro un chinito vestido de blanco, ofreciéndoles una bebida. Quedó contento Bun; podía hablar con la garganta mojada. Por cierto, que Harvey parecía tenerla siempre seca porque arrastraba la voz al hablar.

Cuando se presentó Bun en el comedor, los invitados estaban ya reunidos; iban unos vestidos de etiqueta; otros, con ropa deportiva, y los más con trajes corrientes; entre estos últimos, el dueño. Pisaban el vestíbulo de la libertad, y se toleraba todo.

Hablaba Roscoe con Fred Orpan de cuestiones políticas. ¡La paliza que iban a propinar a los demócratas! Roscoe llevaba la batuta, porque su interlocutor era poco locuaz. Tenía el rostro grande y enjuto como el de un caballo, y extraños ojos de color gris verdoso que en algunos momentos parecían vacíos. Se hubiera dicho que su cabeza estaba también vacía, cuando escuchaba durante una hora sin decir nada.

Sin embargo, dirigía una concentración de empresas petrolíferas. Decía Roscoe, refiriéndose a él, que era agudo y rápido como un cepo.

También estaba allí Bessie Barrie. No podía faltar, según la etiqueta, cuando se invitaba a Orpan, ya que este protegía a Bessie en su carrera de estrella, y esta pagaba con fulgores amorosos el coste de la protección. Era un caso distinto al de Ana Bella y Roscoe, porque Bessie había amado a su director, le trataba aún y la amistad entre los dos hombres distaba de ser cordial... Todo esto fue lo que dijo Harvey a Bun. Harvey era una especie de jefe de chismografía; después de beber se le soltaba la lengua.

Observó Bun que Ana Bella situó a los dos rivales en los lados opuestos de la mesa.

En aquel refectorio catedralicio, correspondió a Bun un lugar a la derecha de Ana Bella, transformada en gentil duquesa vestida de blanco. A la izquierda de esta se sentó Perry Duchane, su director, que habló de los recortes hechos en los dos primeros carretes de una película.

Junto a Duchane había un asiento vacante. ¿Se retrasaba alguna señora? Era inexperto Bun hasta el extremo de no saber que llegar un poco tarde acredita y confirma la elegancia de una mujer. No había tratado el joven a las artistas, ni sabía que actúan, a veces, lejos de la escena.

VI

¿Recordáis la gran producción cinematográfica *El emperador de Etruriá*? ¿Y la escena en que la esclava escita, arrancada de sus lares, ha de servir de placer a un sibarita? ¿Y la otra escena de los gordiflones eunucos, que ponen las manos sobre la esclava? ¡Con qué espléndida furia les clava ella las uñas y les azota el rostro! En la lucha se desgarra el vestido de la escita y se obtienen rápidas visiones de un cuerpo nervioso y palpitante. Las visiones son más o menos largas según las leyes de censura que rigen en los diversos países.

La escena culminante mereció los honores del sensacionalismo, y los empresarios del séptimo arte cercaron a la protagonista, que era Viola Tracy, proponiendo a la esclava para papeles de importancia. Desplegó sus magníficas cualidades de heroína, escapando repetidamente al deshonor por el canto de un duro en muchas escenas palpitantes de *Vampiresa y Virgen*. Últimamente había adquirido enorme fama. Era *La novia de Tutankhamón*, que se veía en los anuncios murales de Angel City; seductora figura y sonrisa tan insondable como cuatro mil años de historia.

Pero he aquí que se evadía de la cartelera y entraba en el refectorio de El Monasterio. La túnica egipcia se había transformado en atrevido vestido de terciopelo negro recién llegado de París y adornado con perlas negras. El criado le ofreció la silla, pero ella no se sentó, quedando con una mano apoyada en lo alto del respaldo.

Presentó Ana Bella:

—Miss Tracy.

—Míster Ross.

Sonrieron los dos gentilmente y quedaron mirándose con curiosa avidez.

La actitud de Viola Tracy era perfecta, de pie ante la mesa. Tommy Paley, su director, que le había enseñado aquella actitud y estaba observando, gritó de repente:

—¡Cámara!

Todo el mundo se echó a reír, y Vy –así llamaban todos a Viola Tracy–, más alegremente que nadie, mostrando dos filas de blancas perlas, más regulares que las negras y de mucho más valor para una estrella de la pantalla.

Jamás hablaba mal de nadie Ana Bella; en eso no se le parecía Viola Tracy. Tenía esta una lengua tan poderosa como sus puños, y el compañerito de mesa quedó algo aturdido oyéndola hablar con desaforada desenvoltura. Empezó por murmurar de una señora recientemente llegada del extranjero con acompañamiento de bombo y platillos.

—Viste con gusto –dijo Ana Bella.

—Perfecto... Ha elegido un perro que armoniza con su cara –comentó Viola Tracy.

Comentaron luego el coste de la producción cinematográfica *El viejo cangilón de roble*, que despertaba recuerdos domésticos y arrasaba en lágrimas los ojos de millares de pecadores.

—Dolly Deane, que hace el papel de campesina seducida por un viajero, tiene un carácter tan encantadoramente puro y candoroso... –apuntó Ana Bella.

—Tan puro y candoroso –dijo Viola Tracy–, que se ha acostado con el empresario, con el director de escena, su ayudante y dos ángeles. Los cinco le han enseñado la manera de rezar.

Se dio cuenta Bun de la malignidad que tenía la conversación. No dejó de lanzar Viola Tracy miradas destellantes al bolchevique.

Al servirle un plato de sopa, se horrorizó la estrella y dijo al criado:

—Llévese eso. ¡Qué horror! Tiene fécula... Por lo visto Ana Bella quiere inutilizarme para la profesión... Óigame usted, señor Ross: se dice que nadie puede comerse una codorniz diaria durante un mes, pero yo me impongo durante siete años el siguiente régimen: dos chuletas de cordero y tres trozos de piña cada día.

—¿Se trata de un rito egipcio o escita? –preguntó Bun.

—Es la prescripción de un médico de Hollywood, especialista en reducir el peso de las estrellas... Nosotros tenemos fama de vivir con extremos de lujo, pero la verdad es que solo pensamos en comprar una finquita para retirarnos y poder comer, sin necesidad de acordarnos del médico.

—¿Y nunca ha caído en la tentación de comer a sus anchas?

—Pertenecemos a una clase de gente que no acostumbra a mentir. ¿Qué pasaría si se notara que tengo grasa cuando el traidor desgarra mis vestidos? Pues que tendría que hacer papeles cómicos y andaría rodando por ahí de colina en colina, metida en un tonel.

VII

La conversación de aquella noche, como la conversación de sobremesa corriente en los banquetes de América, parecía un paseo por el borde de una zanja.

Más o menos tarde, es fatal resbalar, y ya no es posible levantarse; hay que seguir el paseo por el fondo de la zanja.

—Señor Ross –dijo Ana Bella, dirigiéndose a Bun–, observo que no bebe... Tenga confianza en el vino... Es anterior a la guerra.

Ya estaban en la zanja; ya hablaban de la ley seca.

La ley se implantó dos años y medio antes. Las clases ociosas comprobaban el alcance de la indignidad que se cometía con ellas. No se trataba de dinero, porque todos gastaban rápida y abundantemente. Lo peor era no saber lo que se adquiría. Se salía del paso cerrando los ojos y confiando en algún contrabandista ocasional.

Observó Bun el increíble pero general fenómeno de que ciertas gentes del gran mundo, desconfiadas de suyo, llegan a repetir candorosamente lo que les cuenta cualquier desastrado contrabandista.

—Esta caja escocesa ha venido por México...

—El licor procede de Canadá, y era de un duque turista que visitaba el país.

Discutieron los invitados la tragedia de Koski, emperador de la escena muda, que tenía una bodega llena de ricas bebidas alcohólicas. Se le ocurrió emparedar las botellas construyendo muros y puertas dignas de un banco. Llegaron los ladrones en ausencia del propietario, amordazaron al criado, abrieron comunicación por el piso superior y se apoderaron, con un ingenioso sistema de poleas y cuerdas, de las botellas de Koski. Este acusó a las autoridades, sosteniendo que estaban en combinación con los ladrones. Se puso en tratos con una agencia de policía particular, y amenazó con un escándalo que salpicaría a la policía oficial. Gracias a la amenaza consiguió que le devolvieran las botellas, aunque sin los codiciados licores; tuvo que ver que le daban los frascos llenos de un líquido absurdo hecho con extractos.

Millares de galones del alcohol que había pertenecido a Koski se bebían en California y en Estados Unidos.

Viola Tracy se puso a palmotear.

—¿Sabe alguien la «Oración de la Estrella»? Es algo que hemos de rezar noche y mañana.

—Pues recemos –dijo Bessie.

—Juntad las manos, inclinando la cabeza, como si fuerais unos pequeñuelos.

Y empezó a rezar con lenta entonación:

—«Pantalla nuestra, arte celestial, Hollywood es tu nombre... Koski sea con nosotros... Hágase su voluntad en los ensayos y en el lecho...».

Todos contenían el aliento, porque sabían que Koski era dueño y señor de cientos de artistas.

—Sigue Viola Tracy.

Y la estrella, tras la repetición, por el coro, de las invocaciones, iniciaba otras que se referían a nombres conocidos. Aquello era un casinillo: murmuraciones de serrallo.

Estaban oyendo una especie de misa negra que apartó la conversación de la zanja de la prohibición. Hablaron de las costumbres sexuales de los emperadores y emperatrices de la pantalla, de intentos de envenenamiento, misterios y amores multicolores.

VIII

Se trasladaron todos a la catedral, cuyo altar mayor era una pantalla.

El aparato proyector estaba a espaldas de los invitados, que se sentaron en cómodos sillones para ver una película de Ana Bella y dar su opinión de técnicos sobre los cortes o supresiones hechos en la cinta. Se trataba de una atormentadora novela de sociedad: cierta jovencita casada no es muy feliz; su elegante marido sucumbe al encanto de una divorciada; la esposa trata de dar celos al marido y empieza a coquetear con un contrabandista de ron, quien la rapta, la conduce a un barco, desarrollándose allí las acostumbradas escenas desgarradas y realistas...

—Siempre representa papeles así, que requieren solo la inteligencia de una chiquilla de doce años –dijo Viola–. Creerá usted, Bun, que es una broma, pero yo sé que Duchane, el director de escena, reúne un grupo de colegialas, les cuenta el argumento, y si hay algo que no gusta a las niñas, lo suprime.

Dijo entonces Viola Tracy a Ana Bella:

—Es una buena cinta, y se venderá bien, querida.

Y dirigiéndose a Bun:

—Lo encantador de Ana Bella es que se conforma cuando se le dice que la película tendrá éxito de taquilla. Otras estrellas y otros luceros me tienen antipatía porque no sé mentir, y yo les digo: Dejen ustedes el arte... Nuestras cosas son hojarasca, paja, nada...

Hubo una discusión técnica, y Bun aprendió algunas tretas del séptimo arte relativas a los cortes o supresiones en las cintas.

Durante todo este tiempo, se había deslizado una figura espectral entre la oscuridad, con chinelas color púrpura. Era el chinito que llevaba la bandeja con rosados, verdes y amarillos licores. Iba de un lado a otro sin hacer ruido: nadie le hablaba. En realidad, no hacía falta: bastaba con beber. Trescientos años atrás, un poeta inglés se preguntaba por qué los hombres introducen al enemigo por la boca para que les arranque el cerebro. En El Monasterio parecía preocupar a todos la necesidad de beber, y el chinito tenía la misión de recordarla, por si había algún desmemoriado.

Ana Bella no bebía, ni tampoco Viola Tracy. Cuando el copero chinito pasaba cerca de Roscoe, se oía una advertencia rápida de Ana Bella:

—¡No bebas!

Casi todos bebían; las lenguas iban haciéndose ágiles y las conversaciones animadas. Hasta Fred Orpan se sentía locuaz, y como Roscoe acostumbraba a hacer bromas a todos, este se las devolvió, levantándose para decir con voz de falsete:

—¿Sabe alguien cómo empezó la vida este trapisondista? ¿Le han visto nadar? No es posible. Si está en seco, dice que el agua es fría, y si ha de nadar, que el agua está sucia. La razón es que le falta un dedo en un pie. Cuando abrió el primer pozo de petróleo, se quedó sin dinero y no podía seguir. Suscribió una póliza de seguros, salió a cazar y se disparó un tiro en el pie, con lo que obtuvo dinero y terminó los trabajos del pozo. ¿Estoy en lo cierto, zorro viejo?

Los invitados pidieron a gritos la contestación. Roscoe rio haciendo grandes aspavientos de mímica, pero no se pudo conseguir que contestara. Arremetió contra el provocador:

—Ustedes habrán oído hablar de este tarambana... ¿Saben cómo se hizo rico? Pues apoderándose de la tierra de unos indios para sacar petróleo. Se cuentan cosas parecidas de otros, pero Fred es el único protagonista de historias edificantes, y me consta –lo vi con mis propios ojos– que sabe tratar a los indios. Un jefe, Leatherneck, de Shawnees, le cedió terrenos, y Fred le ofreció una octava parte de los beneficios. El caudillo indio no quería una octava parte, sino el doble. Fred le ofreció una doceava parte y el indio se empeñó en mantener la demanda, cerrándose el contrato por un dieciseisavo... ¿Es así, buena pieza?

—Puedes completar la historieta relatando lo que hace el jefe indio con la renta: representa el papel de beodo tres veces cada veinticuatro horas y se ha comprado siete automóviles: uno para cada día de la semana.

Gimió la voz de Harvey:

—¡Que me lleven con el indio Leatherneck! Al menos podré beber a mis anchas...

IX

Había en el palacio catedralicio un órgano eléctrico con repertorio ultramoderno: las últimas piezas de jazz de Broadway.

Bailaron los invitados alegremente. Dijo Viola Tracy a Bun:

—Mi doctor solo quiere que beba una sola vez por la noche, y necesito que me acompañe un amigo sobrio.

Accedió Bun a acompañar a Viola; bailó con la dueña de la casa y con la más rubia de las hadas: Bessie Barrie. Charlaban en los intermedios. El espectro chino circulaba sin cesar, y por momentos se descubrían en los invitados las profundidades de sus almas; el licor soltaba las lenguas.

Frente a Bun estaba Tommy Paley, joven correctísimo, aunque algo descuidado en el vestir, rojo de rostro y con más seguridad en sus pies que en sus pensamientos.

—Óigame, Ross... Deseo saberlo todo...

—¿Cómo todo?

—Absolutamente todo.

—No le entiendo a usted, señor Paley.

—Saber por qué estamos en el mundo y el lugar donde vamos, después de muertos.

—Si supiera todo eso que me pregunta, seguramente se lo diría.

—¡Pero, hombre! ¿No va usted a la universidad? ¿Qué sabe quien, como yo, empezó repartiendo periódicos? Cuando se frecuentan las aulas...

—Es que no llegué a estudiar esas materias tan difíciles.

—Pues cuando sepa algo me lo dice inmediatamente. Averigüe también qué es lo que vamos a hacer con el sexo; no se puede vivir con él ni sin él.

—Cuestión desconcertante, en verdad...

—Diabólica... Pagaría diez años de sueldo a quien me enseñara a olvidar esas malditas preocupaciones.

—¿Y qué dirigiría usted entonces?

Miró Paley a Bun y rompió, de repente, en una carcajada:

—Toma, pues es verdad. ¡Qué deliciosas ocurrencias tiene usted!

Paley era director de una empresa de cinematografía. Dando carcajadas se alejó de Bun.

Acudió Harvey junto al joven. No se podía tener de pie, y cayó sobre una silla diciendo con voz gangosa, de borracho perdido:

—Quiero saber lo que hablaban de mí. Dígame.

—Decirle... ¿qué? –preguntó Bun.

—Lo que deseo saber.

—No le entiendo a usted, Harvey.

—¿Se niega a hablar? ¿Por qué? ¿Me cree borracho? Repito que quiero saber lo que decían. Me preocupa el cultivo de la propia reputación, ¿sabe usted? Dígame: ¿hablaban de mí? Creo que hablo claro. ¿Va usted a obligarme a preguntar toda la noche?

Y empezó de nuevo a ensartar las mismas preguntas, pero surgió, escurridizo y ligero, el espectro chino. Harvey quiso apoderarse del chinito y se apoderó de una columna o soporte de lámpara. No tenía el arraigo de los postes que abrazaba en la calle. La columna se tambaleó hasta que Bun restableció el equilibrio sosteniéndola, mientras decía el borracho:

—¡Cuidado, que va a caerse la lámpara!

Entre los invitados había uno de estatura aventajada, cortés y discreto, un tipo del Oeste. Era el administrador de la finca, y figuraba entre los pocos que se mantenían correctamente. El deber del administrador era el de expulsar a la gente molesta. Se levantó y sostuvo a Harvey, quien emitió un gemido.

—No quiero ir a dormir, condenado Anderson... Déjame. Si me acuesto, ¿qué pasa? Pues que me duermo, eso es, me duermo... El que duerme, no bebe hasta que se despierta, es decir, hasta mañana por la noche. ¡Qué horror!

Luchó Harvey con Anderson, pero este era fornido y la víctima quedó inválida, como si tuviera una serpiente enroscada en el cuerpo.

—Déjame, déjame, quiero volver. ¿Por qué me tratas como a un niño? ¡Qué ultraje! Soy mayor de edad y tengo derecho a beber.

La voz se extinguió, por fin, en el ascensor.

—¡Ross! –dijo Viola–. Fíjese en que siempre se oyen dos gritos en las reuniones de habituales de Hollywood: uno de protesta: «¡No quiero marcharme!», y otro de conformidad.

X

Cuando despertó Bun el lunes por la mañana, tenía todo El Monasterio para él. Almorzó, leyó los periódicos, dio un paseo y renovó su amistad con las águilas. Descubrió una vereda que conducía a la costa y siguió por ella, caminando un par de millas, hasta llegar a la playa.

El propietario de la finca había hecho construir una valla al terminar la vereda, fijando carteles que contenían precisas advertencias para que el público se mantuviera a distancia. No faltaba en la valla la correspondiente puerta con cerradura de muelles, ni un tablero con llaves e instrucciones para abrir y regresar.

En lo alto de la colina había un castillo, parecido a los que bordean el Rin, con terrazas y jardines. Se veían praderas, suaves arroyos, cascadas «velo de novia», fuentes que tenían esculturas en piedra, ranas, tritones, tortugas, cigüeñas... Por cierto, que todos aquellos representantes de la zoología alusiva estaban muertos de sed: no circulaba el agua.

Se habían quitado los visillos de los ventanales en el castillo, y las estatuas del jardín permanecían cubiertas con gruesas telas. Sobre la cabeza de cada estatua había una lámpara eléctrica.

Era todo aquello tan curioso, que Bun se permitió levantar la envoltura de una de las estatuas, quedando turbado al ver la redonda lozanía de unas pétreas piernas, probablemente germánicas. La estatua sostenía una copa en la mano y tenía una trenza gruesa, marmórea.

Y recordó Bun la canción alemana: «Con peine de oro se peinaba...».

Había en el jardín treinta y dos estatuas, gruesas figuras de mujer con las espaldas cubiertas por la cabellera. ¡Sería sorprendente el espectáculo de aquellas matronas bajo raudales de luz eléctrica y sin más testigos que las focas!

No había barco a la vista. Cerca de la villa se veían montones de rocas, y sobre ellas parecían observar las focas las andanzas de Bun levantando los velos. ¿Volvían los alegres tiempos anteriores a la ley seca?

Paseó por la playa. El sol estaba alto; las olas verdiblancas no eran altas para temerlas, en cambio, eran tentadoras, por lo que Bun, seguro de que estaba solo, se desnudó, adentrándose en el mar.

A cada impulso del nadador, las focas se encorvaban y se acercaban a la orilla. Unas eran amarillas, otras de color pardusco; las había grandes y pequeñas; asomaban la cabeza, miraban fijamente a Bun, que nadaba cerca, y le fueron cediendo el sitio. Cuando él trepó por las rocas, las focas se movieron con repetidas sacudidas y formaron un círculo algo más lejos de Bun, viendo este los bigotes hirsutos y los suaves y apacibles ojos. Parecían formar una chiquillería que observa los movimientos de un ser extraño, intruso, que puede ser o no ser peligroso.

El agua de California es siempre fría, pero el sol la atempera. Se acercó Bun a las focas y vio que se internaban en el agua, que tenía un fondo de plantas marinas excesivamente grandes para ser arrancadas con las manos.

Las nubes blanquecinas se amontonaban, proyectando leves sombras sobre el mar. A lo lejos, se veía un penacho de humo. ¡El mundo es tan bello y tan digno de ser gozado! ¿Veían las focas el castillo o no llegaban a distinguir más que el rompeolas? Tal vez no alcanzara su vista más que a los peces que engullían incesantemente. ¿Comprendían que no debían comerse un hombre? ¡Qué desconcierto si una foca revolucionaria se rebelara contra el pacifismo de la masa!

Tal era el soliloquio de Bun. Como ante las ardillas, filosofaba ante las focas. Sus estudios no le habían sacado de dudas y su filosofía era la de un autodidacta.

XI

Le pareció excesiva su comezón filosófica y volvió a zambullirse en el mar, cuando se dio cuenta de que alguien galopaba por la playa. La silueta del jinete –¿jinete o amazona?– no podía determinarse bien; se trataba, probablemente, de un caballero con polainas, pero ¿quién podía aventurarse a asegurarlo? Al acercarse el jinete fue cuando Bun descubrió que no era un jinete, sino la mismísima Viola Tracy.

Saludó ella graciosamente con la mano, y detuvo el caballo.

—Buenos días, Ross...

—Felices... ¿Pasea usted a caballo por recomendación del médico?

—Sí... También me aconseja que nade.

Observó el apuro de Bun, metido en el agua.

—¿Por qué no me invita? Podríamos nadar juntos.

—Se asustarían las focas...

Nadó lentamente aquel tritón apurado, y procuró que las pérfidas olas no le descubrieran.

—Estamos bajo el sol más hermoso del mundo... ¿Por qué no sale del agua?

—El caso es, Viola, que no esperaba a nadie, y voy desnudo...

—«¡Oh, hijos de los hombres! –salmodió ella–. ¿Hasta cuándo haréis vergüenza de mi gloria?». Una vez tuve que trabajar en *El rey Salomón*, haciendo el papel de Sulamita, que ama al rey y le sirve. Cantaba Salomón: «¡Anima mi amor! El invierno ya pasó con la lluvia... Acompáñame... Las flores se abren, los pájaros gorjean y la arrolladora voz de la tórtola entona un salmo de amor. La dulzura de las higueras se muestra en el fruto y los racimos de uva ofrecen su primicia... Acompáñame, ¡oh, paloma mía!».

Bun estaba lo bastante cerca de aquella Sulamita californiana para ver la picardía de sus ojos negros.

—Permítame, Viola, un leal aviso... Llevo una hora en el agua y tengo frío... ¿Puedo salir?

Sin atender Viola a la impaciencia de Bun, siguió recitando:

—«Tu cuello es esbelto como la torre de David, sobre la que hay miles de broqueles...».

Dio algunos pasos Bun hasta que las olas apenas alcanzaban a su cintura.

—¡Que voy a salir!

—«El Amado es blanco, esbelto y tierno, único entre diez mil. Su cabeza tiene el oro a raudales. Sus guedejas son tupidas y rizadas...».

—¡Óigame, Viola! ¡Por todos los dioses y por todos los reyes! ¡Voy a salir del agua!

Y nadó en dirección a la orilla.

—«Las piernas del Amado son pilares de mármol sobre bases de oro fino. Su figura es bella y grácil como un cedro... Eres hermoso como Jerusalén, arrollador como un ejército tras la bandera... Aparta tus ojos de mí, amor mío, porque me subyugas...».

—En la Biblia, eso está muy bien, Viola...

—El único espectáculo de circunstancias es el de *El rey Salomón,* y los únicos salmos que sé de memoria, los de aquel rey que malogró tantas riquezas... Si hubiera tomado parte en alguna escena de carácter griego podría recitar algo mucho más apropiado, porque he leído que los griegos acostumbraban a correr desnudos en los Juegos Olímpicos... Eso dicen los libros... Seamos griegos... ¿No es usted un corredor de renombre? ¿Está entrenado?

—Regular.

—Pues vamos a correr: usted y mi caballo. ¡Un espectáculo griego!

—Cualquier cosa por complacer a una mujer.

Dio Viola la señal de partir y disparó un tiro empuñando una pequeña pistola.

Se lanzó Bun a correr a razón de veinte millas por hora y oyó el galope del caballo tras él. No sabía lo que duraría el ejercicio y aminoró la velocidad. Deseaba indagar si, efectivamente, era un griego.

El cielo era azul, el mar verde y la arena brillante. Era aquella una espléndida mañana, el despertar del mundo.

Llegaron a una zona de la playa donde había barcas, carriles que llegaban hasta la misma orilla del mar y pescadores. Tres hombres remaban en una barca y dejaron los remos inmóviles al ver una amazona y un Adán corriendo aún más.

Los morenos rostros de los marineros –italianos o portugueses– expresaban mayor sorpresa, aunque no ignoraban los caprichos de la gente ociosa de El Monasterio.

La carretera se acercaba a la playa. Había excursionistas, coches, tiendas. Los excursionistas no serían extranjeros, sino granjeros y colonos de tierra adentro, que iban a pasar el domingo cerca del mar. No tendrían tolerancia para los caprichos de la gente rica, ni sabrían nada de la antigua Grecia. Serían sobrios y devotos como los tipos que integraban el Ku-Klux-Klan, que castigan la concupiscencia de los hombres y el adulterio emplumando a los culpables después de cubrir el cuerpo con una capa de brea, arrastrando con saña los malditos cuerpos viciosos por el santo suelo.

Pero Viola había retado a Bun y solo su iniciativa sería válida para dar por terminada aquella carrera. ¿Sostendría ella las consecuencias de su paganismo?

Vio Bun que algunas mujeres le miraban un instante y se retiraban, avergonzadas. Los hombres no se retiraban, sino que miraban con ceño amenazador. ¿Qué podían hacer con aquel Adán? ¿Cazarlo sin contemplaciones, envolverlo en una manta y entregarlo a las autoridades? Bun, por su parte, ya se veía en algún periódico de Angel City, sirviendo otra vez de piedra de escándalo. «Una estrella fugaz y un millonario rojo y desnudo, corren por la playa».

Oyó Bun una voz que decía:

—¡Me rindo!

Volvió grupas el caballo de Viola, dio media vuelta Bun y se inició otra veloz carrera en sentido contrario.

XII

Los griegos no usaban pantalón ni camisa, y el hecho de vestirse no le sugirió a Bun ninguna interpretación clásica. Siguió cabalgando la amazona mientras Adán se cubría púdicamente, y bien pronto se hallaron frente a frente; ella era una seria damita y hubiera sido de muy mal gusto aludir a la carrera loca por la playa. Conducía el caballo sosteniendo floja la brida. Bun caminaba a su lado.

—¿Se ha fijado usted en esas figuras de pesadilla? –dijo ella al pasar ante las estatuas enfundadas–. El viejo Hank Thatcher se empeñó en poblar este jardín de manera tan extraña. ¿No ha oído hablar de Thatcher, el rey de la uva de California?

—¿De modo que es esta su casa?

—Sí. Soñaba en orgías y su ideal era el serrallo. Al morir Hank, cubrió la viuda estas desnudeces marmóreas como una especie de pública retractación, y nadie más que las focas contemplan las estatuas. Los periódicos han hablado muchas veces de las chifladuras de Thatcher. El director de un periódico envió a un reportero a ver esto, y suerte que el periodista llevaba una malla bajo el traje, porque, de lo contrario, los perros le hubieran arrancado la piel.

—¿Sueltan los dogos?

—¡Naturalmente! Por eso no se atreve nadie a descubrir las estatuas.

—¿Cómo que no? Yo he descubierto unas cuantas.

—Porque es hombre de suerte. Le aseguro que no voy desprevenida y he aquí mi pistolita. Los dogos saltan a veces a la arena y los vecinos están siempre en guerra con ellos.

—¿Y cómo no colocan una empalizada?

—Tiene un pleito la viuda con la Administración. De vez en cuando pone una barrera en la playa, y las autoridades hacen que se derribe... Así están hace diez años. Otra cosa: se trata de que pase una carretera por la finca, y la viuda se opone... Ha llegado a gastar muchos miles de dólares... Vive recluida en el castillo como una princesa de antaño. Con una espada en la mano va de una a otra dependencia del castillo en busca de ladrones y espías... Pregunte a Harvey, que la conoce bien.

—¿Está loca?

—¡Quiá! Me inclino a creer que su actitud de ahora es una reacción contra la vida que llevó con el marido, libertino desenfrenado; ella es tacaña y miserable. Thatcher acostumbraba pagar a sus obreros en metálico y andaba por esos campos con un carretón de mano, llevando mil dólares en sacos. Perdió uno de los sacos en cierta ocasión y no lo echó de menos hasta que se lo dio uno de sus obreros. Hank Thatcher miró despreciativamente al obrero y le dio medio dólar diciendo: «El precio de una cuerda para que te ahorques...». La viuda paga todas las cuentas valiéndose de giros postales, guarda los recibos, insiste en tener toda clase de resguardos, justificantes y pruebas; cuando llega el recibo de la oficina, se une al del destinatario y guarda los dos con exquisito celo, sin servirse de empleados. Pasa horas y horas revisando cuentas y criticando a todo el mundo. Emplea la ciencia de los abogados y se vale de otros letrados para que vigilen a los primeros, poniéndose de acuerdo, finalmente, con un detective para que vigile a todos. Está convencida de que las autoridades la persiguen, y considera (tal vez no se equivoque) que reside el poder en manos de estafadores. Está delgada y macilenta; acabará por ser un esqueleto que ronda por la casa como alma en pena, desempolvando los muebles y riñendo con la servidumbre... Sobre aquella otra colina vive la hermana de Hank, Tessie, heredera de parte de la hacienda. Las dos mujeres han reñido por la servidumbre de aguas y las lindes. Tessie Thatcher es una libertina. Contrata hombres para que trabajen en su casa y hace luego que sean sus amantes; le escriben estos cínicas cartas tratando de sacarle dinero, y les dice ella, por fin, que se vayan al infierno. Entablan pleitos pidiendo salarios no pagados y entregan las cartas a la pública curiosidad. Tessie no se inquieta; sabe que nadie puede dañar su posición social porque es muy rica. Es amante del alcohol esa vieja libidinosa y sabe que se olvidan las penas con facilidad.

—¡Cómo trastorna a las gentes la riqueza!

—Sobre todo a las mujeres. Es demasiado para sus nervios... Cuando me digo a mí misma: «¿A quién quisieras parecerte?», huyo a gran velocidad para evadirme de la propia angustia y de la gente que quiere angustiarme con sus confidencias.

—¿Huía usted así cuando la detuvieron y la tuvo el juez una semana en la cárcel? –preguntó Bun riendo.

—Aquello fue un alarde de publicidad preparado por el empresario.

XIV. La estrella

I

Al volver Bun a Angel City descubrió que si seguía el programa de Viola –rehuir las preocupaciones ajenas–, no podía tener interés para él la fundación de un Instituto del Trabajo.

Visitó a Irving; le halló inquieto y preocupado porque le afectaban mucho las disidencias entre los trabajadores. Su tarea durante el verano consistió en trabajar con los dirigentes y simpatizantes de la organización obrera para procurar la unidad del movimiento. Había conseguido que empezara a funcionar el Instituto del Trabajo con tres profesores y unos cincuenta discípulos, que asistían, en su mayor parte, a las clases nocturnas.

Todo era precario; predominaban las dificultades y obstáculos. Había un grupo de elementos inteligentes y progresivos en el movimiento obrero, pero allí estaba también el peso muerto de la burocracia obrera, inerte y adocenada. Los extremistas se veían en minoría. Los dirigentes no querían nada con el Instituto, si los rojos entraban en él; por otra parte, si se excluía a los rojos podía originarse una protesta. ¿Para qué fundar un instituto cultural parecido al que pretendía sustituir?

El movimiento obrero tenía sus tradiciones. Debía conseguir más salario y menos horas de trabajo. Los dirigentes viejos se limitaban a ese problema de tan cerrados horizontes. Por regla general, un dirigente o burócrata había escapado del trabajo valiéndose de una política personal en el seno de la organización obrera. Las tendencias nuevas representaban para el burócrata una desventura: tener que volver al rudo trabajo. Sabía negociar con los burgueses y hasta fumaba del tabaco de estos. En algunos casos, gastaba más de lo que ganaba.

La organización obrera de Angel City publicaba un periódico que vivía pidiendo anuncios a los comerciantes, quienes, al leer artículos revolucionarios, se desentendían de todo.

Algo parecido ocurría al movimiento obrero en su aspecto nacional. La Federación Americana del Trabajo mantenía una oficina en Washington con la finalidad de combatir a los radicales. La oficina equivalía, prácticamente, a una agrupación patriótica. Su función era coleccionar informes adversos a Rusia y nutrir con ellos las columnas de la prensa americana. Si algún trabajador insistía en que se tuvieran en cuenta informes de la parte contraria, los burócratas le declaraban la guerra y lo arrojaban a los lobos. ¡Episodio trágico para la prensa capitalista tener que decir que los comunistas se apoderaban de la Sociedad de estuquistas! El fiscal estaba preparando la acusación contra un nido de conspiradores. La mayoría de los dirigentes temblaba cuando tal amenaza se cernía sobre sus cabezas.

II

El colegio que dirigía Seager educaba a los jóvenes en el sentido de hacerles escribir estas máximas: «Todos los hombres son libres e iguales», «Dame la libertad o la muerte». ¿Qué resultado producía aquella educación? En los despachos de Angel City nadie quería emplear a los jóvenes capaces de escribir aquellas máximas. Se decía que el colegio de Seager era una institución bolchevique y que los industriales de la ciudad no les admitían en ningún caso.

El boicot era ilegal en Angel City, y quien hubiera intentado ponerlo en práctica, se habría visto en la cárcel. Supóngase la actitud del fiscal si pide Seager que se procesara a los comerciantes cuyas contribuciones alimentaban su nómina.

Fue Bun a Paradise y se encontró con nuevos conflictos. En previsión de una posible huelga para pedir aumento de salarios, los patronos estaban seleccionando el personal y despedían gran número de «agitadores».

Por primera vez, seguía la Ross Consolidada la política de las otras empresas; Ben Riley, uno de los compañeros que concurrían al pabellón Rascum, había sido despedido: «Hay exceso de personal», le dijo el capataz; pero se trataba de una mentira, porque después de despedir a Riley, se admitieron media docena de operarios.

Ben era socialista; había tomado parte en los mítines de Paradise y distribuido periódicos que demostraban el enorme despilfarro de la industria del petróleo, afirmando que las rivalidades entre los grandes explotadores de aquel producto serían causa de una guerra que se estaba ya incubando.

Ruth dio tales noticias a Bun con la pena reflejada en sus ojos.

—Es una vergüenza, Bun, porque Riley no sabe qué hacer ni tiene dónde ir, y están con él su compañera y dos pequeñuelos.

—Mi padre ha dicho que no ocurrirían esas cosas.

—¿Podría usted hacer algo por Riley?

—Es que mi padre no tiene nada que ver con el despido de personal, y no querrá chocar con el encargado.

—Pues pídale a su padre que le haga un sitio a Riley en otra sección.

—Se lo pediré, Ruth, pero si mi padre busca colocación en un departamento a los despedidos de otro, se producirá malestar... Usted ya sabe lo que le preocupa que no haya conflictos.

Y, entonces, ¿qué conflicto amenaza a Riley?

Persistió la muchacha con la sorprendente energía que despliegan, a veces, los temperamentos dulces. Ruth no comprendía lo que significaba la lucha de clases, pero cuando se hallaba ante una injusticia, se oponía a ella con tanta energía como Pablo.

La lucha interior de Bun no podía aliviarse: el problema atormentador seguía en pie. Riley consiguió trabajo en una granja. Tenía que hacer una jornada de doce horas, pero no descuidaba el reparto de hojas socialistas, con una acritud que compartían sus amigos.

Tom Axton volvió al campo para proseguir la organización de los trabajadores y habló largamente con Pablo y con Bun.

No podía haber una concentración de trabajadores sin que se marcaran disidencias –socialistas, comunistas, I.W.W.–. Cada grupo trataba de imponerse a los demás con encono.

Pablo sostenía el punto de vista de Axton: lo más importante en la organización de los obreros del petróleo era salvar la unión.

Contestaban los socialistas y comunistas que ellos ayudarían, pero que, conforme se desarrollara la lucha, los patrones harían que intervinieran la policía y los tribunales, y no podía prescindirse de la política. Hasta este extremo, estaban de acuerdo comunistas y socialistas, pero cuando se trataba de acordar cómo se pondría en práctica la intervención, se tiraban los trastos a la cabeza y sus sesiones eran una edición de los litigios de la familia Menzies.

«Los Trabajadores Industriales del Mundo» –I.W.W.– era una organización que se había rebelado contra la falta de visión y la corrupción de los viejos unionistas, aspirando a abarcar a todos los trabajadores.

Eran odiados por los jefes obreristas rivales, y los periódicos se referían a ellos como si fueran asesinos y criminales. El primer I.W.W. que conoció Bun le pareció un muchacho que tendía al ideal de los primitivos mártires cristianos. Los I.W.W. eran perseguidos como salvajes a consecuencia del «criminal atentado sindicalista» de California. Cada uno de ellos que entraba a trabajar se exponía a ser detenido por un alguacil o un polizonte. La posesión de un carnet que acreditase pertenecer a aquella entidad era suficiente para pasar catorce años en un presidio.

La media docena de compañeros que se reunían en Paradise atraían a los trabajadores improvisando mítines en el campo. Al resplandor de una fogata se oía el coro proletario, que cantaba vibrantes himnos. Para Bun era aquello romántico y misterioso, mientras que para Roscoe, Arnold Ross y los dirigentes de la Ross Consolidada, los cantos eran rugidos de una manada de tigres de Bengala, que se concentraban en la manigua.

III

Para aquella y otras preocupaciones, siempre tenía Bun una escapada: El Monasterio, cuyos habituales carecían de inquietudes o las guardaban para ellos solos. Había dicho Ana Bella:

—Procure tener esta casa como un refugio, venga cuando le parezca y quédese indefinidamente. Tenemos caballos que viven en el ocio y libros sin abrir. Además, contamos con el mar para nosotros solos.

Recordó Bun el ofrecimiento y quiso aprovecharlo. Viola estaba casi siempre en la espléndida quinta cuando llegaba Bun, y si no estaba, tardaba poco en llegar misteriosamente.

Tenía la estrella unos años más que Bun; en experiencia y conocimiento de la vida, Viola estaba más adelantada de lo que estaría Bun si llegaba a los cien años. Era una buena compañera de juego. Su obligación y su oficio pedían que fuera joven y procuraba serlo concienzudamente. Su vida era dura como la de un atleta que ha de entrenarse a diario; como la de un púgil que se prepara para ir al combate. ¿Quién podía adivinar las extravagancias de un director de escena en el desarrollo de un melodrama? Podía encontrarse atada a la cola de un potro salvaje, a un tronco en una serrería, a un cable marino; podía hallarse en el trance de trepar por la parte exterior de un campanario. Era preciso conservar la línea.

En los tiempos antiguos se imponía la vida ascética, a las mujeres, por variados motivos. Viola tenía que aparecer ante millones de espectadores como una virgen que se libra, por su propia energía, de las manos de miserables estupradores. De todos modos, era buena compañera para un joven idealista que huye del mundanal ruido.

Cabalgaban por playas y colinas con corceles sin silla y los hacían entrar en el mar ante la gran perplejidad de las focas. Dejaban luego a los caballos en libertad y hacían carreras a pie. Nadaban. Las olas no eran más salvajes que la estruendosa y alegre risa de Viola con el cabello suelto. Se sentaban caldeándose al sol en la orilla y explicaba ella historietas de Hollywood, no menos saladas que las ondas del Pacífico. En Hollywood ocurrían cosas extraordinarias, y Viola conocía a los protagonistas.

Se hallaba obsesionado Bun por la figura juvenil, fuerte y airosa, optimista, ligera y grácil. Era evidente que Bun no era indiferente a la estrella, y el joven dio tregua a sus preocupaciones, comprobando que la atracción era recíproca. En vez de estudiar, Bun pasaba las horas con Viola y se preguntaba: «¿Por qué no?». Un eco lejano –Ana Bella, su padre, Roscoe y los amigos– parecía repetir la interrogación. La única persona que hubiera disentido era Enriqueta Ashleigh, pero apenas estaba ya la mística doncella en la memoria de Bun.

Llamaba Bun frecuentemente por teléfono a la estrella, siempre dispuesta para una francachela. Se iban a un restaurante frecuentado por cineastas, y a un salón donde se exhibían las películas de más novedad. Le contaba la estrella las vidas de aquella gente, más extrañas que las que representaban. No tardaron en figurar en novelerías y murmuraciones: Viola conquistaba a un príncipe del petróleo... Millones y millones... Era un episodio romántico, un amorío extraño con un potentado bolchevique. Las miradas, el tono de voz y los ademanes de los cineastas proyectaban ante los ojos de Bun la obsesionante interrogación: «¿Por qué no?».

IV

Sentados en la playa, casi cubiertos de arena, explicó Viola algo de su vida:

—No soy una chiquilla, Bun, ni me parece sensato ocultar, como otras, que en el principio de mi carrera artística tuve que abrirme camino y pagar el tributo que pagan todas al emprender el vuelo. Oirá usted decir muchas mentiras, pero no hay santos en el mundo de la pantalla.

—¿No pueden darse por satisfechos con encontrar una buena actriz?

—Desde luego; pero una buena actriz durante el día, puede ser buena amante por la noche, y los hombres lo quieren todo.

—Es algo terrible...

—Le diré a usted: la competencia hace tales estragos que, si se trata de subir, nada importa más que eso... Lo sé por experiencia. Rodé por las puertas de los estudios, pasé fatigas y hambre y tuve que entregarme al diablo.

Se quedó mirando de frente y observó Bun que el rostro de Viola se contraría dolorosamente.

—Hay que tener en cuenta que si una joven dispone de apoyo efectivo (vestidos, coches, boato), las dificultades son menores. Es lógico que los moralistas se muestren despreciativos, porque lo ignoran todo, pero el hombre que me facilitó trabajo fue lo mismo que un dios para mí, y simple cuestión de correspondencia darle lo que deseaba. Me convencí luego de que era un loco y un estúpido... ¡Bah! Le supongo a usted extrañado oyéndome hablar con esta desenvoltura... Aunque no crea usted, puedo borrar el pasado representando el papel de una mujer decorosa, porque he logrado reunir algunos ahorros. Si le digo que soy una inocente virgen, ¿qué medio tiene usted para saber la verdad? Si le hablo de que tengo algo de dinero, quiero decirle que esa circunstancia me permite no volver a mentir.

—Conocí a un hombre que hablaba como usted y me hizo gran impresión lo que decía, como ahora me impresionan sus palabras.

—Eso le acredita a usted como una especie de salvaje... Mi reputación es mala entre los cineastas. ¿Le han contado algo?

—No mucho...

Miró ella de manera penetrante.

—¿Le han hablado de Robbie Warden?

—Poca cosa... He oído que tenía usted relaciones con él y que está desconsolada desde que le falta.

—He cometido dos locuras: la última de las locuras de mi vida pasada y futura fue con Robbie. Costeó la mejor película de mi repertorio, era elegante como un dios y quiso que me casara con él. Estaba dispuesta a hacerlo, pero Robbie se entretenía haciendo el amor a otras mujeres; una de ellas le disparó un tiro y le mató, terminando de manera tan trágica mis ilusiones. No estoy descorazonada, sino alegre, porque me he libertado de muchas inquietudes, y si soy algo cínica y poco refinada, usted puede poner remedio.

Apartó Viola el montón de arena de sus desnudas piernas y se puso de pie.

—Así es como evito la grasa.

Y dio una voltereta, manteniéndose después con los pies en alto y las manos apoyadas en el suelo, en cuya posición se dirigió hacia el mar y se lanzó al agua.

—¡Venga, Bun! ¡El agua está deliciosa!

V

Aprendió Bun, oyendo a Viola, una lección de modestia. Había tenido ella que luchar contra las adversidades de la vida. Él, en cambio, no tuvo nunca que luchar. Si hubiera deseado dedicarse a la escena muda, su padre le habría facilitado el camino. ¿Con qué derecho podía juzgar mal a Viola?

El recuerdo de Eunice era también comprensivo y amable. La gente no sabía nada de las mentiras relacionadas con el sexo; y si sabía algo, no se planteaba la cuestión en sus verdaderos términos. Era fastidioso tener que pensar en la maldad de los hombres, pero valía la pena enfocar bien el problema aunque se tuviera que partir de hechos poco agradables. Con seguridad que Viola no pensaba casarse con él apresuradamente. Las estrellas se casaban, pero no sin la seguridad de ser felices. Tampoco se ofendería Viola al saber que Bun descartaba el matrimonio inmediato, aunque sintiera atracción por ella.

Bailaron en El Monasterio y salieron a una de las terrazas. Brillaba la luna como brilló otras veces sobre Bun y Eunice, sobre Bun y Nina Goodrich... El órgano eléctrico dentro, el aroma de las flores en el jardín... La situación era comprometida, y Bun no se atrevía a hablar. Las mujeres habían tenido siempre la iniciativa con él y le parecía absurdo seguir siendo un ente pasivo:

—¡Vamos a bailar, Viola...!

Los brazos de Bun estrecharon a Viola con más fuerza de la que requería el enlace: «Va a despreciarme», pensó.

Pero Viola no le despreció. Hay un refrán que dice: «Los dedos son anteriores a los tenedores»; de la misma manera puede decirse que los abrazos son anteriores a las palabras. Se dio cuenta Bun de que le devolvía Viola el abrazo con el ímpetu de quien puede levantar una persona y arrojarla al mar.

—¿Me quieres, Viola?

Y permanecieron con los brazos y los labios unidos mientras surgían del órgano resonancias triunfales.

—Estaba tan asustado...

Ella se echó a reír.

—¡Qué tonto eres!

Y se separó de él.

—Tengo que hablarte, Bun.

Había temblor en su voz.

—¿De qué se trata?

—De que seamos sensatos y prudentes. Me parece que nadie puede ser feliz con el amor, y he jurado a Dios no dejarme llevar por la pasión.

—Entonces tendrás que buscar otro Dios.

—¿Por qué no nos damos palabra de buscar la felicidad el uno en el otro y de separarnos amigablemente si no la conseguimos? Seamos prudentes sin atormentarnos mutuamente con celos.

—No creo que tengas ocasión de mostrarte celosa.

—No sabes lo que harías, porque se trata de un asunto endiablado. ¿Qué entiendes de esas cosas, si eres un bebé?

—Tú te mostrarás buena y me elevarás hasta ti.

—¿Qué sabes lo que haré, ni qué sabes de mí? Me quieres sin saber realmente lo que soy. Pude haberte mentido un millón de veces y no sabrías nada; otra mujer podría decirte un millón y una mentiras, y ¿cómo llegar a la verdad por tu parte?

—Tú me lo dirás.

Cayó Bun de rodillas y tomó una de las manos de Viola.

—No, Bun, nada de eso... Lo único que debemos hacer es resolver nuestro caso a sangre fría.

—Ya me enfriarás la sangre hablándome de las cosas que ocurren en Hollywood.

—Un hombre y una mujer se deben siempre la verdad antes que nada; confiarse uno a otro completamente, sin tener en cuenta el daño que puedan hacerse... Si ello significa un desengaño, ¿qué le vamos a hacer? Todo menos sostener una mentira. ¿Convenimos, pues, en ser francos?

—De acuerdo.

—Quiero que sepas que no quiero tu dinero.

—Si no tengo nada... Todo es de mi padre.

—Yo poseo lo que necesito, y, además, trabajo. Seamos libres los dos y encontrémonos cuando queramos.

—Es un programa muy fácil de seguir para un hombre.

—Será un noble juego que tendrá sus normas, y cuando las rompamos...

—Nunca he hecho trampas en ningún juego, Viola, ni las haré ahora.

Venció Bun el miedo de Viola, y cayó ella de nuevo en sus brazos, cambiando esos embriagadores besos que parecen requerir una eternidad para satisfacer a los amantes.

—Pueden vernos aquí, Bun. Déjame entrar para estar un ratillo en el salón y despedirme... En mi cuarto te espero luego...

VI

¿Les había visto alguien bajo la pálida luz de la luna? ¿Había descubierto el secreto Viola a Ana Bella? ¿O era, sencillamente, que la felicidad brillaba en los ojos de aquella pareja? Parecía que la verdad no era ya un secreto y que había una atmósfera de alegría en la quinta.

Nadie llegó a señalar, de manera ostensible, el conocimiento de la verdad, más que mediante sonrisas y gestos maliciosos. Ana Bella estaba radiante, porque desde el día en que Roscoe habló del joven príncipe, pensó en él para Viola. En cuanto a Roscoe, cuando aventuró ciertas bromas sobre el asunto, nadie pudo dudar de qué se trataba.

¿Por qué medio misterioso se conocía la verdad en casa de Bun? ¿Había telefoneado a Arnold Ross aquel pícaro viejo de Roscoe? Arnold Ross estaba muy satisfecho y Bun pudo adivinar su pensamiento. Conocía el magnate a Viola Tracy. ¡Una famosa estrella de la pantalla, era, en verdad, gran adquisición! Aquella era la carrera de un príncipe del petróleo, que entraba de lleno en la tradición aristocrática. En adelante, tendría Bun en la imaginación algo distinto de las manías bolcheviques.

Ya estaba Arnold Ross deslizando indirectas con una habilidad de rinoceronte:

—¿Ha estado Viola en El Monasterio? ¡Qué muchacha más inteligente! ¡Tiene chispa! Roscoe me ha dicho que cobraba cuatro mil dólares semanales y que no tenía que valerse de ningún agente para administrar su capital. Posee solares en Hollywood y le pidió a Roscoe cincuenta mil dólares en acciones preferentes de la Ross Consolidada, que valen ahora el triple. Dijo Viola que Roscoe la salvó de seis raptos, o lo que es igual, que la operación salvó a Viola de actuar en seis películas.

Berta se enteró de la noticia por un contrabandista afecto a Carlos Norman, que estaba en relaciones con la hermana de Ana Bella. Quiso Berta conocer a Viola y rogó a Bun que la invitara a almorzar.

A Viola no le gustó mucho la invitación, porque creía que las hermanas envenenan la voluntad de los amantes.

—¡Bah! –dijo Bun–. Tengo un antídoto contra Berta.

Se reunieron, al fin, los dos hermanos y Viola. Todo fue a las mil maravillas. Viola se mostró modesta, ávida de agradar. Berta fue la gran señora de gracias supremas, lo que estaba de acuerdo con las costumbres del gran mundo porque Viola era una artista y ella pertenecía a la sociedad más aristocrática, figurando su nombre en una sección del periódico, donde las estrellas no podían brillar.

Dijo Berta a Bun, después del almuerzo, que Viola le podía dar lecciones de cordura, afirmación que en aquella hermana significaba un extremo de cordialidad.

Todos estaban contentos. La imaginación de Bun ya no divagaba; sus delirios se convertían en realidad. Cuando los amantes estaban en El Monasterio, les daban habitaciones contiguas, y si él visitaba a Viola, la discreta anciana bajo cuyo cuidado estaba aquella parte de la casa desaparecía inmediatamente. La colonia de cineastas ya no decía nada: lo había dicho todo.

Bun llamaba a Viola por teléfono. Si era día de fiesta, tenían una cita. Entre semana, la estrella convencía a Bun de que se quedara en casa estudiando.

—Llevo toda la semana siendo el mejor de clase.

—Es que si descuidas el trabajo tu padre se enfadará conmigo y tendrá una desilusión.

—¡Quiá! Mi padre está más enamorado de ti que yo, y supone que eres la estrella más brillante de la constelación de Hollywood.

—Pero no hay que abusar, chiquillo. Tu conciencia acabaría por imponerse y me censurarías.

—¡Vamos! Me diriges con más saña que Ana Bella a Roscoe.

—Permíteme... Si consigo retener a mi príncipe el tiempo que Ana Bella retiene a Roscoe, me consideraré completamente dichosa.

VII

Gregorio Nikolaieff regresó de Alaska con nuevas inquietudes. Estaba delgado y ojeroso, como Pablo cuando volvió de Siberia. Había embarcado en la «flota infernal» del Pacífico, como dicen los marineros, y se encontró en una desolada bahía rodeada de montañas por un lado y del océano por otro. En tierra había unas barracas mojadas y Gregorio Nikolaieff dormía en una de ellas sobre el suelo de madera, siempre húmedo. Tenía que sufrir multitud de insectos. Comía como los presidiarios.

Mientras Bun se regocijaba zambulléndose en el mar y jugando con Viola, Gregorio se exponía a los mayores peligros.

También Raquel Menzies estaba de regreso. Se había declarado una huelga de los trabajadores del textil, huelga repentina y espontánea. Cientos de proletarios, cansados de sufrir opresiones de los patronos, se declararon en huelga en Angel City, paraíso del trabajo libre. Se amontonaban los trabajadores en las oficinas de la organización obrera para inscribir sus nombres de huelguistas y se preparaba un movimiento de importantes masas.

Menzies padre, que era considerado como un intelectual entre los trabajadores, y hombre de solvencia y perspicacia, estaba desolado; su fanática esposa hebrea se colgaba de su cuello.

—Si vas a la huelga te desterrarán a Polonia, y no volveremos a vernos, porque te fusilarán.

A consecuencia de la huelga, Raquel no podía asistir a la universidad. El elegante Bun, que era un ocioso, no pudo comprender el hecho, y hubo que decirle, lisa y llanamente, que la educación de Raquel no podía continuar.

Bun pensó en su padre. ¿De qué servía la riqueza si no se podía prestar ayuda a los amigos?

Raquel se negó a aceptar auxilio. Tendría que suspender temporalmente sus estudios.

—¿Ya no vendrá usted a mi curso, Raquel? –preguntó Bun–. Usted me protegía de la influencia de la nefasta cultura oficial, y estaré más solo que antes.

—Es usted muy amable... ¿No podrá asistir a los mítines socialistas?

—Es que la ayudaría a usted sin hacer ningún sacrificio, facilitándole medios para seguir estudiando. ¿Acaso no le será más fácil ganar dinero si cuenta con un título universitario? Entonces podrá devolverme lo que le presté. ¿Por qué no admite usted el dinero de mi padre?

Vio Bun que la familia Menzies vivía en una casucha de los barrios bajos, con tres habitaciones detrás de un solar y sin una mata verde a la vista.

Era una casa de alquiler. El viejo había dedicado todo su dinero a la propaganda. Vivía en pleno desorden, entre libros, muebles pobres, trabajo de costura, resto de una comida de pan y arenques y las pruebas de un artículo para un boletín de huelga. Allí estaba también la esposa de Menzies, tratando de apartar los objetos caseros de la vista de Bun, cuya elegancia aturdía a la israelita mientras Raquel, por íntimo impulso que nacía de su conciencia de clase, rechazaba el auxilio ofrecido por Bun.

El viejo no se preocupaba por nada, si se exceptúa la huelga. Habló con Bun y le leyó el artículo: una amarga disertación sobre las penalidades de los trabajadores del textil.

Planteó Bun la cuestión de Raquel, tratando de convencer a su padre de que no debía aquella abandonar la carrera. La vieja israelita, madre de Raquel, miraba a Bun con los ojos negros muy abiertos, tratando de comprender, y, de pronto, empezó a gritar; era como si deletreara y gimiera a la vez. Bun no comprendió una palabra. La israelita daba la peor de las interpretaciones a la visita de Bun. Trataba este, seguramente, de incitar a su hija al pecado, y tal vez lo había conseguido. ¿Quién podía decir el género de vida que llevaba Raquel, atea y socialista, frecuentando la universidad concurrida por los cristianos?

Ordenó severamente el viejo a su mujer que tuviera la lengua quieta, lo que ella debió hacer inmediatamente según la Ley judía, pero la vieja siguió refunfuñando. Los judíos, al parecer, se permiten tantas franquicias con su Ley, como los cristianos con la suya.

Entre los torrentes de gemidos de la vieja, Menzies dio las gracias a Bun y le dijo que la crisis de Raquel duraría lo que durara la huelga, y que si podía favorecer a la familia, la joven se ayudaría a sí misma. Bun corrió a decir a su padre que tenía el compromiso de sostener a un grupo de trabajadores del textil mientras durara el conflicto.

VIII

Volvió Bun a la universidad. Se permitía seguir la línea de menor resistencia: una ocupación limpia, honorífica y fácil de soportar.

Cuando se es rico y bien plantado y se sabe atraer a los profesores, basta un pequeño esfuerzo para cumplir los deberes escolares. Tenía tiempo de sobra: seguía leyendo revistas de carácter bolchevique, se enteraba de la marcha de la huelga y hacía excursiones con la estrella de la pantalla; bailaba con ella y la acompañaba a las fiestas de Hollywood, el fin de semana.

Podía disponer de tiempo para verla trabajar en una nueva película, pero ella no se lo permitió. Estaba tan enamorada de él, que no podía concentrarse mientras le veía.

—Mi trabajo es horroroso y no te gustaría verme, pero es mi manera de ganarme la vida. Me gusta que seas serio y si me vieras trabajar tendrías una desilusión. Quiero que seas como eres.

Aquello llamó la atención de Bun como algo misterioso, pero no tardó en descubrir la verdad leyendo revistas de Hollywood. Viola estaba filmando una película sobre Rusia. La estrella era una princesa de la época zarista, abatida por la tempestad revolucionaria y caída en manos de los bolcheviques, de los que unos brazos –americanos, naturalmente– del servicio de espionaje la salvaban a tiempo.

Llevaba seis meses trabajando en la película, y había conseguido el amor del elegante bolchevique en ese tiempo. Tenía miedo de que supiera él lo que estaba haciendo. ¡Pobre Bun! Llevaba tanto tiempo cabalgando en dos potros, que estaba en peligro de aburrirse.

La huelga del textil irrumpía en la ciudad americana, paraíso del trabajo libre. Aquello fue la culminación de una serie de desórdenes: primero, el paro de los tranviarios, luego, el de los carpinteros... Era evidente que la táctica de los rojos –barrenar desde dentro– tenía gran éxito y que urgía contener el estrago.

Las autoridades locales impusieron una ordenanza por la que se prohibía poner mala cara ante el conflicto, y como muchos trabajadores eran malcarados, infringieron la ley, originándose alborotos que reprimía la policía.

Raquel explicaba al grupo rojo de la universidad que la policía se apoderaba de parejas de muchachas que paseaban pacíficamente por la calle, y les descoyuntaban los brazos.

Una mañana dejó de aparecer Raquel por la universidad. Recibió Bun una carta de su amiga diciendo que la policía había herido con una porra, dejándole sin sentido, a Jacobo Menzies. Jacobo era el ala derecha de la familia.

Se desviaba tanto Bun de su deber altruista, que se impuso enérgicamente y estuvo en casa de Menzies. Este se hallaba en cama, muy pálido y con un turbante indio en la cabeza. La madre lloraba cerca del lecho como una heroína de la antigua Ley.

El viejo no estaba presente porque había escapado –dejando un trozo de americana en los dedos de la mujer–, y se hallaba entre los huelguistas.

Al día siguiente vio Bun en *El Ladrido*, de Angel City, una cabecera llamativa de titulares, que decían: «La policía practica un registro en un centro rojo». Y relataba que los agentes habían invadido los locales sociales de los trabajadores del textil, interviniendo un montón de documentos para probar que el conflicto estaba organizado por los revolucionarios rusos.

Los dirigentes obreros estaban detenidos, y entre estos figuraba Caín Menzies, convicto y confeso. No negaba su condición de agitador socialista, ni quería negarla nunca.

IX

Otro apuro para Bun. ¿Cómo saldría de él? Su padre estaba en Paradise y no se le podía consultar. Fue Bun a visitar al abogado Dolliver, hombre astuto y hablador que no simpatizaba con los rojos, pero estaba dispuesto siempre a resolver los asuntos que se presentaran. Llamó a la Jefatura Superior de Policía y averiguó que Menzies padre sería procesado al día siguiente y se determinaría la cuantía de la fianza que Bun tendría que pagar al contado o mediante embargo de bienes raíces que tuvieran doble valor que el importe de la fianza.

Como Bun deseaba visitar al preso y el abogado conocía al jefe de policía, pudo facilitar este la entrevista. Menzies estaba en un edificio viejo, construido para una ciudad de cincuenta mil almas, y tenía que bastar para un millón. El jefe de policía era obeso y olía a whisky. Hizo sentar a Bun, llamó a dos agentes y trató de averiguar lo que pensaba Bun de Caín Menzies. El joven pronunció un discurso explicando detalladamente la diferencia entre el ala derecha y el ala izquierda del movimiento socialista. Como no se le pudo hallar en contradicciones y era hijo de un millonario, dijo el jefe a uno de los agentes que acompañara a Bun a visitar al preso.

La prisión estaba agrietada de puro vieja y denunciada por seis comisiones oficiales por ruinosa, pero se mantenía en pie como un monumento a la especulación. Si se observaban las paredes, se veía el campo de movilización de un ejército de insectos. Estaban los presos en unos departamentos especiales, jaulas con barras de hierro, sin luz natural ni suficiente luz artificial para poder leer. La ciudad parecía empeñada en fomentar toda clase de vicios entre sus víctimas, negándoles la lectura, el ejercicio y el recreo, pero permitiendo que hubiera cartas para jugar y cigarros. Los carceleros matuteaban con el whisky y la cocaína, entendiéndose con los presos que tenían dinero.

En uno de aquellos calabozos estaba Caín Menzies sentado en el suelo, porque no había manera de sentarse en otra parte. Parecía resignado. Había reunido al resto de los presos explicándoles la lucha de los trabajadores del textil, para llegar a la conclusión de que tenían que organizarse y abolir el sistema capitalista.

Al ver a Bun dio un salto Menzies, y le estrechó la mano.

—Señor Menzies, el hombre que me acompaña es un agente de policía.

El preso hizo una mueca:

—Nada tengo que ocultar, Bun. He sido miembro del Partido Socialista veinte años seguidos y creo en la política electoral. Nada sabrán que pueda contradecirme, a menos que lo inventen. Estaba explicando a estos muchachos lo que es el socialismo, y puedo repetir mis explicaciones al agente que le acompaña. He contribuido a la unión de los obreros para que puedan vivir más humanamente, teniendo fe en mí mismo para seguir ayudándoles.

Por la tarde llamó Bun a su padre por teléfono y le explicó lo que ocurría. El joven estaba acostumbrado a firmar cheques de cualquier valor en nombre de su padre sin abusar del privilegio, pero hacían falta quince mil dólares. Se fijaría una fianza elevada con objeto de retener a Menzies preso mientras el conflicto siguiera en pie. Dijo Bun a su padre que no había ningún riesgo, porque el preso era un hombre de honor y no intentaría escapar.

Hizo Arnold Ross un agrio gesto ante el auricular, pero se trataba de su amado hijo, que insistía en dar las mayores seguridades, diciendo que Menzies no era un espía soviético capaz de hacer tabla rasa de las instituciones americanas.

No podía imaginar Arnold Ross los motivos que tenía Bun para mostrarse tan excitado, y acabó por acceder, aconsejando que fuera el abogado a depositar la fianza, sin que el nombre de Bun sonara en ninguna parte.

X

El asunto se tramitó de acuerdo con tales instrucciones, pero cuando regresó el pasante del abogado que había hecho las gestiones, dijo que se retenía preso a Menzies porque había nacido en la Rusia polaca y se proponían invalidar su naturalización para deportarle.

Se había trasladado al preso a la cárcel del condado, edificio tan destartalado y sucio como la Jefatura de Policía. Nada se podía hacer, porque los tribunales se inhibían en los asuntos de deportación, alegando que pertenecían a la jurisdicción administrativa.

El fiscal general, demócrata, no consiguió el nombramiento de presidente a pesar de su campaña contra los rojos, pero sus estratagemas servían para abrumar por igual a culpables e inocentes.

El hecho de la deportación era una enorme preocupación para Bun. Raquel estaba pálida. La esposa de Menzies gemía con desconsuelo y se rasgaba las vestiduras. Era imposible hablar con Menzies porque estaba incomunicado. Tal vez iba ya camino del destierro y, en tal caso, no habría probabilidad de favorecerle. Embarcaría para Danzig y le arrojarían a la hoguera de la represión polaca.

Insistió Bun en la necesidad de hacer algo y el abogado de Arnold Ross conferenció con dos abogados aún más caros, a cuenta del magnate del petróleo. Los tres letrados barajaron fórmulas míticas propias del caso, como la del derecho de *hábeas corpus*. Redactaron un montón de papeles, solicitaron repetidamente en favor de la libertad de Menzies, pero todo fue en vano.

Arnold Ross, para complacer a su hijo, violó las ordenanzas de la velocidad y acudió a hablar con él. Bun le esperaba con su amiga israelita. Le arrastraron a un aposento y le obligaron a oír una disertación sobre la diferencia de tácticas y modalidades entre el ala derecha y el ala izquierda del socialismo. En medio de la disertación, se echó a llorar Raquel y se arrojó sobre un sofá. Arnold Ross, que no soportaba a una mujer llorosa, como tampoco Bun, se fue hacia ella y le dio unos golpecitos en la espalda:

—Vamos, chiquilla, no se alarme usted... Yo salvaré a su padre, aunque tenga que enviar un mensajero a Nueva York.

Salió Ross a la hora de comer, y antes de las tres de la misma tarde apareció Caín Menzies en un automóvil, libre de la cárcel. Iba polvoriento y con la barba crecida, pero dispuesto a seguir trabajando por la causa del proletariado. No tenía la menor idea de lo ocurrido. Los carceleros no le dieron explicaciones, ni Caín se entretuvo en hacerles preguntas. Nunca supo el motivo de su libertad, ni lo supo tampoco Raquel, porque Arnold Ross dijo a su hijo que se trataba de una prueba de la secreta ciencia que atesoran los negociantes del petróleo.

—Llamé a Ben Skutt –dijo Arnold Ross a su hijo.

—¿Ben Skutt?

Hacía años que Bun no pensaba en el sabueso.

—Sí... Está muy bien relacionado, y se prestó a intervenir.

—¿Qué le dijiste?

—Le di quinientos dólares y le dije que fuera a entregárselos a quien había metido en la cárcel a Menzies, añadiendo que entregaría a Ben Skutt otros quinientos dólares cuando saliera el preso... ¿Comprendes ahora la necesidad que tenemos de intervenir en política?

—¡Dios mío! –comentó Bun.

Arnold Ross dio unas chupadas al cigarro.

XI

Además de contribuir a completar la educación política de Bun, el incidente tuvo importancia para él en otro aspecto. Viola Tracy se dispuso a orientar la vida del joven.

El padre de este llamó por teléfono a la estrella:

—Está usted abandonando su misión.

—¿Qué quiere decir?

—Pues que no atiende usted a mi hijo como sería mi deseo. Está metido en un enredo con los bolcheviques... a causa de que usted le tiene olvidado.

—Mi preocupación ha sido siempre que su hijo estudiara, creyendo que era ese el deseo de usted.

—¡Bah! Mi hijo no estudia, ni hay manera de que estudie, aunque tampoco se trata de eso... Lo único que interesa a Bun es el socialismo y los mítines. Sería mejor que estuviera con usted.

—¡Qué más quisiera yo!

—Póngalo bajo su protección y guárdelo bien... Si consigue apartarle de los rojos, me acordaré de usted cuando haga testamento.

Después de este diálogo supo Bun que podía ver a Viola a cualquier hora del día o de la noche. Nunca le dijo ella la razón de tal novedad, porque sus normas de sinceridad no llegaban a tanto. Le dejó entrever que la única causa del cambio eran sus irresistibles encantos, y el amor propio de Bun quedó satisfecho.

—Tu padre va a creer que te hago perder el tiempo y me tendrá por una vampiresa.

—¡Calla, boba! Ya sabe que si no estoy contigo, solo se me puede encontrar en un mitin socialista.

¡Eran tan felices! La exaltación de sus frescas y jóvenes almas, el ardor de sus cuerpos estremecidos de placer, se difundía mágicamente, poetizando el sonido de la voz, los gestos, los coches que guiaban y las casas donde vivían. Las telefonistas estaban abrumadas poniéndolos continuamente en comunicación. Se convirtió Bun en un pequeño contrabandista escolar que sabe adular a los profesores y amañar lecciones. Su conciencia estaba tranquila. ¿No había cumplido su deber con los socialistas? Además, la huelga había terminado favorablemente para los trabajadores. Salieron a la calle los presos y las pretendidas maniobras de Moscú acabaron por perder actualidad.

Seguía Viola prohibiendo a Bun que asistiera a los ensayos. A los bolcheviques no les gustaría la película y debían tardar en verla todo lo posible. Cuando no ensayaba, se dedicaba a su amante. La anciana ama de llaves recibía de vez en cuando un billete de cinco dólares, y quedaba sorda, muda y ciega al retirar la mano.

La habitación de Viola estaba en la parte alta de su hotelito, y era la única que había en el segundo piso, abierta a los cuatro vientos y con guirnaldas de hiedra en las ventanas.

En el interior todo estaba decorado de blanco: un aposento de encanto, un ensueño. Se entregaban uno a otro en aquel templo del amor y siempre había lágrimas de éxtasis en los ojos de Viola.

—¡Oh, Bun! Juré que no me enamoraría, y aquí me tienes más loca que nunca... Si me dejas, me moriré.

Disipaba Bun el temor de Viola a fuerza de besos. No había nubes en aquel cielo: solo una del tamaño de una mano, que Bun no percibía. Viola la entrevió un instante y volvió la mirada. El rosal del amor florecería eternamente.

XII

El destino, amable con Viola, señaló una hora gloriosa para la estrella. La película se anunciaba en las carteleras de la ciudad: «Schmolsky-Superba presenta a Viola Tracy en la superproducción especial *El enviado del diablo*, drama sentimental de la Revolución rusa. Coste de la superproducción: un millón de dólares».

La decoración de los carteles representaba a Viola con las ropas rasgadas y refugiándose en los brazos del elegante y apuesto joven americano, que apuntaba con una pistola a una masa confusa de hombres sombríos y barbudos.

La publicidad en los periódicos era copiosa y puntual. Empleaban columnas y columnas hablando de los autores del libro, del operador, del director, del redactor de títulos, de los artistas, decoradores, sastres y músicos. Sobre todos ellos brillaba la estrella. ¿Podía esperarse que el agente de publicidad dejara de hallar, a los reporteros, del joven y fascinador príncipe del petróleo que se había convertido en el amigo íntimo de la artista? Así lo supusieron Bun y tal vez su padre, pero, seguramente, nadie más.

Los reporteros sitiaron al joven príncipe, y algunas dulces y sentimentales señoras trataron de enterarse de lo ocurrido entre la muy amada y fascinadora estrella y el joven millonario encantado.

Se difundió el rumor de que iban a casarse y se desmintió al día siguiente. Como Bun no dio su retrato, le retrataron instantáneamente en la calle, obsequiándole con epítetos expresivos («El joven príncipe es recatado»), porque volvió la cabeza.

El enviado del diablo iba a proyectarse en el teatro Melanesian (un millón de dólares). El estreno de una película es un acontecimiento social en el sur de California. Los reflectores buscan las nubes y las bombas estallan en lo alto. Fogatas rojas imitan escenas infernales en las calles y las luces crean un día nuevo.

Se amontona la multitud. Enjambres de rateros invaden la ciudad, ya que las fuerzas de policía se emplean en cubrir la carrera cuando la estrella sigue el itinerario marcado previamente en un automóvil de diez mil dólares hasta la puerta del teatro del millón de dólares.

Las luces enfocan a la princesa, una docena de operadores cinematográficos entran en campaña, estallan los cohetes, la multitud se estremece, y surge un murmullo delirante.

Nunca se han presenciado apoteosis semejantes. Los ojos humanos jamás han contemplado tanto fausto ni tanta pompa. Muchos cazadores han perecido en las heladas zonas polares al tratar de cazar armiños para que su piel abrigue a las emperatrices de la pantalla. Otros hombres han sido destrozados por los tiburones al hacerse con las perlas. Los mineros han muerto aplastados en las profundidades de la tierra buscando diamantes espléndidos. Intrépidos héroes de la química han hallado la muerte en alguna explosión de laboratorio cuando buscaban nuevas fórmulas de tintes y cosméticos. Las bordadoras se han vuelto ciegas ejecutando los complicados dibujos que rodean los sedosos tobillos de la estrella.

¿Puede maravillar a nadie que la cabeza de la artista se muestre como la de una emperatriz, entre resplandores de gloria? ¿Tiene nada de extraño que haya desmayos y alborotos, que las ambulancias tengan que entrar en actividad?

En el teatro hay un enorme altavoz, y cuando desciende la estrella o el lucero del coche, se oye la bronca voz: «El señor Schmolsky pasa bajo los arcos y va con su señora, que lleva una capa azul adornada con piel de chinchilla por Voisin, capa que acaba de traer la señora Schmolsky de París, luciendo su famosa diadema de diamantes. El señor y la señora Schmolsky entran en el teatro y se detienen a hablar con los señores de Gloobry...».

Y así se suceden las emociones, hasta que, a la hora sagrada de las ocho y media de la tarde, sobreviene la suprema, la maravillosa apoteosis: «Viola Tracy desciende de su coche.

Acompaña a la artista su amigo J. Arnold Ross, hijo, descubridor y presunto heredero del campo petrolífero Ross Hijo, de Paradise (California). Viola Tracy y su acompañante pasan bajo los arcos. Lleva Viola Tracy una capa de esplendoroso armiño. Sus chinelas son de raso blanco con adornos de perlas. El collar que lleva es también de perlas, obsequio de J. Arnold Ross, padre, como la diadema, igualmente de perlas. Viola Tracy y el señor Ross, hijo, están saludando a los dueños del teatro en el vestuario...».

Y así van historiándose los pasos de la emperatriz hasta que se sienta en una especie de trono...

XIII

Vio Bun la película. Su amada era la bella desposada de un gran duque. Los ademanes, los besos, los raptos de amor se prodigaban a un magnífico personaje de barba puntiaguda, con uniforme militar y muchas condecoraciones.

El personaje era soberbio, pero inteligente, muy inteligente. La futura gran duquesa era el ángel de la caridad. ¡Qué amables eran los campesinos! ¡Qué delicadamente la custodiaban y qué encanto tenían sus bailes! ¡Cómo vitoreaban a la desposada!

¡Hermoso mundo, casi idílico! Se llegaba a dudar si podía existir tanta perfección y felicidad. Solo aparecían, como contradiciendo aquellos esplendores, unos grupos de hombres malcarados, con los rostros torcidos, las barbas pobladas y negras. Algunos llevaban el cabello en desorden y grandes lentes; otros ostentaban un cuchillo en las botas altas. Eran feroces anarquistas que confeccionaban manifiestos para seducir a los idílicos campesinos. Fabricaban mortíferas bombas de dinamita para acabar con los nobles e inteligentes aristócratas. Bebían en unas cuevas. Raptaban a las mujeres y las violaban. Cometían fechorías y salvajadas sin cuento. El cabecilla tenía cara de ratón y brazos de gorila. Evidentemente, el nombre de la película era apropiado y oportuno: *El enviado del diablo*... Y he aquí que aparecía, limpio, pulido, afeitado, airoso y ágil, el doncel americano, cuya obligación era trasladar mensajes de la embajada americana en Rusia a la flota americana, y salvar el tesoro diplomático de la rapiña bolchevique. Los revolucionarios se sublevaban y mataban al gran duque, aplicándole las más crueles torturas. La gran duquesa era, naturalmente, la persona que deseaba el mensajero diabólico. Pretendía cazarla derribando las puertas del palacio. El joven héroe americano, agente secreto de su gobierno, amparaba a la dama llevándola de estancia en estancia, a pesar de tener él una herida en la cara. Por una ventana se descolgaban los dos y huían en ligero caballo a través de los campos rusos, con sus colinas suaves y sus eucaliptos.

No tardaban en ser detenidos en San Petersburgo, y el enviado del diablo ponía sus sucias manos sobre la heroína, desgarrando sus vestiduras, tal como prometían los carteles.

Pero llegaba el americano con su pistola y acorralaba a la muchedumbre, mientras Viola Tracy hacía señas a un amigo del héroe para que arrojara una bomba sobre la chusma, la misma bomba preparada por los anarquistas para ser arrojada contra los nobles. ¿Puede haber justicia más poética?

Viola y su salvador huían en automóvil por carreteras de cemento, a través de las conocidas montañas de los alrededores de San Petersburgo, llegando al Neva con sus alamedas de eucaliptos.

Otra escena de caza, que acabó con la captura de la arrogante pareja, sufriendo más desgarrones la ropa interior de Viola.

En aquel momento llegaba la gloriosa flotilla americana que había permanecido en el Neva durante la guerra. Avanzó la flota majestuosamente. La orquesta de teatro tocó el himno *Barras y estrellas inmortales*. El público del teatro aplaudió frenéticamente.

Al tiempo que una lancha se acercaba a la orilla, el cabecilla revolucionario caía al agua con una de sus propias bombas en la boca, mientras Viola y el héroe permanecían abrazados en una actitud que era completamente familiar para Bun.

Mientras se desarrollaba la película tuvo Bun el privilegio de sostener la mano de la heroína. En un momento determinado, preguntó ella con algún temor.

—¿Qué te parece?

—Se venderá, se venderá la película...

¡Qué bueno, hábil y amable era el príncipe del petróleo!

XIV

Se extinguieron los vítores, encendiéronse las luces, y el mundillo de la pantalla rodeó a Viola Tracy y a Schmolsky. Hubo apretones de manos y felicitaciones. La muchedumbre permanecía de pie. Todos fijaban los ojos en los héroes del estreno.

En los pasillos y fuera del teatro intervenía la fuerza pública para contener la impaciencia del público, que deseaba ver a sus favoritos. Viola y Bun salieron casi los últimos, saludando a los conocidos. Vio Bun muchas caras que le eran familiares: entre estas una que no esperaba ver en aquel lugar: Raquel Menzies.

Fue un puntillo de honor para un joven idealista no dejar de hablar a Raquel. La pobre trabajadora, ajada y mal vestida, con plena conciencia de clase, no debía pensar que Bun iba a desdeñarla en medio de aquella apoteosis.

—¿Cómo está usted, Raquel? No sabía que fuera aficionada al cine.

—No lo soy; he venido para ver cómo se documentan sobre la Revolución rusa.

—¡Bah! Poco podemos aprovechar eso.

—¡Y tan poco!

Quería dialogar con Raquel, pero no allí, y pidió a la joven que le permitiera ayudarla a salir del teatro. En aquel momento apareció Viola en medio del tropel que rodea a las grandezas humanas. La estrella no quería que Bun se separase de ella. Ya estaba comprometido otra vez el honor de un joven idealista. No podía dejar de presentar la ajada trabajadora a la esplendorosa dama de las perlas.

—Raquel, tengo el gusto de presentar a usted a Viola Tracy.

Y presentó luego a Raquel como compañera de la universidad.

Fue compromiso de honor para Viola ser amable y cordial con Raquel, a la que tendió la mano. La joven socialista no hizo ningún ademán y mantuvo quieta la diestra, irguiendo el talle para decir con seca corrección:

—¿Cómo está usted?

A Bun le pareció una voz rara y muerta, pero Viola no la había oído hablar nunca. El hecho de no dar la mano a la persona más famosa de la ciudad podía interpretarse como timidez.

—¿Le ha gustado a usted la película?

Bun oyó la pregunta y la juzgó más peligrosa que una bomba lanzada por el enviado del diablo. Buscó en su aturdida imaginación la manera de decir que Raquel era socialista como él, pero se anticipó esta:

—Es la película más venenosa que puede verse. No cabía calificar de tímida a aquella criatura.

—¿De veras le parece a usted venenosa?

—Sí, y los que contribuyen a filmar la película tendrán sobre su conciencia la sangre de millones de hombres.

Interrumpió Bun:

—Es que Viola...

Raquel le detuvo y dijo con severidad:

—Se trata de propagar el odio a Rusia, y una mujer que contribuye a que se realice tal propósito es una desgracia para su sexo.

La furia de Viola apareció en su rostro y exclamó, mirando a Raquel:

—¡Mala zorra!

Y cruzó la cara de la joven de una bofetada.

En el primer momento, terrible en verdad para Bun, permaneció este inmóvil. Vio que Raquel tenía una señal roja en la cara y que lloraba.

Se puso entre las dos y se apoderó de la mano de Viola para impedir que agrediera de nuevo a Raquel.

—No, Viola...

Un corpulento agente completó la maniobra de bloquear el espacio entre las dos protagonistas, y Raquel se perdió por el teatro.

Esquivando la pública curiosidad y la avidez de los reporteros, Viola y Bun se alejaron rápidamente.

XV

Sentado en su coche, iba Bun junto a Viola. Preguntó ella:

—¿Quién es esa mujer?

—Pertenece a una familia hebrea de trabajadores. Su padre ha estado preso con motivo de la huelga. ¿No recuerdas que te lo dije?

—¡Vaya un tipo!

—Pero, comprende que tú pisoteaste su conciencia de clase.

Viola apretó los dientes, y dijo luego:

—¡Qué criatura tan odiosa!

—No olvides que le preguntaste lo que pensaba.

—¡Qué insolencia la suya!

—Si te permites decir lo que piensas, ¿por qué no concedes esa libertad a los demás?

—Pero ¿tienes valor para defenderla? ¡Odio a esa gentuza! Son sucios, bajos, envidiosos. Solo piensan en apoderarse de las cosas que gana la gente trabajando.

Hubo un largo silencio, mientras Bun conducía.

—¿Dónde vamos?

—No olvido la invitación de Schmolsky.

—¡No quiero ir a cenar allí! Llévame a casa ahora mismo.

Obedeció Bun, y al llegar al hotelito de la estrella, se apeó esta precipitadamente. Siguió Bun momentos después y la halló vestida en el lecho, hecha un ovillo, sollozando convulsivamente, sin fijarse en las arrugas de la costosa túnica de seda bordada, ni en el abrigo de armiño, tirado por el suelo.

—¡Qué horror!

De repente se incorporó cegada por las lágrimas y extendió sus brazos:

—Bun, Bun, ¡no matemos nuestro amor! ¡No riñamos! ¿Por qué tratas a esa gente? Que me digan lo que quieran, y no me molestaré otra vez... Haré lo que quieras; llevaré a paseo a esa muchacha y le daré explicaciones, pero, ¡por piedad! ¡No matemos nuestro amor!

Era la primera vez que Bun veía a Viola desesperada y el trance producía muy mala impresión en el protector. La estrechó fuertemente, sin compasión para el elegante traje, se inflamó el amor y las inquietudes se quemaron en el fuego apasionado, jurándose los dos que nada ni nadie les separaría.

Horas después, cuando descansaba uno en brazos del otro, murmuró Viola:

—Bun, esa muchacha está enamorada de ti.

—¡Qué absurdo, Viola! ¿Por qué? Nunca me dio la menor prueba de afecto.

—¿Y cómo reconocerías que una actitud determinada es prueba de amor?

—Pero, chiquilla...

—Seguro que está enamorada de ti. ¿Cómo no estarlo?

¿Valía la pena discutir? Parece una fatalidad, pero las mujeres tienen el convencimiento de que todas las hijas de Eva están enamoradas del hombre que aman. Cuando Bun habló a Viola de Enriqueta Ashleigh, la artista supuso que Enriqueta estaba enamorada de él y que había callado por orgullo de casta. Cuando le habló de Ruth, la estrella creyó que aquella moza campesina tenía el corazón herido por él. ¿Cómo se explicaba que Ruth fuera tan indiferente para el afecto de los trabajadores? ¿Cariño de hermana? ¡Bah! ¡Por los hermanos no se hace tanto ruido!

Recordó Bun que Berta coincidía con Viola y con Eunice. Por la misma razón, Eunice no había querido ir a Paradise.

Decidió el joven que lo más sensato era no hablar a una mujer de otras mujeres, ni presentarlas.

A la mañana siguiente, los amantes devoraron los periódicos, y no por la complicada descripción del estreno de la película, sino atraídos por los grandes titulares de primera plana: «Una estrella de la pantalla abofetea a su rival en el teatro».

El reportero, que no pudo saber la verdad, echó mano de su inventiva. ¡Otro triángulo de la escena muda! Había escrito el periodista un relato dramático: al salir del teatro, la estrella, de fama universal, va con el príncipe del petróleo, personaje de gran influencia, y ve que este habla con otra mujer. La estrella, furiosa de celos, abofetea a su rival.

Se publicaba también una entrevista con el detective Tony Reber, que se interpuso entre las dos mujeres, oyendo la terrible frase que profirió Viola y que no repetía Reber por decoro.

—Si golpeara yo a algún detenido con la furia que la estrella empleó para golpear a su rival –afirmaba el detective–, tengo la seguridad de que me procesarían.

XVI

El mismo día encontró Bun a Raquel en el patio de la universidad. El rostro de la israelita estaba pálido y sus ojos sombríos.

—Deseo decirle que estoy avergonzada por lo de ayer.

—No tiene por qué avergonzarse: usted dijo la verdad.

—Ya lo sé, pero no tenía derecho a hablar como hablé, tratándose de una amiga de usted. ¡Estaba tan excitada, después de ver aquella película!

—Comprendo... Viola Tracy está verdaderamente apenada, y me encargó que se lo dijera a usted.

—Ya supongo que hablaría con ella, y que luego se arrepentiría. ¡Bah! Los judíos estamos acostumbrados a que nos golpeen, y los trabajadores también. ¡Cuántas veces han de agredirnos mientras subsista la guerra de clases! Lo inevitable es el veneno de la película, que ella desparramará por el mundo... Por esa ofensa nunca podrá disculparse.

Era un aspecto del asunto que se agitaba en la conciencia de Bun.

—Nada bueno tengo que decir de la película, pero creo que debe usted ser indulgente con Viola Tracy, que no sabe tanto acerca de Rusia como usted y como yo.

—¿Cree que ignora la estrella las crueldades de la vieja Rusia? ¿No sabe Viola Tracy que el zarismo equivale al terror?

—Sí, pero entonces...

—¿Ignora que los hombres que se presentan como criminales han poblado los calabozos por sostener su fe?

—Puede no saber esas cosas, Raquel... Es penoso comprobar la ignorancia de la gente que se alimenta solo con la literatura periodística americana.

—Usted sabe, Ross, que yo no soy bolchevique, pero tenemos el deber de defender a los trabajadores rusos contra el terror mundial. La película es un desarrollo del terror blanco, y los artistas saben lo que hacen, como sabían también lo que hacían los agentes y las autoridades al agredir a mi hermano y al intentar deportar a mi padre.

—Comprenda que una actriz no escribe la Historia, y que nadie la consulta acerca del papel que le corresponde.

En el rostro de Raquel se reflejó una compasiva sonrisa.

—Usted oye lo que ella dice, y trata de creer en la bondad ajena... Le voy a decir lo que pienso, aunque después no quiera dirigirme la palabra. Quien hace una película como esa no es más que una prostituta, y el hecho de que cobre espléndidamente su trabajo agrava el calificativo.

—Pero Raquel...

—Ya sé; parezco ruda y cruel, pero la verdad es que Viola Tracy ha cobrado por envenenar a la gente, aceptando ella el precio como tantas veces. No sé nada acerca de la vida privada de la estrella, pero si usted inquiere su pasado, averiguará que ha vendido el cuerpo y el alma.

Ante aquella ardorosa repulsa, pensó Bun que lo más sensato era retrasar el momento señalado para reconciliar a las dos mujeres.

XV.
Vacaciones

I

Arnold Ross y Roscoe estuvieron empeñados durante el verano y el otoño en la enorme tarea de rehacer el pensamiento americano. La campaña electoral para elegir el presidente se desarrollaba con pasión. Tras la designación del candidato, quedaba abierta una labor persuasiva para que los electores calificaran al candidato de estadista sensato y concienzudo y votaran en su favor.

Tendrían que contribuir los magnates a los gastos; ascendían, en total, a unos cincuenta millones de dólares, según dedujo Bun de ciertas conversaciones en Paradise y en El Monasterio. El dinero salía de los grandes intereses protegidos, de las corporaciones, de los bancos, de cuantas cajas pertenecían a gentes que trataban de obtener algo del gobierno y de los políticos.

Los explotadores petrolíferos que habían arrebatado pingües ganancias podían llevar la delantera y la voz cantante porque, además, trataban de acrecentarlas. Los comités de propaganda se fijaban preferentemente en ellos para contarles lastimosas historias sobre los peligros del momento y la inseguridad del triunfo.

Era necesario persuadir a los americanos de que la administración democrática de los últimos ocho años había sido despilfarradora y corrupta, ignorante y fatua. Se trataba de una tarea relativamente fácil. También se requería demostrar que la gestión presidencial de Harding sería mejor, y eso era ya menos fácil.

Los presidentes de los comités de propaganda trataban de acrecentar las dificultades: así manejarían mayores sumas.

Cuando la campaña electoral tocaba a su término, tuvo Bun la satisfacción de oír jurar a su padre, quien aseguraba que se arrepentía de no haber dejado que un rey del jabón protegiera a sus anchas la candidatura del general Wood a la presidencia de la República.

El senador de Ohio, candidato de Arnold Ross, era majestuoso y solemne. Su actitud se comparó en América a la fijeza de un porche. En vez de hacer campañas enérgicas saliendo de su medio habitual para discursear por todo el territorio, recibía comisiones y personalidades, negociantes de forraje y otros truchimanes en su propia finca. El estadista leía a los recién llegados la declaración escrita por un secretario elegido por Roscoe; la declaración se entregaba a la voracidad de los periódicos y se reproducía en cincuenta millones de páginas. Era un mecanismo colosal; los hombres que lo manejaban perdían muchas horas de sueño, pero el majestuoso candidato dormía a pierna suelta; estaba siempre impasible y sereno como lo estuvo siempre en el curso de su carrera. Los hábiles negociantes que le pagaban nunca dejaron de decirle lo que tenía que hacer.

Bun vivía en una altura olímpica, mirando como un dios el ajetreo de los míseros mortales. Su padre y Roscoe no le ocultaban nada, seguros de que, al fin y al cabo, aceptaría el punto de vista que sostenían con tanto denuedo. Tenían una filosofía decisiva que les protegía como cota de malla contra toda especie de vacilaciones y dudas: los asuntos del país debían ser resueltos por hombres de reconocido tacto y evidente experiencia, y puesto que la masa no podía elegir con acierto, se imponía el engaño.

Era preciso inventar consignas rápidas, gritos vibrantes para la batalla. Era un arte: los expertos cumplían y cobraban, pero, ¡por los dioses!, había que sudar sangre. La campaña triunfal llegó a culminar en un resultado triunfal, lo que significó que dieciséis millones ciento cuarenta mil quinientos ochenta y cinco americanos habían sido víctimas de un éxito, es decir, de un engaño.

El senador Harding tuvo gran mayoría: más de siete millones de votos sobre el candidato demócrata. Fue la mayoría más considerable que registraba la historia electoral de Estados Unidos.

La multitud se desparramó por las calles vociferando, aclamando al triunfante candidato. En los clubes y en los restaurantes de lujo se impuso la borrachera alegre. Hasta Roscoe se embriagó, porque Ana Bella se tambaleaba a consecuencia de haber ingerido licores caros. Viola desafió al doctor y olvidó su continencia. Arnold Ross se olvidó de todo y el mismo Bun bebió lo suficiente para temer por su idealismo. El hombre es un animal gregario y no es difícil inducirle a hacer lo que ve a su alrededor.

II

Llegó Navidad. Las codornices cantaban en las colinas de Paradise. Ya no había tantas como en años anteriores, pero abundaban en los terrenos adyacentes, donde el príncipe del petróleo y su real padre eran bien recibidos cuando iban a cazar.

Una vez lejos de las grúas y del olor de la refinería, se gozaba el encanto campestre con la delectación de siempre. Se podía expulsar de la sangre el veneno del alcohol, y del alma los recuerdos molestos.

Vagando por crestas rocosas y respirando a pleno pulmón, era imposible pensar que los hombres no aprendieran a ser felices.

La excursión coincidió con un hecho histórico que destacó la tierra de Paradise sobre el mapa de California. Elias Watkins, profeta del Señor, había completado el pago de sus cuentas para el solar del Tabernáculo de Angel City, y celebraba el acontecimiento volviendo al escenario de su infancia, a la tierra de la Tercera Revelación.

Trató Elias de imponer una nueva modalidad religiosa mediante el prestigio de la palabra «maratón», y logró convencer a sus adeptos de la necesidad de leer la Biblia sin pausas. Día y noche se encargarían los fieles de leer sin tregua, estableciendo turnos y sin hacer caso de los pozos de petróleo que tenían frente a la puerta.

La nueva magia entusiasmó a los creyentes y sirvió para que acudieran compactos grupos a engrosar la grey evangélica. Se apoderó la invención de la fantasía periodística y se desplazaron los reporteros para describir tan sugestiva novedad. Se produjeron nuevos milagros y aumentó el número de multas colgadas como exvotos. El Señor otorgó una segura señal de su providencia.

—Si la lectura de la Biblia llega a su término –dijo Elias en el sermón–, se me ha revelado que, así como ahora contamos con el solar del templo, tendremos la cantidad necesaria para edificarlo.

Después de tal declaración, ¿quién podía contener a los lectores de la Biblia? La prisa que demostraban agotó la materia bíblica en cuatro días, cinco horas, diecisiete minutos, cuarenta y dos segundos y tres cuartos. ¡Gloria, aleluya, loor al Señor!

Contempló Bun a los fieles de la Tercera Revelación, que recibían de lleno la luz de un reflector sobre sus descubiertas cabezas. Elias tenía dinero y lo invertía en efectos espectaculares. La banda de música se congregaba en una plataforma, y la cegadora claridad eléctrica resplandecía en los instrumentos. El profeta exhortaba a los fieles, y los músicos trompeteaban reproduciendo las notas de un himno evangélico. La multitud cantaba con entusiasmo y trasporte, hasta que las lágrimas inundaban las mejillas de todos.

Había muchas mujeres de trabajadores entre aquella multitud, mujeres que se esforzaban en persuadir a sus maridos para que fueran con ellas a oír el sermón. No había muchos atractivos en Paradise; a lo sumo, la proyección de una mediana película podía acumular algún público en lugar tan solitario. Las solemnidades de la Tercera Revelación eran tan brillantes –además de gratuitas–, que llamaban la atención de la multitud y servían para ganar el cielo. Muchos obreros se dejaban convencer.

Pablo y sus compañeros insistían en que los patronos fomentaban las predicaciones de Elias, en los críticos momentos de lucha social, para apartar a los trabajadores del logro de sus reivindicaciones. Creyó Bun que la opinión era exagerada, pero recordó que su padre había entregado quinientos dólares a Elias. También recordó una frase de Roscoe en El Monasterio: «Ellos pueden tener pasteles en el cielo, pero que me dejen el petróleo de la tierra».

Ana Bella se exaltó al oír a Roscoe, y le echó en cara su impiedad. Sabía que el poder celestial es celoso y propenso a crueles castigos.

Los I.W.W. trataban de animar el espíritu de los trabajadores con himnos adecuados, pero ¿qué significaban frente a la trompetería celestial de Elias y a los vibrantes «hosannas» de sus fieles? Los patronos no subvencionaban a los I.W.W. Enviaron a un juez con una veintena de agentes armados con fusiles y municiones loberas, detuvieron a once obreros y en un camión los condujeron a la cárcel del condado.

Se enteró Bun de la detención de Eddie Piatt, uno de los amigos de Pablo. Al presentarse en San Elido para saber la cuantía de la fianza que exigirían a los presos, fue detenido, acusándosele de formar parte de la organización ilegal. La acusación era caprichosa, pero ¿cómo podía probarlo Piatt?

Ruth deseaba saber, después de dar tales informes a Bun, si Arnold Ross facilitaría dinero para la fianza de Piatt. Era un muchacho moreno, severo y resuelto, de cabello oscuro, tan digno de ayuda como un sastre judío. En la cárcel daban la comida con un surtido abundante de gusanos y no tenían ni una mala manta para cubrirse.

Al parecer, querían desterrar a los presos a San Quintín. Pablo conocía a un preso que acababa de llegar de allí. ¡Trato horrible el que se daba a los reclusos! Se les obligaba a trabajar en una fábrica de yute, y los residuos se introducían en los pulmones. Empezaban a toser y a esputar, y aquello equivalía a una sentencia de muerte. Cuando no podían soportar el duro trabajo, los apaleaban y los metían en un sótano. ¿Cómo hacerse a la idea de que los buenos compañeros tuvieran que sufrir tales ultrajes?

Conocía Bun al juez de San Elido y al fiscal del distrito. Sabían que debían el cargo a su padre y podía dar órdenes. ¿Querrían enfrentarse con los dirigentes de la Ross Consolidada? Seguramente, no. Así, pues, todo lo que hizo fue dar doscientos dólares a Ruth para comprar víveres y enviarlos a los presos.

Volvió a sus estudios de la universidad. En su interior se abría un abismo cada día más profundo. Hasta cuando hablaba con Viola y sostenía en sus brazos el anhelante y espléndido cuerpo de su amante, se imaginaba en la cárcel con las víctimas de la lucha de clases.

III

Mientras duró la guerra se impuso la mejora de salarios, pero la guerra empezaba ya a borrarse de la memoria de los hombres, y los negociantes se cansaban de soportar el control oficial. ¿No tenía derecho cada americano a gobernar su propia actividad? ¿No se imponía la rebaja de jornales? Algunos patronos se negaban a mantener el régimen de salarios de la guerra. A todo esto, los trabajadores se concentraban progresivamente.

Arnold Ross había sido uno de los pequeños patronos, pero escalaba ya el Olimpo. La federación patronal del petróleo decidió prescindir de las sugerencias del gobierno federal y de las organizaciones obreras, anunciando una nueva escala de salarios para la industria. Tenía Arnold Ross una copia de las tarifas que trataban de imponerse, las cuales representaban un diez por ciento de rebaja en los jornales.

Estaba tan preocupado Bun con el conflicto que se cernía en el ambiente, que apeló a Roscoe, recurriendo a él sin decir nada a su padre. Como se trataba de negocios, lo conveniente era visitar a Roscoe en su despacho y pidió una entrevista al secretario.

El millonario estaba sentado ante su escritorio de caoba, limpio de papeles. ¿Acaso un empresario industrial no tenía más que dialogar jovialmente con un estudiantino y chismorrear acerca de las estrellas de la pantalla?

—Vengo a hablar con usted de la nueva escala de salarios, señor Roscoe.

Desapareció la sonrisa del rostro del magnate. Si se le consideraba como un tipo, mezcla de genialidad y bufonería, era ya hora de rectificar, irguiéndose ante Bun y ante los otros rebeldes.

—Conozco el malestar de los obreros y creo que se avecina una tormenta.

—Óyeme, Bun, y contén la respiración... Sé lo que dicen los obreros y lo que se les enseña, porque me envían un informe semanal muy detallado. Sé quiénes son tus amigos, Tom Axton, Pablo Watkins, Piatt y todos los demás... Puedo decirte lo que sabes y algo más que te sorprendería... Eres un muchacho de condiciones brillantes y acabarás por olvidar estas tonterías. Deseo ayudarte para que las olvides. Puedo evitarte muchos malos ratos y evitárselos también a tu padre. Te llevo treinta o cuarenta años de ventaja. Estamos dirigiendo la industria del petróleo y se trata de algo que exige cierto cuidado más que pronunciar palabras y palabras. Se nos quiere inutilizar disparando discursos a los trabajadores, pero déjame decirte que triunfaremos.

—No se trata de eso, señor Roscoe...

—Perdóname si te digo que conozco los argumentos de tus amigos los bolcheviques y sus intenciones. Quieren apoderarse de la industria.

—En último caso...

—Para no llegar a ese «último caso», hay que actuar ahora. Lo que quiero decirte es que si esos hijos de zorra imaginan que van a cobrar mis salarios mientras están preparándose para robarme, se equivocan de medio a medio, y si han de ir a la fábrica de yute de San Quintín, no conseguirán dinero de mi caja para la fianza.

El tiro dio en el blanco.

—Conozco las frases idealistas de esa gente: todo, según ellos, es agradable y dulce cuando se trata del bien de la humanidad, pero saben que se trata de un cebo para idiotas... Si supieras cómo se ríen de ti cuando vuelves la espalda, te darías cuenta del triste papel que haces. Te conviene saltar la barrera y ponerte a salvo en el lugar que te corresponde, antes de que empiece el tiroteo.

—¿Va a haber tiros?

—Eso desean tus amigos, los bolcheviques, para arrancarnos de las manos lo que tenemos.

—Cuando necesitábamos a los trabajadores durante la guerra les hicimos promesas.

—Perdóname... Nosotros no les hicimos ninguna promesa. Un condenado caralarga, un profesor llorón, fue quien prometió, pero ya hemos acabado con tipos como aquel. El presidente es, ahora, un hombre de negocios y vamos a gobernar el país de la manera que se dirige un negocio. Déjame decirte de una vez que sería un imbécil comprando dirigentes obreros; hay otra manera más barata de triunfar.

Bun se estremeció oyendo las palabras de Roscoe.

—Pero ¿ha podido usted comprar a los dirigentes obreros?

Roscoe apuntó con el dedo índice al rostro de Bun.

—Puedo comprar a algunos dirigentes obreros o a algunos políticos, a cualesquiera que elijan unos papanatas para que cuiden de sus destinos... Ya sé que piensas que soy un viejo, un ganadero sin ideales, con una tonelada de dinero y que se cree capaz de hacer lo que le plazca... No se trata de eso: tengo cerebro para ganar dinero, y, por consiguiente, para usarlo. El dinero no sirve para nada si no se usa, y la razón de que yo pueda comprar poder es el hecho de que saben que puedo ejercerlo... De lo contrario, no me lo venderían. ¿Comprendes?

—¿Y qué va usted a hacer con el poder?

—Hallar petróleo, sacarlo a flor de tierra, refinarlo y venderlo a quien pague... Mientras el mundo necesite petróleo, esa es mi tarea. Cuando no lo necesite, buscaré otro trabajo. Si alguien quiere tener parte en ese oficio, que haga lo que yo: que sude y trabaje, que negocie...

—Pero ¿cómo es posible que sigan ese consejo los trabajadores? ¿Van a convertirse todos en explotadores?

—Apuesto lo que quieras a que no... Solo podrán los que tengan cerebro. Los otros tienen que trabajar. Por muchas preocupaciones que me asalten, no faltará la nómina de jornales cada sábado por la noche... Si llega algún tipejo charlatán y se interpone entre yo y mis hombres para decirles que no puedo tratar con ellos más que dándoles lo mío, le echaré del campo, ¡y la fábrica de yute con él!

IV

Lo que conmovió a Bun fue esta apelación final de Roscoe:

—¿No ves que tu padre es un hombre viejo y enfermo? Poco vivirá, por desgracia, y cuando despiertes de ese mal sueño, comprenderás lo cruel que has sido con él. El viejo no tiene más pensamiento que facilitarte el camino. Di que no te importa, pero la verdad es que solo vive para ti. Le escupes a la cara, amiguito. Según vosotros, tu padre no obra bien, pero ¿qué motivos tenéis para afirmarlo? Él se recome y se desespera. Se le odia porque ha hecho bien, y los que le odian son incapaces de hacerlo. Si crees que el viejo no siente eso, te equivocas... Piensa en lo que te digo y rectifica, antes de que sea tarde... ¿Quieres malgastar el dinero de tu padre? Espera a que muera, y serás dueño de todo...

Al salir del despacho, ya no pensaba Bun en las inquietudes de los trabajadores. ¿Era verdad que la salud de su padre iba mal? ¿Había manera de imponerle cierto reposo? ¿Era necesario que fuera a cada pozo como si estuviera en Paradise, en Lobos River o en Beach City? ¿Qué ocurriría cuando la lucha estuviera en su momento crítico?

Al iniciarse la primavera, los dirigentes obreros tuvieron una entrevista y declararon que no podían soportar las consecuencias de la lucha entre el poder oficial y la federación patronal del petróleo, añadiendo que pensaban actuar directamente, si no cesaban las provocaciones.

El gobierno nada hizo cuando los dirigentes obreros enviaron comunicaciones a la federación patronal, que este organismo dejó de contestar. El conflicto era, pues, inminente. Cuanto más se retrasara, peor para los trabajadores.

Viola Tracy fue a visitar a Bun. Había terminado el trabajo en otra película. No se trataba de Rusia. La estrella se había impuesto y no representaba papeles que pudieran herir las convicciones del joven príncipe.

Se trataba de una película en ocho episodios titulada *¡Ojo avizor!* Viola estaba encantadora rompiendo corazones de equipier, once corazones muertos a un tiempo en el patio de la universidad. Incidentalmente, descubría Viola la organización de un complot para secuestrar un caballo favorito de carreras. Mediaban apuestas por valor de un millón...

La película debía estrenarse en Nueva York y Viola tenía que asistir al estreno.

—¿Por qué no vienes conmigo, Bun? –dijo ella a su amante.

No había estado nunca en el Este, y tenía deseos de ir con Viola, pero no se decidía.

Horas más tarde, en El Monasterio, Ana Bella exploró la voluntad de Bun.

—¿Por qué no va usted a Nueva York y se lleva a su padre? El cambio de aires le sentaría muy bien.

—¡Bah! ¿Es que usted y Roscoe quieren alejarnos de la huelga?

—Si sus amigos le aprecian, es natural que deseen verle feliz.

—Creo que marchar es una cobardía.

—Tenemos cordero lechal para comer... No creo que considere usted necesario visitar el matadero.

—Ana Bella –replicó Bun–, es usted una profesora de filosofía social.

—No, no... La gente va a la universidad a aprender nombres largos para descubrir las más sencillas cosas.

Evidentemente el complot estaba bien tramado. Cuando volvió Bun a su casa, le preguntó Arnold Ross.

—¿Te dijo algo Roscoe?

—No.

—Hay una conferencia en Nueva York y Roscoe quiere saber si voy a tomar parte en ella... A mi vez, quiero saber si podrías ir tú, tomándote unos días de vacaciones.

Luchó el joven consigo mismo. ¿Qué podía hacer quedándose? En la primera huelga consiguió que los trabajadores se quedasen en las barracas, pero Roscoe no haría la menor concesión. La frase de Ana Bella relativa al cordero lechal y al matadero, ¿qué quería decir? Se iría. Al quedarse, solo podía atormentar a su padre.

Intervino Berta en la conspiración. También deseaba que se marchara Bun. Tenía ella que hacer una visita al club y acudir al yate de Telma Norman. Que su hermano dejara las huelgas.

—¿Pensarás siquiera una vez en papá? ¿Te lo llevarás para que descanse?

V

La excursión planteó un curioso problema. ¿Cómo era posible viajar con una amante llevándola a tierra de puritanos, que llegaban a expulsar a las parejas de los hoteles cuando no presentaban documentos legales?

—¿Tendremos que encontrarnos clandestinamente? –preguntó a Viola. Esta lució su experiencia.

—Se toma un departamento entero en el tren sin decir una palabra. En el hotel elegante se declara la verdad, y no hay el menor inconveniente en conseguir dos habitaciones contiguas con puerta de comunicación... Fíjate en Roscoe: cuando le conviene viajar con Ana Bella, se instalan los dos en el más elegante hotel de Angel City, y nadie les espía. Ocurre algunas veces que la esposa de Roscoe está en el mismo hotel; los periódicos hablan de ella en las notas de sociedad y de Ana Bella en la información teatral.

La verdad es que el puritanismo no existe ya y se impone, en cambio, la riqueza de los millonarios. Cuando una estrella va al Este, con o sin amante, los agentes de publicidad se encargan de que se conozcan los menores detalles de la excursión. Siempre hay gente que aclama a las estrellas, brazadas de flores, agentes de policía que contienen a la multitud, operadores y fotógrafos. Las flores en el tren delatan la calidad de las estrellas. En cada estación se agolpa el gentío buscando una mirada de la favorita, y si esta viaja con un príncipe heredero del petróleo, no se trata ya de un escándalo, sino de una novela.

Al llegar a Nueva York había otra multitud agrupada por la eficiente publicidad de Schmolsky. En el hotel, ramos de flores en gran número y una docena de reporteros solicitando entrevistas. Con todo aquel reclamo favorable al hotel, ¿iba el personal a tener escrúpulos? Además, era Bun un personaje radiante y alegre; disgustarle hubiera sido una incorrección. El rostro de Arnold Ross valía por sí solo como una docena de documentos legales.

Para Arnold Ross el viaje fue miel sobre hojuelas, una embriaguez sin mal sabor de boca. Insistió en pagar las facturas. Todo ocurría como por arte de magia: facilidades en el tren, en el hotel, en los taxis...

Surgían flores, golosinas, entradas de teatro... Apenas iniciado un deseo, se cumplía.

¿Qué más podía apetecer para completar la gloria? Solo que Viola comiera normalmente y que pudiera estar en la cama toda la mañana, en vez de ir al gimnasio para conservar la línea.

Vieron el estreno de *¡Ojo avizor!* Quienes no estén familiarizados con el ambiente de las universidades americanas deben saber que el relampagueo de una mirada, la atracción de unos ojos, tienen nombre abreviado muy corriente entre los escolares. Un «mírame» es quien llama la atención de los demás, un imán de las miradas.

¡Deliciosa película que producía millones! El mecánico que andaba a vueltas con los tornillos en un taller durante todo el día, y la dueña de casa, que lavaba los pañales del bebé y compraba paño barato en un almacén popular, gozaban, como Arnold Ross, viendo la película, sintiendo una especie de embriaguez.

Las escenas del estreno en el teatro eran parecidas a las de Angel City. Ovaciones, cercos de admiradores y flores.

Sentados Viola y Bun con interiores de seda, leyeron las informaciones triunfales, mientras la servidumbre, vestida irreprochablemente de negro, servía el desayuno en bandeja de plata. En un periódico se insertaba la noticia de Angel City: diez mil trabajadores del petróleo se declaraban en huelga y se interrumpía la marcha de la industria. Los patronos declaraban que no tendrían en cuenta las escalas de salarios impuestas durante la guerra, y presentaron nuevas tarifas. Se temían desórdenes –añadían los periódicos–, porque los agitadores desplegaban su actividad en los medios obreros.

VI

Si Bun no se entregaba de lleno al placer de las vacaciones, Viola y su padre lo notarían. Le era preciso acompañarles, cenar con cineastas notorios, ver cómo todos bebían y exponerse al peligro de tener que soportar una conversación sobre el contrabando y los contrabandistas, tan pronto como Viola y Bun se negaran a beber.

—Se trata de un licor exquisito. ¿Temen ustedes que no sea bueno? Es algo especial; procede de buen origen, lo mejor que puede encontrarse en Nueva York...

Por la mañana iban los amantes al gimnasio, formando una pareja diestra y ágil.

—Si tu padre se arruinara y yo no pudiera trabajar por tener mala vista, creo que no tendríamos que apurarnos: ganarías algunos cientos de dólares en una pista, ¿no te parece, Bun?

Almorzaban, hacían alguna visita, recibían a reporteros y negociantes, iban de compras y correteaban por la ciudad.

—Quiero que me acompañes, Bun, cuando voy de compras, porque tienes un gusto exquisito, ¿y para quién me visto yo?

El joven halló otros jóvenes ricos como él y supo que la amistad se reducía a pagar algunas facturas. Con Viola no había caso: cuando invitaba, pagaba ella misma. Viola deseaba ardientemente el amor de Bun. Le adoraba; siempre quería tenerlo con ella y apartarlo de todo el mundo. Se conocían lo suficiente para darse cuenta de las ventajas y desventajas de la alianza. Que ella fuera sensual no le preocupaba a Bun, porque armonizaban los deseos de la estrella con los del príncipe del petróleo. La experiencia de Viola procedía de los amantes anteriores, y Bun tenía también el recuerdo sabroso de Eunice. Llegaban al vértigo, al delirio; el impulso que les dominaba era irresistible para los dos.

Estaban muy lejos, a pesar de todo, de armonizar intelectualmente. Viola escuchaba todo lo que decía Bun, pero se advertía muy poca seriedad en la actitud de la artista, que cambiaba repentina y repetidamente de conversación. Ella llevaba una vida personal de exhibición, vida excitada y veloz. Podía mofarse del mundillo de la pantalla, pero vivía de su aliento. Siempre estaba en escena representando el papel de brillante estrella mimada y vivaz. La reflexión era para ella una especie de veneno que peligrosos enemigos introducían en su cerebro.

—¿Qué te pasa, Bun? ¿Ya estás pensando en esa horrible huelga y en los bolcheviques?

Sentarse a leer un libro era un placer desconocido para Viola. Leía periódicos y revistas, naturalmente, porque los tenía a mano, pero siempre estaba dispuesta a interrumpir la lectura para charlar o contemplar un vestido. Adentrarse en la lectura por completo no era muy correcto, como no lo era pasar una noche entera dominada por un libro. Nunca había oído decir que semejante cosa fuera posible. Mucha gente tiene un libro en un rincón, pero contar con un palco ya es más difícil; un palco cedido desinteresadamente por la empresa, una bombonera para que el público fijara los ojos en ella con tanto o más interés que en la pantalla.

Uno de los profesores del Instituto del Trabajo estaba en Nueva York y Bun fue a verle. Hablaron sobre el movimiento proletario mundial. El príncipe del petróleo quería ver, de nuevo, al profesor y asistir a mítines y actos públicos, pero Viola adivinaba los deseos de su amante, y se propuso salvarle lo mismo que si hubiera deseado fumar opio o beber absenta. Le comprometía con seducciones nuevas, reclamándole constantemente con frases zalameras y empaque de amante antojadiza. Bun ya sabía que trataba de salvarle Viola por consejo de Arnold Ross, que querían todos, a porfía, garantizarle la salvación del alma, pero, de todas maneras, era un fastidio.

La madre de Bun se había casado otra vez. Tenía marido rico y vivía a lo grande, pero Bun necesitó dominar su consternación al ver a la dama. Representaba esta el terrible ejemplo de la mujer que se entrega a los placeres de una mesa bien provista. Se había convertido en una blanca bola de manteca blanda, rubia, obesa y cuarentona. Para complacer a su hijo se vistió como una reina. Ostentaba la compañía de un perrito de lanas al que Viola hubiera adjudicado el papel de armonizar y hacer juego con el rostro de su dueña.

El marido era joyero, y, al parecer, usaba a su mujer en vez de un seguro, cargándola de joyas. La madre regaló a Bun una sortija de diamantes, y cuando habló él de la huelga, le dio otra para que la vendiera en favor de los huelguistas, diciendo ella que tenía experiencias concluyentes sobre la maldad de los patronos.

VII

Arnold Ross atendía al asunto que le había llevado al Este. No hablaba mucho de ello, pero Bun comprendía que se trataba de algo extraordinario, y acabó por enterarse: se trataba de apoderarse de los campos petrolíferos que surtirían a la Marina. El presidente Harding ocupaba ya la más alta magistratura de la República y había nombrado fiscal general a Barney Brockway, según el convenio, ocupando el cargo de secretario del Ministerio del Interior un hombre de confianza de Roscoe.

El hombre de confianza era el senador Crisby, que había servido de agente de Roscoe y O'Reilly cuando trataban con la intervención de Estados Unidos. Crisby, como senador por Texas, preconizó la intervención armada y estuvo a punto de desencadenarla. El senador no podía dejar de ser mujeriego, y estaba siempre dispuesto a alternar la galantería con cualquier asunto que le encargaran.

Iba a otorgar valiosos contratos a los negociantes por poca cosa, pero tenía que comprar a los políticos después de las elecciones, como antes. Los políticos no son serios como los hombres de negocios, que permanecen en su sitio y deciden las cosas sin aparato.

Arnold Ross trataba de consultar con un abogado, el más famoso del país, y establecer una especie de asociación que se encargara de comprar a los altos funcionarios. El magnate del petróleo no afirmó su propósito con tan rudas palabras, pero, en realidad, no se proponía otra cosa.

—¿Y cómo podrás hacer eso? –preguntó Bun.

—Un buen abogado puede intervenir decisivamente.

Sería una sociedad canadiense, para rehuir la ley de Estados Unidos, y quienes tuvieran valores en la Asociación obtendrían los contratos. La dificultad estaba en regular la cuantía exacta de la riqueza que supondrían. O'Reilly y Fred Orpan querían que Roscoe y Arnold Ross expusieran cantidades excesivas.

Roscoe decía que se fuera todo al infierno y que Arnold Ross se quedara en Nueva York en espera de los acontecimientos, procurando rechazar a O'Reilly y a Fred Orpan.

Preguntó Arnold Ross a su hijo:

—¿Podrías estudiar libremente con un profesor y dejar la universidad una temporada?

—No me preocupa la universidad, sino que te metas en ese asunto de la sociedad canadiense.

—Se trata de una cosa hacedera y correcta y contamos, además, con el mejor abogado del país.

—¿Estás seguro de que Roscoe no trata de echar toda la carga sobre tus hombros?

—¿Cómo puedes sospechar de Roscoe, mi amigo íntimo y compañero de negocios?

—¿Y por qué no viene él a Nueva York?

—Está al frente de la empresa mientras se desarrolla la huelga. Y a mí no me dejan tratar con los obreros porque soy un blando.

Era evidente que Arnold Ross y Roscoe estaban de acuerdo para hacer presión sobre Bun. Viola quería también prolongar las vacaciones. Podían ir a Canadá, y a la vez que se ocupaban del negocio, estarían en el campo; en vez del tedioso ejercicio del gimnasio, harían excursiones por los bosques y cruzarían un hermoso lago.

Telegrafió Arnold Ross al rector de la universidad diciéndole que Bun se veía obligado a permanecer en el Este. ¿Podría examinarse en otoño?

Contestó el rector que las autoridades docentes se complacían en acceder a los deseos del magnate.

Aquel mismo día recibió Bun un telegrama de Ruth Watkins. El hermano de esta, con Eddie Piatt, Bud Stoner, Jick Duggan y cuatro obreros más del grupo, estaban detenidos, acusados de intrigas revolucionarias. Les habían encerrado en la cárcel de San Elido; se pedían a Pablo diez mil dólares de fianza y siete mil quinientos a cada uno de los otros presos. «No han hecho nada –se decía en el telegrama– y parece que se proponen retenerlos en la cárcel mientras dure la huelga. Pablo no soportará las penalidades de la cárcel y apelo a nuestra amistad para que facilite la fianza de los presos. No se perderá el dinero».

VIII

Tuvo Bun, de pronto, una cruel sospecha. Su padre tenía noticia, probablemente, de los acontecimientos y trataba de que su hijo permaneciera apartado de California, aunque se bastaba Roscoe para poner en práctica la estratagema de alejar a Arnold Ross y a su hijo del escenario de la huelga. De todos modos, no prosperaría ningún mal propósito, porque Bun no toleraría que se atropellara a sus amigos.

Como Arnold Ross no estaba en aquellos momentos con Bun, enseñó este el telegrama a Viola.

—¿Qué intentas, Bun?

—Que mi padre pague, por lo menos, la fianza de Pablo.

—Tu padre no puede enfrentarse con Roscoe en esa cuestión.

—Pues lo hará. Seré un perro si dejo que Pablo se pudra en un calabozo.

—Pero supón que tu padre se niega.

—En ese caso, me voy inmediatamente a California.

—¿Y qué?

—Buscaré a quien tenga dinero y decencia.

—No es cosa fácil; te hablo sabiendo lo que digo, porque también yo me he visto en apuros graves. Vas a disgustar a tu padre y malograr el placer de las vacaciones. Precisamente sé que en Canadá estaremos muy bien, y cuando íbamos a pasar una temporada deliciosa...

Le echó los brazos al cuello, pero apenas pudo darse cuenta Bun de la zalamería; solo pensaba en que Pablo estaba preso.

Tenía Bun un ideal y un concepto claro de la lealtad. Se desprendió de los brazos de Viola y empezó a pasear por la habitación vociferando contra él mismo y contra los asquerosos tipos que gobernaban en San Elido y robaban los fondos que debían servir para mantener limpia la cárcel y alimentar a los presos. Se retorcía las manos con indignación.

—Óyeme, querido, reflexiona un momento y háblame tranquilamente. Ya sabes que no entiendo mucho de esos asuntos. ¿Estás seguro de que Pablo no ha delinquido?

—¡Naturalmente! Le conozco bien. Sé lo que le importa la unión de los trabajadores y que su aspiración es subordinarlo todo a eso. Solo por sus ideas le envía Roscoe a la cárcel.

—¿Estás seguro de que Roscoe...?

—Él y el resto de los patrones. ¿Acaso los funcionarios de San Elido son otra cosa que agentes de los explotadores? Antes de que Roscoe estuviera tan estrechamente ligado a nuestros negocios, he visto con mis propios ojos que mi padre compraba a los burócratas.

—¿Y no ha podido ser Pablo cómplice de alguna violencia?

—Me dijo Roscoe que había confidentes en juego, y no sé lo que esos viles han podido tramar. Además, fíjate en los cargos: se sospecha de Pablo que es un sindicalista revolucionario. Lo que llaman las autoridades «sindicalismo revolucionario» significa para ellas el intento de derribar el gobierno, pero no detienen más que por sospechas. Piensa en lo que un ignorante o un cobarde vendido puede calificar de «peligroso» o de «sospechoso». Se consuma la arbitrariedad, y ¡a la cárcel! Pueden tener un año al preso sin que se celebre una causa.

—¡Oh, Bun! ¿Es posible?

—¡Lo están haciendo, Viola! Conozco muchas víctimas. Fijan, deliberadamente, una fianza muy alta para que los trabajadores no puedan pagarla. ¡Y van a hundir a Pablo Watkins, el hombre más digno que he conocido! Estuvo en Siberia y volvió enfermo a consecuencia de las penalidades de la guerra, él, que era fuerte y sano, un campesino sin vicios... Esta es la recompensa de la patria. ¡Por Cristo! ¡Me gustaría que me hicieran ir a la guerra, a pelear por un país como este!

Estaba muy exaltado, y siguió dando grandes pasos, hasta que Viola le echó otra vez los brazos al cuello.

—Óyeme, Bun... Creo que podré yo buscar el dinero sin que tu padre se entere de nada. ¿Para qué disgustarle? Además, si Roscoe llega a saber algo, no tendrá que reprocharnos nada.

Telegrafió Bun a Ruth diciendo que ni él ni su padre podían hacer nada, pero que un amigo se interesaba directamente y había pagado la fianza de Pablo en la Caja de Depósitos. La sucursal de Angel City entregaría la cantidad.

—¿Cómo te has hecho con ese dinero? –preguntó Bun.

—Cuanto menos sepas, mejor. Conozco personas importantes, gente rica de Angel City, que no dudan en favorecerme.

—Has debido trabajar mucho para conseguir eso, y yo...

—Algo me ha costado, y solo quiero que me lo pagues con amor. Ya puedes empezar ahora mismo...

Y se abrazaron tiernamente.

IX

Salió Pablo de la cárcel y no podía estar descontento, pero quedaban los otros compañeros presos. Libertarlos a todos suponía hacer un depósito de cincuenta y dos mil quinientos dólares y llevar el idealismo a desmesurados extremos.

Fue Bun con Viola y Arnold Ross al campo canadiense, un campo con lago de nombre indio muy largo. Nadaron, pescaron, bogaron, recorrieron los bosques. Tenían el ambiente indio ante los ojos y todo era romántico; al mismo tiempo contaba con agua caliente y fría en las habitaciones y vivían de manera confortable como en la avenida Cuarenta.

En el campo tuvieron ocasión de entregarse por completo al amor, sin las exigencias de la vida social. Estaban constantemente juntos. Mientras hacían deliciosas excursiones y aprendían a encender fuego como los indios, Bun no podía leer. ¿Qué hubiera dicho Viola?

Un barquito les dejaba provisiones y correspondencia cada veinticuatro horas. Se había suscrito Bun al *Boletín* que editaban los huelguistas. «¿Para qué alejarse a tres mil millas y recibir el *Boletín* por correo?», pensaba Viola.

Leía las escenas que él conocía tan bien, las luchas con los guardias, las detenciones, las suscripciones en favor de las víctimas, los sufrimientos de los presos, los atropellos de la fuerza pública, las insolencias del poder y la falta de veracidad de los periódicos...

Pablo pertenecía al Comité ejecutivo y se había convertido en la mano derecha de Tom Axton.

Después de leer el *Boletín* se sentía agitado Bun en extremo. Viola se dio cuenta de ello y trató de convencer a su amante para que no volviera a leer el periódico.

—¿No has hecho que pongan en libertad a Pablo? ¿No has prometido pagarme con amor centuplicado durante todo el verano?

Luchaba consigo mismo en los escasos momentos de soledad. Se dijo que estaba ayudando a su padre, excusa más respetable que la de complacer a una amante. ¿Era lógico que una sola persona, aunque fuera su padre, tuviera derecho a tanto? ¿Cómo un solo ser podía reemplazar al resto de la Humanidad? Si fuera el deber de la juventud sacrificarse por los viejos, ¿cómo progresaría el mundo? Conforme pasaba el tiempo y se prolongaba la agonía de los trabajadores, llegó Bun a la conclusión de que su salida de California era una huida, una cobardía.

Trató Viola de explicar su punto de vista sin conseguir nada. No se trataba, para ella, de razonamiento, sino de instinto. Creía en el poder de su dinero; había pasado muchas penalidades para obtenerlo y estaba dispuesta a ser una acérrima defensora del dólar. El radicalismo de Bun significaba para ella que alguien trataba de arrebatarle el capital. Descubrió Bun un rasgo notable en el carácter de Viola; gastaba sin preocupación, en convites, modistas, sedas, joyas, pieles y coches, porque consideraba que se trataba de un presupuesto de publicidad. En todo lo que no fuera notoriedad, Viola se resistía a gastar dinero. Discutía con lavanderas y planchadoras. No sería nunca una «radical» aquella favorita del mundo. Tendría que acostumbrarse Bun a esta idea.

Le escuchaba porque le quería. Pretendía estar de acuerdo con él, pero como si Bun tuviera el sarampión y ella esperara la cura; como si él estuviera bebido y tratara ella de que fuera abstemio. Viola sacó a Pablo de la cárcel y se disculpó tras la escena violenta con Raquel, pero, en realidad, solo quería complacer a Bun. Odiaba implacablemente a Ruth, a aquella intrigante que pretendía con zalamerías de campesina, seducir a todo un príncipe del petróleo.

Según Viola, no existían mujeres sencillas y apenas había doncellas. Ruth era una mujer fastidiosa que siempre interrumpía la felicidad de los amantes con algún absurdo telegrama. ¿Pues no se atrevía a enviar otro?

Pablo fue nuevamente detenido y acusado de contumacia. El príncipe del petróleo creyó conveniente telegrafiar al abogado Dolliver para que le informase. Nada podía hacerse. Pablo había contravenido las órdenes de las autoridades, como los otros jefes de la huelga. No era posible fianza ni apelación. Los procesados tenían que cumplir tres meses de prisión.

Se indignó Bun contra los jueces. Viola no dijo nada por temor a disgustar al bolchevique, pero creía indispensable vigilar a los huelguistas, y algo había que hacer.

Cruzó una nube por aquel cielo de amor de Viola. Bun envió quinientos dólares a Ruth para los presos; estos se negaron a admitir nada, y la joven entregó la cantidad al Comité de huelga.

Era un terrible trance ver que los niños pasaban hambre y que se utilizaba el poder de la autoridad contra ellos. La inocente Ruth, al decir tales cosas, trataba de aludir al padre de Bun, por supuesto.

X

¿Qué haría Viola mientras estudiaba Bun, preparando sus exámenes? Los hados dieron la solución. Telegrafió Arnold Ross a la Universidad de Harvard, que facilitó un profesor. Era alto, de ojos azules, ensortijado bigote rubio, cutis cubierto de pelusilla tan dorada como la de un bebé. Llevaba lentes de oro y tenía la voz pausada y serena. Poseía la cultura de una de esas mentes capaces de enseñar cualquier disciplina científica, si se les avisa con una semana de tiempo.

Procediendo, como procedía, de una antigua familia de Filadelfia, educado en el centro más importante de la intelectual petulancia, se podía suponer que miraría desdeñosamente a un excarretero y a su hijo, como a Viola, educada en un coche de vendedor de específicos, que no había leído en toda su vida un libro completo. Por el contrario, el joven Appleton Laurence quedó boquiabierto en presencia de los personajes de Ontario. Fue la más romántica y emocionante aventura de su vida de profesor.

No apartaba los ojos de Viola. Cuando ella se le acercaba, el profesor se distanciaba como si se tratara de un huracán. La estrella de la pantalla acumuló la artillería de sus ojos sobre una nueva víctima. Bun pudo estudiar objetivamente aquellas maniobras.

Cuando Laurence terminaba su tarea con Bun, la estrella y el profesor se iban a pasear por los bosques. La mitad de la imaginación del estudiante se concentraba en el tema del día, mientras que la otra mitad se centraba en lo que haría la pareja por el campo. ¿Qué se podía pensar de una mujer que había tenido tantos amantes?

—Supongo que no tendrás preocupaciones por mi Appie, Bun.

El huracán había hecho que Appleton se convirtiera en el familiar Appie, otras veces en Aplesauce.

—Mientras no me des explicaciones, ¿qué quieres que piense, Viola?

—Comprende que soy una actriz, que me gano la vida trabajando, y que me conviene poseer los más completos antecedentes acerca del amor. ¿Cómo puedo poseerlos si no lo ensayo?

—Está bien, querida, está bien.

—Algunos de los hombres que nos adjudican en Hollywood son tan sosos, que parecen muñecos. He de advertirles lo que han de hacer en una escena y, naturalmente, me parece muy útil documentarme. ¡Oh, Bun! Es la cosa más sorprendente del mundo... Se arrodilla a mis pies, llora desesperadamente, y puede recitar de memoria todos los versos del mundo. Parece un actor shakesperiano; es una gran oportunidad que se me ofrece para cultivar mi gusto y refinarme.

—Pero ¿no es una crueldad para él?

—¡Bah! ¡Tonterías! Desborda su amor en sonetos y tal vez llegue a obtener la gloria de un verdadero poeta. No temas por él ni por mí. Nada hay en el mundo más que tu amor.

Le rodeó el cuello con los brazos.

—Ya sé que puedes estar celoso, y no tengo empeño en disgustarte... Si te parece, despido al profesor, y se acabó... aunque necesito prepararme y aprender.

También explicó Viola a Arnold Ross las escenas amatorias del profesor, y aquel se rio de muy buena gana.

Aprovecharía Bun el contenido de la mente del profesor, y Viola el contenido del corazón, de manera que Appleton Laurence regresaría a la universidad como una naranja exprimida. Se trataba de un negocio. En Paradise tenía Arnold Ross un químico a quien daba seiscientos dólares al año, y le producía millones.

XI

Otro acontecimiento protegió a Viola contra el fastidio. Schmolsky le envió el argumento del drama que tendría que filmar en invierno.

Viola demostró que sabía leer. Empleó una hora en enterarse de los más completos detalles del argumento. Los huracanes que habían barrido la tierra de Ontario no eran nada comparados con los que iban a soplar. ¡Paso a *La princesa del Pachulí*! Era una especie de opereta convertida en película. Pachulí era un reino balcánico embalsamado por las auras vienesas de Strauss.

Un joven ingeniero americano va a dirigir la construcción de un ferrocarril en los Balcanes. Llegan a confundirlo con un conspirador y rescata a la princesa de una banda revolucionaria. No se trataba de bolcheviques, sino de conspiradores aristocráticos, así es que Bun no tenía por qué alarmarse. El héroe se casaba con la princesa por amor, conquistaba el reino y los banqueros le cedían el ferrocarril.

Viola era una princesa complacida. ¡Qué asombroso verla trabajar! Comprobó Bun que los éxitos de la estrella no se debían solo a su belleza y a la propaganda. Se apoderó ella del papel como un tigre de la presa, y cuando empezó a ensayar dejó de existir el resto del mundo.

—Usted es el rey –decía Viola a Arnold Ross–. Vaya despacio como un verdadero rey... Tengo que caer a sus pies y suplicarle por la vida de otro... ¡Oh, gracias, señor!

Una de las peculiaridades de la escena muda es que puede decirse cualquier frase; lo esencial es mover los labios. Lo mismo se podía decir una frase jovial o amorosa mientras se representaba una escena patética, que expresar el patetismo más fuerte en medio de una escena jovial. Si la pareja no hacía bien su papel, las reprensiones o las órdenes servían igualmente para una escena de amor... «¡Sostenga usted el gesto, idiota!», o «Adoro a usted», o «Quita las manos de aquí, bestia».

No es necesario ser cortés ni refinado cuando se es un asesino en la pantalla.

Si Bun hubiera deseado ensayar tempestuosas emociones, gritar, gemir y tirarse de los pelos, habría ido a refugiarse al bosque, donde solo las ardillas podían oírle, pero Viola era completamente ajena a la existencia de los otros humanos. Podía trabajar Viola ante cualquier público. La primera vez que el verdugo levantó el hacha, los guías indios llegaron corriendo, alarmados. Ella los detuvo sonriendo y los guías quedaron asombrados, como clavados en el suelo.

Regresaba a veces del baño Viola con sus dos amigos y, de repente, quería ensayar un papel de princesa.

Appleton Laurence no había tratado jamás a ninguna princesa, pero era hombre leído. Tenía que criticar la mímica y las actitudes de la princesa ante el ingeniero americano.

—Imagínese usted que está enamorado de mí, Appie... Pues bien; su sentimiento se ennoblece por el arte y puede descubrirme su alma ante Bun, ante Arnold Ross, ante el secretario y los indios... Bun lo hace peor que usted; está en exceso familiarizado conmigo y se conduce tan mal como si estuviéramos casados.

Así se pasaba el tiempo agradablemente hasta que Viola asumió el papel de princesa, guiada por su Appie. No tenía que pensar en lo que correspondía hacer en un momento determinado, sino hacerlo.

En adelante, sería siempre, en Hollywood, la princesa aleccionada por un profesor de Harvard, y estaba impaciente deseando ver los decorados y oír las imperativas órdenes del director de escena al operador.

Estaba dispuesto Bun a examinarse sin grandes tropiezos. Arnold Ross estuvo en Toronto firmando el último de los documentos para la constitución de la sociedad canadiense.

Tenía el padre telegramas diarios de Roscoe. Los huelguistas, que habían aguantado casi cuatro meses, estaban en malas condiciones para resistir. Los patronos prometían no ejercer represalias contra los obreros que se presentaran separadamente a reanudar el trabajo.

Ana Bella envió un telegrama a Bun que decía: «Cordero para comer. Vuelvan».

Explicó Bun que aquellas palabras significaban: «Ha terminado la huelga», y los expedicionarios se dispusieron a levantar el campo.

Appleton Laurence volvió a la universidad con el corazón angustiado y un paquete de inmortales sonetos en la maleta.

Arnold Ross con su hijo, Viola y el secretario se dirigieron al Oeste.

XVI.
La jugada

I

En la universidad Bun aprobó el curso, tal y como se esperaba. Solo le faltaba un año. Obtenida la buena calificación corrió a buscar a sus compañeros de ideal, y comprendió la carga que pesaba sobre sus hombros. Todo eran contratiempos.

Raquel Menzies y su hermano Jacobo volvieron de la recolección de fruta, hallando a sus dos hermanos en la prisión del condado. La policía había interrumpido un mitin comunista, detenido a organizadores, oradores y a cuantos llevaban insignias rojas en el ojal. Invadieron los agentes los locales sociales de los comunistas y se mostraron dispuestos a echar de la ciudad a todos los agentes de Moscú.

Seleccionaron a los presos, exigieron algunas multas y se quedaron con los hermanos Menzies y otros trabajadores, acusándoles de intrigas revolucionarias.

Los imprudentes jóvenes se habían puesto en la boca del lobo, según decía Raquel, pero ¿cómo se detenía a los hombres por sus ideas? Era atormentador pensar que hubiera seres encerrados en horribles jaulas.

Preguntó Bun el importe de las fianzas, y Raquel le dijo que dos mil dólares por hermano. Empezó Bun a explicar el desacuerdo entre él y su padre, y la impotencia en que se hallaba para favorecer a los perseguidos. Raquel comprendió lo que ocurría. No iba Bun a proteger a todos los presos. A pesar de tal consideración, la conciencia de Bun estaba intranquila y excitada.

Harry Seager, por otra parte, había sido derrotado por sus enemigos y trataba de vender el colegio. Iba a comprar un terreno con nogales. Sería muy difícil boicotear los árboles.

El Instituto del Trabajo no gozaba de grandes facilidades para desenvolverse. Las detenciones habían diezmado sus cuadros. El director no cobraba desde hacía algunos meses. Bun firmó un cheque de doscientos dólares, y se planteó la cuestión que nunca acababa de resolver. ¿Hasta qué punto tenía derecho a despojar a su padre en provecho de sus enemigos?

Pablo había salido de la cárcel y estaba con Ruth en Angel City. Los patrones se habían aprovechado de las circunstancias para obligar a los trabajadores a rendirse. Prometieron a las autoridades que no habría represalias contra los obreros organizados, pero no tuvieron intención de cumplir la promesa. Conservaron a los esquiroles y solo admitieron el número de trabajadores preciso para mantener los equipos.

Los obreros más activos en la organización no podían trabajar, y las empresas petrolíferas eran un coto abierto para el «trabajo libre».

II

Fue Bun a visitar a Pablo y a Ruth. Era una casa de pobre aspecto situada en el barrio de Angel City reservado a mexicanos y chinos. Una mujer vieja le envió al segundo piso y halló a Ruth cuando se disponía a abrir la puerta.

Estaban los dos hermanos alojados en una pequeña estancia. La joven se avergonzó de que los viera en tan mala situación. Pablo no tenía trabajo y había salido a buscarlo. Ella misma trabajaba en un almacén y tan pronto como pudiera salir adelante, se pondría a estudiar para enfermera. Estaba pálida y ajada, pero sonreía con ánimo. Mientras Pablo estuviera libre, no le importaba nada.

—¿Y por qué detuvieron a Pablo?

—La primera vez, invadieron el pabellón Rascum, lo destrozaron todo y se llevaron papeles y libros de mi hermano. Lo mismo hicieron con los restantes compañeros que frecuentaban el pabellón. En el grupo había un confidente, y dos de los camaradas habían desaparecido.

—¿Y la segunda detención?

—El juez Delano publicó un edicto prohibiendo que nadie se inmiscuyera en los asuntos de la Excelsior Pete. Era como prohibir el derecho de huelga, y, naturalmente, detuvieron a Pablo. Los jueces suelen actuar así. ¿Qué le vamos a hacer? Pablo no estaba muy bien cuando le detuvieron, y no quiere volver a Paradise. Ahora es muy distinto.

En el rostro de Ruth se dibujó una triste sonrisa.

—Han cortado los árboles que plantamos... Todo lo necesitan para los tanques.

Sacó Bun su libro de cheques, pensando salvar su conciencia con un presente a sus amigos.

—De ninguna manera –dijo Ruth–. Estoy segura de que Pablo no admitiría ningún donativo. Es un buen carpintero, y probablemente hallará algún patrono a quien no importe que haya estado en la cárcel.

Como Bun intentó persuadir a la joven de que aceptara dinero, ella insistió en la negativa.

El príncipe del petróleo se marchó sin esperar a que Pablo volviera. No tenía valor para permanecer allí vestido con el elegante traje que Viola le había elegido en Nueva York, mientras esperaba en la calle el magnífico automóvil. ¿Acaso no podía volver Pablo desanimado por falta de trabajo, pálido y enfermo, con los vivos recuerdos de injusticias y traiciones?

Nada podía alterar el hecho de que el dinero arrancado a los trabajadores sirviera para que Bun viviera en la opulencia.

III

¡Dinero, dinero, dinero! Fluía sobre Arnold Ross y Roscoe. Nunca llegó el petróleo a alcanzar precios tan altos. Millones y millones que los negociantes planeaban convertir en decenas de millones. Era una partida maravillosa, irresistible. Todo el mundo la jugaba. ¿Por qué no podía interesar a Bun? ¿Por qué rebuscaba lo malo que hacían los jugadores y se entretenía en descubrir las trampas?

Cuando se esforzaba en no desentonar y aparecer como perfecto aprendiz de millonario, sobrevenía algún nuevo acontecimiento que hacía malograr sus esfuerzos. Había pasado por la universidad con objeto de adquirir sabiduría, dignidad y honor. Todo eso se inspiraba a los estudiantes en aquel centro docente que concedía importancia preponderante al cristianismo.

La universidad se desarrolló gracias a los donativos de O'Reilly, el rey del petróleo. Un hijo de O'Reilly se graduó en la universidad y era el tutor de la institución. Asistían los O'Reilly a las solemnidades; los profesores les rendían pleitesía, y siempre figuraban sus nombres en las notas oficiosas que se enviaban a los periódicos.

O'Reilly era el más activo de los estudiantes, el más halagado, tutor de equipos y generoso amigo de atletas. Quien conozca la vida estudiantil americana, sabe que la pasión deportiva absorbe la iniciativa de los estudiantes.

Era gloriosa la Universidad del Sur del Pacífico. Sus triunfos deportivos resonaban a lo largo del litoral. Pronto hubo un estadio y se organizaron importantes acontecimientos atléticos. Los estudiantes se sentían orgullosos y aquel entusiasmo juvenil constituía el espíritu de la universidad.

Bun era un buen corredor. Había contribuido a fomentar el deporte y tenía parte en la gloria universitaria.

Pero al llegar al último curso era ya un veterano de la universidad y estaba en el secreto de las cosas. Averiguó que el sol de la gloria atlética iba eclipsándose progresivamente. O'Reilly regalaba cincuenta mil dólares al año para convertir el deporte en una gigantesca estafa. Administraba el fondo un comité secreto de estudiantes, y lo utilizaban para salir al mercado a comprar atletas que, valiéndose de la facilidad de obtener matrículas, quedaban incorporados al censo docente y ganaban laureles para la universidad. Vulgares leñadores, campesinos y estibadores que no hablaban correctamente, pero salvaban obstáculos y ganaban en el juego del deporte.

Los píos metodistas que dirigían la universidad se prestaban a la indigna comedia de autorizar exámenes amañados. Los atletas cobraban más que los profesores. Se les contrataba para que ganasen, y no se reparaba en medios. Imponían el juego sucio y los equipos rivales no les iban a la zaga. Mediaba el soborno, la amenaza y el dinero. Con el profesionalismo clandestino llegó el acompañamiento obligado: jugadores de carreras de caballos, contrabandistas y rameras. El estudio llegó a ser un pretexto para adquirir *equipiers* y atletas. El único objetivo era ganar los campeonatos y el premio de doscientos mil dólares. Cuando se repartía el dinero, ocurría algo escandaloso: todos querían cobrar. Se presentaban cuentas absurdas. Era el resultado de la cultura que difundía una institución fundada por un rey del petróleo.

IV

Visitó Bun al abogado a quien los trabajadores habían encargado de la defensa de los ocho presos sociales. El letrado tenía sus dudas. ¿Quién pagaría los honorarios si se disolvía la organización obrera? Por ello se mostró muy contento al ver a Bun.

Habló sin reservas el abogado Harrington.

—Lo que se hace con esos hombres no tiene precedente en nuestra ley. Si se mantiene, representa el fin de la justicia americana. El preso debe estar en antecedentes de la acusación, pero en estos casos de sindicalismo revolucionario, las autoridades alegan que se ha violado la ley... En tan vagos términos se fundamenta todo. ¿Quién puede preparar una defensa y presentar testigos y pruebas, cuando no se sabe a qué hora y en qué lugar se ha delinquido? Hay que ir al juicio con una venda en los ojos, amarrado y amordazado. Los jurados están tan dominados, que ningún juez pedirá al fiscal que haga una acusación detallada.

Al salir Bun del despacho de Harrington, fue a visitar a Ana Bella. Era buena y comprensiva. Se lo refirió todo el joven, y Ana Bella llegó a llorar ante el cuadro lastimoso.

—¿Y qué puedo hacer?

—La huelga terminó... El cordero ha desaparecido ya de la mesa, y a Roscoe le conviene la pacificación de los espíritus. El fiscal puede ordenar que se archiven las causas y lo hará seguramente si se lo indica Roscoe.

Al llegar Bun a su casa encontró gravemente comprometida la paz doméstica. Roscoe había visitado a Arnold Ross para decirle: «Si usted no puede atar corto a Bun, conste que lo haré yo. ¿Acaso no puede ir a hacer compañía a los presos?».

—Pues conste que si llega a la vista de la causa, me presentaré como testigo, el único que conoce los hechos. Yo asistí al pabellón de Rascum noche por noche, asistí a las discusiones que precedieron a la huelga y sé que los compañeros se propusieron y se prometieron solidaridad. Las violencias y los atropellos solo son invenciones y trampas de los patronos y de quienes les sirven... Si no puedo obtener dinero para defender a esos muchachos, venderé mi coche. Supongo que Roscoe no se opondrá a que vaya a pie a la universidad.

Empezó a ceder Arnold Ross:

—Roscoe y yo hemos discutido la posibilidad de una solución. ¿Se conformarán los presos con marcharse de aquí, o, por lo menos, no inmiscuirse en la industria del petróleo?

—¿Eso es todo lo que se le ocurre a Roscoe? ¡Que sea embajador de semejante pretensión y vaya a visitar a los presos...! Ya verá lo que Pablo contesta... Tienen perfecto derecho a organizar a los trabajadores del petróleo y no lo abandonarán mientras vivan. Estoy seguro de que no habrá un solo preso que acepte esa sugerencia. Ninguno de los muchachos creo, además, que se preocupe de Roscoe. Saben que están en las listas negras y que les será difícil trabajar en campos petrolíferos. Si Roscoe insiste en llevar a presidio a los muchachos, la cuestión se complica, porque la causa se alarga y tal vez la publicidad haga poquísima gracia a más de un patrono. Habrá que amañar declaraciones y comprar testigos... Por mi parte, haré lo que pueda para descubrir las trampas de ese juego indigno. Imagínate que uno de los defensores obliga a comparecer a Roscoe y le pregunta si sabe algo de los procedimientos que se emplean en Paradise para comprar confidentes y agentes provocadores que se introducen en los medios obreros...

—Pero, Bun, supongo que no intervendrás en ese sentido.

—Yo, no, pero el abogado puede hacerlo...

—Déjame reflexionar, hijo... Veré lo que puedo hacer con Roscoe.

V

Arnold Ross se decidió a llamar a la amante de su hijo.

—¿No podría usted hacer algo para apartar a Bun de la compañía de los malditos rojos, Viola?

—Procuraré intentarlo.

Bun sabía lo que quería y no toleraría que se le pusieran obstáculos.

La artista trabajaba en *La princesa del Pachulí*. Convenía en que el argumento era estúpido, pero estaba todo su empeño en valorizarlo.

—Es mi profesión... Si sale bien el trabajo, puedo ascender de cuatro mil dólares semanales a cinco mil.

Viola deseaba aumentar su sueldo para obtener más aplausos y amontonar más capital. Era su argumentación un círculo vicioso, como la de Arnold Ross tratándose del petróleo.

Los obreros rebeldes cantaban en el campo: «Trabajamos para comprar alimentos que nos dan fuerza para trabajar, y una vez adquirido lo necesario, volver a trabajar».

Viola pretendía hablar de lo que le interesaba, pero Bun no hallaba grandes atractivos en la vida de aquella. Las estrellas se parecían unas a otras, y si cambiaban de amantes o de criados, de contrabandistas o de príncipes, eran los mismos lamentables seres sin personalidad ni valores íntimos.

A pesar de que Viola y Bun seguían declarándose enamorados el uno del otro, empezaba a surtir efectos la química sutil del amor. Los amantes no pueden satisfacerse únicamente con el placer de los sentidos. Ha de haber afinidad de ideas y caracteres que impulsan a la acción. ¿Qué pasa si el hombre quiere leer un libro mientras la mujer desea ir al baile?

—Tuve cuidado en no despertar tus celos con Appleton, pero tú me irritas frecuentando el trato con esas mujeres... Comprendo que veas a Raquel en la universidad, pero ¿qué necesidad tienes de ir a los mítines socialistas con ella? Y esa Ruth... No creo que estés enamorado de ninguna de las dos, pero, de todas maneras, conozco el mundo para saber lo que puede alcanzar la persistencia de una mujer. Vas a su casa, hablas con Pablo y perjudicas a tu padre, a Ana Bella y a Roscoe. Pronto dejarán de recibirte bien en El Monasterio, y ya te consta que allí es donde puedo hacer vida social. No, no me interesa la vida social, sino las oportunidades del negocio... Eso lo es todo en la carrera de una actriz. Los ascensos se obtienen por favor, y me es imposible prescindir de la amistad de Ana Bella y Roscoe.

Con estas frases trataba Viola de convencer a Bun apartándole del mal camino. Recordó Bun la frase de Viola a Appleton: «Bun hace tan mal el amor como si estuviéramos casados».

VI

Arnold Ross y Roscoe estaban en negociaciones con O'Reilly, el cual invitó a Bun y a su padre a pasar unos días en la residencia de campo del rey del petróleo.

Esperaba Arnold Ross que la vida social acabaría por interesar a Bun más que las andanzas de los bolcheviques... Además, los O'Reilly tenían una hija casadera...

Conocía Bun al hijo de O'Reilly. ¿Quién sabe si los hijos sucederían a los padres, dominando, como estos, a los gobernantes de América?

El joven O'Reilly era mediocre, un tipo de promedio nacional. Su padre, en cambio, tenía verdadero carácter: un irlandés que transitó en su juventud por los duros caminos con un burro cargado de provisiones. Cuando llegó a Nueva York para hacer un impreso anunciando su hallazgo de hurón del petróleo, el impresor no quiso fiarle un trabajo de trece dólares. Nadie podía calcular ya sus millones y era franco y expansivo como un zapato viejo. Le gustaba a O'Reilly vivir a sus anchas y andar por casa en mangas de camisa, pero no se lo consentían.

El jefe de la familia no era O'Reilly. La casa era el feudo de su mujer, hija de un capataz, hembra resuelta que llegaba a un almacén, se presentaba al primer dependiente y exigía que la sirvieran al momento. Tres empleados atendían a la millonada con una presteza de escena muda.

La señora de O'Reilly convocó a los arquitectos para levantar el palacio en el parque, compró el yate de un monarca en huelga forzosa, lo reformó por completo y acabó por hacer un prospecto flotante del petróleo, con el nombre del propietario en sitio visible.

Tenía un coche de nogal circasiano y carrocería de raso azul. Era un estuche tan hermoso como una mercería, y también llevaba el nombre del dueño.

Patricia era hija del matrimonio O'Reilly; sabía representar con tal perfección los papeles sociales que se imponía, que

Bun sentía deseos de hacer copiar sus gestos a un director de cine.

La joven era alta como su padre; tenía tendencia a la más plebeya de las gorduras, por lo que tomaba medicinas para adelgazar, ya que deseaba convertirse en una damisela pálida, cimbreante y aristocrática. Se movía como una muñeca francesa. Sentada junto a Bun, hacía las delicias de su madre. ¿Se unirían las dos dinastías? ¡Qué boda tan espléndida entre los murmullos de cincuenta mil personas y los directores de cine!

Entre los amigos de la familia O'Reilly, asistía aquel día a la reunión el doctor Cowper. Ningún ser humano rebosaba la cordialidad a borbotones como él. Le entusiasmaba el éxito de los exámenes de Bun y verle en casa de O'Reilly; le entusiasmaba el entusiasmo de todos.

Cuando quedaron solos Bun y Cowper, aventuró este alguna alusión sobre el sarampión rojo de Bun, y el entusiasmo disminuyó algunos grados al observar que la epidemia seguía destrozando al príncipe del petróleo.

Los rojos progresaban en Angel City y el doctor Cowper deseaba hablar de ellos por la misma razón que un jovencito desea leer un libro prohibido.

Al regresar a casa, Arnold Ross dio explicaciones a su hijo:

—Estamos pasando una mala temporada... No es tan fácil como parece comprar un gobierno. Todos quieren aprovecharse de la oportunidad, y hasta el «botones» que lleva una carta espera que le den diez dólares de propina.

—¿Y por qué no te libras de todos esos enredos? ¿No tenemos bastante dinero?

—Nos hallamos en medio del río, y hay que bracear, hijo... Me he gastado en esas trapisondas cerca de seiscientos mil dólares y he de seguir... Cuando tengamos las concesiones, todo será coser y cantar. Los terrenos petrolíferos que nos interesan pertenecían a la jurisdicción de Marina, y ha habido que emplear la prestidigitación para que pasaran a depender del secretario

Crisby. Se ha discutido si podía hacerse ese cambio de jurisdicción por un simple decreto o era preciso recurrir a una ley. Los burócratas han tergiversado las cosas para obtener más dinero... El hijo de O'Reilly, por fin, se puso en camino y pagó lo necesario en Washington... Otra dificultad es que una pequeña compañía ha invadido Sunnyside, que debe ser nuestro. Se apoya la compañía en una concesión más antigua y habrá que gastar para echarla de allí..., porque eso se hace discretamente, silenciosamente. Desea Roscoe que vaya a ese campo. ¿Quieres acompañarme? Sunnyside será una de las maravillas del mundo petrolífero. Paradise no podrá compararse con aquello... Cuando tengamos la jugada hecha, descansaré una buena temporada.

VII

Berta estaba en una clínica de cierta ciudad lejana. Una enfermera llamó a Bun por teléfono de parte de su hermana. No era nada grave, y por ello deseaba la enferma que no supiera nada la familia.

Hizo el viaje Bun en su coche. Al llegar a la clínica le dijeron que Berta acababa de ser operada de apendicitis y que se encontraba bien.

Le condujeron a la habitación de Berta, a la que halló desencajada y con una cara muy rara. Nunca la había visto sin pintar.

Todo era inmaculado: las almohadas, la ropa de la cama...

—¿Qué te pasa, Berta? ¿Qué ha sucedido?

—Una cosa repentina... Estuve muy mal, pero ya estoy mejor. ¡Se portan todos tan bien conmigo!

Salió la enfermera y cerró la puerta.

—Mira, Bun, para nuestra familia y para todo el mundo, me han operado de apendicitis, pero tú puedes saber la verdad: vine aquí porque iba a tener un hijo. No hagas aspavientos, hombre, que no eres ningún inocente.

—¿Quién es él?

—No me hagas escenas de melodrama, hermanito... Eso puede sucederle a cualquiera. ¿Qué te importa?

—Cuéntame, Berta, te lo ruego.

—Supe lo que hacía, Bun, y te aseguro que no me casaré con el miserable a pesar de sus millones... Es un perro, y lo desprecio.

—¿Te refieres a Carlos Norman?

Berta hizo un movimiento de afirmación con la cabeza, y dijo, al ver el gesto de rabia de Bun:

—Nada de tragedias, Bun. ¿Cómo vas a imponerte para que se case conmigo, si me niego yo, por anticipado, a casarme con él? En principio, estábamos enamoradísimos y supuse que nos casaríamos, pero vi que no se desentendía de otras mujeres, por lo que quise comprometerle: si tenía un hijo conmigo, dejaría los amoríos... Luego me convencí de que era malo.

—¡Por Dios, Berta!

—¿Y qué? Se trata de un ardid femenino... Carlos es un hombre vil. Al hablarle yo del asunto, se portó tan groseramente, que lo mandé a paseo. Visité a un médico, y se encargó de arreglarlo todo... Papá tendrá que pagar mil dólares, y asunto concluido.

—¡Berta, Berta!

—¡Bah! No reincidiré, te lo aseguro... Tenía que aprender, como todo el mundo...

—¿Y por qué tratabas de «atrapar» a Carlos? ¿Por lo rico que es? ¿No tienes tú bastante dinero?

—Mira, hermanito; te conozco bien, y sé que te conformas con leer en un rincón, pero yo no soy así y he de gozar de mi propia vida. Papá me daba dinero, pero no se trata de eso. Se trata de valerme yo misma para conquistar una posición. En este momento estoy bastante débil y no puedo darte muchas explicaciones, pero mi deseo era tener una casa espléndida y «mía», dar fiestas y banquetes, vivir bien... Jugué mal mis cartas, y solo deseo que alguien me comprenda.

—Bien, chiquilla, bien... No quiero apesadumbrarte, pero comprende que la sorpresa...

—Dice el doctor que en nuestro país se provocan estas cosas un millón de veces al año, es decir –se entretuvo en hacer cálculos–, una vez cada treinta segundos... La vida no tiene nada grato, Bun... Y, a propósito, ¿cómo vas con Viola? ¿Te casas con ella?

—No sé si ella querrá...

—¡Qué cosas tienes! Pues, ¿no ha de querer, criatura? Juega con inteligencia, no lo dudes.

Explicó Bun los motivos que tenía para no estar muy satisfecho de Viola, y Berta se apresuró a discutir con su hermano desde su habitual punto de vista de creyente en el dinero y en las cosas que puede procurar.

—A ti te convendría casarte con una muchacha de sociedad y de posición, en vez de hacerlo con una estrella de la pantalla, pero, de todas maneras, Viola es muy inteligente, y si malogras tu porvenir por tus ideas, es como si estuvieras loco... ¿Cómo van los asuntos de Washington? ¿Cuenta nuestro padre con las concesiones? ¿Tiene influencia en las altas esferas?

—Sí; estoy seguro.

—Pues oye lo que pienso, porque he reflexionado mucho en esta cama. Creo que lo más conveniente para mí es hacer las paces con Eldon Burdick. Es un infeliz; siempre se sabe dónde encontrarle, y eso me parece ahora una virtud.

—¿Y le vas a decir la verdad? ¿Sabrá que has estado aquí y el motivo?

—¿Para qué? Sabe que he tenido relaciones con Carlos, y, a pesar de todo, me quiere aún... Te hablaba antes de nuestra influencia en Washington porque podemos procurar un cargo diplomático para Eldon... Me entusiasmaría ir a Europa, vivir en París, acostumbrarme a aquel ambiente y tratar a toda la gente de importancia... Además, según Eldon, tendremos los americanos que encargarnos de Europa...

—Si eso es lo que deseas, no creo muy difícil que puedan complacerte, aunque a Eldon no le complazca poco ni mucho tenerme por cuñado.

—¡Bah! Se trata de rencillas de colegial, que no tienen importancia... Ni siquiera se recuerdan...

VIII

El Ministerio de Marina desahució a la pequeña compañía que trabajaba en la zona petrolífera de Sunnyside, enviando algunos equipos de la Armada para ocupar los terrenos. El hecho, que no tenía precedentes, provocó muchos comentarios, lo que preocupó en gran manera a Arnold Ross y a Roscoe. Este tenía un agente en el campo para que tamizara las cuestiones que, al pasar a los periódicos, llegaran al dominio público.

El hijo de O'Reilly vigilaba en Washington. Empezaron las campañas en la prensa comentando el hecho de que en el Ministerio de Marina se notaba cierta preocupación en vista de que se instalaban compañías privadas en terrenos contiguos a los que poseía el Estado. La tendencia general de la campaña de prensa se dirigía a pedir que se encargara del campo la Administración, que podía formalizar concesiones en forma ventajosa para el Estado, ya que los sondeos en terrenos inmediatos al campo podían agotar el petróleo destinado al servicio de la Marina.

No necesitó Bun interrogar a su padre acerca del asunto. ¿Era posible no comprender el sentido interesado de la propaganda? Esperó, maravillado, a que se consumara una jugada tan tosca. ¿Podía nadie dejar de comprender que se trataba de favorecer a Roscoe y a su padre en detrimento de la Marina?

Cuando los magnates del petróleo compraron los votos de la convención republicana, se hicieron también con el mecanismo del partido y el poder de la prensa que aceptaba mansamente el «lubrificante» enviado de Washington, y alababa las medidas de la Administración para proteger el interés de la Marina.

El profesor Irving llamó a Bun por teléfono, y le invitó a almorzar.

—El Instituto del Trabajo se fue a pique –dijo Irving apenas vio al joven–. Es descabellado sostener tales instituciones mientras los burócratas mantengan su influencia en la organización obrera. La semana pasada hubo un asalto al local y los asaltantes se lo llevaron todo excepto las deudas. He decidido pagar lo que se debe con mis ahorros y dejar la institución.

—Y, ¿qué va a hacer ahora?

—Estoy en relación con un grupo de radicales de Chicago, que me informa de cosas importantes y sensacionales. Me piden que vaya a Washington para ser corresponsal del servicio de prensa.

—Me parece muy bien... Hay muchos truhanes que desenmascarar.

—Ya lo sé, y precisamente quiero que hablemos de algo que se relaciona con eso. Me he fijado en el asunto del petróleo de la Marina, y no le negaré a usted que tengo ciertas sospechas... A no ser que haya yo perdido el olfato, me parece que tras la cortina están O'Reilly y Roscoe, que ennegrecen todo lo que tocan.

—Me parece que acierta usted.

—Se dice en Washington que Crisby entró en el gobierno para favorecer determinadas maniobras. El trato se concluyó antes de que Harding consiguiera llegar a la presidencia. Dice el general Wood que se la ofrecieron si estaba conforme con la jugada, pero Wood la rechazó.

—¡Gran Dios!

—Voy a averiguar lo que ocurre... Por cierto que, siendo Roscoe socio de ustedes, me parece poco delicado intervenir en este asunto sin ponerles en antecedentes, ya que han sido tan amables conmigo y han contribuido a los gastos del Instituto.

—No se preocupe usted... Siga adelante, y haga lo que crea conveniente, como si nunca nos hubiera conocido.

—No esperaba menos de usted, pero temo que puedan producirse equívocos y confusiones si no dejo bien sentado que usted no me habló nunca del asunto. ¿Es cierto que no se refirió jamás a él en mi presencia?

—Cierto.

—Usted no ha discutido los asuntos de su padre conmigo, excepción hecha de la huelga; no me ha hablado de O'Reilly ni de Roscoe.

—Evidente. No puede haber el menor litigio sobre el particular.

—Lo habrá, esté usted seguro... Si descubro la estratagema en Washington, los magnates del petróleo creerán que debo a usted informaciones y datos, sin ser cierto. Quiero, pues, estar seguro de que en su memoria no hay ni siquiera una sombra de duda.

Estrechó Bun la mano del profesor. A pesar de la gran emoción que sentía oyendo a Irving, no dio señales de impaciencia mientras hablaba el profesor, portándose como un perfecto jugador.

Entregó un cheque a Irving para pagar las deudas del Instituto del Trabajo, y se despidió del profesor deseándole el mayor éxito en su nueva empresa.

Decidió hablar con su padre revelándole el punto de vista de Irving con el propósito de alejar a aquel de posibles complicaciones. No tuvo tiempo de hablar con su padre, porque las primeras palabras del magnate al ver a Bun fueron de gran entusiasmo:

—Ya tenemos las concesiones, hijo.

—No es posible...

—¿Cómo que no? Hoy sale Roscoe para Washington y se firmará el documento la semana próxima. Una vez formalizado todo, iremos por ahí a distraernos un poco...

Los hermanos Menzies salieron de la cárcel. Sus camaradas consiguieron reunir el importe de la fianza, y estaba en puerta la vista de su proceso, en el que había encartados otros trabajadores.

Las autoridades trataban de probar que la organización obrera no era más que el Partido Comunista disfrazado para rehuir a la persecución legal, pero recibía órdenes de Moscú.

Abocaban por la desaparición del sistema capitalista y el establecimiento de la dictadura del proletariado, según el patrón ruso.

Los procesados afirmaban que su organización era la organización de la clase trabajadora como tal, y que su actitud ante la violencia era puramente defensiva. Creían que los capitalistas no abandonarían el poder pacíficamente. La burguesía barrenaba la Constitución, y los trabajadores tenían derecho a defenderse.

Fueron juzgados en bloque, y la causa se vio en tres semanas, constituyendo una lección provechosa, aunque incompleta, porque no reproducía exactamente los alegatos de los trabajadores. Para tener idea exacta de la significación del debate, era preciso estar presente, y Bun asistió a las sesiones compatibles con el horario de la universidad. Estaba en la sala cuando el fiscal presentó un testigo que sorprendió a todos. Se trataba, nada menos, que de Ben Skutt, que se dejaba crecer el bigote y había aprendido la dialéctica comunista. Convertido en huelguista forzoso del petróleo, se introdujo en los medios obreros como confidente y llegó a conocer los asuntos que se ventilaban en los comités. Contaba en la sesión las cosas más horripilantes. Según él, la organización obrera propagaba la necesidad de apoderarse de los pozos petrolíferos.

Los procesados, por su parte, estaban dispuestos a afirmar que el propio Ben Skutt había propuesto en los medios obreros las más violentas soluciones. Mientras duró la huelga, insistió repetidamente en la necesidad de que un grupo de hombres decididos quemara media docena de pozos.

Al llegar Bun a su casa preguntó a su padre:

—¿Por qué tuviste que prescindir de Ben Skutt?

—Porque averigüé que aceptaba comisiones de mi contrincante, y ha cometido otras indignidades...

—Explícame...

—Ben Skutt tenía un plan que era una maravilla. Ya sabes que en Prospect Hill la gente quería que se empezaran los sondeos y mostraba una impaciencia loca. Ben Skutt y otro sujeto traficaban con los propietarios de lotes. El compinche de Ben otorgaba a este ciertos derechos sobre un terreno, derechos ilusorios, desde luego, pero que servían como amenaza para sacar dinero. Cuando se iniciaban los trabajos de explotación por los pequeños propietarios, surgía Ben Skutt como titular de derechos litigiosos, y era imposible hallar al compinche, que se ocultaba o huía. Como la solución del pleito tardaba unos seis meses en producir derecho legal, la oportunidad de la concesión quedaba en la balanza y había que pagar a Ben Skutt cinco o seis mil dólares...

—¡Qué atrocidad! Y con seguridad que repetiría la trampa.

—Todo tiene sus peligros, y Ben Skutt cayó en la celada, en otra celada; una mujer le dejó limpio de dinero y el sabueso se dedicó desde entonces a confidente de los patriotas.

Sabía Bun que Arnold Ross no debía nada a aquel bribón y que a su padre no le importaría que se desenmascarara a tal abyecto sujeto, mientras no sonara el nombre de Bun. Sería fácil llevar el asunto adelante buscando las notas relativas a las ventas y compras de bienes raíces del confidente en los registros del condado. Las mismas víctimas de Ben Skutt declararían, en caso de necesidad.

En la universidad Bun explicó a Raquel los antecedentes del asunto y le entregó cien dólares para las oportunas gestiones. No pasaron muchos días sin que media docena de ciudadanos, furiosos contra Ben Skutt, reconocieran a este y echaban pestes de él, debilitando la fe que los jurados tenían en el ardiente patriota.

Los jueces populares se pronunciaron contra dos de los procesados, que fueron condenados a seis años de prisión cada uno, obteniendo la libertad el resto de los encartados, entre estos los hermanos Menzies.

La organización celebró la libertad de los trabajadores. Los periódicos describieron el hecho como una orgía de los delirantes revolucionarios.

IX

El padre de Bun no dio importancia a la noticia de que Irving estaba sobre la pista de las andanzas de Roscoe. Era natural que surgieran murmuraciones, pero todo el mundo comprendería que se trataba de una oposición tendenciosa, política.

Se trataba de la jugada más importante que podían aprovechar en su larga vida de hurones del petróleo. Iban a su negocio y no les interesaba nada más. Se requería una epidermis dura a prueba de flechazos. Era lamentable que Bun no tuviera ánimos para defenderse, como lo era también que un hombre tan culto como el profesor Irving se entretuviera en seguir las huellas de Roscoe, en olfatear...

Se formó una nueva compañía para explotar las recientes concesiones. Arnold Ross cobraría otros cien mil dólares al año por dirigir el desarrollo de la explotación, aunque sin descender a los detalles. De momento, elegiría colaboradores jóvenes y se limitaría a orientarles. Era una tarea maravillosa, y contaba el magnate con llevarla a buen término; hasta se proponía desafiar a los médicos y probarles que tenía una salud a prueba de bomba.

Se recibieron noticias de Roscoe anunciando que se habían firmado las concesiones. Consiguió Bun una semana de vacaciones. Estaba en el último curso y no era difícil contar con la tolerancia del rector; se esperaba que Arnold Ross costeara una cátedra de Química petrolífera en la universidad.

Se dirigieron a Sunnyside, país lejano, con pocos caminos y mucho ganado. Se alojaron en una modesta fonda campestre y cabalgaron por los terrenos, haciendo reconocimientos y pruebas. Allí estaban los geólogos y los ingenieros con personal subalterno. Se decidió el emplazamiento de los pozos, el trazado de carreteras, la distribución del producto y el establecimiento de tanques. Se pensó, incluso, en la construcción de una ciudad con teatros y almacenes. Se trataba de algo colosal, que representaba, en potencia, la más importante explotación petrolífera de América.

Se expidieron telegramas para que las autoridades ordenaran la construcción de una carretera pavimentada desde la semana siguiente. Era todo coser y cantar.

¿Se sentía Bun satisfecho? Andaba olfateando con aire preocupado. Quería el Destino que Bun descubriera siempre el lado peor de los negocios de su padre. Trabó conversación con un campesino del país a poco de llegar. Era un viejo apergaminado que llevaba sesenta años desafiando el calor, el frío, el viento y la tempestad. Tenía los ojos azules y húmedos, y llevaba siempre consigo un rollo de papeles que guardaba celosamente hasta el punto de no dejarlos en su casa por temor de que se los robasen.

Deseaba el viejo que Arnold Ross tratara con él por si se prestaba a aceptar algún contrato referente a ciertas parcelas, pero el magnate no se avino a tratar con él.

Consiguió el viejo enseñar los papeles a Bun. Eran documentos legales con abundantes sellos y firmas.

—No están en regla estos documentos –decía el viejo–. Falta lo esencial, que alguien robó del registro oficial, para ocultar que me habían arrojado de mi propia casa. El ladrón es un tipo que se llama Roscoe, un verdadero bribón.

El viejo se llamaba Carberry y le habían explotado los dirigentes de la Mid Central Pete, negándole el abono de las mejoras de su tierra. Para ello alegaban que la ley excluía los terrenos minerales del régimen corriente de la propiedad territorial. Carberry había obtenido un título firme sobre la tierra y, por consiguiente, podía hacer valer su derecho, pero alguien se había encargado de alterar los datos del registro, y el campesino trataba de reivindicar su título.

Con patética veracidad escribió al diputado por el distrito para conseguir que le presentara a un abogado: envió Carberry dinero al leguleyo sin obtener resultado, y el viejo fue a Washington, descubriendo que el tal abogado era un amanuense del diputado que saqueaba a los ciudadanos y, probablemente, partía el botín con su amo.

¡Lastimosa historia! Y lo peor del caso era que no se trataba de una excepción, sino que el procedimiento era un sistema del que se valían los poderosos para saquear a los débiles.

Tenía Carberry un documento que pudo obtener en Washington: el informe parlamentario sobre el problema de la tierra en California y las incidencias litigiosas.

Leyó Bun el documento: multitud de páginas de fraude al por mayor y robo, embargo de los derechos de petróleo por las empresas ferroviarias. El Estado había trasferido a las empresas ferroviarias ciertos derechos sobre las tierras, excluyendo los minerales. Dondequiera que se descubrieran terrenos minerales, la empresa ferroviaria tenía que desviar los rieles. ¿Cumplían la ley las empresas ferroviarias? La Compañía del Sur del Pacífico tenía en California tierras petrolíferas por más de un billón de dólares.

Todo esfuerzo del Estado para reivindicar los terrenos encontraba una fuerte oposición sostenida por marrulleros abogados, políticos y jueces vendidos.

Trató Bun de interesar a su padre y fue en vano. ¿Qué podía hacer en favor de Carberry, a quien había arrojado de su casa la Mid Central Pete? A buen seguro que Arnold Ross no iría a olfatear por los alrededores de la casa de Roscoe.

XVII.
El escándalo

I

Durante el otoño y el invierno las codornices de Paradise cantaron en vano. Bun no deseaba ir allí, pero su padre tenía que personarse. Habían detenido al chófer porque se dedicaba al contrabando en sus horas de ocio. Arnold Ross tenía pocas ganas de conducir, y Bun se prestó a acompañarle.

En el campo Ross Hijo no quedaba nada de Bun más que el nombre. En el pabellón había una mujer desconocida, y la parra había desaparecido para instalar en su lugar una grúa. Los amigos de Pablo estaban lejos y no había discusiones. Paradise era un lugar donde se trabajaba rudamente, con las bocas cerradas, no pensando más que en obtener petróleo. Había cientos de hombres desconocidos para Bun, que habían creado un ambiente distinto. Patrocinaban el contrabando, el juego y la bebida. Desconocían, en cambio, la técnica de los sondeos y se producían trastornos en la industria. Quedaban aplastados por la tubería y tenía que ampliarse el hospital, pero resultaba más económico gastar en beneficencia que pagar mejores salarios.

Hallándose Bun entregado a la lectura recibió la visita de la mujer de un preso, Jick Duggan. La mujer dio detalles sobre su marido y otros dos compañeros. Suplicó a Bun que fuera a ver al preso; tan débil era el idealista que aceptó la sugerencia. ¡Imprudencia grave de un príncipe que quería endurecer su piel para ayudar a su padre y gozar de la vida como de una favorita! Convencido de su culpabilidad, no dijo a su padre dónde iba la tarde de aquel lluvioso sábado.

Le dejaron entrar en la cárcel sin objeción. Los presos estaban en celdas giratorias que daban vueltas por medio de un mecanismo de manubrio, que producía un ruido siniestro.

Las celdas estaban dispuestas unas sobre otras. En cuarenta años, muchos hombres se habían vuelto locos oyendo a todas hora del día y de la noche los horribles chirridos.

¿Ha pasado alguien por la experiencia de ver a un ser querido tras los barrotes de una cárcel? Bun estuvo a punto de desmayarse. Había presos jóvenes como él mismo. Estaban amontonados como venados. Su lastimoso clamor, la agradecida expresión de los rostros, apenaba de veras. Eran campesinos que habían crecido a la intemperie, pero en la cárcel aparecían sucios, polvorientos, decaídos, con ajadas mejillas y hundidos ojos.

Jick Duggan tosía mucho, y no había ningún preso que tuviera aspecto saludable. Si Bun hubiera creído a aquellos hombres capaces de algo malo... Pero, no; estaban allí por amor a la causa de los trabajadores.

Bun les había enviado libros. Se toleraba la lectura de obras que no parecieran peligrosas a los muy inocentes carceleros.

Los presos le hicieron muchas preguntas. ¿Qué era de Pablo? ¿Cuándo se vería el proceso? ¿Cómo se desarrollaba la organización obrera? ¿Se consolidaba la orientación hacia la izquierda?

Vivían aislados y no se les permitía leer prensa radical. Nada tenía de particular que quisieran saber noticias de su propio mundo.

II

Salió Bun de la cárcel con un impulso vibrante de amarga desesperación. Su padre le había dicho que esperase, porque Roscoe trataría de intervenir, pero no era posible esperar más. O Roscoe tomaba cartas en el asunto, o Bun obraría por su cuenta.

—Los radicales van a organizar un mitin de protesta y tienen un comité que se encarga de los presos. En el mitin se recaudarán fondos para la causa. Hablará Pablo, aunque tenga que anular la libertad de que goza por la fianza. La semana que viene será el mitin, y si Roscoe no toma cartas en el asunto, seré yo uno de los oradores y diré todo lo que sé.

Protestó con vehemencia Arnold Ross. No se trataba de un caso de blandura, porque Bun se sentía endurecido por la desesperación.

—Tal vez no creas que tengo derecho a hablar así porque vivo a costa tuya, pero puedo dejar la universidad y ponerme a trabajar.

—Nunca te he dicho que no tuvieras derecho a hablar así.

—Pero te estoy poniendo en evidencia con Roscoe, y sería mejor que pudieras decirle: «Bun vive por su cuenta».

—No tengo por qué decir eso... Lo que quiero es que consideres mi posición.

—Si ya he pensado en todo... Si estoy enfermo del corazón... ¿Cómo consentir que nadie se apodere de mi derecho a pedir justicia? Se está cometiendo un crimen al retener a esos muchachos en la cárcel. Roscoe puede influir para que les pongan en libertad, y si no lo hace, entraré en campaña. Tu socio puede telefonear al fiscal y al juez... No será la primera vez que se acerca a un juez a pedir... Si no lo hace, se anunciará mi nombre en los carteles y hablaré en el mitin.

Por la imaginación de Arnold Ross pasó el recuerdo del mitin de Harry Seager.

—Y le dirás a Roscoe que quiero llevar a Ana Bella al mitin. Diré a esta que Roscoe quiere tenerla presa en una jaula dorada.

En el corazón del viejo vibraba un sentimiento de admiración por el brío de su hijo.

Llegó Roscoe de Washington con los preciosos documentos que tanto interesaban a Bun. Eran órdenes de que no se prosiguiera la acción contra los procesados. Viola Tracy recobró sus diez mil dólares y salieron los presos, medio cegados por la luz del sol. En cuanto a Bun, desistió de sus amenazas. Renunciaba a ensuciar su propio nido.

III

Antes de aparecer la noticia de la libertad de los presos en los periódicos, se enteró Bun de ella y se la comunicó a Ruth y a Pablo. Este trabajaba ya de carpintero y vivía, con su hermana, en una barraca situada al fondo de un solar.

Ruth había empezado un curso de enfermera en uno de los grandes hospitales. Pablo tenía algunos libros. Había allí algo de Paradise. ¡Qué felicidad brilló en el rostro de Bun cuando supo que los compañeros estaban en libertad!

—Te has portado muy bien, Bun –dijo Pablo–; pero temo que pienses que no soy muy agradecido cuando sepas lo que voy a hacer con mi libertad.

—Explica...

—Pienso en adherirme a los I.W.W.

Se reflejó la consternación en el rostro de Bun.

—¿Por qué haces eso?

—Creo en su táctica desde que estuve en Siberia. Esperé a adherirme por no perjudicar a los compañeros, ya que estando yo preso... Pero, ahora, solo me perjudico yo, y estoy decidido.

—Te detendrán otra vez... Han condenado a tantos...

—Pero es la única manera de que se desarrolle una causa impopular.

—Nadie se fija en lo que yo digo siendo un trabajador sin ninguna significación; si me declaro miembro de la organización, lo que pueda yo decir obligará a pensar en nuestras ideas.

Ruth estaba consternada.

—Las últimas experiencias me enseñan que un trabajador no tiene importancia en el mundo capitalista, y ha de recordar su posición. Unos trabajadores mueren y otros van a presidio; de lo único que estamos seguros es de que contribuimos a que despierten.

—¿Estás completamente seguro de que nada puede hacerse pacíficamente?

—Los «otros» tienen la palabra. Ya recordarás que durante la huelga no han sido, precisamente, unas malvas.

—¿No tienes fe en la democracia?

—¡Ya lo creo! Pero se trata de una palabra vana, inexpresiva, y solo puede tener efectividad cuando hayamos roto el cerco de los grandes negocios. La lucha no puede hacerse democráticamente. Imagínate que los papanatas agrupados por Elias tuvieran que dirigir los negocios de Roscoe.

—Acabas de decir la misma frase de Roscoe.

—Es un hombre práctico y siento respeto por él. Desea hacer algo, descubre la manera de hacerlo y actúa. No tolera la intromisión del gobierno y lo compra. ¿Has leído la carta de Irving?

—No.

—Te interesará... Dice que en los círculos periodísticos de Washington circula el rumor de que O'Reilly y Roscoe convinieron con el fiscal general para comprar el nombramiento de Harding, a condición de obtener las concesiones de la Marina. Han sobornado a los altos funcionarios y a los periódicos. Se pide una información, pero la pandilla no lo permitirá.

Hubo una pausa. Pablo vio en el rostro de su amigo una inquietud intensa.

—Mira, Bun, prefiero que no me digas nada que yo no pueda repetir y propagar. Ya nos comprendemos. ¿Qué puede hacer la democracia en el mundo capitalista? Pienso en Roscoe porque para mí representa el sistema. Deseo arrebatarle el poder. ¿Cómo voy a conseguirlo? Me he preguntado si podía hacerse eso legalmente, pero fíjate: además de dominar la industria, domina en los tribunales, que declararán legal lo que él quiera; a los obreros no se les puede decir nada que él no quiera; se ha apoderado de la industria del cine, y hasta se dice que tiene una estrella por amante; tú mismo has visto que O'Reilly es dueño de la universidad; Roscoe es un electorero que se lleva los votos y los triunfos.

—¿Y qué puedes esperar?

—Voy al encuentro de los trabajadores de Roscoe, de los que producen su poder y su riqueza. Tienen un interés común, aunque lo saben oscuramente... Leen periódicos, van al cine... Pero nosotros hemos de enseñarles. ¿Qué puede hacer Roscoe si los trabajadores se apoderan de los pozos?

—Enviará tropas.

—¿Cómo va a hacerlo, si contamos con ferroviarios, con telegrafistas, que seguirán indicaciones nuestras en vez de órdenes suyas? Con las industrias primordiales podremos organizar el mundo del trabajo: «Todo el poder a la organización». A ti te parece terrible el trance, porque imaginas una lucha y no deseas la pelea. Los hombres aptos para la lucha son los que han sido apaleados, aplastados, encarcelados, los martirizados... Así es como favorece Roscoe la revolución: arrastrándonos a presidio para que nos pudramos. Los bolcheviques han hecho su aprendizaje en las prisiones... No queremos que el choque sea duro, pero ¿qué quieres? Se nos ha marcado con el hierro y el fuego de la persecución y tenemos que ir delante de los trabajadores que confían en nosotros y saben que somos incapaces de una traición... Ahora mismo voy a San Elido. Si Roscoe me hace detener, el programa de Moscú figurará en los archivos judiciales del país.

IV

Los periódicos anunciaron un acontecimiento social de primera importancia: la petición de mano de Berta Ross por Eldon Burdick, vástago de una de las más antiguas familias de la ciudad y presidente de la Liga de Defensa de California.

Pocos días más tarde, se supo que se había designado a Eldon como secretario de la Embajada de Estados Unidos en París.

La boda fue un acto oficial adornado con un diluvio de flores en la iglesia. Bun iba de punta en blanco. Arnold Ross iba tan elegante que parecía un empresario de circo. Emma asumía, mentalmente, el papel de madre de la novia –regocijada y llorosa a la vez–. Decían los periódicos que la novia llevaba túnica de seda rosada, bordada de perlas color pastel, y espléndidos manojos de rosas. Se hacía resaltar el abolengo de Eldon y la riqueza de Ross, pero no se hacía constar que el padre de la novia había sido carretero.

Cuando los novios salieron para la capital francesa, deslumbrada Emma por su éxito como casamentera, enfocó sus artes sobre Bun con motivo del estreno de *La princesa del Pachulí*, especie de acontecimiento familiar. Sabía Emma, por Arnold Ross, que iban a representar tan suntuosa obra de arte, y fue a presenciar el estreno del brazo de su cuñado, seguidos de Viola y Bun.

Nada más natural que Viola fuera presentada a Emma, que pareció maravillarse después de conocerla. Se dio cuenta Bun de que estaba dirigido por el tacto habitual de la mujer. Viola era, según Emma, una perfecta aristócrata en maneras y gestos.

Uno de los matices del carácter de la mujer consiste en poder dictaminar repentinamente sobre la calidad aristocrática de otra, aunque aquella no se haya movido de California, ni haya tratado a ningún aristócrata en el medio siglo de edad que cuenta.

—Es una maravillosa mujer, Bun.

—En efecto, tía Emma... Muy guapa.

Obedeciendo al perpetuo descontento del enamorado, no caldeó Bun el entusiasmo de su tía. Además, no había tenido nunca confidencias con ella.

—¿Y por qué no te casas, Bun?

—Probablemente me rechazaría.

—¿Se lo has preguntado?

—Alguna alusión.

—Pues déjate de alusiones y habla con ella en serio, completamente en serio. Ya tienes edad para casarte. ¡Qué boda tan brillante sería! Creo que tu padre acabará por quererla para él, si no te casas con Viola.

Emma quedó muy satisfecha de lanzar tan maligna picardía, que quería decir: «No tratéis de poner a los viejos en un anaquel; por el contrario, contad con ellos».

Bun era condescendiente y casi se decidió a hablar con Viola, pero el propósito se eclipsó ante una de aquellas disputas que iban destruyendo su felicidad. La estrella volvía de ver a Ana Bella, y contó que su amiga estaba furiosa. Un periodista acusaba a Roscoe por haber comprado la presidencia de la República; denunciaba la concesión de Sunnyside como la mayor estafa del siglo y pedía que se persiguiera a Roscoe. Un precavido amigo recortó el artículo y se lo envió a Ana Bella, con la indicación: «Personal». Era una terrible catilinaria... Viola dijo a Ana Bella que el nombre del articulista no le parecía desconocido. Bun le dijo inmediatamente quién era Irving.

—Ha sido profesor mío en la universidad y director del fracasado Instituto del Trabajo.

Se exaltó Viola como una fiera:

—Ese tipo no hizo más que sonsacarte.

—Jamás he hablado de ese asunto con ninguno de mis amigos.

—¡Oh, Dios mío! ¡Pobre ingenua y confiada alma blanca! Los rojos son capaces de aprovecharse de tu ignorancia hasta agotarla, como se agota un pozo de petróleo. Es preciso que ni Ana Bella ni Roscoe sospechen que conoces a Irving, ni que le ayudabas... Si saben algo, renunciarán a nuestra amistad y nos considerarán como viles traidores, o se convencerán de que eres una cabeza de chorlito y de que es peligroso tenerte cerca.

—Probablemente, Roscoe lo sabe todo por mi padre, a quien hablé yo del asunto.

A consecuencia de este incidente, el joven príncipe del petróleo no habló de boda a la aristocrática estrella, y se despidieron malhumorados. Siempre tenían que vencer con disgusto aquellas crisis sentimentales que Bun no podía evitar. El movimiento radical atraía al joven intelectualmente, nada más. Por ello, deseaba ver a Pablo y hacerle preguntas. Necesitaba oír las discusiones rápidas de Pablo y Raquel, y los argumentos de esta sobre la táctica absurda del ala izquierda. Tenía necesidad de asistir a los mítines de las Juventudes Socialistas, de las que Raquel era secretaria. Educación eficaz; gente joven que reservaba a las ideas la seriedad que los estudiantes dedicaban al fútbol.

V

De todos los personajes que conocía Bun, el único feliz le parecía Elias Watkins, el profeta de la Tercera Revelación. El Señor cumplió la promesa hecha a los atletas bíblicos de Maratón, induciendo a un gran banquero, Mark Eisenberg, para que facilitara la construcción del Nuevo Tabernáculo. Estaba ya terminado el edificio, y se inauguraron las solemnidades religiosas con tal gloria y pompa, que jamás se había visto nada igual en California.

El sur de este país está formado por colonos retirados procedentes del corazón y del oeste, que han salido de allí para morir entre sol y flores. Desean ser felices después del tránsito, tener la seguridad de que continuarán las flores y el sol. Angel City es, por ello, un país de fantástica y variada actividad religiosa, que asombra cuando se conoce. Leer en los periódicos la explicación de los distintos ritos y solemnidades provoca lágrimas o carcajadas, según el temperamento del lector.

Dondequiera que se reúnen tres o más personas, en nombre de Jesús o de Buda, o de Zoroastro, o de la Verdad, la Luz, el Amor, el Nuevo Pensamiento, la Ciencia Psíquica, se inicia el principio de una nueva revelación con fórmulas salvadoras y misteriosas.

Elias ganaba ventaja sobre todos los profetas, ya que procedía del campo. Había sido pastor, y tenía experiencia de lo que es un rebaño. Lo mismo que en sus años de adolescente con las cabras, hacía después con los fieles, salvándolos de las estratagemas de Satán como a las cabras de los peligros del monte.

Llevaba Elias cayado de pastor y vestiduras blancas. Llamaba a los rebaños patéticamente, como antaño a las cabras. Cuando pasaba la bandeja, los borregos se esquilaban a sí mismos.

Tenía Elias cierto sentido de la escena, organizando ritos y procesiones que arrebataban a la clientela. Cuando decía que el diablo quería tentarle, aparecía el cornudo personaje con rabo y pezuñas entre un claro de luz. Cuando Elias alzaba la cruz, el diablo se rompía la cabeza contra el suelo, sonaba la trompeta y balaba el rebaño, elevando las más vibrantes exclamaciones al cielo.

Elevaba el cayado, que parecía un báculo, y decía: «Dejad que los niños se acerquen a Mí». Al momento surgía un hormiguero de chiquillos que llegaban a la plataforma de Elias, gritando desaforadamente: «¡Gloria al Señor!».

Seguían produciéndose maravillas, bautismos en la cisterna de mármol, sermones y comedias bíblicas. Era de suprema importancia para el creyente y para Jesús merecer la intercesión de Elias. Había que cambiar el rito constantemente; levantarse, extender la mano derecha ante el Tabernáculo, si el fiel era primerizo o neófito, palmotear por la salvación del alma... Pero lo más curioso eran unos aparatos de cuero que servían para rugir con la debida propiedad. Nunca resonó tan terrible voz en el mundo, ni de tanto alcance. Los domingos eran días señalados para la emisión de rugidos bíblicos. A diario, excepto los sábados, se celebraban oficios y solemnidades, bautismos, curas, ofrendas, bodas, invocaciones al Cordero y consagraciones. Había también una escuela bíblica. Era imposible seguir aquella serie de actos que se desarrollaban en los muchos departamentos del templo, que costó medio millón de dólares. La ciencia servía de complemento a los delirios del profeta Elias de California, que llegó a contar con altavoces y resonadores en todo el mundo.

La primera vez que el gran público se dio cuenta del invento de las trasmisiones, lo consideró una maravilla. Fueron radiadas las ceremonias inaugurales de un hotel de Angel City, pero resultó que todos los que participaban en la inauguración del hotel –tres millones de dólares costaba– se emborracharon. Los radioyentes tuvieron que aguantar las más soeces obscenidades.

Se pensó en santificar la radiotelefonía y Elias hizo montar una emisora que difundió la divina palabra por todas las zonas del mundo.

Los sermones de Elias llegaron a representar una de las novedades más salientes del sur de California. Nadie podía librarse de los efluvios místicos.

Arnold Ross paseaba durante media hora antes de comer, según le había aconsejado el médico, y oía en los paseos los sermones de Elias, sin perder una sola palabra.

En la cálida primavera californiana estaban las casas abiertas. Se oía el rugido de Elias favorecido por el resonador de cuero; apenas se extinguía un rugido, se entraba en el alcance de otra emisión. Era algo terrible.

Las familias oían aquello con júbilo lagrimal, con raptos delirantes. Mientras se cocía la cena o se lavaban los pañales, se extasiaban las almas. Arnold Ross se sentía también algo inquieto.

Al fin y al cabo, el magnate del petróleo era una especie de precursor de la Tercera Revelación.

VI

Irving escribió a Bun comunicándole que trabajaba ya en su nueva tarea. No era cosa difícil ser corresponsal de prensa en

Washington. El periodismo corriente contaba con material que no podía utilizar. Todos, excepto unos pocos, se indignaban por ello y hablaban con Irving, desbordándose en confidencias.

Lo único que fastidiaba a Irving era la escasez de periódicos que recogieran sus informaciones y el poco espacio que concedían a estas.

El presidente Harding tenía unos compadres llegados del campo, como él, que formaban su guardia. Los periódicos les llamaban «la banda de Ohio», que trataban de aprovecharse de todo. Barney Brockway dio a uno de esos secuaces un empleo de policía secreta y la facultad de intervenir en fijar la cuantía de un soborno.

La gestión del presidente Wilson se desarrolló embargando bienes alemanes radicados en Estados Unidos, y la de Harding, devolviéndolos. Si se deseaba recuperar una propiedad de diez millones de dólares, se entregaba medio millón en bonos al que trataría de formalizar el soborno. Se vendían por millones de dólares, ciertas patentes de corso para ejercer el contrabando, y los contratos se concluían en los pasillos del Capitolio. Irving oyó decir a gentes habituales del Capitolio que se habían robado más de trescientos millones de los fondos destinados a socorrer a los veteranos de guerra. El jefe de aquella oficina era uno de los que formaban «la banda de Ohio», y el hecho más asombroso era que por muchos escándalos que se divulgaran, jamás se conseguiría que ningún periódico ni revista aludiese a ellos.

Enseñó Bun a su padre la carta de Irving.

—Sí, la política está podrida. Ya ves que es una locura confiar los negocios a los políticos. Si nos hubieran entregado al principio los terrenos petrolíferos, ¿qué necesidad había de sobornar a nadie para obtenerlos?

A Bun le resultaba difícil convencerse de que su padre fuera franco. Sabía que Arnold Ross mentía en público. ¿Por qué no pensar que trataba de engañar a su hijo, y, algunas veces, hasta de engañarse a sí mismo? Seguramente no podía soportar la verdad desnuda el magnate del petróleo. Los parlamentarios de la oposición se empeñaban en arrancar las vestiduras a la Verdad. Un senador, La Follette, se empeñaba en tirar de la manta. ¿No denunciaba los contratos petrolíferos y reclamaba una inspección? Los amigos de Harding bloqueaban al tozudo senador, pero no podían impedir que pronunciara discursos de ocho horas. Se llenaban las tribunas, y La Follette difundía sus discursos valiéndose de la franquicia postal parlamentaria.

Gruñía Arnold Ross con saña al saber que su querido y tierno hijo estaba en la oposición en vez de adherirse a las mentiras de su padre.

Ocurrió entonces algo verdaderamente lastimoso. Vivía en el Oeste un editor de periódicos que había iniciado su vida como tabernero, especie de pirata de frontera, que se complacía en contar cómo se apropiaba de los dólares de su patrón en la juventud. Se hizo rico, poseía un periódico y aprovechó el escándalo del petróleo. Se entrevistó con un sujeto que tenía agravios a propósito de la concesión de Sunnyside, y convinieron en actuar a medias. El editor conminó a Roscoe, exigiéndole un millón de dólares. El negociante se desentendió por completo y no tardó en salir el editor con una información en primera plana sobre «El robo público más grande que registra la Historia».

No se trataba de un oscuro periódico socialista; era leído por el gran público. Se enviaron ejemplares a los parlamentarios y a otros periódicos. ¡Un verdadero escándalo!

Arnold Ross y Roscoe se entretuvieron en conferencias y cabildeos, pero no tuvieron más remedio que entregar al editor el millón de dólares contante y sonante que pedía.

Cuando Bun era jovencito, leyó las aventuras del capitán Mayne Reid. Recordaba la escena de un halcón que capturaba un pez; inmediatamente descendía un águila y arrebataba la presa al halcón. Así pasaba en el juego del petróleo. Había halcones y águilas que se conducían como las de Mayne Reid.

VII

A Bun ya no le interesaba ir a El Monasterio, pero Viola insistía y rogaba. ¡Era tan buena y tan amable Ana Bella! ¡Se sentiría tan contrariada si las querellas políticas rompían la amistad!

—Sé que Roscoe está de muy mal humor –dijo Bun–. ¿Cómo puede atender a los huéspedes?

Cuando se hace vida de sociedad y alguien aparta la copa de sus labios, se empieza a hablar de la ley seca. De la misma manera, cuando no te unes a la denuncia de los insurgentes senadores, se cree que hay un pacto tácito con los perturbadores. El pequeño grupo de oposición parlamentaria atraía la antipatía de la generalidad. Roscoe no dejaba de zaherir a los insurrectos.

Dijo Schmolsky:

—Tienen el diablo de su parte.

—Pregunte a Bun, que es un compinche de los revoltosos –contestó Roscoe.

—No tolero que hables de política para molestar a Bun –dijo Ana Bella.

Cuando, algo más tarde, se embriagó Harvey Manning, sentóse sobre las rodillas de Bun y le dijo en el tono amable y gangoso que le era peculiar.

—No digas nada... nada...

—¿A quién?

—A esos inmundos amigos rojos que te han robado el corazón... Mi tío acabará por averiguar por qué me emborracho y ¡adiós herencia!

Se habían desarrollado violentos tumultos en Angel City. Los veteranos de la Legión Americana, excitados por la propaganda revolucionaria, asaltaron los domicilios sociales de los I.W.W., arrojaron a los trabajadores escaleras abajo, y tras ellos, los escribientes y el mobiliario. Puesto que los tribunales no garantizaban el orden, los legionarios querían imponerlo. Invadieron las librerías que tenían libros rojos, los sacaron a la calle y los quemaron a montones ante la puerta de los establecimientos. Apalearon a los vendedores de la prensa radical. Cuando un orador podía contrariar a tan activos patriotas, enviaban aviso al propietario del local señalado para el mitin, y el contrato se rompía inmediatamente.

John Groby, uno de los socios de Roscoe, afirmaba que el trato a los rojos estaba justificado, porque eran unos lagartos. No sabía Groby que le escuchaba un lagarto, y siguió hablando tranquilamente.

—En Oklahoma les echamos la Legión encima, rompimos unas cuantas cabezas y se fueron a otro campo... Usted, amigo Roscoe, es excesivamente contemplativo...

Ana Bella hizo que Bun se sentara a su lado como para protegerle... Y en verdad que la estrella tuvo ocasión de hacer alarde de maternidad, ya que explicó al joven los episodios de su nueva película: *El corazón de una madre*.

—Se trata de una cinta que tiene carácter algo anticuado, pero que seguramente gustará al gran público, sobre todo a las mujeres. Tal vez crea usted que es una película sentimental... Viola también tiene un director de escena muy inteligente para la nueva cinta. *El lecho de oro*, título de largo alcance, ¿no es eso?

Entre el dulce murmullo de la voz de Ana Bella, oía Bun las estruendosas alabanzas de Groby a la Legión. El joven estuvo a punto de preguntarle por la opinión de los legionarios sobre el caso de la famosa «banda de Ohio», que se aprovechaba de los fondos designados a los inválidos.

Alguien mencionó otra hazaña de los legionarios: el ejercicio de la censura de películas. En un salón de Angel City se exhibía una cinta alemana, *El gabinete del doctor Caligari*. Era una ofensa para los legionarios el hecho de exhibirse una película alemana. Aquello era la invasión de los hunos. Los patriotas se pusieron los uniformes y rodearon el teatro, impidiendo la entrada.

Tommy Paley se echó a reír convulsivamente.

—Hay que decirlo todo: a la indignación de los legionarios hemos contribuido, como era natural, dando cinco dólares a cada uno. ¡Hay que ser proteccionista de las cintas nacionales!

Intervino Schmolsky, ciudadano gordo en exceso, para interpretar la ironía:

—Los directores del mundillo cinematográfico tienen razón –sentenció con gravedad.

Schmolsky, judío de Rumanía o Rumelia –lo mismo da–, añadió luego que no era preciso que las películas extranjeras penetraran en Estados Unidos. Una hora más tarde le oyó decir Bun que las películas de Hollywood acaparaban el mercado alemán.

—*Vae victis*! –exclamó Bun.

Schmolsky lanzó una exclamación extraña, un monosílabo probablemente judío...

VIII

Volvió Bun a Angel City y acompañó a Raquel a un mitin de las Juventudes Socialistas.

Una treintena de jóvenes de ambos sexos se reunían semanalmente para discutir problemas políticos y sociales, el movimiento obrero y la actualidad. Raquel contribuyó al desarrollo de aquella organización, por su calidad de universitaria, y la acompañaba el camarada Ross.

No podían impedir aquellos jóvenes la emoción más viva al ver que un millonario simpatizaba con ellos, les facilitaba fianzas y se interesaba por la libertad de los presos.

Entre aquellos jóvenes se reproducían las tendencias opuestas del movimiento obrero; estaban divididos en sectores, discutían tácticas y procedimientos, hasta excitarse enormemente. Los comunistas contaban también con su organización, rival de la socialista.

Mantenían debates, controversias y disputas que no cesaban nunca. Iban de Moscú a Amsterdam, de la Segunda a la Tercera Internacional, hablaban de los rojos y de los rosados, calificativo que distinguía a los socialistas, equidistantes del ala izquierda y del ala derecha.

La misma lucha se agitaba en Bun. Cuando Pablo le llevaba hacia la izquierda, Raquel le zarandeaba hacia la derecha. Lo peor consistía en que era del último que le hablaba. Se inclinaba a aceptar el punto de vista del interlocutor, sin voluntad propia y firme. Le parecía que los socialistas tenían un programa patético. El viejo Menzies, por ejemplo, cansado de siglos de trabajo, aspiraba a construir una organización, y no se apartaba de ese propósito, pero nunca podía cubrir el edificio. Los burgueses derribaban por la noche la obra del día, pagaban confidentes, sobornaban a los directores obreros que podían, enviaban policía a «resolver» una huelga, utilizaban pistoleros con impunidad, y vencían. «En su ciego empeño, los burgueses resultan instrumentos de los comunistas», pensaba Bun. Era como si Roscoe y sus colegas partidarios del trabajo «libre» dijeran: «Los comunistas pueden dar informes sobre los burgueses. No escuchéis, en cambio, a los socialistas, que son unos vejestorios».

Resultaba claro para Bun que los trabajadores debían señalarse ellos mismos las tácticas más propias. ¿Podía realizarse ese pensamiento? Las querellas estaban en la misma complejidad del problema. Si se creía en una transición apacible, había que actuar de una manera, y si no se creía, de otra. Si tenía fe en persuadir a la masa de electores, era forzoso ser prudente y político, evitando la intervención de los extremistas, cuyos procedimientos violentos desagradaban a aquellos.

Se procuraba alejar a los comunistas de los cuadros de la organización, y ellos acusaban a la organización como si estuviera vendida a los patrones. Los socialistas, por su parte, replicaban por boca de Menzies, padre, que había provocadores comunistas pagados por las autoridades para introducir la cizaña en los medios obreros, facilitar las derrotas proletarias y la labor policíaca.

Sabía Bun, por los socios de su padre, que los grandes capitalistas tenían secretas agencias de reclutamiento para aplastar el movimiento obrero. Tales agencias adoptaban distintas tácticas, según las circunstancias. Sobornaban a algunos militantes viejos que se encargaban de desacreditar una huelga de posible éxito o de alentar un movimiento prematuro para que fracasara.

Algunos confidentes hacían grandes gestos extremistas que dividían a las organizaciones y excitaban a los dirigentes. Por inconcebible que pueda parecer, la policía secreta, dirigida por Barney Brockway, se entregaba de lleno a alentar la división. En la causa contra un grupo sindicalista, hizo notar el juez que, al parecer, toda la dirección del Partido Comunista estaba en manos del gobierno de Estados Unidos a consecuencia de los trabajos de zapa de los confidentes.

IX

Siempre mantenía Bun el ideal de que no hubiera rencillas entre sus amigos. Llevaba a Raquel a casa de Pablo, pero no conseguía que reinara la paz. Las diferencias llegaban incluso a taponar una conversación política o a evitarla, con tan exquisito cuidado como si los beligerantes estuvieran en El Monasterio.

Deseaba Bun fijar su propia posición y acallar las vacilaciones íntimas. ¿Quién era? Un intruso. Sus amigos eran, en cambio, trabajadores. Quería que triunfara una tendencia cordial para conseguir la unión moral, aunque no estaba seguro de quién deseaba que convenciera al contendiente.

Dejó Pablo su trabajo del taller. La organización le pagaba un modesto salario para que pudiera entregarse de lleno a los trabajos que requería el movimiento obrero.

Conocía Pablo a los hermanos menores Menzies, y sabía que Bun y Raquel contribuyeron a aplastar al confidente Ben Skutt.

—¡Cómo me gustaría que socialistas y comunistas se pusieran de acuerdo para hacer algo útil, como hicimos nosotros entonces! –dijo Bun a Raquel.

—Y a mí me gustaría conocer las ideas del camarada Pablo Watkins –contestó la joven, dirigiéndose al propio Pablo.

Cuando un socialista quería mostrarse amable con un comunista, le llamaba «camarada». Esta palabra, usada en el seno de la familia Watkins, hubiera producido un altercado.

—¿Cómo va a tener éxito en América una masa rebelde –siguió diciendo Raquel–, si están las armas y los medios de comunicación en manos de los patronos? Hasta cuentan con gases asfixiantes y pueden producir hecatombes cuando les venga en gana. El resultado de la oposición extremista es la reacción. En Italia, se apoderaron los trabajadores de las fábricas, pero las abandonaron por no saberlas dirigir.

—Pero Italia no tiene carbón –replicó Watkins–, sino que depende de Inglaterra y América, cuyos dos Estados pueden aplastar al proletariado italiano. En realidad, la reacción fascista de Italia se debe a la banca americana. Mussolini y sus secuaces no movieron un dedo hasta que estuvieron seguros de obtener créditos americanos. El mismo papel hemos desempeñado en Hungría y en Baviera. En todo el mundo ha servido el oro americano para apoyar la reacción. Lo he visto con mis propios ojos en Siberia. Nadie puede comprender lo que eso significa sin estar allí. No le censuro a usted, camarada Menzies, por la orientación de sus ideas; al fin y al cabo se ha educado usted en un ambiente de paz, pero yo estuve en la guerra y vi la lucha de clases en acción.

—Sí, camarada Watkins, pero si ustedes fracasan, las cosas irán de mal en peor.

—Y si nunca ensayamos, jamás podremos triunfar. Aun en el caso de que fracasemos, se aguzará la conciencia de los trabajadores y conseguiremos lo que no lograríamos con los brazos cruzados. Hemos de sostener el objetivo revolucionario ante las masas y no dejar que se entreguen a las transacciones, al término medio conformista. El movimiento socialista no advierte las fuerzas intelectuales y morales de los trabajadores que pueden responder a un llamamiento justo y razonable.

—La dificultad está en fijar el sentido certero, la oportunidad. Yo deseo apelar a la paz más que a la violencia: me parece más moral.

—Advierta usted que un diálogo moral con un tigre no tiene nada de razonamiento ni de moral, y me parece una futilidad. El hecho que determina la actitud del capitalismo en los últimos nueve años se critica por los resultados; se han perdido treinta millones de vidas humanas y trescientos billones de riqueza, todo lo creado por una generación laboriosa. ¿Cómo discutir cuestiones de moralidad con los capitalistas? Son una caterva de locos asesinos, y lo único que se impone es barrerlos del poder. Cualquier táctica de combate que tenga éxito es moral, porque nada hay tan inmoral como el sistema capitalista.

Al dejar a Pablo, dijo Raquel a Bun:

—Pablo es un hombre extraordinario. Le creo muy peligroso para la clase capitalista. Es un proyectil de choque, y los que han desencadenado la guerra tendrían que tratar con él.

—¿Y Ruth?

—Es una muchacha agradable, pero algo incolora, ¿no le parece?

—Tiene sentimientos fuertes, y rara vez los manifiesta.

—Por cierto, que ha de revestirse de valor para seguir la actividad de su hermano, tener concepciones propias y resistir muchas contrariedades.

—¿No podría usted contribuir a su formación?

—Es usted ingenuo, camarada Ross. ¿Cómo ha de ver Pablo con buenos ojos que una socialista influya en el carácter de su hermana?

Por mucho que hiciera Bun, no podía conseguir que sus amigas entablaran amistad entre ellas.

Volvió Bun a ver a Pablo, y le preguntó:

—¿Qué te parece Raquel?

—Muy agradable, bien intencionada, inteligente, pero no creo que persista mucho tiempo en sostener su actitud de proletaria. La revolución social de América no requiere el concurso de jóvenes universitarias, que sienten benevolencia hacia el sistema capitalista. La actitud de las Juventudes Socialistas se limita a combatir al comunismo. Los capitalistas se considerarían dichosos contratando los servicios del socialismo.

Pocos días después, supo Bun que Raquel se hallaba frente a un grave dilema. Había seguido cuatro cursos en la universidad para aprovechar los estudios en la propaganda social, pero una amiga a la que Raquel tenía en gran consideración le dijo que malograba su propósito colaborando en las Juventudes Socialistas. Resultaba difícil que una trabajadora de abolengo israelita pudiera tener una carrera profesional sin prescindir de sus convicciones socialistas. Tendría que esperar Raquel la oportunidad de tener una posición, establecerse y resolver su problema personal.

¿Qué iba a hacer? Tal vez pudiera ganarse la vida trabajando en pro de sus ideales, si no tenía medio de colocarse.

Se despidió Bun de Raquel y fue a cenar con Viola. Después de oír a Raquel, tenía en el rostro una expresión preocupada y la conciencia encrespada. Ninguno de los dos pudo ocultar sus simpatías íntimas al separarse.

X

Se acercaba el término de los estudios universitarios. Preguntó Arnold Ross a Bun si tenía resuelta la elección de carrera.

—No quisiera hablarte del asunto, porque temo que te disgustes –contestó Bun.

—¿Qué te propones, pues?

—Marcharme por un año, cambiar de nombre y trabajar en una gran industria.

—¿Qué significa eso?

—Deseo comprender los afanes de la clase trabajadora, y esa es la única manera de conseguirlo.

—¿Y no puedes preguntarles lo que te interesa?

—Ellos mismos lo ignoran... Se tiene que vivir en contacto...

—¡Gran Dios! ¿Sabes lo que te propones? Suciedad, polvo... Yo que tanto he deseado salvarte, que te he facilitado el camino...

—Ya lo sé, y sé también que te equivocas... Sé lo que has hecho por mí y te lo agradezco, pero déjame libre por cierto tiempo. Cuando un joven halla excesivas facilidades en la vida, se hace blando, no tiene inquietudes ni carácter.

—¿Es posible que no halles bastante campo para endurecer tu carácter en la dirección de una industria como la del petróleo?

—Yo sabes que no puedo hacer eso... Quede para vosotros. ¿Acaso Roscoe me dejaría en paz? Hay algo que me parece absurdo en esa industria, y trato de desenvolverme libremente.

—¿Y quieres irte solo?

—No. Me acompañaría Gregorio Nikolaieff.

—¿El ruso? ¿No puedes asociarte a un americano?

—No conozco a ningún americano que piense como yo.

Hubo un largo silencio.

—¿Y estás completamente decidido a marcharte?

—Sí...

—Las grandes industrias exigen un exceso de actividad y, algunas veces, la vida. ¡Qué duro es para un padre lo que me dices! ¡Tanto como trabajé por ti, mi hijo único!...

—Lo sé, y no creas que dejo de sufrir, pero insisto en lo que te dije antes.

—¿Has pensado en Viola?

—Sí.

—¿Se lo has dicho?

—No. He querido que fueras el primero en conocer mi determinación. Sé que Viola no lo verá con buenos ojos y tendré que despedirme de ella.

—Hay que reflexionar antes de evadirse de la felicidad, hijo.

—Lo sé, pero tampoco puedo ser el rabo de una estrella. Me ahogaría en el lujo... Tengo convicciones propias y quiero contrastarlas en el mundo del trabajo.

—Me parece que hablas como un rojo.

—Tal vez, pero ten la seguridad de que ellos no son de tu opinión.

Después de otro paréntesis de silencio, dijo Arnold Ross:

—En mi vida oí cosas semejantes...

—Pues te aseguro que son más viejas que nosotros: al menos tienen veinticuatro siglos.

Siguió hablando Bun de la historia del joven Siddhartha, que fuera de la India se conoce con el nombre de Buda, quien abandonó sus posesiones y tesoros vagando por el mundo como un mendigo, con la esperanza de encontrar la verdad de la vida que no halló en su corte.

—El palacio que le dio el rey, su padre, era resplandeciente. Quería el monarca que su hijo fuera feliz. Le ocultaba padecimientos y miserias, y no sabía que existía el diablo en el mundo. Así como un elefante enjaulado piensa en la libertad de los campos, pensaba el príncipe en el mundo y pidió permiso al rey para alejarse del palacio. Shuddhodana, el rey, dispuso un carro con adornos maravillosos y mandó que se engalanaran los caminos...

Al hablar así, se fijó Bun en el azorado rostro de su padre, y siguió diciendo jovialmente:

—¿Qué prefieres? ¿Me convierto en budista o en bolchevique? –El magnate no hubiera sabido contestar a aquella pregunta.

XI

Nuestro siglo abrió un nuevo universo al conocimiento humano: el espíritu subconsciente. Muchas palabras extrañas se han empleado ante los fenómenos y son cada vez más intensos los esfuerzos que valorizan el propio deseo: si se tropieza con obstáculos, el ser humano se concentra y vibra con más ímpetu, aunque sufra. Una mujer celosa cae en un colapso nervioso para retener las atenciones de su marido.

Las teorías de Freud eran incompatibles con la teología metodista, por lo que no había penetrado en el sur del Pacífico. Bun las ignoraba por completo antes de disponerse a acompañar a Gregorio Nikolaieff. Por entonces cayó enfermo el magnate del petróleo, y tuvo Bun que demorar el viaje. El enfermo estuvo unos días luchando entre la vida y la muerte. Le había afectado como a un freudiano la resolución de Bun, quien sintió el remordimiento que le predijo Roscoe. Pensó, al mismo tiempo, en la poco grata perspectiva de tener que manejar los millones de la herencia.

Salió el enfermo con vida del trance, aunque muy débil. El médico aconsejó a la familia que cuidara al paciente con la mayor atención, evitándole disgustos y preocupaciones, ya que el corazón quedaba muy débil después de la crisis. El espíritu de Arnold Ross debía estar contento, porque era imposible que su hijo le abandonara. Estrechaba la mano a Bun como a un niño, y Bun le tenía que leer la triste y tierna historia del príncipe Siddhartha.

¿Había hablado su padre con Viola, o se trataba de un fenómeno de telepatía? El caso fue que la estrella visitó repetidamente al magnate y se mostró encantadora. La fierecilla salvaje estaba atada con un millón de sedosas cuerdas.

Cuando pudo Arnold Ross, convaleciente ya, salir a tomar el sol, su espíritu, tan poco apto para la contemplación, tramó un plan que comunicó a su hijo:

—Comprendo que tienes derecho a expresar tus ideas, y me pregunto si no podríamos llegar a una transacción, permitiéndome dispensarte la ayuda que necesitas...

—Explícate más...

—Como siempre que usas algún dinero tienes la sensación de que te lo apropias indebidamente, he pensado proponerte un medio de ayuda. Me parecería absurdo sostener algún propósito ilegal, pero creo que hay un medio de que las clases trabajadoras puedan adquirir cultura y desarrollarse pacíficamente; puedes disponer de mil dólares al mes y utilizarlos en la propaganda. ¿Te parece bien?

Olvidó Bun lo que representaba la cantidad para un capitalista: nada. No se podía mantener una cuadra de jacas de polo, ni sostener un yate. Los trabajadores, en cambio, podían contar con una subvención para un centro cultural. Mil dólares al mes significaban un Instituto del Trabajo o un semanario.

La oferta, ¿no era una especie de soborno? Así lo comprendió Bun, porque tenía que administrar la pensión. Escribió a Raquel y la invitó a almorzar. Tenía una colocación para ella.

Los planes nacían en el cerebro de Bun como por generación espontánea. Seguiría Raquel en la secretaría de las Juventudes Socialistas y percibiría un sueldo para vivir. Los jóvenes socialistas alquilarían un amplio local y publicarían un semanario que circularía por los centros de enseñanza superior de Angel City. Bun, por otra parte, se consideraba en libertad para hacer propaganda en el sur del Pacífico, aunque había prometido lo contrario al doctor Cowper.

Los estudiantes aprenderían algo acerca de las ideas del mundo del trabajo, del movimiento obrero y del socialismo... No tanto acerca del comunismo, porque Arnold Ross consideraría que se trataba de propagar extremismos revolucionarios.

XVIII. La huida

I

Ser editor de un periódico, poder decir lo que se piensa semana tras semana y lanzarlo a los cuatro vientos sin que el decano de la universidad se crea ultrajado y salga a arrebatar los paquetes a la calle... ¡Qué agradable fue para Bun aquel verano de 1923! Enviar el semanario a los amigos y soñar que se curaban de sus prejuicios... Incluyó Bun los nombres de sus condiscípulos en la lista de predestinados a leer literatura socialista. Al empezar el curso, el semanario se distribuía en los medios universitarios y se propagarían las ideas con eficacia.

El magnate iba reponiéndose lentamente. Leía el semanario, y era una especie de censor benévolo. Raquel no gustaba de reservar mucho espacio a los delirios del ala izquierda del partido, y sostenía la ortodoxia del socialismo. Cuando los extremistas halagaban a Bun para reclamar que se les concediera el derecho de escribir con libertad e igualdad de trato, decía Raquel:

—¿Para qué tienes un periódico propio, si han de mangonear los de la izquierda?

Seguía, pues, la tutela de Raquel, lo que casi equivalía a estar casado con ella.

Viola no interpelaba a su amante con la saña de otras veces. Estaba tan horrorizada con el propósito de Bun de hacerse trabajador, que toleraba de buen grado la alianza del joven con Raquel, aunque solo dispusiera la estrella de la mitad del tiempo libre que le quedaba a Bun.

La estrella trabajaba intensamente en la nueva película *El lecho de oro*. El argumento se refería a una damisela americana que caía en la red de un personaje balcánico. Para representar el papel de príncipe encantador se contrató a un auténtico príncipe rumano de maneras exquisitas, quien dedicaba a Viola las horas que dedicaba Bun a la hebrea socialista.

Recibía Bun frecuentes cartas de Berta, que se sentía arrebatada por la alta sociedad de París. ¡Qué magnificencia! ¡Qué acontecimientos tan importantes! Comía con el príncipe de Tal y cenaba con la duquesa de Cual. ¿Por qué no iban a París Bun y su padre? ¡Qué brillantes bodas había en perspectiva!

Sonreía Arnold Ross al leer las cartas. Le hacía mucha gracia la idea de ir a París y silabear el francés como una cotorra.

Los vividores seguían merodeando alrededor de los pozos de petróleo, pero Arnold Ross no se ocupaba de nada, porque había transferido toda la actividad a Roscoe. El Parlamento no funcionaba, lo que era un paréntesis de descanso. Los senadores rojos podían hacer denuncias en sus distritos, pero los periódicos ya no se ocuparían de difundir los escándalos. ¡Extraña superstición! Cuando había comidilla parlamentaria, los más modestos órganos de opinión hablaban del asunto. Por eso los políticos estaban desprestigiados ante los negociantes.

Se hallaba en explotación el campo de Sunnyside. Había en actividad una docena de pozos y la producción justificaba los cálculos más optimistas. De vez en cuando iba Arnold Ross al despacho, aunque lo más frecuente era que los jóvenes que le auxiliaban fueran a recibir órdenes directas a casa del magnate. ¡Qué muchachos tan bien preparados! Concentraban sus facultades en la resolución de los magnos problemas petrolíferos, y estaban en todo. No les atormentaban visiones, musiquillas ni dudas. No eran seres vacilantes, sentimentales, ni contemplativos. Seguros de sí mismos, creían que la misión del hombre consistía en sacar petróleo de la tierra. Se acrecentaba el prestigio y el sueldo de los brillantes jóvenes, a la vez que iban dominando estos las características del negocio.

Cuando se despedía uno de aquellos arquetipos de la actividad industrial americana, se producía un inexplicable malestar entre el magnate y su hijo. ¿Por qué no se parecía Bun a uno de ellos?

II

Según prescripción facultativa, Arnold Ross no podía dedicarse a los negocios más que dos horas diarias. Bun le tentó para dar un paseo. Tal vez oyeran un sermón del profeta Elias de California, lo que era siempre un regocijo para el viejo. Sentía una especie de maliciosa delicia al comprobar los vuelos de la Tercera Revelación. «Las masas están formadas por idiotas y se les puede arrebatar un semillero de millones como Sunnyside», pensaba Arnold Ross.

Se suscribió a un periódico editado por los rivales místicos del profeta Elias. En las columnas de aquella publicación se leían graves acusaciones contra Elias y se descubrían las trampas del famoso prestidigitador religioso.

Las iglesias aclimatadas en el país californiano se mostraban celosas al contrastar los avances de la Tercera Revelación. Elias era un presuntuoso y un truhan. Tom Poober, el clérigo rival, no tuvo inconveniente en declarar que Elias era un farsante. Curaba a gente curada y se ponía de acuerdo con unos cuantos cómplices para engañar a la grey. Los secuaces de Elias no abandonaban la costumbre de expresarse en innumerables lenguas. En algunos departamentos reservados que tenía el templo de la Tercera Revelación, se quedaban los fieles para dialogar directamente con el Señor. A medida que se desarrollaban los ejercicios espirituales y la fonética celestial, los fieles hacían muecas y rodaban por el suelo. Cientos de hombres y mujeres se agredían entre espasmos violentos, desgarrándose mutuamente los vestidos. Era una zarabanda de brazos y pies girando místicamente. Algunos fanáticos inclinaban la cabeza hacia atrás con tal perfección que parecían pollos en manos de la cocinera después de consumar el sacrificio. Las orgías acababan de manera infernal. La masa de la Tercera Revelación se retorcía en grupo, ondulaba y culebreaba en medio de ráfagas de sudor que producían mareos.

Tales cosas explicaba públicamente el clérigo rival de Elias, y los relatos figuraban en la parte más señalada de la revista que editaba Poober, quien enviaba a los vendedores frente al templo de la Tercera Revelación.

A veces se apaleaba a los repartidores de tales hojas. La policía no detenía a los agresores, o si los detenía, no tardaba en darles la libertad. Preguntaba Poober en su revista con grandes titulares: «¿Es que los políticos de Angel City temen a este blando profeta?».

Arnold Ross se regocijaba con la disputa, que le hacía el efecto de un reconstituyente. Su posición ante los litigios místicos era la de aquel explorador del Oeste que halló a su mujer peleando con un oso; abandonó el marido su fusil de caza, se sentó tranquilamente y empezó a azuzar a las dos fieras: «¡A él, mujer; a ella, oso!».

Se acusaba también a Elias por su afición a los tapadillos con lozanas y apetitosas catequistas. Elias estaba siempre tronando contra la concupiscencia, como los profetas de la Primera Revelación.

Paseando cierto día el magnate y su hijo, se detuvieron en una playa solitaria; quería Bun zambullirse en el mar. Había cerca un modesto hotel, y ¿quién salía por la puerta? El mismísimo profeta Elias de California, en compañía de una profetisa.

—Conozco a este caballero que acaba de salir y no recuerdo su nombre –dijo Arnold Ross al gerente del hotel.

—Es el señor T. C. Brown, de Santa Inés.

—¿Vive aquí?

—Acaba de pagar la cuenta.

El magnate lanzó una mirada al registro del hotel, y leyó: «T. C. Brown y señora, procedentes de Santa Inés». Eran garabatos de puño y letra de Elias Watkins, como los que había trazado el profeta de California al escribir sobre asuntos de negocios.

Arnold Ross tuvo que esforzarse para no soltar la carcajada. Si daba cuenta de lo que acababa de descubrir al clérigo rival de Elias, la Tercera Revelación volaría como un cohete.

III

Murió el presidente Harding, y el profesor Irving escribió una carta a Bun reproduciendo las murmuraciones de Washington.

Al viejo Harding le hubiera repugnado aceptar directamente el dinero de las negociaciones del petróleo, por lo que Barney Brockway y su cómplice arreglaban las cosas en Wall Street de manera que la vida de los hombres de Estado pudiera ser confortable. De vez en cuando entregaban los sabuesos al viejo un fajo de billetes que habían ganado para él. Su viuda encontró cientos de miles de dólares en una caja de caudales. Como suponía que aquel dinero se destinaba a otra mujer, se enfureció, poseída por el demonio de los celos póstumos, y no se mordió la lengua.

Ocupaba la primera magistratura el nuevo presidente, un hombrecito cuya fama se basaba en la leyenda de que sofocó una huelga de policías en Boston, cuando la verdad era que permaneció en el cuarto de un hotel con un ojo hinchado a consecuencia de un golpe propinado por un huelguista, y que no hizo absolutamente nada. El sueño de su vida, según decía él mismo, era regentar un almacén, lo que daba una idea exacta de su mentalidad. A consecuencia de no tener nada que decir, le llamaban «el hombre fuerte y silencioso».

Como Raquel no aprobaba que se difundiera la murmuración, se abstuvo Bun de propagar los informes de Irving, pero insertó una nota en el semanario socialista, subrayando ciertos hechos sobre el profesionalismo de los deportistas universitarios. Cuando se vendió entre los corrillos el número que insertaba la denuncia, los atletas promovieron un alboroto que hizo el efecto de un acumulador de su curiosidad en favor de la propaganda socialista. Bun se consideraba muy satisfecho.

Al reanudarse las sesiones parlamentarias, se reveló el estado alarmante de los negocios. Los senadores insurrectos tenían la balanza del poder y se pusieron de acuerdo con los demócratas para pedir una inspección sobre las concesiones petrolíferas.

Cayó la noticia como un rayo sobre los magnates del petróleo. Sus sabuesos de Washington no pudieron prever semejante incidente, y Roscoe quiso ir a la capital federal para contener el peligro con un desembolso heroico.

Poco pudo conseguir Roscoe, porque la Junta investigadora procedió al interrogatorio de testigos y los «asó». La palabra figuraba en un artículo de periódico, y no se refería propiamente al arte culinario, sino a los explosivos. Los restos –las declaraciones– se diseminaban por las primeras planas de los periódicos.

El secretario Crisby no había tenido la prudencia de convertir su dinero en billetes y guardarlos en una caja de caudales. Rescató una hipoteca que gravaba su finca de Texas, y se aventuró haciendo diversas compras. Contó al capataz de su finca que Roscoe le había entregado setenta y ocho mil dólares, y el capataz repitió la noticia a un bracero.

Los senadores llamaron al capataz, quien explicó que se trataba de un equívoco.

—No habló de setenta y ocho mil dólares, sino de seis u ocho vacas. Como se ve, no es difícil confundir ambas cosas.

Quedó demostrado que el secretario Crisby tenía cien mil dólares en el banco. ¿De dónde procedían?

El editor de un periódico de Washington declaró por anticipado que había prestado aquella cantidad a su querido amigo Crisby. El editor estaba enfermo en Florida, y no era posible llamarle a Washington, pero la perversa Junta investigadora envió a uno de sus miembros a Florida. Tomó declaración al editor en presencia de medio centenar de reporteros, haciéndole confesar que la primera declaración había sido una amistosa fantasía.

¿De dónde procedían los cien mil dólares? Los que trafican con el escándalo se regocijaban como chiquillos mimados. Algunos, como Irving, trasladaban a la Junta investigadora lo que se murmuraba en Washington. Se citó a declarar a O'Reilly, hijo, quien quedó también en el asador. Declaró que había entregado a Crisby la insignificante cantidad de cien mil dólares metidos en un saquito negro.

Se llamó al viejo O'Reilly para que confirmara lo dicho por su hijo.

—Se trataba de un préstamo. Aquí está el recibo, es decir, la firma del recibo, porque el texto ha debido romperlo mi señora... Soy muy descuidado y no sé qué hacer con los papeles...

Tan escandalosos detalles se referían a la más elegante sociedad de Washington y Angel City. Los periódicos publicaban aquellos detalles, aunque se notaba que la mano del articulista temblaba al escribir.

IV

Recibía Arnold Ross largos telegramas de Roscoe; no llegaban por conducto directo, sino que daban un rodeo pasando por el domicilio de la señora Bolling, esposa de un empleado de aquellos magnates. No eran telegramas como los que firma un médico para calmar a su cliente; producían una fiebre de ansiedad. ¡Cuántas veces se arrepentía Arnold Ross por no haber escuchado los consejos de Bun, que le hubieran alejado de un torrente de corrupción! El joven idealista solo podía ya esperar la hora del peligro.

Iba a estrenarse *El corazón de una madre*, de Ana Bella. Bun iría con Viola, y Arnold Ross con Emma. Todo sería agradable, por aquella noche al menos.

Al volver Bun a su casa, después de leer las pruebas del número que se estaba confeccionando, halló a su tía en el vestíbulo. Estaba excitadísima.

—¡Oh, Bunny! ¡Es horrible! ¿Sabes que quieren detener a tu padre?

—¿Detener a mi padre?

—Sí; le persiguen. Están esperándole ahí mismo, frente a la casa. Escápate sin que te vean, y ten cuidado... No dejes que detengan a tu padre.

Consiguió Bun enterarse del caso. El joven Bolling se había presentado momentos antes con un encargo urgente del magnate para su hijo. Dejó una carta, que Bun se apresuró a leer. Debía salir en su coche y asegurarse de que no le seguían, porque había agentes apostados cerca de la casa que podían seguir a Bun para dar con el paradero de su padre. Tan pronto como se librase de los agentes, debía comprar un automóvil dando un nombre falso. Que no fuera un coche nuevo, porque necesitaban hacer un viaje rápido. Una vez seguro de que no le seguía nadie, tenía que ir al arrabal de San Pascual; en una esquina determinada se le uniría su padre.

Entregó Bolling a Emma cinco mil dólares en billetes y se marchó, escoltado, probablemente, por los agentes que vigilaban cerca de la casa.

Consoló Bun a su tía. No trataban de encarcelar a su padre, sino de hacerle comparecer como testigo ante la Junta investigadora, como habían hecho con otros magnates del petróleo.

Metió Bun unos trajes sin marcas ni iniciales en una maleta y saltó a su coche. En el extremo de la calle había otro automóvil. Cuando Bun echó a andar, el otro coche le siguió.

Giró por media docena de esquinas; el otro coche siguió su ruta... ¡Bah! El centro de la ciudad sería un torbellino, porque se agolpaban los vehículos a aquella hora –entre cinco y seis de la tarde–. Los guardias encargados de ordenar la circulación estarían en los cruces y sería fácil maniobrar para adelantar cuando la señal de la campana obligara a esperar al coche que iba detrás.

Consiguió a fuerza de pericia y sangre fría zafarse como pensaba, sorteando el peligro. Dejó su coche en un garaje y compró otro de dos asientos, dando el nombre de Alex H. Jones. La factura del coche con el recibo le serviría como licencia temporal en caso de necesidad.

Entregó dieciocho billetes de cien dólares y se lanzó a gran velocidad. Media hora después se hallaba en San Pascual, en la esquina que le señalara su padre. Pasó ante ella y volvió a pasar a los pocos minutos, hallando la segunda vez a su padre, que salía de un hotel. Aminoró la marcha, montó Arnold Ross y se alejaron los dos rápidamente.

—¿No te sigue nadie?

—Creo que no, pero vamos a asegurarnos.

Dieron varias vueltas y se dieron cuenta de que nadie les seguía.

—¿Dónde vamos? -preguntó Bun.

—¡A Canadá! Roscoe se ha marchado a Europa, o, por lo menos, el vapor que debía tomar ha salido ya... Espero que no den con él. Roscoe ha telegrafiado con nombre falso a la señora Bolling, advirtiéndome que vaya a encontrarme inmediatamente con nuestros amigos de Vancouver, saliendo hoy mismo para poder llegar a tiempo. Por cierto que no necesitaba el aviso. Sabía desde ayer que la Junta investigadora del Senado ha descubierto nuestra organización canadiense y quiere que comparezcamos todos a declarar. Las citaciones han debido salir hoy y circularán con rapidez, porque el jefe de policía federal tendrá que extremar el celo. Las órdenes vienen directamente de Washington. Bolling y yo nos hemos escapado del despacho por la escalerilla.

Alex H. Jones y Pablo R. Jones corrieron desesperadamente por la carretera durante toda la noche. No se detuvieron en ningún hotel. La policía podía espiar y era peligroso cualquier encontronazo. Tampoco quisieron parar en las ciudades del trayecto. Los ojos del tío Sam, que todo lo ven, podían detenerse, encolerizados, sobre ellos.

V

Llegaron a Vancouver en medio de un temporal de nieve. Se desprendieron de sus nombres falsos y fueron a alojarse en un confortable hotel.

Llegaron los reporteros. El magnate, con tranquila dignidad, les dijo que no trataban de rehuir la investigación senatorial. Iban a la Columbia inglesa a tramitar ciertos negocios. El presunto escándalo de Washington era, en realidad, una insignificancia. Las concesiones eran ventajosas para el gobierno de Estados Unidos. En cuanto a la organización domiciliada en Canadá, solo podía producir beneficios al país.

—¿Tratan ustedes de explorar los terrenos de la Columbia inglesa para posibles explotaciones petrolíferas?

—Nada tengo que decir respecto al particular –respondió Arnold Ross con dignidad.

Vancouver era para ellos una ciudad fronteriza sin interés y con un clima endiabladamente frío. Probablemente necesitaría estar desterrado el magnate cierto tiempo. El Parlamento seguiría actuando, y los agitadores mantendrían el escándalo del petróleo para utilizarlo como arma en las elecciones presidenciales.

Envió telegramas Arnold Ross a sus apoderados, y un mensaje a Roscoe a través de T. S. H. Su socio le contestó que le esperaría en Londres.

Era preciso decidirse.

—¿Y qué vas a hacer, hijo, cuando me vaya? En Angel City está Viola, tu dulce corazón enamorado, y seguramente te esperan los compañeros del periódico. Creo que debes volver allí.

—¡Qué disparate! ¿Cómo vas a cruzar solo un continente y un océano? Iré contigo, y después de ver a Roscoe podemos pasar una temporada en París con Berta. Conoceremos a la caterva de petimetres de la diplomacia. Una vez allí, decidimos lo que más convenga, y puedo volver solo.

El viejo aceptó el programa con enternecida alegría. Bun era su mayor preocupación. En el fondo debía sentirse humillado ante su hijo, pero quería ostentar su dignidad de perseguido por enemigos políticos sin escrúpulos. Hablaba muy poco de esa dignidad con su hijo, pero discurseaba durante horas enteras para convencer a otras gentes. La charlatanería sobre temas industriales y financieros era uno de los signos más evidentes de su decadencia.

Escribió Bun extensas cartas a Viola explicándole la situación y prometiéndole su amor. Envió otra carta a Raquel transfiriendo a esta la dirección del periódico, con orden expresa para que cobrara la subvención de mil dólares mensuales.

No dejaba Arnold Ross de estar en constante comunicación con sus competentes colaboradores. ¡Gracias a Dios, le ayudaban, desde lejos, en aquel episodio desagradable! Les decía que se mantuvieran en contacto, por cable, con él y su socio. Los agentes de Roscoe en Washington enviarían un informe sobre la investigación senatorial.

Bun, por su parte, trató de procurarse una carta semanal del profesor Irving. Padre e hijo podían, pues, seguir al detalle la controversia sobre el petróleo, aunque estuvieran en Europa.

Cruzaron en tren, durante cuatro días, las nevadas planicies de Canadá. Hacía un tiempo despiadado, pero el vagón era confortable. En la parte trasera del tren había un coche mirador construido para que una veintena de negociantes americanos o canadienses pudieran solazarse. Los viajeros no tardaron en saber que Arnold Ross iba en el tren. El magnate recibió en corte como si fuera un monarca y contó sus inquietudes a cuantos quisieron oírle.

Era curioso, para Bun, observar el espíritu de clase de aquellos hombres. Cada uno de ellos estaba conforme con su padre: la concesión respondía al bien general. Las ventajas que producen los hombres inteligentes con sus negocios contrapesan el beneficio privado de las empresas. Tal era el argumento de clase que se deducía de las conversaciones.

Cuando llegaron a Montreal, había un vapor esperando al magnate y a Bun. Unos cientos de asalariados se aprestaban a servirles a cambio de unas monedas, es decir, de unos barriles de petróleo.

Subieron a bordo. El vapor se dirigió al río de Saint Lawrence y se detuvo en Quebec. En los periódicos halló Bun una noticia de enorme interés. Se había detenido en Angel City a un grupo de delegados obreros; entre estos figuraba Pablo Watkins. La prensa canadiense daba gran importancia a aquel acontecimiento. Publicaba los nombres de los «criminales» encarcelados.

VI

Todo el dinero del petróleo producido en el mundo no era suficiente para impedir que la travesía a Inglaterra fuera desagradable por el frío y las tormentas.

Arnold Ross era un viajero de medianos ánimos y demostró que hubiera sido un mal marino. Cuando llegó a Londres era un ente pasivo y descoyuntado. Roscoe le reanimó con unos golpecitos amistosos mientras le hablaba con voz atronadora.

—¡Hola, hola! ¡Diablo con el viejo! ¡Yo que le suponía destrozado por el rodillo ruso!...

Roscoe se mostraba impertérrito y jovial. Seguía sentado en la cima del mundo.

—¿La investigación de los senadores? ¡Bah! Un entretenimiento de circo que divierte a los paletos y se olvida al poco tiempo.

Otro golpecito en la espalda de Arnold Ross.

—Sacaremos petróleo de Sunnyside, y aumentará la cuenta corriente. ¡Pues no faltaba más! ¡Vamos a hacer las mayores calaveradas, a volvernos locos con un diluvio de petróleo! Devolveremos la pelota a los senadores... y dentro de poco. Ya se verá lo que diga la prensa, hasta la de aquí.

También correspondió a Bun una parte del repertorio de amabilidad.

—Supongo, joven bolchevique, que llevarás a tu padre por ahí a que conozca la capital de Inglaterra. Ya sabrás por los libros que aquí hay un lugar donde se cortaban cabezas hace quinientos años; además de cortar cabezas se organizaban otros joviales espectáculos...

No había perdido el tiempo Roscoe. ¡Cinco millones dedicó a la explotación de un campo petrolífero en Rumanía, destruido durante la invasión alemana! Era un contrato que eclipsaría la concesión de Sunnyside. Roscoe tenía el cincuenta y uno por ciento de los beneficios y la dirección. Iba a pedir un equipo completo a América para enseñar a aquellos gitanos rumanos, o lo que fueran, cómo se hacen las cosas.

Peleaba con algunos negociantes ingleses de petróleo sobre la situación de Persia. Roscoe y el Ministerio del Exterior procuraban despertar al clásico John Bull de un largo y plácido sueño.

Se daba un curioso caso, observado por Bun, de que Roscoe era un fugitivo, pero al mismo tiempo, dominaba la política exterior de Estados Unidos en lo concerniente al petróleo. Los embajadores de su país y el ministro del Exterior de Washington parecían amanuenses del potente Roscoe. Había, naturalmente, otros explotadores del petróleo, y tenían cientos de agentes fuera de América. Roscoe, hombre de singular actividad, tenía tal apoyo en Washington, que los restantes magnates no hacían más que seguir sus huellas. Aunque el presidente Harding había muerto, su espíritu vivía y se cotizaba. Se introdujo Roscoe en los medios ingleses con la desenvoltura de un buey en las planicies del Sudoeste. No iba a presentar manjar blanco porque era un ganadero de Oklahoma, y si «el viejo del monóculo» –así llamaba al principal magnate inglés del petróleo– no estaba conforme, le arrumbaría.

Asistió Bun con Roscoe a un banquete en el que se sentaron juntos algunos negociantes rivales. Roscoe se condujo con más vulgaridad que en su propia mesa de El Monasterio. Sospechó Bun que la actitud de Roscoe no era más que una táctica premeditada: con sus ademanes de rudo ganadero del Oeste, trataba de asustar a las figurillas de Londres para llevar las riendas del negocio. Los ingleses se habían valido de los barcos americanos, muy malos por cierto, sin gravamen... No sucedería otra vez. Era Roscoe quien lo aseguraba. Los dueños del petróleo llevarían la voz cantante en vez de llevarla la Marina... Lo mismo ocurriría con el dólar...

La diplomacia americana seguía una táctica nueva a partir del armisticio. El Estado, por sus órganos responsables, vigilaba las operaciones de la banca americana en otros países, indicando, además, los campos más asequibles y los peligrosos. Los banqueros obedecían porque no podían prescindir de la Marina para cobrar a tiempo.

¿Qué significaba aquello? Que algunos hombres de presa, como Roscoe, se ponían al habla con sus colegas de otros países, les pedían participaciones en gigantescos negocios y facilidades, y en caso de negativa, les amenazaban con el ceño de la banca de Wall Street, en cuyas entrañas se despachan los empréstitos de socorro de Europa. El procedimiento, algo terrorista, tenía la significación de una cornada. Así aprenderían los ingleses a respetar a los negociantes de ultramar. Que se convencieran los ingleses de lo que se habían convencido ya los americanos: el dólar gobierna en Estados Unidos.

VII

Arnold Ross no tenía interés en visitar el lugar donde, cinco siglos atrás, se decapitaba a los reos. Bun pensó en hacer la visita, pero se le ocurrió que no era cuestión de gran monta. Lo que preocupaba a Bun era hallar ocasión de conocer a los hombres que estaban en peligro de ser ejecutados. El movimiento proletario de Inglaterra atendía a la educación social de los trabajadores. Algunos grupos juveniles combatían a los dirigentes por su falta de actividad revolucionaria. *El Estudiante* –nombre del semanario que Bun editaba en Angel City– mantenía el cambio con *El Proletario* –publicación inglesa–. Fue Bun a visitar a sus camaradas de Londres, y se documentó sobre el movimiento proletario.

Algunos periódicos publicaron artículos reproduciendo declaraciones del príncipe del petróleo, que favorecía a los trabajadores americanos, lo que motivó una desesperada carta de Berta.

«Os supliqué que vinierais a París; quería que conocierais lo más selecto de esta sociedad, pero tú, Bun, ya estás de nuevo metido entre la chusma. ¿Puedes pensar en el daño que ocasionas a la familia? Eldon está a punto de ascender, y llega a Europa su cuñadito para comprometernos a todos. No te das cuenta de que esto no es California. La gente toma aquí muy en serio el peligro rojo y te verás aislado por completo. ¿Cómo van a confiarle a Eldon sus superiores ninguna delicada cuestión de Estado, si saben que un miembro de su familia simpatiza con los rufianes sanguinarios de Moscú?».

Replicó el joven Ross que se trataba, realmente, de un caso trágico, pero que Berta y su marido podían repudiar a Bun y prescindir de él. De todas maneras, estaba dispuesto a no claudicar y se proponía estudiar el movimiento proletario de los países que visitara.

Con la conciencia libre y el interés más vivo, redactó un artículo para el semanario de Angel City, relatando sus entrevistas con los camaradas ingleses.

El periódico llegaba puntualmente a Londres y complacía a Bun por completo. Todo lo encontraba bien. Raquel Menzies lo hacía mejor que él. La joven socialista publicaba una serie de ensayos bajo este título: *El sentido de justicia y los estudiantes*. Estudiaba los problemas de la nueva generación. Lo veía todo con tanta claridad, y ¡eran tan dignos y certeros sus argumentos, distintos de los empleados por los rojos en su dialéctica encolerizada y rencorosa!...

Hasta el magnate se impresionó oyendo los comentarios de Bun. «Los judíos tienen una inteligencia aguda –dijo–, porque son los eternos perseguidos».

El material periodístico de Irving no dejaba de llegar a manos de Bun. Pronto se convenció este de que Roscoe sabía lo que decía al predecir el colapso de la investigación parlamentaria. El poder oficial se había vuelto contra los senadores subversivos. Bamey Brockway peleaba, entre la espada y la pared, defendiendo a la «banda de Ohio». La policía hizo registros en los domicilios de los senadores que llevaban la voz cantante de la oposición y arrebató documentos de interés. Se buscaron motivos de escándalo contra aquellos, se movilizaron espías, confidentes, delatores y hasta mujeres para traicionar a los rebeldes después de conquistarlos, no perdonando treta ni procedimiento para perderá los que denunciaban el robo de los negociantes. Los mismos métodos desarrollados para reprimir la propaganda comunista se ponían en práctica contra los senadores. Uno de estos fue procesado, y, como Roscoe pensaba, los grandes rotativos se desentendieron de la campaña contra los magnates del petróleo, y emprendieron otra contra los parlamentarios.

Estaban desterrados los socios de la organización canadiense, pero habían hecho repartir dos millones de dólares en Washington; no perdonándose ningún cohecho.

Arnold Ross, Roscoe y los restantes miembros de la organización canadiense comían juntos en Londres. Era curioso observar cómo reaccionaban todos en el amargo destierro.

—¡Hola, presidiario!

Tal era el saludo entre ellos, aunque no les faltaban preocupaciones. El nuevo presidente quería desacreditarles antes de las elecciones. Con su prudencia característica, no se había manchado las manos con petróleo.

—¡Oh, no! –decían a coro los desterrados.

El hombrecito que dirigía los destinos de Estados Unidos estuvo en el poder mientras se tramitaron las concesiones y fue el hombro amigo de todos ellos. La primera vez que un colega de Roscoe se enteró del peligro de la denuncia, tuvo verdadera alegría porque supo que la culpa, en todo caso, correspondía también al inmaculado hombrecito de la presidencia, tiznado, como el resto de los políticos, según se advertía en la documentación reunida por los senadores rebeldes, que escarbaban despiadadamente. El presidente había enviado mensajes secretos tratando de aplazar la denuncia y de salvar a algún acusado, pero ahora estaba dispuesto a prescindir de los agentes pagados por los explotadores. Roscoe llamaba al primer magistrado de la República «el sapo chiquito que no puede estar quieto».

VIII

No se repuso Arnold Ross tan rápidamente como se esperaba. La intensa humedad de Londres no le sentaba bien, y Bun le llevó a París.

El corazón severamente aristocrático de Berta se ablandó y la damita fue a recibir a los suyos a la estación. Hasta Eldon comprometió su carrera diplomática, y todo fue amistad y simpatía durante las primeras horas, pero no tardaron en discutir hermano y hermana.

Deseaba Berta que no se introdujera Bun en los medios proletarios de Francia; contestó el joven que ya había prometido una información a Raquel sobre el movimiento obrero francés. Aquella misma semana iba a organizarse un mitin socialista, al que asistiría Bun con sus camaradas de París.

—No podrás ser presentado a la princesa de Aquí, ni a la condesa de Allá... ¡Lo que te pierdes, hermanito!

París no tiene buen clima. La humedad perjudicaba a Arnold Ross, que se encontraba muy decaído. Consentía en dar un paseo... Espléndida ciudad. La gente había trabajado en ella durante siglos y siglos, y tenía tradición...

De todas maneras, París interesaba poco al magnate. ¡Qué extrañas cosas! ¡Qué jerga! Los hombres parecían pisaverdes y las mujeres licenciosas. Todos trataban de dar moneda falsa. La comida era tan adornada y compuesta que no podía decirse el gusto que tenía. La manía americana de acudir a París a gastar dinero era incomprensible para Arnold Ross.

Se decidió llevarle a la Riviera hasta la primavera. Se alojó Bun en una villa con vistas al mar. Berta les visitaba de vez en cuando, y Emma acudió desde California «a dirigir la casa».

Emma y Berta se entendían perfectamente. Sus gustos eran iguales; por nada del mundo se hubieran burlado de la diplomacia ni de los príncipes.

Como Bun había olvidado el idioma francés aprendido en California, buscó un profesor. ¿No era fatal que el profesor tuviera que ver con el socialismo? En efecto: socialista y algo poeta, según decían. Era un hombre apolillado. Parecía no haber comido nunca a sus anchas. Rodearon a Bun verdaderas legiones de sindicalistas, anarquistas, comunistas, con sus híbridos correspondientes. Llevaban chalinas o prescindían de la corbata. Al magnate y a Emma les parecían unos apaches. ¡Hasta en la Riviera había rojos, mientras los ricos jugaban, bebían y se divertían!

¡Mítines socialistas! ¡Sablazos al millonario americano que vivía con lujo y tenía la conciencia alborotada!

Emma había llegado de Angel City con el secretario particular de Arnold Ross, hombre de completa confianza, que cargó con dos cajas repletas de documentos y cartas y las condujo cuidadosamente hasta entregárselas al magnate. Revisó este tan copiosa documentación, anotó algunas órdenes y envió telegramas cifrados, encolerizándose después porque algunas contestaciones le parecían poco claras. ¡Tremenda responsabilidad la de dirigir una empresa petrolífera a seis mil millas de distancia! Se hacían pozos de prueba en Sunnyside y no podía examinar los resultados. Los malditos técnicos no enviaban el informe completo del geólogo.

No se encontraba con ánimos de colaborar activamente con Roscoe. Necesitaba descansar, pero no le dejaban. Se molestaba por lo que su secretario hacía mal. Pasear siempre por la misma carretera costera era un ejercicio monótono. ¿Charlar con elegantes poltrones en las reuniones para tomar el té? ¡Bah! Despreciaba a aquellos currutacos, para quienes era incomprensible la fuerza de California. Estaba entre gente podrida, degenerada, contemplativa. El excarretero entraba en la catedral de la ruleta y escupía en los pasillos, al salir, para demostrar su repugnancia. Si las cosas seguían de mal en peor, ocurriría lo mismo en California, y los nietos de Arnold podrían dar lecciones de depravación en la Riviera, llena de aristócratas degenerados por el privilegio hereditario.

Algunos potentados americanos estaban dando en la Riviera ejemplos de frivolidad y ostentación.

—De todas maneras –decía el magnate–, que me den americanos.

Y se sentaba con un compatriota rico que se aburría en la Costa Azul. Era un propietario de Des Moines, desesperadamente cansado como el magnate. Pronto se les unió un banquero de Dakota del Sur y un granjero que había obtenido petróleo en Texas. Las mujeres insistían en viajar por Europa. ¿Qué papel tenían los jefes de familia? ¡Refunfuñar bajo el sol de la Costa Azul y pagar las tremendas facturas que recibían a todas horas!

Se daban ánimos unos a otros y se ponían en mangas de camisa, como si no hubieran cometido la equivocación de amontonar dinero en exceso.

IX

Mejoró el tiempo y volvieron a París los excursionistas. Arnold Ross empezó a encontrarse bien en París. Paseaba por los bulevares y se sentaba en las terrazas. Siempre había camareros que comprendían el inglés; algunos de ellos habían estado «en el país de Dios», y charlaban animadamente con él.

Veía a muchos conocidos de Angel City en las aglomeraciones de americanos. Los periódicos llegaban dos veces por semana.

Llegó Ana Bella de paso para Londres, donde iba a estrenarse su película *El corazón de una madre*. Luego estaría con Roscoe en Rumanía y en Constantinopla. Roscoe apoyaba al gobierno turco para exprimir el petróleo de Mosul fuera de Inglaterra. La Excelsior Pete, rival de Roscoe en América, trataba de negociar con él. ¿No era nada comprar al gobierno de Estados Unidos? La actitud de la empresa rival significaba que se tenía en cuenta el genio industrial y financiero de Roscoe.

Ana Bella estaba familiarizada con los negocios y Arnold Ross se felicitaba por ello: podía conversar con su amiga.

En amable y dulce estilo discutía la estrella con Bun.

—Está bien que progrese usted imponiendo nuevos tipos industriales y nuevas tendencias, pero respete a su padre. América tiene derecho a su parte en el petróleo del mundo, y no hay manera de conseguirlo de los rivales extranjeros sin echar sobre ellos la fuerza del gobierno.

Ana Bella contaba muchas cosas de América. Nada de murmuraciones; a ella no le gustaba murmurar. Pero quería contar una historia muy chusca...

—A los O'Reilly les acometió un acceso agudo de modestia. Han suprimido el bronce y el latón que hacían servir para anunciar su riqueza. Nada de nombres en las puertas, ni en el yate, ni en el coche de madera circasiana y carrocería de raso azul. No era ya una gloria ser reina del petróleo... Algún fanático puede arrojar una bomba.

El Parlamento no estuvo abierto durante el verano, y Roscoe iba a volver a América. Quería que Arnold Ross permaneciera en Europa cierto tiempo, porque la organización canadiense era el más vulnerable de los negocios. ¿Qué había hecho, en resumidas cuentas? Distribuir los dos millones de dólares, sobornar... Era más importante que nunca estar alerta, porque el gobierno trataba de ocupar de nuevo los campos de Sunnyside.

Se quedaría en Europa Arnold Ross y Bun con él. Para que las cosas fueran bien Schmolsky se había convertido en cazador de estrellas alemanas, lo que era otro paso para dominar en el mundo de los negocios.

—Es una vergüenza lo que hacen con usted –decía Schmolsky al magnate–. El mozo con su padre, y el padre con el mozo. ¡Qué cuadro tan admirable! Viola podrá venir cuando se estrene aquí *El lecho de oro.*

Schmolsky era judío y, por consiguiente, sentía mucha devoción por la familia.

A fin de que el judío no olvidara el asunto, le hizo Ana Bella poner un telegrama. Negocio y amabilidad... Cuando las favoritas del mundo llegan al cénit, les precede un agente para trompetear su fama y enviar largas informaciones a América.

La revista se publicaba con éxito. Habían salido ya cincuenta y dos números, la mitad de ellos dirigidos por Raquel. Era algo que reconfortaba, aquel portavoz lejano. Pablo se veía, de momento, libre de preocupaciones aunque estaba preso. Uno de los compañeros de prisión interpuso un recurso y se suspendió la tramitación del proceso general concediéndose la libertad a todos los presos mediante fianza.

Ruth daba tales informes a Bun. Era terrible esperar una sentencia condenatoria, pero ya se iban acostumbrando a todo. Pablo se había ausentado y no estaba autorizada Ruth para decir dónde se hallaba su hermano.

La prensa capitalista se despachaba a su gusto. Los periódicos franceses se referían a Rusia con el decidido propósito de poner los pelos de punta a los lectores. Poco tiempo después de recibir Bun la carta de Ruth, dijeron los periódicos americanos que, a consecuencia de una escisión en el seno del Partido Comunista, habían ido a Rusia algunos militantes y que uno de ellos era Pablo Watkins, procesado por reunión clandestina.

X

El destierro era un semillero de incidentes variados, no todos desagradables ni trágicos. Emma se sintió enamorada. El objeto de sus ilusiones era un comerciante de ferretería de Nebraska que entretenía sus ocios coleccionando camafeos. ¿Evocó alguno de ellos el perfil de la dama? Tras los balbuceos iniciales del amor, el coleccionista de camafeos pidió la mano de la viuda. Como los novios eran talluditos, se apresuró la boda, obligado acontecimiento íntimo y familiar que precedió a la luna de miel, que pasaron los tórtolos ¡en Nebraska, nada menos!

La huida de Emma dejó a Arnold Ross algo deprimido, si bien el magnate no tardó en olfatear otra aventura. ¡La cosa más extraña del mundo! ¡Fantasmas!

Asistió Bun a un mitin de controversia entre socialistas y comunistas, y al volver al hotel se encontró con que su padre no estaba en su cuarto.

—¿Qué piensas del espiritismo? –preguntó a Bun el viejo al día siguiente, con evidente embarazo.

—No me inquieta.

—Pues yo tuve anoche una experiencia desconcertante. Hablé con la abuela. ¿Te sorprende? ¿Te puedes creer que me recordó los días de la infancia y describió el rancho donde vivimos? Se interesó por sus pinturas, hablándome con detalles precisos. Me llamó «chiquito» y creo que lloré...

—Y ¿cómo ocurrió todo eso?

—En este hotel vive la viuda Olivier. Es de Boston y estuvo casada con un francés hasta hace poco. Empecé a relacionarme con ella, y me dijo que era espiritista. Tenía un famoso médium que daba sesiones en el hotel y me invitó a asistir a ellas. ¡Qué asombrosas cosas ocurren en este mundo! Los cuerpos flotan en el aire, entre sonidos extraños y luces vacilantes. Aparecen luego los espíritus y, finalmente, el de mi madre, que preguntó por el «chiquito». El «chiquito» era yo... ¿Cómo puede un médium saber esas cosas?

Ya tenía algo que hacer el desterrado. Frecuentó las sesiones con afición y no tardó en imponerse el rito espiritista.

Mientras tenía actividad y fortaleza, no pensó el magnate en los misterios de ultratumba. Cansado y enfermo, se rindió a las prácticas espiritistas. Se sentía temeroso y avergonzado. ¿Le ridiculizaría su hijo?

Después de todo, no podía demostrar Bun que el alma fuera mortal, y su padre le invitó a una sesión.

—Las doctrinas espiritistas tienen más importancia que el socialismo, Bun, porque si vivimos más allá de la muerte, es fácil soportar las vicisitudes y contrariedades de la vida, sin dar importancia a las cuestiones materiales, al dinero...

Así se expresaba el millonario.

Fue testigo Bun de extraños fenómenos. Sabía que la magia espiritista, como otras magias, puede ser mera prestidigitación. Veía a los creyentes exaltados, enardecidos. Se cansó después de la primera sesión, y volvió al socialismo, dejando a su padre que siguiera en el espiritismo, si le hacía feliz.

Cuando se enteró Berta del asunto, tuvo una pataleta. ¿En qué pensaba Bun? ¿Por qué dejaba que su padre cayera en la trampa? Y aquella señora Olivier, ¿no era una aventurera que trataba de arrebatarles el dinero y casarse con su padre?

—Bien merece la viuda alguna atención, si procura la felicidad de nuestro padre –dijo Bun.

—¡Eres un estúpido!

Siete veces repitió la frase aquella delicada figurita.

XI

Nuevo tema de distracción, y no muy verosímil. Los periódicos de América, en sus ediciones de París, publican un telegrama del Angel City, manifestando que Elias Watkins, quien se adjudicaba a sí mismo el título de profeta, se había ahogado, nadando en el mar, tras dejar la ropa en el cuarto de una fonda de playa. Se buscaba activamente el cadáver, y la noticia causó enorme sensación en California.

—¿Cómo Dios, protector de tantos náufragos, no ha salvado a su profeta? –dijo Arnold Ross–. ¿Qué será del Tabernáculo de la Tercera Revelación, propiedad personal de Elias?

Los periódicos de Nueva York y de Angel City relataron el suceso en primera plana y con gran lujo de detalles. No se encontraba el cuerpo del profeta. Los proyectores enfocaban sus luces sobre la costa, mientras millares de fieles patrullaban por la arena, haciendo patéticas demostraciones, sollozando y gritando que la divinidad les devolviera a Elias... ¡vestido con su traje de baño!

Era desconcertante que un cadáver permaneciera más de nueve días mar adentro sin ser arrojado a la playa por las olas. Empezaron a circular rumores extraños, insinuaciones tímidas: tal vez Elias estaba sano y salvo; se le había visto frecuentemente con una mujer joven, una especie de sacerdotisa, que guardaba los hábitos en el Tabernáculo.

Recordó Arnold Ross que había visto a Elias en un hotel de la playa, y dijo en una tertulia:

—Ese tipo nos está tomando el pelo... Seguro que anda huido con alguna hija de Eva.

El magnate hablaba de él durante horas enteras; casi le hizo olvidar su condición de neófito del espiritismo.

Dos hombres que intentaron el salvamento de Elias perdieron la vida entre las olas: un buzo, que salió con pulmonía, y un intrépido nadador, que se adentró en el mar, creyendo ver a lo lejos que flotaba un cuerpo.

Arnold Ross tenía, tal vez, la clave de los hechos. ¿Era obligado cablegrafiar al reverendo Poober, el clérigo rival de Elias?

Los fieles de la Tercera Revelación recibían mensajes de procedencia misteriosa, afirmando que Elias estaba a salvo y volvería a circular libremente si se entregaban quinientos mil dólares.

Nadie estaba seguro de nada. ¿Habían secuestrado al profeta, o se hallaba este de francachela con la sacerdotisa? Una de las más regocijantes derivaciones del suceso era que muchas parejas de excursionistas, que habían salido a practicar el amor en automóvil y se guarecían en algún hotel campestre sin llevar los papeles en regla, eran víctimas del celo policíaco, llegando este a terribles extremos cuando la pareja estaba integrada por un mozo rubicundo y una hembra lozana y apetitosa.

El desenlace fue algo sensacional y se telegrafió a las más apartadas zonas del mundo. Unas cinco semanas después de la desaparición de Elias, remando un pescador cerca de la costa, a algunos cientos de millas de Angel City, encontró un hombre nadando trabajosamente hacia tierra. Era alto y rubio, llevaba traje verde, y el pescador salvó al presunto náufrago.

Este contó lo ocurrido. Al sentirse arrebatado por las olas, invocó al Señor, que dio poderes a tres ángeles para que sostuvieran en el agua al profeta. El nombre de uno de aquellos ángeles era Steve; el segundo ángel pertenecía al sexo femenino y se llamaba Rosie; en cuanto al tercero, podía decir que era de origen mexicano y llevaba el nombre de Felipe. Los ángeles salvaron a Elias sosteniéndole por las hombreras del traje de baño. Cuando se sentía débil el místico náufrago, volaba uno de los ángeles y se hacía con provisiones de boca. Mientras dormía Elias sobre el mar, le sostenían los tres espíritus protectores. Permaneció unas semanas nadando y durmiendo, hasta que compareció el diablo, se encaró con los ángeles y les apartó del lugar de la escena; Satanás ató las manos por detrás a Elias y este se fue al fondo, pero invocó de nuevo al Señor; acudieron los ángeles, sacaron a flote al desdichado Elias, gracias al uso de una lata providencial con bordes afilados que sirvieron para cortar las cuerdas diabólicas, y el profeta se salvó tras aquella laboriosa intervención celestial que se vahó, por fin, de un pescador bíblico para llevar a buen término la aventura.

Acudieron a la orilla los reporteros y hallaron a Elias vestido y contento. ¡Asombroso milagro! La multitud se agolpó alrededor del profeta cantando himnos angélicos y arrojando flores en el camino. Cincuenta mil personas esperaban a Elias en la estación de Angel City. La fama del profeta hizo palidecer y hasta eclipsó la luz de las estrellas de cine. En el Tabernáculo, la apoteosis fue maravillosa, imponente. Los fieles cayeron de rodillas y entonaron cánticos de gloria. ¡El Señor atendía las súplicas de todos y les devolvía a Elias! Seis veces al día se llenaba el Tabernáculo. El bramido del náufrago se difundió por el mundo por medio de potentes altavoces. Hombres y mujeres se consternaban al oír los bramidos y clamaban enfurecidos por la más vibrante alegría: «¡Loor, loor al Señor!».

No faltaba gente descreída y de corazón infernal que se permitía dudar, aludiendo a un automóvil azul guiado por una linda mujercita que acompañaba a un encapuchado con gafas. Se curioseó en los registros de fondas y hoteles recurriéndose a los informes de peritos calígrafos y buscándose el rastro de abominables obscenidades. ¿Qué importaba todo ello a los fieles de la Tercera Revelación?

Repetía Elias la historia del salvamento, aduciendo convincentes detalles. Contaba cómo se movían las alas de los ángeles, que salpicaban de agua el rostro del náufrago.

—Si Dios en su omnipotencia pudo guardar tres días a Jonás en el vientre de una ballena y salvar a tres figuras bíblicas del fuego de horno, ¿por qué no podía proteger a Elias en el Pacífico?

Un incidente inesperado afirmó las palabras del náufrago, completando la fama de la Tercera Revelación. Entre los pliegues del traje del baño, halló Elias una pluma del ángel, inmaculada y blanca. ¡Testimonio de la vida del propio Elias, dejado allí por la mano del Señor! Al conocerse aquella prueba divina de predilección, los «¡hosannas!» hicieron temblar las paredes y el techo del Tabernáculo.

Se depositó la pluma del ángel en una urna de cristal, colocada detrás del lugar donde predicaba Elias. Era tal la misericordia divina, que el creyente se vería libre de toda dolencia y contaminación contemplando la reliquia; incluso se liberaría del pecado de lujuria.

XIX. El castigo

I

Las carteleras de París anunciaron el magno acontecimiento: «Schmolsky-Superba presenta a la estrella americana Viola Tracy en la superproducción *El lecho de oro,* melodrama de sociedad, en ocho episodios».

Los periódicos difundían la propaganda de gran estilo organizada por Schmolsky, afirmando que se trataba de una obra maestra. Viola Tracy en persona asistiría al estreno, el más sensacional acontecimiento del arte mudo en Europa.

Corrió Bun a esperar a la estrella, cuando esta desembarcó en El Havre. ¡Otra luna de miel! Olvidaron los litigios pasados y se amaron con nuevos éxtasis. Las aclamaciones se repitieron en París al llegar Viola Tracy; se movilizaron batallones de reporteros, fotógrafos y cámaras para registrar el acontecimiento y lanzarlo a los cuatro vientos.

El mundo se americaniza contemplando películas. El estreno en París fue tan ruidoso como en Estados Unidos, con la diferencia de que en París quisieron besar a Viola Tracy unos exaltados y pusieron en peligro su vida. La pareja de Viola en la película no era un cineasta, sino un príncipe auténtico de Rumanía, caído en las redes de Schmolsky en Hollywood. El príncipe estaba en París, camino de Rumanía, y había viajado con Viola en el mismo vapor, según supo Bun. Era un joven alto y algo desgarbado, no muy elegante, burlón y andariego.

Su habitual humor alegre desapareció al oír hablar a Bun con natural simpatía de los bolcheviques.

El magnate, con su secretario, Viola y Bun, fueron a Berlín en automóvil, guiando el príncipe del petróleo. ¡Gran viaje! Perfectas carreteras, admirables paisajes, humildes campesinos sombrero en mano, sirvientes amables en cada parada... ¡Bah! Europa, entrampada con América, quiere pagar a fuerza de política reverencial...

Llegaron a Berlín. Se repitieron las demostraciones de entusiasmo y los delirios de París. Seis años atrás, Alemania era un país enemigo de América y no hubo, a pesar de ello, ningún incidente.

Fueron a Viena. La capital austríaca era muy poca cosa. Apenas compensaba el gasto de propaganda. El estreno de la película fue poco ruidoso, íntimo y cordial. Viola y su amante estaban algo cansados. Cuando una estrella ha recorrido un continente, es como si pasara a la reserva, y los actos sucesivos de su vida son ya poco dignos de notoriedad. La única persona de perenne juventud era Arnold Ross.

Los estrenos le interesaban como a un jovencito, y quería ir a Bucarest para asistir al de *El lecho de oro*, porque la reina María –el genio del reclamo– presenciaría el acontecimiento, para honrar al príncipe Marescu.

Los espíritus seguían a Arnold Ross y le acometían en Viena. Su iniciadora, la señora Olivier, le entregó una carta dirigida a un maravilloso médium. Asistió el magnate a una sesión espiritista con Viola y Bun, y la estrella tuvo que oír las frases del vendedor de específicos que la había criado en un vagón. ¡Diablo! Si se trataba de una estratagema, no se podía negar que era genial.

II

Ocultó Bun en lo más recóndito del alma la única nube que amenazaba su segunda luna de miel. En Berlín y Viena se editaban publicaciones socialistas, y se consideró obligado a saludar a los camaradas y frecuentar su trato, invitándoles a comer. Se publicaba en Viena un periódico en lengua inglesa dedicado a defender a los presos políticos. Era un periódico comunista, aunque disimulado, y Bun trató de saludar a los editores, sin conocer el verdadero carácter de la redacción. En Europa, como en América, socialistas y comunistas estaban en guerra abierta.

Le presentaron los colegas un ser humano que vivía apenas, una especie de esqueleto cubierto de piel verdosa y amarillenta; veía por un ojo y tenía solo una oreja; no hablaba, porque tenía arrancada la lengua; le faltaban la mayor parte de los dientes; se veían en las mejillas unos hoyos hechos a fuego; las uñas de los dedos habían sido desprendidas violentamente, y sus manos aparecían taladradas por husos de hierro candente. Desnudaron al ser desdichado ante Bun y pudo ver este que la carne del pecho aparecía marcada por la huella del látigo.

Era un preso huido de cierta cárcel rumana. Las horribles cicatrices representaban el castigo de los terroristas blancos. Se guardaban fotografías, cartas y documentos comprobantes, porque había millares de víctimas. Estaba el gobierno en manos de una banda de asesinos de alto copete, que robaban a diestro y siniestro. Uno de los campos más productivos de petróleo estaba en poder de negociantes americanos...

—Tal vez el camarada Ross sepa algo de eso.

—He oído hablar, en efecto –contestó Bun, sin dar a entender que su padre y Roscoe tenían que ver en el asunto.

La víctima del terror blanco era de Besarabia, país arrebatado a Rusia, según el principio de libre determinación de los pueblos. Sus pobladores eran labriegos rusos, y sus naturales luchas por la libertad fueron reprimidas ferozmente con martirios y asesinatos.

No se trataba de un hecho aislado; la represión se desencadenó a fondo desde el Báltico al mar Negro. Todas aquellas provincias y territorios que lindaban con Rusia se habían arrebatado a los rojos cayendo bajo el terror blanco. En el este de la línea divisoria, los obreros tenían el poder y creaban un mundo nuevo; en la zona limítrofe, los trabajadores eran siervos a quienes se asesinaba impunemente si se aventuraban a hacer la menor protesta.

Era imposible impedir que los obreros de un lado de la línea divisoria pasaran al otro; el contraste era tan vivo, que nadie podía dejar de comprenderlo. Continuaba la lucha de clases, la guerra civil, y no se permitía la expansión de sus pugnas.

Abandonados a sí mismos, los señores territoriales no podían sostenerse ni un año, pero tenían tras ellos el capital del mundo, municiones compradas con dólares. Era América la que mantenía vivo el terror blanco para recaudar intereses y cobrar deudas, comprar ferrocarriles, minas, campos de petróleo, castillos y fincas. ¿No contaría Bun los estragos del terror blanco gracias al dinero americano?

El caso era grave, y Bun contrapesaba en su conciencia el deber de oponerse a los aspavientos aristocráticos de Viola Tracy. El príncipe Marescu, tan admirado por la estrella, era hijo de uno de los más sanguinarios asesinos del terror blanco.

A través de las pintorescas montañas nevadas de Suiza, Bun se sentía poco feliz en compañía de su favorita. Inquiría ella con interés, y Bun rehuía el diálogo.

—¿Te preocupan las cosas de los rojos que has visto en Viena, Bun?

—No lo niego; pero, te ruego que no hablemos de eso.

—«Eso» es lo que ha de separarnos –dijo Viola.

III

Llegaron a París y hallaron cartas de Roscoe. El Estado americano entablaba un litigio para conseguir la restitución del campo de Sunnyside, que estaba bajo la administración de un síndico nombrado por el gobierno. Se habían paralizado los trabajos, pero no había motivo para desesperar. Podía fomentarse la explotación de pozos en el extranjero, y Paradise producía lo suficiente para asegurar una vejez tranquila.

Por extraño que pueda parecer, apenas impresionaron a Arnold Ross las noticias de América. La señora Olivier había descubierto un nuevo médium de singulares condiciones, una campesina polaca, epiléptica y casi desdentada, que husmeó entre las profundidades de la conciencia universal, hasta descubrir el espíritu de un antepasado del magnate, de su abuelo, quien había cruzado un continente en un carro y pereció en el desierto de Mojave. Acudió al llamamiento del médium un cacique indio, a quien el abuelo de Arnold Ross mató en una de sus exploraciones. ¡Qué extraña impresión causaban aquellos ecos de luchas antiguas entre pieles rojas y blancos!

Berta estaba furiosa. No insistía mucho en exteriorizar su despecho. El viejo era el jefe de la familia y podía enseñar la puerta a la quisquillosa muñeca. Esta se desquitaba con Bun, abrumándole con exigencias y murmurando sin cesar.

—Tú has podido salvar a nuestro padre de las zarpas de esa vampiresa...

No pudo resistir Bun un ataque de hilaridad. ¡Estaba tan lejos la señora Olivier del tipo que los cineastas de Hollywood consideraban adornado con atributos de vampiresa!... Era robusta y madura, dulce y sentimental; tenía voz suave y aterciopelada; arrullaba graciosamente al rudo y áspero cacique indio:

—Óigame, piel roja «Lobo mojado»: ¿será usted amable con nosotros esta tarde? Estamos pendientes de sus palabras. Le oirá el biznieto del explorador Ross. Bun Ross. ¿De qué color es el rostro de los pieles rojas en su feliz inmortalidad? ¿Blanco?

Viola estuvo con Bun en París, la gran ciudad que exhibía ante el mundo el colapso del imperialismo capitalista. En los teatros parisienses podían verse mujeres desnudas y policromadas. Algunas de ellas morían envenenadas a consecuencias de las filtraciones del color, mientras Francia seguía hablando de libertad y democracia.

Algunos artistas de París se enojaron con la dirección del Metropolitano, porque se negó a admitir un anuncio obsceno. Para demostrar su desprecio a la pudibunda censura, un centenar de varones y hembras irrumpieron desnudos en los coches del ferrocarril subterráneo. Los creadores de belleza y guías del futuro, celebraban cada año el «Baile de las Cuatro Artes», famoso acontecimiento al que fue invitada Viola Tracy.

Cuando la orgía llegaba a su apogeo, se podía pasear alrededor de un gran vestíbulo y ver el desarrollo de las monstruosas anormalidades del vicio.

Bun estaba preparando, para su semanario de Angel City, una vibrante y patética protesta contra el terror rumano. Dejó el manuscrito casi terminado en el cuarto del hotel, y, al volver, había desaparecido. Las indagaciones en el hotel no dieron ningún resultado. Berta llegó hasta Bun con otra rabieta. Conocía el contenido del manuscrito.

—¿Qué vergüenza caerá sobre nosotros?

—¿Pone espías Eldon para que me vigilen?

—No seas majadero. Se trata del espionaje de aquí. ¿Crees, acaso, que el gobierno francés va a dejar de seguirte la pista? ¿Supones que tolerarán que París sea un centro de conspiración contra la paz de Europa?

—No pueden impedirme que diga lo que vi en Viena, y estoy dispuesto a escribir otra vez el artículo para enviarlo a América, aunque se opongan todos los espías habidos y por haber.

—De todos los países del mundo, se te ocurre elegir a Rumanía –dijo Berta llorando–. Hemos conseguido que Eldon ocupara un alto cargo diplomático sirviéndonos de Roscoe en Washington, y de la influencia del príncipe Marescu... En el momento más inoportuno, se te ocurre amontonar basura... Además, loco o ciego estás, si no adviertes que Marescu se interesa por Viola. ¿Tratas de cedérsela? El príncipe sabrá lo que ocurre, porque el gobierno francés arma a Rumanía contra Rusia... Suponte que el príncipe Marescu vuelve a París y te desafía...

—¡Bah! Nos batiremos con raquetas de tenis.

IV

Las cosas se agravaron extraordinariamente. Recibió Bun una carta sellada en Francia y con escritura familiar. Decía la carta: «Querido Bun: Estoy en París por pocos días. ¿Quieres verme? Pablo Watkins».

Tenía Bun veinticuatro años y se sintió tan emocionado como en el campo de la señora de Groarty cuando conoció a Pablo once años atrás. Tenía Bun que ver a Viola, endosó la visita a su hermana y se apresuró a ir en busca de Pablo al modesto hotel donde se hospedaba.

El carpintero estaba algo desmejorado y macilento. No se va a Moscú a ganar kilos de grasa. Su severo rostro aparecía iluminado por una expresión concentrada como el de Elias. Decía Arnold Ross que los dos hermanos estaban locos. Bun discrepaba de semejante juicio, porque no creía en la divinidad de Elias y sí en el entusiasmo de Pablo.

El carpintero había vivido bajo la dictadura del proletariado, en Rusia, siendo un hombre libre y dueño del futuro. En la sucia habitación del hotel, Pablo era todo lo contrario de un apóstol: la encarnación de un militante de la clase trabajadora. Los milagros que tenía que contar eran efectivos.

—Un pueblo de cien millones proclama su propia soberanía y la bancarrota de explotadores, reyes y sacerdotes, la muralla parasitaria. ¿No te parece un milagro espiritual? Esos millones de hombres dominan con la sexta parte de la superficie de la tierra y construyen una nueva civilización, de grandes posibilidades... Son pobres, naturalmente; han empezado a actuar después de un cataclismo, pero ¿qué son unos años de hambre, comparado con los siglos de tormento sufridos a lo largo de la Historia? Las generaciones nuevas aprenden a ser libres, a enfrentarse con la Naturaleza y a servir a la clase trabajadora, en vez de servir al parasitismo. Verías jóvenes comunistas en las escuelas, en los campos deportivos, en las calles. He hablado con muchos de ellos (recuerda que sé un poco de ruso desde que estuve en Siberia), y te aseguro que me han reconfortado. Mi deber es hablar a los americanos de la juventud rusa. Asistí a reuniones internacionales, donde se planeaba el futuro de los partidos comunistas diseminados por toda la tierra.

—¿Y crees oportuno que un partido americano obedezca a las directivas de un comité extranjero?

—¿Te parece extraño? Es evidente que los dirigentes rusos no pueden determinar con certeza a qué distancia de la perspectiva histórica puede triunfar la doctrina comunista en América, pero ¿qué quieres?, el propósito de intervenir en el mundo exige unidad de acción; de lo contrario, tendremos una serie de grupos desligados unos de otros, como ocurre con los partidos socialistas, que han acabado por ser perfectos patriotas, y colaboran con los explotadores de cada país, en pugna con los explotadores de otros países. Es, pues, lógica, la posición de la Tercera Internacional: influir en el mundo. El gobierno de los trabajadores está en Moscú, porque en otra zona cualquiera de la tierra los delegados serían encarcelados o asesinados, como en Ginebra. Dentro de poco habrá congresos de la Tercera Internacional en Berlín, en París, en Londres y en Nueva York. Los trabajadores de todo el planeta enviarán representantes, y los gobiernos capitalistas tendrán que aplacar sus humos. –Al oír a Pablo, Bun se sintió arrollado por una ola de cálido entusiasmo.

V

Comieron los dos amigos en un café de las afueras y pasaron buena parte de la tarde conversando.

—Los descubrimientos pedagógicos de América se aplican en Rusia. Los periódicos y libros tienen una gran difusión allí. ¿Y la industria? Se está gestando, sin ayuda del capital, un mundo nuevo. En la organización del trabajo se da beligerancia a los trabajadores, que tienen clubes, sociedades y periódicos propios.

Bun quiso saber algo de Ruth y del proceso de Pablo.

—Voy a América –dijo el carpintero–. Probablemente me ocuparé de la organización del trabajo en California. Es el sitio que conozco mejor. Estuve en Paradise y asistí a algunas reuniones de obreros, pero advirtieron los patronos mi presencia y me arrojaron del campo donde nací y he vivido casi siempre. El partido tiene una célula en el campo, distribuyendo folletos y libros de propaganda.

Contó Bun lo que había visto en Viena, y que en París le habían robado el artículo que relataba las atrocidades del terror blanco.

—En todas las capitales europeas hay más espías que piojos. Probablemente habrá algún confidente aquí mismo, cerca de nosotros, tratando de oír lo que decimos. A mí me saquearon el equipaje... Esos imbéciles de gobernantes, a la vez que se dedican a reprimir el movimiento obrero, están apilando municiones y armamentos para otra guerra, que hará el bolcheviquismo inevitable como la aurora.

—¿Crees que estallará otra guerra?

—Pregúntaselo a tu distinguido cuñado, que lo sabrá...

—No me dirá nada... Apenas nos hablamos.

—Los armamentos producen, automáticamente, las guerras.

—Me parece terrible tener que pensar en la guerra.

—Pues no pienses; así resultará más fácil la tarea de los traficantes que la preparan... Viajando por Europa he pensado muchas veces en la noche que nos vimos por primera vez, ¿la recuerdas? No sabía lo que decían aquellas gentes, que peleaban discutiendo centímetros y dólares, pero luego he podido comprender que la diplomacia es una pelea en grande por las concesiones de petróleo. Cada nación aborrece a las otras mientras pacta con ellas para venderlas después. No hay crimen que no se haya cometido. ¿Recuerdas la pelea de los propietarios, aquella noche? Pues lo mismo es la política internacional... Los derechos, la ley... Solo que en el mundo internacional no hay ley.

Estaban los propietarios tan ciegos con su avaricia, que hubieran perdido dinero con tal de que triunfara su tesis, por lo que malograron el negocio... Todos en el campo se condujeron de la misma manera. Aun como sistema de producción fracasa el capitalismo por las rencillas... y la guerra... Ya recordarás la algazara que se armó cuando uno de aquellos energúmenos pegó a otro y todos gritaban y reñían tratando de cortar una riña. Los trabajadores hacen la guerra y los banqueros la cotizan.

VI

¡Tenían que hablar de tantas cosas! Bun se refirió a las andanzas de Elias, que el carpintero desconocía.

—Nada tiene de particular lo que hace mi hermano, un indecente mujeriego que me niega el derecho a vivir con una muchacha. Siempre me ha repugnado. Predica un estúpido ideal ascético, pero, en secreto, hace lo que le place.

Recogió Bun la oportunidad que trató de aprovechar tantas veces, y dijo a su amigo:

—En los tres últimos años he vivido con una estrella de la pantalla.

—Ya lo sé, porque Ruth me habló de ello.

—¿Ruth?

—Sí... Leyó algo en los periódicos... Mi hermana ha tenido que aprender que el mundo es como es, y no como ella querría que fuese.

—¿Y qué piensas de eso?

—Depende de lo que se sienta por la mujer. Si os queréis, todo está bien. ¿Sois felices?

—Al principio, lo éramos, y ahora, lo somos a ratos. El inconveniente es que ella odia el movimiento proletario... No lo comprende, naturalmente.

—Es el caso de mucha gente. O se nos odia por incomprensión, o porque se nos comprende perfectamente bien. Será necesario cambiar de ideas o dejar a esa muchacha. La felicidad del amor solo puede basarse en afinidad de ideales. En otro caso, o te peleas todo el tiempo, o vives aburrido.

—¿Has vivido alguna vez con una mujer?

—Había una joven en Angel City que me gustaba, pero hace un par de años, cuando me di cuenta de que ella no soportaría mis principios, acabé por renunciar. Se encuentra uno como preso en un laberinto sentimental; se pierde el tiempo que se necesita para trabajar.

—Cuando nos encontramos la primera vez, pensabas como Elias habla.

—Pero ya no conservo ninguna de mis supersticiones cristianas. Lo que pienso es encontrar una mujer a la que quiera y que comparta el trabajo con uno. Sin necesidad de bendición, supongo que encontraré una buena compañera. Pienso en ello, naturalmente, porque no soy un poste, pero he de esperar el resultado de la causa. Tendré que renunciar a unirme con una muchacha si he de pasar veinte años en algún presidio: Leavenworth, Atlanta.

VII

Al día siguiente, por la tarde tenía que participar Pablo en un mitin comunista. Bun no quería faltar. ¿Qué haría Viola? Ella no tenía interés en saber nada de nada que se refiriera a Rusia. Todo lo más, se complacía en oír al príncipe Marescu. ¿Y su padre? ¿Por qué no podía llevarse a Viola a una sesión espiritista? Así ocurrió, por fortuna, para la libertad de Bun.

A la hora del almuerzo le llamó Berta par teléfono.

—¿De modo, hermanito, que tu querido amigo Pablo Watkins está en París?

Se alarmó Bun, porque creía que la noticia permanecía secreta, pero reaccionó inmediatamente y replicó a su hermana:

—¿De modo, hermanita, que ya está en campaña tu querida policía secreta?

—Watkins no podrá hablar esta noche, porque está detenido.

—¿Cómo te has enterado?

—Acaba de saberse en la Embajada. Lo van a expulsar. En realidad, ya está expulsado.

—Pero ¿te consta eso?

—¡Ya lo creo! ¿Van a dejarle pronunciar discursos bolcheviques en Francia?

—Me refiero a la noticia de la expulsión...

Toda Europa había adoptado la dulce costumbre americana de apalear a los presos con una correa de caucho, que no deja señales en la piel.

—Pero, dime, Berta, ¿quién te informa?

—Déjate de tonterías y no hagas tú locuras, porque acabarán por deportarte también, y mi marido quedará deshonrado ante los ojos de Europa.

Colgó Bun el auricular, y llamó a la redacción del periódico comunista. No tenían noticias de la detención y se apresurarían a averiguar lo que hubiera de cierto.

En la Jefatura de Policía le recibieron como si se presentara mal vestido: con descortesía.

—No podemos decirle nada del súbdito americano Pablo Watkins, pero nos complacería tener noticias de un americano, hijo de un millonario, que no sabemos hasta qué punto abusará de la hospitalidad del gobierno francés, dando dinero a los enemigos de la seguridad pública.

Avisó Berta a Viola Tracy para que influyera en Bun y pudieran evitarse complicaciones. La estrella se propuso intentar el último esfuerzo.

Al volver Bun al hotel encontró una carta de Viola. «Querido Bun –se escribía en ella–; acabo de saber el motivo de tu escapatoria, que ha determinado mi asistencia a una sesión espiritista, en vez de ir a la ópera contigo. ¿Por qué me envías a hablar con los espíritus? Me voy a otro hotel y espero elijas entre los bolcheviques y yo, diciéndome lo que resuelvas por carta. No hablaré contigo mientras la cuestión no se resuelva. Un corte rápido y neto de nuestra relación es lo que exijo si ha de romperse. No quiero soportar la humillación de tenerme que ver confundida con peligrosos criminales, y a menos que me quieras lo bastante para abandonar a tus amigos, no volverás a verme. Puedes tomarte el tiempo preciso para reflexionar, pero no más del preciso. Tuya, Viola».

En realidad, estaban de más tantas explicaciones. Una voz interior le decía que se producía la consecuencia prevista. He aquí lo que contestó: «Querida Viola: Hemos sido felices juntos y he sufrido mucho tiempo porque sabía que esa felicidad iba a extinguirse. No quiero hacerte perder el tiempo argumentando en defensa de mis ideas, que no puedo abandonar, como no puedes tú abandonar las tuyas. Deseo que seas enteramente dichosa y que no quede amargura en tu corazón. No puedo cambiar de convicciones. Si alguna vez te puedo ayudar, me complaceré en hacerlo con el afecto de siempre. Bun».

VIII

No quiso Bun mimar su disgusto. Fue a ver a los dirigentes comunistas para que se sirvieran de un abogado –a costa del príncipe del petróleo, naturalmente–, y pudiera saberse, por medios legales, el paradero de Pablo Watkins.

En realidad, no hacía falta ninguna gestión, porque los periódicos hablaron largamente del asunto. Ya navegaba Watkins rumbo a América.

Las publicaciones comunistas comentaban sarcásticamente el caso. Era preciso que volviera Watkins a América porque estaba procesado y en libertad provisional bajo fianza de veinte mil dólares.

Tenía Bun tan poca confianza en las autoridades francesas, que decidió enviar un telegrama a Pablo, con respuesta pagada.

No se hizo esperar el mensaje de Pablo, que decía: «Camino de Paradise».

Tres días después, leyó otro mensaje de Viola en los periódicos. Era una proclama, dirigida al mundo entero, que anunciaba la boda de Viola Tracy con el príncipe Marescu. La noticia voló a todas las zonas del mundo, y se reprodujo hasta en Madagascar, Paraguay, Nueva Zelanda, Tíbet y Nueva Guinea...

Se celebraría la boda en la catedral de Bucarest, con asistencia de la reina María. La eficacia de la propaganda de Schmolsky inventaba reclamos ingeniosísimos, pero ninguno tan efectivo como el que preparaban los hados con motivo de la boda principesca.

Así se cerró un capítulo de la vida de Bun. La puerta de comunicación de su cuarto con el de Viola estaba cerrada. Se había colocado un mueble, pero nada podía borrar la blanca y esbelta silueta de la artista ni el recuerdo de maravillosas delicias. Como las víctimas del terror blanco tenían mutilado el cuerpo, Bun tenía mutilada el alma. Y por la misma causa.

Había en París un mundo femenino de exquisitas maneras que esperaba la visita del joven príncipe del petróleo. Conocían su poema roto y tenían noticias de que necesitaba consuelo. Las astutas madres repetían la consigna conocida entre las mujeres desde que alboreaba la coquetería: «Procura atrapar al hombre cuando rebota».

Invitaron a Bun a fiestas y bailes, pero la mayor parte de los días iba a los mítines socialistas. Cuando pensaba en las mujeres, su fantasía volaba hasta Angel City. Era tan noble y buena Ruth Watkins, que no abandonaba a su hermano por el hecho de que este se hiciera bolchevique. ¿Y Raquel Menzies? ¡Qué amable corresponsal y excelente carácter! Enviaba las liquidaciones con exactitud y puntualidad, y cuidaba de todo con tal interés, que Bun no tenía que preocuparse por la marcha económica de la publicación.

IX

Al terminar el verano, Arnold Ross tuvo que hacer un esfuerzo para confesar cierto secretillo.

—Ya sabes que tengo buena amistad con la señora Olivier, y hemos pensado los dos..., bueno..., tenemos las mismas ideas y nos hemos dado cuenta de que podemos sostenernos mutuamente.

—Desde luego, papá, desde luego...

—Durante muchos años he sido un impedimento para ti, pero ya no lo seré más, hijo mío... He pedido a la señora Olivier que se case conmigo, y consiente.

—Esperaba que acabarías por darme esa noticia, y estoy seguro de que serás feliz. Arnold Ross se sintió aliviado.

—Quiero decirte que estamos de acuerdo la señora Olivier y yo. Te tiene simpatía y desea que sepas que no se casa conmigo por dinero.

—No se me había ocurrido semejante cosa.

—Ya conoces a Berta, espíritu interesado, egoísta... Creo que ha heredado esas cualidades de su madre. Pues bien; no quiero que sepa nada del asunto. Nos casaremos en la intimidad, y ya podrá enterarse por los periódicos... La señora Olivier no quiere que supongáis miras interesadas en ella. Hemos convenido lo siguiente: hago testamento, dejo un millón a la señora Olivier, y el resto os lo quedáis vosotros. Ella tendrá suficiente para seguir con sus trabajos psíquicos... Ya comprenderás su deseo...

—Sí, papá; yo también soy un propagandista.

—Y tienes derecho a expresar tus ideas. Aunque no estoy conforme con tu periodiquito, veo que es honrado y reproduce con fidelidad lo que piensas. He pensado, pues, en poner a tu nombre un millón de dólares en acciones petrolíferas y haces de ese dinero lo que te plazca. Espero que no te vuelvas como Pablo, ni consideres preciso entrar en la cárcel.

—Será muy difícil que me metan en la cárcel, si tengo un millón.

Apuntó una sonrisa maligna en el rostro de Arnold Ross. Los espíritus no habían expulsado al diablo aposentado en el cuerpo del negociante.

—Las cosas no van bien... Nos han taladrado un asunto de importancia, y los políticos, sin duda, se nos echarán encima. Podríamos sondear fuera de América, y reponernos así del quebranto, pero prefiero que se las entienda Roscoe con las concesiones extranjeras.

—¿Y qué vais a hacer, una vez casados?

—De momento, pasaremos una luna de miel espiritista y visitaremos médiums en Viena y en Frankfurt. ¿Y tú? Hemos de ponernos de acuerdo. ¿Vuelves a California?

—Es posible, si estás seguro de que puedes prescindir de mí.

—Mi secretario sabe suficiente francés para ayudarnos, y tendremos un intérprete a nuestra disposición en Alemania.

En una alcaldía de las cercanías de París se casó Arnold Ross a los pocos días. Besó Bun en ambas mejillas a su madrastra, el alcalde hizo lo mismo con los contrayentes y hasta besuqueó a Bun.

Llamó el novio a su hijo y le entregó un sobre: era una orden a Roscoe para que transfiriera a Bun tres mil doscientas acciones de la Ross Consolidada, clase B. La cesión suponía, aproximadamente, un millón, y podía liquidarse inmediatamente, por haber dejado Arnold Ross la documentación en regla.

—Y ten un poco de prudencia, hijo mío... No gastes a tontas y a locas. Reflexiona y asegúrate de lo que deseas hacer. No te dejes desplumar por los cuervos que te rodearán cuando sepan que tienes dinero.

Era el mismo de siempre. Se abrazaron patéticamente; hasta el alcalde y los amanuenses tenían lágrimas en los ojos, porque las propinas de los americanos fueron espléndidas.

—Escríbeme, hijo.

—Vendré a verte, si no puedes viajar.

Nuevos besos, abrazos y saludos. ¡Dulce tristeza de la despedida!

La multitud contempló el rico coche de los novios, y la fastuosidad de los americanos entre flores y saludos.

Al decidir Bun volver a América y comunicar el propósito a Ruth y a Raquel, se halló en los periódicos con la noticia de que habían ardido los depósitos de la Ross Consolidada, de Paradise, y que el campo estaba en grave peligro. Recibió confirmación de la noticia por cable: firmaba Roscoe con nombre falso, como siempre que trataba de ser juguetón y travieso, y decía que el campo estaba asegurado.

Enterado Arnold Ross, que andaba alejado de París, aunque cerca de los espíritus, rogó a Bun que apresurara el viaje a California. «Mis mejores afectos y deseos, Bun».

¡Las últimas palabras de Arnold a su hijo! Las últimas, exceptuando las que viajan por las rutas de los espíritus.

X

Embarcó Bun en un hotel flotante, tan confortable como un palacio, con muebles espléndidos, remates y adornos de caoba, cortinajes, tapices y pinturas...

La más elegante sociedad lucía sus joyas en el palacio flotante. Se podía calcular en cinco mil dólares la riqueza que ostentaba cada mujer en el comedor de gala. Empezaron las murmuraciones.

—Es hijo de un rey del petróleo... Por cierto, que se les ha quemado un pozo.

—Su padre está desterrado.

—Pero el hijo puede volver a América.

—Por lo visto.

—Dicen que es amante de Viola Tracy.

—Amante despedido, porque ella se ha casado con un príncipe rumano. «Sostenlo en el rebote, querida...».

Todo era agradable a bordo para Bun. Podía danzar con encantadoras mujercitas hasta la una de la madrugada, o deslizarse sobre cubierta con alguna de ellas, si lo prefería.

Le miraban y trataban de engatusarle con seductoras miradas. Le acompañaban en la lectura –siempre que hablase en vez de seguir leyendo–. Hasta había algunas elegantes a bordo que parecían interesarse por el socialismo. Un telegrama le alarmó extraordinariamente: «Tu padre grave, con doble neumonía. Le asisten los mejores médicos. Seguiré dándote noticias». Firmaba la madrastra de Bun.

Paseó este sobre cubierta. Sentía los remordimientos que le predijera Roscoe en cierta ocasión. ¿Por qué no fue más tolerante y amable con su padre, que tal vez estuviera muriéndose lejos? En un momento podía morir. ¿Qué perspectivas se presentaban a la vista? ¿Seguirían dominando los sistemas de soborno para amañar gobiernos?

—No fui bastante persuasivo con mi padre, que se dedicó a sobornar gobiernos desde que yo era niño.

Todos los explotadores compraban al gobierno antes o después de la elección... ¿En qué momento podía decir el hijo al padre que se equivocaba?

Pensaba en Viola Tracy. ¡Siempre el dolor de la soledad! Las ilusiones se esfumaban. ¿Hasta dónde? Se estaba en el borde de un precipicio, se veía una sima lúgubre. Su padre desaparecería de repente... ¿Podía tener razón su madrastra, creyendo en los espíritus?

Otro telegrama: «Tu padre está igual. Seguiré informando. Muchos afectos». Nunca faltaba este complemento amable.

En los días siguientes se recibieron noticias que expresaban las intermitencias de la enfermedad, hasta que, por fin, llegó el trágico telegrama: «El espíritu de tu padre ha pasado de este mundo al próximo y no te abandonará. Habló de ti hasta los últimos momentos, y afirmó que un buen médium de Angel City puede guiarte. Amor y salud...».

Otro telegrama de Berta: «He acompañado a nuestro padre hasta el momento de la muerte. Me perdonó, deseando que también me perdones».

Se tendió el huérfano en el camarote, y, sollozando, pensó en contestar a su hermana. ¿Perdón para todos? Perdonados.

XX. El proyecto de Bun

I

Bun estaba solo en la inmensidad de Nueva York –seis o siete millones de habitantes y pocos amigos–. Hubo danza de reporteros, naturalmente. La muerte había arrebatado a los inquisidores del Senado una de las presas más importantes.

Tocaba a su término una encarnizada campaña política en el ambiente americano, y cualquier artículo sobre el petróleo tenía importancia. Recibió Bun telegramas de simpatía: Ana Bella, Ruth, Pablo, Roscoe, familia Menzies, la princesa Marescu, que firmaba «ViVi», como en los tiempos del amor.

Salió para su casa vía Washington, y leyó en el tren los periódicos atrasados: relatos de lo que había ocurrido en el campo de Paradise, paraíso de su adolescencia. Enormes océanos de llamas iluminaron la noche, convirtiéndola en día, y el día en noche con las nubes de humo.

Corrió el torrente por valles y montañas. Una docena de enormes depósitos fijos quedaron destruidos; la refinería, con todos sus depósitos, voló también, socavada por el fuego, lo mismo que más de trescientas grúas. Las pérdidas ascendían a ocho o diez millones de dólares.

Habló Bun en Washington con Irving. Pasearon los dos largamente y el profesor dijo a su amigo que había hecho este todo lo posible, dada su situación, y que Arnold Ross no era un mal hombre.

Los grandes negociantes americanos justificaban todos la compra de cualquier gobierno. Era algo que chocó a Irving al principio, pero que llegaba a constituir un sistema. Sin comprar a los gobiernos, los negocios americanos no podían desarrollarse a lo grande. Se advertía claramente la instintiva reacción del mundo industrial ante los escándalos del petróleo, y la determinación de matar la campaña, castigando, no a los malvados, sino a los acusadores.

Siguieron hablando de política. Era la mejor manera de que Bun se distrajera. El profesor Irving estaba amargado: tenía la sensación de su impotencia. La máquina capitalista se ponía en movimiento para glorificar al prudente Cal, lamentable político rural de quinta categoría, nacido para regentar una droguería, convertido en «el fuerte y silencioso estadista, el héroe del pueblo».

Una cosa esperaban los plutócratas: que rebajara los impuestos. En las restantes cuestiones, el presidente no significaba nada.

Los periodistas se sentían molestos por la campaña presidencial, que solo tenía una nota glorificadora, repetida indefinidamente, pero las empresas no admitían más que informaciones y comentarios de carácter laudatorio. ¿Qué podía hacer el servicio de prensa obrera, con sus oscuras publicaciones, unos cien mil ejemplares en todo el país?

—Quería decirle que, antes de salir de Francia, me dio mi padre un millón de dólares en valores de la Ross Consolidada. No sé cómo se liquidará lo de Paradise, pero, según Roscoe, está todo asegurado. Prefiero esperar y no tocar nada hasta que se ordenen las cosas, pero, desde luego, podrá usted contar con mil dólares al mes, para su servicio de prensa.

—Ese dinero supone mucho más de lo que hemos podido soñar. Tratábamos de obtener cien dólares al mes para costear mayor número de ejemplares y enviarlos gratuitamente, y nos parecía algo difícil...

—Le entregaré los mil dólares al mes a condición de que cobre usted doscientos.

¿Cómo puede tolerarse que viva usted con estrecheces y que hasta tenga deudas, por atender al trabajo?

—Es que no existiría ningún movimiento radical si alguien no hiciera eso. Usted es para mí un «ángel providencial» y de categoría que aparece en mi horizonte.

—Ahora me interesa averiguar lo que tengo, porque, realmente, nada sé. Creo que Roscoe hará lo que pueda para perjudicarme, porque conoce mis ideas y estoy seguro de que no me considera uno de los suyos.

—¿Ha visto usted nuestras informaciones sobre las concesiones extranjeras de Roscoe y lo que hace el gobierno para enriquecerle más? Si pudiéramos conseguir que el Senado abriera una investigación, se descubrirían escándalos más grandes que el de Sunnyside...

II

Telegrafió Bun al secretario de Arnold Ross para saber si entre los papeles del difunto se había hallado el testamento. La contestación del secretario –como luego la de Berta– fue negativa.

Llegó Bun a Angel City. Más telegramas. No había testamento en París. «La infame viuda ha debido destruir el testamento. ¿Tienes algún documento a prueba de la última voluntad de nuestro padre?», decía Berta.

Dedujo Bun que los arrepentimientos en el lecho de muerte duran una eternidad por lo que se refiere al muerto. En cuanto a los que rodean el lecho de muerte...

Poseía Bun el documento por el que le cedía su padre el millón de dólares. Telegrafió a la viuda de su padre, recordándole que este había señalado un millón para ella, y pidiéndole conformación del acuerdo.

Le contestó un abogado americano domiciliado en París, anunciándole que su cliente, señora Olivier Ross no tenía noticia del acuerdo y que reclamaría todos sus derechos de bienes.

Sonrió ásperamente Bun al leer la carta del letrado. ¡Un choque entre los espíritus y el socialismo, y otro entre el capitalismo y el socialismo!

Visitó a Roscoe en el despacho de este, y pudieron hablar los dos libremente. La primera manifestación de Roscoe fue un ataque rápido y a fondo.

—Tu padre se equivocó al creer que contamos con algún valor de la clase B en la Ross Consolidada. Esas acciones se vendieron hace tiempo, por orden de tu mismo padre, que, evidentemente, perdía la memoria después de su enfermedad... O tal vez desdeñaba los negocios cuando llegó a familiarizarse con los espíritus... Mira, Bun, tus asuntos presentan mal cariz. La Ross Consolidada está en bancarrota. Hoy mismo me comunican que las compañías aseguradoras se resisten a pagar, sosteniendo que el siniestro fue intencionado. No lo dicen explícitamente, pero dan a entender que yo o mis agentes hemos provocado la catástrofe, que el mercado iba mal y hemos querido salvar intereses comprometidos cobrando el seguro.

—Y eso, ¿qué significa? ¿Una amenaza? ¿Una baladronada?

—No; es un plan de Mark Eisenberg, que dirige los intereses bancarios de los cinco grandes magnates del petróleo, para perjudicar a una empresa independiente y acogotarnos. Estaremos de litigio, de tribunal en tribunal. Dios sabe cuántos años... La Ross no tendrá capital para seguir trabajando en el campo quemado, y si se pide a los accionistas el prorrateo de lo que requiere una nueva explotación, nadie, ni los herederos de tu padre siquiera, podrán dejar de pedir préstamos. Los pozos de Lobos River están descartados, y Prospect Hill, inundado. Tu padre tiene parte en mis empresas del extranjero, pero ninguna de ellas produciría por ahora. Creo que tendrás que deshacerte de esa participación.

—¿Y quién manipula todo eso?

—Aquí tienes la copia de otro testamento de tu padre. Llévatela y estúdiala con sosiego. Tú, Fred Orpan y yo somos albaceas. Berta y tú heredáis los bienes a partes iguales, pero el matrimonio de tu padre modifica las cosas: a menos que haya un testamento posterior, corresponde a la viuda la mitad de los bienes, y a ti y a Berta una cuarta parte a cada uno. El campo de Paradise lleva tu nombre y puedes explotarlo por tu cuenta, si lo deseas, incluso vender algunas pertenencias de tu padre y comprar mi parte. ¿No deseas dedicarte a los negocios?

—¡No! –contestó Bun rápidamente.

—Entonces tendré que comprar los valores de tu padre, porque la compañía va a la deriva y no la representaré sin tener el control y la dirección efectiva. Tú y yo no podemos estar juntos porque tus ideales son muy altruistas... Si no hubiera prometido a tu padre encargarme de la ejecución del testamento, me gustaría dejarte en las manos el cargo de Paradise para ver lo que hacías. No estabas de acuerdo con tu padre sobre el hecho de que los comerciantes dominaran en los tribunales, ¡por Judas! Eres un probo y espiritual ciudadano y no te cabe en la cabeza que los tribunales decreten el nombramiento de un depositario judicial de la Ross. Sin presión ninguna, ya verías lo que te quedaba de los ocho o diez millones que supone el seguro... Nada.

III

Cuando se enmarañaban los asuntos se refugiaba Bun en su periódico. Raquel y una docena de jóvenes socialistas fueron a esperarle. Como si hubiera sido una estrella de la pantalla, le aclamaron con entusiasmo al llegar. Raquel obtuvo algunas sacudidas complementarias. ¡Estaban todos tan contentos!

Sabían que Bun estaría triste por la muerte de su padre y la catástrofe del campo. Se amontonaron alrededor de Bun, le hablaron de diversas cosas a la vez. Raquel mostró a Bun los periódicos que no había podido recibir y las pruebas del que se estaba confeccionando.

La casa alquilada por Arnold Ross en Angel City se realquiló, guardándose el mobiliario en almacenaje, desde que Emma se marchó a Europa.

La redacción del periódico era modesta, ordenada y limpia, con artículos y registros. Tenían unos seiscientos suscriptores y la tirada era de ocho mil ejemplares. Raquel tenía un solo ayudante. Los camaradas hacían los paquetes aprovechando las tardes de los sábados y domingos. No les molestaba la policía porque soportaban a La Follette.

Visitó Bun a Ruth en la pequeña granja que habitaba. Pablo no había regresado aún. Estaba en Chicago y volvería por la vía del noroeste, haciendo una campaña de propaganda.

Hablaba con soltura en público, y se le conocía después de las detenciones y del proceso que se le instruyó. La historia de su expulsión de Francia estaba muy difundida.

—Me prometió escribir cada día, por lo menos una postal... Si no tengo noticias, imagino a mi hermano en un calabozo.

Miraba Bun con simpatía a Ruth, que hablaba con cálido entusiasmo. Era ya enfermera y podía ayudar a Pablo si este se veía en alguna necesidad. Estaba, a pesar de su jovialidad, un poco desmejorada y pálida.

Leyó Bun los periódicos que vio sobre la mesa.

La joven no era muy partidaria de las disquisiciones teóricas. Nunca hablaba de las tácticas del partido, ni de política. Era instintiva, con intensa y apasionada conciencia de clase. Pasó por dos huelgas y pasó por trances que eran lecciones de economía. Sabía que los trabajadores de la industria pelean por sus vidas. Había que hacer la guerra a los capitalistas. Aun creyendo en la obra social de Pablo, se hallaba siempre preocupada y temerosa.

¡Cosa extraña y desconcertante! Ruth no veía con buenos ojos la actividad de Raquel, ni la publicación del semanario socialista. Los socialistas organizaban mítines por todo el país con un seudocompañero ruso, disertante que se valía de la prisión de sus camaradas en Rusia para atacar a los soviets. Los socialrevolucionarios, según Ruth, habían aceptado dinero de los gobiernos capitalistas para fomentar la guerra civil en Rusia, y trataron de asesinar a Lenin. ¿Cómo podía darles beligerancia el periódico de Bun?

Raquel y los jóvenes socialistas dijeron a Bun que el disertante socialista se oponía a la violencia. Los comunistas asistieron al mitin, tratando de controvertir, y casi hubo una batalla. Y he aquí que Bun tenía que verse, como siempre, entre dos fuegos.

Los jóvenes socialistas y Raquel defendían el derecho de los rusos, aunque estos no lo tuvieran en cuenta, pero no hablaban de dictaduras, a menos que no se tratara de la suya, imponiéndose para que no se desatara la furia policíaca. Deseaban una solución democrática del problema social, y Bun iba a ser tutelado por una mujer.

¡Cosa extraña! Las mujeres se adaptan como el agua y el caucho, pero vuelven a la forma anterior. Todas las hembras, a pesar de sus afectos, hacen lo que se proponen. Viola no podía ser feliz con el rumano, pero se empeñó en casarse con él y no dejó de conseguirlo. Raquel, que estimaba el periódico de Bun como a un hijo, lo abandonaría seguramente si el joven se hacía comunista.

IV

Llegó Berta a Angel City una semana después que su hermano, proporcionando a este una nueva prueba de la cambiante naturaleza femenina. Su viaje obedecía al deseo de apropiarse de lo que pudiera corresponderle en la herencia paterna. Tenía un abogado que era un verdadero sabueso. Tuvo que ir Bun al despacho del abogado, y con ayuda de Berta y una taquígrafa, relató exactamente los términos del contrato entre su padre y la segunda mujer. A nadie más que a Bun había descubierto Arnold Ross sus propósitos. Se deducía que el magnate otorgó testamento, y que la viuda lo destruyó en perjuicio de los hijos.

Tuvo también que declarar lo que recordaba de los negocios de su padre, desarrollar el cálculo de gastos del viejo y dictar una lista de personas de la intimidad de la familia; habló de las manifestaciones de Roscoe, de los documentos cambiados con el socio, con los técnicos y con los banqueros. Una verdadera montaña de datos. Bun tuvo que asistir a la sesión como figura principal. Quería aprovecharse de todo para conseguir dinero y dedicarlo al movimiento socialista.

Tuvo Berta que tragar una píldora amarga. Su abogado declaró que no había recurso legal para desposeer a la Añuda de la mitad de los bienes. El testimonio de Bun no tenía valor probatorio, y a menos que encontraran otro testamento, había que plegarse a la ley. Tenían, pues, que ponerse de acuerdo con la viuda para sacar todo lo posible de Roscoe.

Los abogados de la viuda de Ross, en París, delegaron su representación en otros letrados de Angel City, y Berta tuvo que avenirse a tratar con ellos. Los peritos de contabilidad trabajaron en los libros de Arnold Ross, teniendo en cuenta las informaciones de su socio. Empezó a emerger de la maraña un hecho perfectamente destacado: además de todo el dinero aventurado por Arnold Ross en negocios nuevos con Roscoe y otros amigos, había más de diez millones de dólares en acciones y bonos que habían desaparecido sin dejar rastro.

Declaró Roscoe que aquellos valores habían sido pignorados por Arnold Ross con propósitos desconocidos. Replicó Berta que esa opinión era una idiotez, y que Vernon Roscoe era el mayor ladrón del mundo. Tenía acceso a la caja de caudales de Arnold Ross y se había apoderado del contenido.

—Tú tienes la culpa, Bun. Roscoe sabe que tratas de hacer política revolucionaria y te ha dejado sin nada.

No pudo negar Bun que aquella deducción era razonable. Parecía fácil imaginarse a Roscoe diciendo que Bun era un peligro social; Berta, una malgastadora y la viuda, una tonta, pero Roscoe tenía un papel de potencia eficiente.

Antes de que el inspector de Hacienda investigara el contenido de la caja privada de Arnold Ross, Roscoe había manipulado en certero conocimiento de las cosas, trasladando los valores a su casa. Roscoe no consideraría aquella acción como un robo; tampoco creía que era un robo el hecho de hacerse con el campo de Sunnyside, ya que el gobierno carecía de inteligencia para explotarlo.

Deseaba Berta entablar un pleito contra el socio de su padre. Con ayuda de los abogados, tuvo Bun que discutir abiertamente con su hermana y resistir sus furiosas acometidas. Si Roscoe acudía a los tribunales, demandado por Berta, no dejaría de hilvanar una historia de circunstancias. Podía decir que tenía la confianza de Arnold Ross, y, en tal caso, ¿quién podría refutar a su socio? También cabía la suposición de que Arnold Ross perdiera dinero en el mercado monetario... Si seguían las huellas de las operaciones de Arnold Ross a través de los libros de Roscoe, nada ganarían, porque este diría que había devuelto el dinero, o bien que, autorizado para invertirlo, lo había perdido.

—Lo único que nos corresponde, pues –dijo Berta–, es conformarnos con lo que quiera darnos ese canalla.

Asintieron los abogados. Como trabajan a base de porcentaje, su idea era completamente sincera.

Un incidente desagradable aumentó las diferencias entre Berta y su hermano. Fue Bun al almacén donde habían quedado sus pertenencias. En un atlas, consultado ocasionalmente por su padre, halló cinco títulos libres de diez mil dólares cada uno. Se trataba, seguramente, de dinero que convenía tener a mano para gastos imprevistos; tal vez para sobornar a los funcionarios, si se le detenía.

De cualquier modo, allí estaba la cantidad. Bun era libre para considerarla como fracción de la que su padre le ofreció en París, pero decidió, orgullosamente, que no podía dedicarse a ocultar y saquear el dinero. Entregaría los títulos y nutrirían el activo de su padre.

Cometió la ligereza de hablar del caso a Berta. ¡Qué alboroto! ¡Regalar veinticinco mil dólares a los adversarios! En vez de repartírselos tranquilamente con su hermana y callar la boca, los entregaba a los codiciosos. Los veinticinco mil dólares representaban un motivo tangible, más que los millones manipulados por Roscoe. ¡Cómo dolían a Berta!

Liquidó los títulos Bun en un banco, y dejó el dinero en cuenta.

Con tanto enojo y tanta desventura, Berta estaba enferma. Se levantaba a medianoche, miraba la lista de cotizaciones, escribía, volvía al lecho y no podía dormir por lo muy excitada que estaba. Como todas las jóvenes de sociedad, se prevenía contra las arrugas, pero ya no tenía cuenta de sus encantos; estaba pálida, macilenta y ojerosa. No tardaría en frecuentar los salones de belleza y entregarse a los cosméticos para reparar los estragos de su cara después de renunciar a los diez o quince millones de dólares de sus ilusiones, o a menor cantidad, que parecía volar, como la otra, al reino de las sombras.

V

Publicó Raquel un artículo afirmando que la herencia de Bun se destinaría a favorecer el movimiento obrero. El trabajo de Raquel inspiró el artículo de una mujer, titulado: «Millonario rojo que salva a la sociedad».

Todos deseaban ver a Bun, saludarle, encontrarle en un pasillo del hotel. Le hablaban de inventos, de socialismo, de la cura del cáncer, de una máquina de movimiento continuo, de establecer colonias, de la próxima guerra, de revelaciones divinas. El portador de este último mensaje era un hombre alto, que se elevó sobre Bun, diciéndole que era un enviado de Dios. Le escribieron algunos ciudadanos diciéndole que no podían visitarle por estar confinados en asilos, pero que si Bun quería libertarles, ellos lanzarían un llamamiento al mundo...

Bun tenía un plan que maduró pacientemente y reunió a sus amigos para obtener la conformidad: el viejo Menzies, que era una especie de fiscal del movimiento obrero, trabajaba en una sastrería y dedicaba el tiempo libre a la organización de mítines; Jacobo Menzies, el pálido estudiante, se dedicó a la enseñanza, hasta que supieron quién era y le despidieron, teniéndose que ganar la vida con el corretaje de seguros; Harry Seager cultivaba bosques de nogales y escapaba así de las crisis de trabajo y del odio de los patronos; Peter Nagle ayudaba a su padre montando tuberías en una ciudad de contrato libre y gastando sus ganancias en redactar un libelo de cuatro páginas mensuales contra Dios; Gregorio Nikolaieff había hecho propaganda socialista y era ayudante de un médico que tenía un gabinete de radiología.

Irving había llegado de Washington a expensas de Bun, y se juntó con los otros amigos y Bun para discutir la manera de salvar a la sociedad con un millón de dólares.

Bun explicó sus deseos:

—No voy a exponer un plan infalible, camaradas, ni trato de eludir el trabajo porque doy un poco de dinero. He aprendido de mi padre que el dinero no significa nada y que toda realización exige dinero, laboriosidad y acción. Deseo hacer algo; me canso de contemplar y dialogar con la gente. Mi deseo era hacer un periódico, pero no conozco la técnica periodística y sería un desatino. Mis amigos son jóvenes y sin experiencia. He pasado por la universidad y tengo experiencia de lo que es y de lo que no es. Lo que hemos de hacer es trabajar sobre mentes jóvenes, sobre inteligencias que se despiertan. La dificultad está en que solo podemos contar con los jóvenes unas pocas horas cada semana, y lo que cuenta más en su vida es del enemigo: escuelas, trabajo, cine... Deseo, pues, que trabajemos de manera permanente, con estudiantes, todo el tiempo, veinticuatro horas al día, e intentemos construir una disciplina socialista, una vida personal consagrada a la causa. Raquel creo que me dará la razón y no sé si el resto de los compañeros. Uno de los inconvenientes morales del movimiento obrero es que no hemos establecido las normas morales. Muchos de nuestros camaradas son débiles. Las mujeres necesitan medias de seda y parecer duquesas; su idea de libertad consiste en adoptar los malos hábitos de los hombres. Si la organización significa algo para los socialistas, no gastarán dinero en tabaco, en alcohol ni en adornos...

—Paso –dijo el viejo Menzies, que acababa de encender su cigarro de diez centavos.

Quería fundar Bun un Instituto del Trabajo en el campo, pero en vez de gastar el millón en acero y cementó, deseaba empezar por tiendas que se construyeran paternalmente por estudiantes y maestros. En aquella colonia se tendrían cuatro horas de trabajo manual y otras tantas de estudio. El traje sería sencillo, de caqui, sin derivaciones hacia el lujo y las manías elegantes. Se iría a conquistar a los jóvenes para que se educaran en el Instituto del Trabajo. La organización obrera les ayudaría y facilitaría personal. Poco dinero se gastaría; a excepción de los utensilios de construcción, todo se tenía a mano. Tendrían una escuela agrícola y otra de labores domésticas. En resumen: se enseñaría todo lo necesario para la vida y proveerían de trabajo a todos los estudiantes que se inscribieran.

VI

Preguntó Bun tras una pausa:

—¿Qué os parece?

—Una colonia más –dijo el viejo Menzies–. Las colonias son absurdas y perjudican al movimiento obrero. ¿Qué es una colonia? Si quienes la integran están satisfechos, o si no lo están, que no lo estarán, dejan de pensar en la lucha de clases... Viven apartados del resto de los trabajadores.

—Pero no tratamos de aislarnos –replicó Bun–. Queremos intervenir en el movimiento y en la manera de impulsarlo.

—Los propulsores de la organización obrera han de estar en ella constantemente. Si se apartan un mes, ya no vuelven a ser lo que eran. Tienen una especie de injerto que está en su naturaleza.

—Es que lo que trato de que hagan los camaradas del instituto no es holgar.

Sonrió Menzies.

—¡Bah! ¿Se reunirán unos jóvenes universitarios para vivir peor que los trabajadores?

—Tendrá usted un lugar agradable –dijo Seager–, y trabajarán los camaradas unos días para distraerse, pero si tratan de cultivar la tierra y construir un edificio, tendrán que recurrir a trabajadores con callos en las manos. Lo sé porque he pasado por la universidad y estoy ahora trabajando la tierra.

—No quiero que el Instituto sea una especie de balneario, sino una escuela donde los jóvenes se preparen para la lucha de clases. Si no podemos obtener disciplina de otra manera, cada estudiante se comprometerá a ir a la cárcel por un período de treinta días.

—¡Pero, hombre! –interrumpió Nagle–. Ahora es cuando empiezas a hablar.

—¿Va a romper las leyes de la velocidad el estudiante que sigue una carrera deportiva? –inquirió Menzies.

—Nada de eso; interviene en una huelga y pronuncia discursos, hasta que le detengan. No necesito que se me diga cómo y por qué se detiene a los trabajadores, camarada Menzies.

—Sí; pero se puede topar con un juez que condene a seis meses en vez de condenar a uno.

—Pues habrá que correr ese riesgo. Ningún estudiante puede ayudarnos sin haber pasado, por lo menos, treinta días en la cárcel.

—¿Y los profesores del Instituto? –preguntó Gregorio Nikolaieff–. ¿Cuánto tiempo necesitarán estar en la cárcel?

—Una estancia en la cárcel cada tres años o cada cinco –contestó Bun. Sonrió Nagle, y preguntó a su vez:

—¿Qué tiempo se adjudicará, según esa proporción, al fundador del Instituto del Trabajo?

—El fundador tendrá que tolerar la libertad mientras tenga dinero –dijo Irving.

Se discutió ampliamente si era posible interesar a los jóvenes en la idea de la autoeducación. ¿No era peligroso establecer normas excesivamente cómodas? Si se imponía disciplina rigurosa no tendrían alumnos, y si se dejaba excesiva libertad, no tendrían disciplina.

Bun, el joven idealista, opinaba que era preciso imponer normas rígidas. Seager, que no se podría prescindir del tabaco.

—¿Qué actitud adoptaremos con los comunistas? –inquirió–. Yo no soy político, sino revolucionario. No tiene importancia que se niegue la entrada en el Instituto a los comunistas; las ideas de estos entrarán, quiérase o no.

—Mi ideal es el campo abierto –dijo Bun–. Que los alumnos hagan sus estatutos y acuerden lo que les parezca mejor. Que ayuden los profesores en la medida de sus fuerzas. ¡Campo abierto! ¡Foro abierto!

Nada de sectarismos. Que se dejara al representante de cada tendencia desarrollar sus ideas con libertad.

—¿Les gustaría a ustedes, Menzies y Seager, que un adversario se introdujera en sus medios dentro del Instituto?

En vez de contestar, preguntó Menzies, siempre escéptico:

—¿Y la cuestión social?

—Creo que tendremos que plegarnos a las normas burguesas –declaró Bun.

El hijo de Menzies, Jacobo, había leído un libro sobre la antigua colonia socialista de Ruskin, en Tennessee. El problema del sexo ahuyentó a los camaradas. Lo comentó el viejo Menzies:

—Tengo la seguridad de que la cuestión sexual ha de separar siempre a los que quieran reunirse en colonia bajo el sistema capitalista. La única manera de que un hombre y una mujer vivan siempre juntos es cerrar la puerta de su casa e impedir la salida. Si se les deja la puerta abierta, buscan pareja.

—Pero en el sistema burgués se puede recurrir al divorcio –dijo Irving.

—El divorcio en una colonia socialista sería un escándalo –afirmó el viejo Menzies–, porque se convertiría en una madriguera del amor libre. Los periódicos hablarían del asunto, y los legionarios americanos acabarían por entrar a saco en la colonia y destruirla.

VII

La conclusión de aquel debate probó que ninguno de los socialistas veía seguro el éxito de la iniciativa. A pesar de ello se prestaban a ayudar a Bun, si este decidía ejecutar el plan; querían poner todo su entusiasmo en colaborar con él.

—A cincuenta millas de Angel City –dijo Bun– hay terrenos de buena calidad que tienen agua en abundancia. Pagaré algo del importe de la tierra, porque está en venta, y discutiremos lo que haya que hacer mientras vencen los otros plazos. En tres años tenemos tiempo de probar si el Instituto tiene condiciones de vida. En tal caso, la propia institución será gestora de su porvenir y yo no tendré más que contribuir económicamente a su sostenimiento. Para todos habrá trabajo, camaradas...

Tuvo que ver Bun a los abogados para salvar todo lo posible de la herencia paterna. Discutía con Berta y comprobaba que las cosas andaban de mal en peor.

Insistía Roscoe en que la Ross debía contar con fondos para cubrir sus gastos corrientes. Los herederos querían que Roscoe les pagara. El único activo de la empresa era el campo y la reclamación del seguro.

Roscoe podía hacer lo que quisiera; dominaba por completo el negocio y tenía a su lado a los colaboradores. Proponía la constitución de otra empresa, la Paradise Operating Company. El propio Roscoe vendería su parte, que tenía una larga trayectoria de veinte años, por seiscientos mil dólares.

Comunicó Berta el proyecto a su marido y visitó a sus amigos ricos, y tuvo que comprobar lo difícil que es hallar seiscientos mil dólares en moneda contante y sonante. Lo que más disgustaba a Berta era tener que interesarse por el idiota de su hermano y la infame madrastra.

Hizo una oferta a su madrastra; replicaron los abogados de esta, y declaró Berta que la matrona espiritista era una ladrona como Roscoe.

La Ross necesitaba dinero, y Roscoe fijó el capital con intención de saquearlo todo. En la empresa petrolífera de Rumanía había invertido Arnold Ross un millón doscientos cincuenta mil dólares. Roscoe se ofreció para comprar la participación por igual suma, y se preparó la documentación. Tenían que dar su consentimiento todos los herederos y refrendar el acuerdo los tribunales.

La Ross estaba en la ruina, según valoración de Roscoe, y había que venderlo todo. Los huérfanos podrían pagar a Roscoe su parte con el dinero de los pozos rumanos, pero este tampoco se obtuvo, porque los tribunales americanos no aprobaron la venta a Roscoe de la participación de Arnold Ross por sus herederos –la viuda y los huérfanos–. Se produjeron incidentes en los tribunales, se recusó a los abogados de la espiritista, pasó el tiempo entre apuros y enredos, y acabó Roscoe comprando la Ross por una bicoca.

¡Cómo se enfureció Berta al consumarse aquella catástrofe! Parecía la hija de un carretero, tal como era en realidad. Amenazó con matar a Roscoe, pero se limitó a insultar a Bun, repitiendo que era un memo y un calzonazos.

¡Qué tremenda lección! Arnold Ross había puesto casi un millón en la empresa Anglo California, para desarrollar la gran concesión petrolífera de Mosul. La viuda de Arnold Ross hizo proposiciones que no aceptó Berta; aquella, por su parte, tampoco se conformó con la proposición de los coherederos; quiso intervenir Roscoe y Berta se horrorizó como si le viera ya metiendo la pezuña en todo y quedándose también con todo tras unos ejercicios de prestidigitación financiera.

Recibió Bun una carta de su madrastra: «Estoy segura –decía– de que la desagradable cuestión de dinero no se interpondrá entre nosotros para romper el vínculo que nos une: la memoria de nuestro querido muerto. A mi llegada a París fui a visitar a un médium y el espíritu de tu padre se reveló al empezar la tercera sesión. Me apresuré a llamar a un taquígrafo, haciendo que copiara literalmente las palabras de nuestro Jim y remito una copia. Espero que no deje usted de buscar un médium y hacer lo que hago yo, enviándome, después, otra copia escrita».

El escrito que reproducía el discurso de ultratumba era larguísimo, como el legajo de un expediente administrativo, y llegó atado con cintas de femenina elegancia.

Había páginas y páginas empapadas de felicidad. ¡Alas de ángeles, música de arpas! «Ya sabéis que estoy con vosotros, que lo comprendo todo y sé perdonar lo que materializa la vida y pueda trascender. Deseo que sepas, mi querido Bun, que es tu mismo padre quien habla. ¿Recuerdas aquel hombre que consiguió facilitar las compras de tierras? ¿No tenía dos dientes de oro?».

¡No había duda, se trataba de Hardacre! ¿Cómo podía un médium de París saber aquel detalle de los dientes? ¡Diablo! ¿Era posible que Arnold Ross no se hubiera ido para siempre y que se le pudiera ver de nuevo?

Paseó por Angel City pensando en los espíritus, y oyó los berridos de Elias Watkins. Se amontonaban los fieles para contemplar al profeta salvado por los ángeles. Toda la tierra californiana se regocijaba oyendo la promesa de Elias: «¡Mirad! Señalados quedan los signos de los tiempos. ¡Nuestra muerte no será perpetua, porque sonarán las trompetas y resucitarán los muertos!».

XXI. La luna de miel

I

Buscaba Bun lugar apropiado para su Instituto del Trabajo, tarea más agradable que huronear en busca de petróleo. Se proponía estudiar las condiciones del paisaje y la composición de la tierra. No carecía de interés la excursión, ni iba a derrocharse dinero; se podían hacer análisis del terreno, recorrer los bosques y procurar el alumbramiento de aguas.

Como Raquel pertenecía al profesorado, acompañó a Bun. Tenían tiempo de hablar de todo. Iban a hacerse cargo de un grupo de jóvenes radicales de ambos sexos. No satisfechos con lo que vieron al principio de la excursión, pensaron en ir más lejos.

—Tardaremos en ir a casa, si nos alejamos –dijo Bun.

—Nos quedamos en un hotel, y seguimos buscando al día siguiente.

—Eso dará lugar a habladurías.

—¿Y qué nos importa?

Se decidieron a visitar cierto paraje lejano situado en el término de un pueblo llamado Monte Esperanza, que tenía la tierra muy bien cultivada en las faldas de media docena de colinas.

En aquella época –era el mes de noviembre– germinaba el grano bajo la tierra húmeda, que tenía depresiones como el cuerpo de un gigante recostado y cubierto de verde. Se veían diseminados algunos edificios pequeños, pozos artesanos y reducidas huertas.

Los habitantes de aquellos parajes se habían ido a la ciudad, por lo que pudieron corretear a sus anchas Raquel y Bun, y hasta hallaron una casa con los altos pintados de rojo revolucionario.

—Este local servirá para las reuniones y organizaremos un baile el día de la inauguración –dijo Bum.

¡Raquel pensando en bailes! Treparon por la falda de una montaña y hallaron un parque: espléndidos robles, grises sicómoros y suave pradera. Se abría el valle hacia el oeste y acababa de hundirse el sol entre doradas llamas. Las codornices cantaban en aquellas horas postreras del día. Pensó Bun en la felicidad con que soñara en vano y en su padre, y le invadió una ola de tristeza.

—¿Podemos hallar nada mejor que esto, Bun? El Instituto de Monte Esperanza, así creo que ha de llamarse, estará aquí admirablemente.

—No necesitamos anticipar el nombre, Raquel, sino hacernos con muestras de tierra y analizarla.

—¿Cuántos acres?

—Seiscientos cuarenta: cien en cultivo. Más de lo que podemos atender, por ahora.

—¿Y solo sesenta y ocho mil dólares? ¡Hay que cerrar el contrato!

Había aprendido Raquel a obrar con rapidez desde que viajaba en el coche de Bun.

—El precio es ventajoso –dijo él–, si podemos contar con que es buena la composición de la tierra y hay agua abundante.

—Puede enterarse de todo lo que nos interesa antes de que anochezca.

—Tal vez... De todas maneras, volveremos mañana y hablaremos con el colono o cultivador que, seguramente, dirá la verdad.

No en vano había pasado Bun la primera juventud comprando tierras con su astuto padre.

II

El crepúsculo tendía un velo sobre el valle, y las lomas se veían coronadas de púrpura.

—Solo hay una cosa que me preocupa de todo esto –dijo Bun–. Tengo miedo de provocar un escándalo. Andamos continuamente juntos, yendo y viniendo... Tarde o temprano, la gente se fijará en nosotros.

—¡Qué tontería!

—Será lo que quiera, pero le confieso que estoy realmente preocupado. Ya le dije a Nagle que teníamos que avenirnos a las fórmulas burguesas. Tía Emma es burguesa por los cuatro costados y no aprobará lo que pensamos, como tampoco lo aprobará la madre de usted. Creo que debemos casarnos.

Era ya tarde para que pudiera ver Raquel el destello de los ojos de Bun.

—¿Ya sabe lo que dice?

—¡Naturalmente! ¿Sería usted capaz de llegar a eso para contribuir a la buena fama de nuestra institución?

—Usted bromea, Bun.

—Hablo tan completamente en serio, que no veo otro camino.

—No, no... Soy de origen israelita. No interprete mal lo que voy a decirle, pero estoy orgullosa de mi raza. Todos sus amigos pensarán que hace usted un disparate.

—¿Mis amigos?

—Sí, sus amigos.

—¿Dónde están? Son los compañeros de la organización obrera, y ¿qué sería el movimiento radical sin los judíos?

—Su hermana...

—No tiene la menor afinidad conmigo, ni me pidió mi opinión para elegir marido.

—Óigame, Bun, óigame... ¿No me está hablando en un momento impulsivo?

—Sí, pero el impulso a que usted se refiere lo he sentido muchas veces.

—Algún día se sentirá, tal vez, decepcionado.

—¡Bah! Eso depende de su respuesta.

—No bromee, se lo ruego... Me asusta usted. No puedo permitir que cometa usted un error. Se trata de algo terriblemente serio.

—¿Por qué tomarlo así?

—No sabe bien cómo siente una mujer. Me temo que obre por generosidad y que luego no se considere feliz. ¿Cómo va a casarse con una chica que trabaja para vivir?

—¡Gran Dios! Mi padre era carretero...

—Pero también era anglosajón; sus antepasados estaban orgullosos de sí mismos. Cásese con una mujer alta y rubia, que permanezca hermosa toda la vida y brille en un salón. Las hebreas se deforman después de ser madres, y tal vez no le gustará a usted.

—En las bodas de esas espléndidas anglosajonas rubias, dice el oficiante: «Si hay algún impedimento, por el cual no pueda hacerse este matrimonio, el que lo sepa está obligado a manifestarlo, o, en otro caso, tendrá que guardar silencio perpetuo».

—Es que yo trato de enfrentarme con la realidad.

—Bien, Raquel; pues si quiere que hablemos con solemnidad, sepa que no he querido nunca a una mujer rubia; he vivido con dos mujeres, y las dos morenas como usted. ¿Sabe lo de Viola Tracy?

—Sí.

—Tenía muy buena apariencia, y la conservará, porque es su negocio, y ya ve usted que siendo de figura tan espléndida ella, me arrojó por la borda y se casó con un príncipe rumano.

—¿Por qué le dejó a usted?

—Me negué a abandonar el movimiento radical.

—¡Oh, y cómo odiaba yo a esa mujer!

El matiz melodramático de la frase, que alteró la exclamación de Raquel, llamó la atención de Bun.

—¡Oh, sí! –continuó la israelita–. Hubiera querido ahogarla. Sabía que trataba de apartarle a usted del movimiento y estaba segura de que lo conseguiría. Tiene lo que yo no tengo.

Por la memoria de Bun pasó como un rayo el recuerdo de una conversación del joven con Viola, cuando esta adivinó que Raquel se interesaba por el amor de Bun. «¡Oh, perspicacia femenina!», pensaba. Y dijo en alta voz:

—Viola no tenía nada.

—Y yo, ¿qué tengo? ¿Qué le parezco a usted?

—Se lo diré: estoy cansado de reñir con la gente; desde que empecé a pensar por mí mismo, he luchado con los míos y con el círculo, un poco más extenso, de mis amistades, y no sabe usted qué sensación de paz me invade al pensar en usted. Me parece que descanso... He vacilado antes de decidirme, porque no estoy muy orgulloso después de lo ocurrido con Viola Tracy. Soy un hombre de segunda mano... o de tercera... Y conste que si le hago notar esos inconvenientes es para contrapesar la gordura que dice ataca a las israelitas después de los primeros partos.

—Estaba yo dolorida porque Viola Tracy era una egoísta y temía que lo descubriera usted algo tarde, cuando no hubiera remedio... En fin, lo probable es que me sintiera celosa.

—¿Por qué, Raquel?

—¿Es que puedo dejar de amarle? Es otra la cuestión: ¿me quiere usted a mí?

—Claro que sí.

—Pues no me lo demuestra.

Bun perdía el tiempo, y, como siempre, le iniciaban las mujeres. Dio un paso hacia ella y la estrechó en sus brazos. La israelita sollozaba como si se le fuera a romper el corazón.

—¡Oh, Bun! Puedo creer...

Para convencerla, empezó a besarla. Siempre había creído que Raquel era fría, pero en unos momentos pudo comprobar que la hebrea se parecía a las otras mujeres que le habían querido.

Tan pronto como pudo Raquel convencerse de la sinceridad de Bun, ya estaba en sus brazos medio riendo y medio llorando.

En los besos de Bun se mezclaba el recuerdo de la bondad de Raquel, de la fortaleza y lealtad que demostraba siempre.

Era ella tan apasionada como Viola o Eunice.

—¡Te quiero tanto, tanto!...

Se oían las frases apasionadas en la oscuridad y los abrazos eran más expresivos que las palabras.

—Querida Raquel –dijo Bun sonriendo–. Si es verdad que nos queremos, vámonos a la vicaría o al juzgado.

—Lo único que deseaba saber es si me quieres, y ya lo sé, Bun. ¿Qué me importan los clérigos y los jueces?

Estrechó Bun a la muchacha y volvieron a unirse los labios. ¿Qué mejor marco para su querer que aquella alameda? Comprarían la finca sin preocuparse, de momento, de las deficiencias del suelo, y sería un lugar encantado. Años después, cuando la institución tuviera allí jardines y bosques, Raquel y Bun contemplarían su obra con amor. ¿Acaso los bosques no eran propicios a los ritos místicos?

III

Se casaron a la mañana siguiente y siguieron explorando el campo. Al regresar luego a Angel City pagaron el primer plazo de la compra.

Los amigos se regocijaron al conocer la noticia de la boda, hecha en la más estricta intimidad para evitar los escándalos de la prensa burguesa.

Fue Bun a visitar a Ruth. Estaba algo descontento sin saber por qué. Todo el mundo había creído –Berta, Viola, los amigos– que Ruth estaba enamorada secretamente de Bun. ¡Son tan perspicaces las mujeres para analizar los sentimientos de sus posibles rivales! Mediaba, además, un hecho muy expresivo. Cuando volvió de París estuvo preguntándose constantemente si era preferible elegir por mujer a la campesina californiana o a la israelita, pero Pablo era un inconveniente. Con cadenas de acero estaba ligada la buena Ruth a su hermano; casarse con Ruth era lo mismo que aventurarse en el radicalismo comunista. Tarde o temprano, tendría que estar en un sector; ¿caería el capitalismo por medio del voto electoral, o por acción directa?

Vio claro Bun que la decisión final dependía de la clase capitalista. Se hacían preparativos para nuevas guerras, y ello significaba el triunfo del bolchevismo al principio o al fin de la contienda. Tratarían los socialistas de impedir la guerra; si fracasaban, había que ceder el paso a la Tercera Internacional, pero Bun prefería la tendencia socialista. No gustaba de la violencia; tenía un temperamento pacífico. Si era preciso la violencia, que disparara primero el enemigo.

Ruth se mostró alegre al saber que Bun estaba ya casado. Fueran los que fuesen los sentimientos íntimos de la joven, no manifestó más que alegría.

—Raquel es muy agradable y se trata, además, de un matrimonio por afinidad de ideas... Mañana llega Pablo para tomar parte en un mitin. Los camaradas han conseguido que pueda hablar en la Casa del Trabajo. ¿Irás a oírle?

—¡Ya lo creo!

Eran días de propaganda electoral. Los trabajadores habían recibido muchas demandas de voto, pero se trataba de algo más importante. Por hostiles que pudieran mostrarse los dirigentes, era imposible sustraerse al hecho de Rusia, vasto territorio donde los trabajadores hacían sus propias leyes y su propia cultura.

Acababa Pablo de llegar de allí. Hablaba con cálida emoción de las escuelas, del ejército, de los libros, de la prensa, del terror blanco y de la resistencia al asalto capitalista, en un frente de diez mil millas.

¡Qué furia, al día siguiente, la de la prensa capitalista! No publicaron el contenido del discurso, pero insertaron protestas y editoriales contra la propaganda de Pablo. Era, según la prensa, un agente bolchevique que trataba de insurreccionar a los obreros. Los rojos de La Follete eran bastante malos, pero lo de Pablo significaba un ultraje intolerable. ¿Permitir a un agente de Moscú, expulsado de Francia, que tronara en Angel City contra la burguesía, excitando a los trabajadores, llevándolos a la algarada y a la insurrección? ¿Para qué estaba la policía? ¿Qué se había hecho de la Legión Americana y de las restantes instituciones fieles al orden?

Llamó Bun a Ruth al día siguiente para que esta avisara a Pablo. Trataba Bun de explicar a su amigo lo que se había decidido respecto al Instituto del Trabajo.

Pablo estaba en el puerto tratando de organizar mítines entre los estibadores. Habían tenido estos una huelga mientras Bun estaba en Europa. Se hicieron seiscientas detenciones y los presos habían estado en tanques sin respiración para que no tuvieran más remedio que callar. Una veintena de dirigentes estaban en presidio para diez o veinte años.

Los I.W.W. celebraban un festival aquella noche en el local del puerto. Podría Pablo aprovechar la ocasión para hablar con los dirigentes. Dijo Bun que él y Raquel irían a Beach City, y que Pablo podía volver con ellos.

IV

Tuvo Bun que ceder a las exigencias de su hermana, y dedicarse a examinar los informes redactados por Roscoe relativos al campo de Prospect Hill. Se alegaba que más de la mitad de los pozos no producían nada y, como es natural, pensó Berta que se trataba de otra estratagema para robarles.

—Yo no distingo un pozo de petróleo de un gallinero, Bun, pero tú podías enterarte personalmente de lo que hay, y hablar con quien pueda saber lo que podrá rendir el campo.

Bun fue a Prospect Hill con Raquel. Uno de los camaradas se encargaba del semanario. Bun guiaba el coche con una mano, y estrechaba con la otra la de Raquel; esta tenía miedo cuando iban muy deprisa, porque los dioses tienen celos de la felicidad.

No sabía Raquel lo que era un pozo de petróleo y se acercó a uno con Bun. Les dijeron que al primer propietario, Culver, le habían estallado los tímpanos al tratar de contener el surtidor.

Era un hecho que se había enterrado mucho dinero; más del que valía el petróleo extraído. El tesoro de petróleo, explotado convenientemente, hubiera durando treinta años; se había salvado una sexta parte, y las cinco restantes se habían malogrado. Aquella era la bendita y consagrada competencia que las clases burguesas enseñaban a venerar.

Las estadísticas demostraban que el setenta y tres por ciento de los trabajadores habían resultado muertos o lesionados durante los pocos años de explotación. Era verdad que la industria capitalista representaba una guerra mundial permanente desdeñada por los periódicos.

En los pozos del campo muchos obreros conocían a Bun y fueron a saludarle. Habló con algunos de ellos, y sus informes coincidieron con los de Roscoe.

Al caer la tarde llegaron a una casa campestre que tenía cerca unos tanques, una grúa y cobertizos.

Se detuvo Bun ante la fonda; estaba señalada con el número 5.746 del Bulevar de los Robles.

—Aquí vive la señora de Groarty, tía de Pablo. En esta casa se reunieron los propietarios de fincas, y a través de esa ventana oí por primera vez la voz de Pablo.

Mientras hablaban Bun y su compañera, se abrió la puerta y apareció una mujer corpulenta y rojiza.

—¡Hola, señora de Groarty! Soy Bun, ¿me recuerda usted?

—¡Pues ya lo creo! ¡Cómo pasa el tiempo! Le veo con una mujer. ¡Vaya, vaya! Mi marido leyó que su padre había muerto... ¿Quieren ustedes pasar?

Aunque la invitación era franca, como la casa no estaba en orden, la señora de Groarty estaba algo azorada.

Entraron. Quería Bun evocar queridos recuerdos. Allí estaba la misma escalera que no conducía a ninguna parte. Todo estaba como achicado y polvoriento, sin el brillo de antaño. Ni siquiera faltaba el libro de la vida elegante, pero tenía mucho polvo.

Se veían en pila unos papeles, formando una torre. La señora de Groarty se dirigió a Bun.

—He aquí los papeles de nuestro lote; he ido a buscarlos al despacho del abogado, porque no hacía más que sacarnos el dinero sin hacer nada.

Los Groarty habían entrado en un consorcio; se desentendieron al poco tiempo y formaron parte de otro menos importante. Hicieron, posteriormente, una concesión a Sliper y Wilkins, quienes la enajenaron a un sindicato que se declaró en quiebra; la concesión fue a parar a manos de un sujeto, a quien la señora de Groarty consideraba como un canalla, que embargó la propiedad.

—Ahora nos piden dinero para colmo de burla, a pesar de que no hemos sacado un céntimo del petróleo.

Acuerdos en común, concesiones, escrituras, notificaciones de cancelación de hipotecas, arrendamientos, contratos de alquiler, notas y apuntes, diligencias de embargo, recibos de impuestos y comunicaciones sobre prescripción de contratos... Nada menos que cuatrocientos folios escritos a máquina, con millón y medio de palabras amontonadas mediante una enrevesada jerga legal procedente de los formularios. Y todo ello para obtener menos de mil barriles de petróleo, cuando se esperaba que salieran más de diez mil. ¿En qué se iba el dinero del escaso producto extraído del pozo? Mecanógrafas y escribientes se habían dejado los ojos escribiendo sin cesar y sacando copias de documentos absurdos; los leguleyos evacuaron informes y réplicas; había hombres en Angel City convertidos en poderosos magnates a fuerza de redactar millones de documentos como aquellos.

V

Cenaron Raquel y Bun y dieron un paseo bajo la serenidad de una de las más hermosas y cálidas noches del sur de California. La luna sobre el mar, la música de una orquesta lejana y las luces de la costa encantaban la vida de los amantes.

En el malecón había, en primer término, un gran solar muy adornado y limpio, especie de recinto donde se celebraba un festival. El solar era propiedad de la ciudad. Bailaron Raquel y Bun en el solar, y, entre dos piezas, se oyó un estampido sordo, como un trueno lejano, que hizo estremecer a todos.

—¿Qué pasa? ¿Es un temblor de tierra? –preguntó Raquel.

—Nada de eso; hemos oído uno o varios disparos. Se hacen maniobras navales, y los barcos disparan. Desde la costa se oyen con frecuencia esos estampidos.

No pudo volver a bailar Raquel. Cada estampido le parecía que mataba vidas jóvenes. Se preparaba otra guerra. ¿Tenía sentido que los socialistas se dedicaran a la frívola danza?

Avanzaron por el Paseo del Puerto, que tiene unas quince o veinte millas, con almacenes, factorías, puentes, vías férreas y barricadas obreras. Es uno de los grandes puertos del mundo que se señala por la rapidez del tráfico. Los amos veían ante ellos la amenaza de la acción directa y del sindicalismo revolucionario. Los I.W.W. tenían un local social y los patronos les hacían la más cruda guerra.

Estaba el local en una barriada obrera. Había un hermoso vestíbulo con luces en las ventanas. Se oía cantar una voz infantil. Entre los coches estacionados, vio Bun un sitio vacante y quiso ocuparlo.

Al apearse Bun, le detuvo Raquel. Por la calle iban varios autos, dos de ellos en avanzada, bloqueando enteramente el camino. Saltó de los coches una nube de hombres armados con porras, hachas y tubos de hierro. Ocuparon la entrada y cesó la música. Se oyeron gritos, golpes, choques de cristales rotos.

—¡Un asalto policíaco! –dijo Bun, excitado.

—¡Siéntate! ¿Qué puedes hacer?

—¿No ves que no podemos estar con los brazos cruzados?

—Conseguirás que te maten... No llevas armas...

El estrépito iba en aumento. El vestíbulo estaba lleno de público y se oían gritos por todas partes. ¡Qué cantidad de golpes! ¿Caían sobre muebles o sobre cuerpos humanos?

Estaba Bun fuera de sí, y su esposa le contenía con una fuerza enorme, diciéndole que no se moviera. En aquellos momentos conoció ella el terror que había de perseguirla siempre. Algún día habría de morir, pero no en plena luna de miel...

Fue aquello como un vendaval que pasa rápidamente. Salieron los agresores del vestíbulo con la misma presteza que entraron, llevándose media docena de detenidos en los autos, que rugían al emprender de nuevo la marcha.

Pudo entonces entrar Bun en el vestíbulo.

—¡Pablo, Pablo!

¿Le habían detenido? En caso afirmativo, ¿cómo se salvarían? Lo primero que vieron fue un hombre con la cabeza abierta y cubierto de sangre. Se tambaleaba, porque no podía sostenerse, y gritaba:

—¡Los hijos de zorra, los hijos de zorra!

También se veía otra víctima con la mano partida. Una mujer desgarraba su falda para hacer vendajes. Gemía una pequeñuela dando alaridos de agonía; alguien trataba de sacarle las medias y con ellas la piel...

—La arrojaron en el café hirviendo –dijo una voz al oído de Bun.

Todo era confusión. Mujeres con ataques histéricos; caídas otras en el suelo sollozando. No había mueble entero, ni siquiera el piano, cuyo cordaje se veía desparramado sobre el pavimento. Los platos estaban rotos, como las botellas y copas, y la gran cafetera metálica, vaciada; el café formaba charcos humeantes. Los polizontes habían arrojado a tres niñas a las enormes cafeteras antes de vaciarlas. La carne colgaba; estaba recocida y achicharrada. Las criaturas, arrancadas brutalmente de los brazos de sus padres, quedarían mutiladas para toda la vida.

Una de las víctimas tenía diez años y era como el ruiseñor de los I.W.W.

Cantaba baladas sentimentales y canciones rebeldes. El jefe de los polizontes la había arrancado de la plataforma, diciendo: «Te cerraremos esa maldita boca».

¿Qué significaba aquel asalto? Según los periódicos, se atribuía a la patriótica indignación de los marinos de la flota.

A consecuencia de una explosión a bordo de un buque de guerra, resultaron algunos hombres muertos. Los periódicos lanzaron la noticia de que a uno de los I.W.W. se le había visto reír. Una prueba de los clásicos recursos de la prensa de la clase dominante... En la Rusia zarista se excitó muchas veces el salvajismo de los «Cien Negros», contándoles estúpidas invenciones sobre los asesinatos de ritual, atribuidos a los judíos. En Inglaterra el propio gobierno forjaba cartas tendenciosas y las atribuía a los bolcheviques. En América se santificó el delirio de las deportaciones con documentos inventados por la más sesuda legalidad.

El atropello policíaco, según la prensa de la ley y del orden, había sido espontáneo, pero se notó este hecho: en todos los mítines de los I.W.W. había delegados de la autoridad, pero aquella noche no apareció ninguno hasta que irrumpió el grupo en el local social. Se podía denunciar el caso, pero no se haría ninguna gestión para castigar a los agresores.

VI

Bun no esperaba hallar a Pablo, pero estaba allí tendido de espaldas, rodeado de gente que se inclinaba hacia él. Su ojo izquierdo era una masa de sangre; parecía que lo habían destruido con un golpe.

Cuando Bun le llamó por su nombre, Pablo no pudo contestar. Boqueaba con una especie de ronquido parecido al estertor.

Se requirió el auxilio de un médico de la vecindad. Bun avisó por teléfono a un doctor amigo, a quien le informó ampliamente para utilizar los rayos x con el herido. Al propio tiempo, se interesó para que no se demorara el traslado del herido al hospital.

Había puesto Raquel un pañuelo blanco sobre la herida de Pablo y una almohada bajo la cabeza. Se habían llevado ya a las otras víctimas.

El médico dijo que tenía conmoción cerebral. Se observaba un fuerte golpe en la base del cráneo. ¿Habían dado un primer golpe a Pablo, haciendo que cayera después y se produjera la grave lesión, o bien era esta anterior a la hinchazón del ojo? Era preciso hacer inmediatamente una radiografía. Llevaron al herido a un gabinete de rayos x. El cirujano mostró a Raquel y a Bun la línea radiográfica de fractura que llegaba hasta la frente. No era posible operar. La cuestión estaba en determinar en qué grado estaba afectado el cerebro y solo el tiempo podía descubrirlo. Que se dejara tranquilo al herido.

Le condujeron a una clínica particular y allí quedó postrado, como muerto, con la cabeza inmovilizada para impedir la presión sobre la herida.

Sus amigos Raquel y Bun estaban a la cabecera del lecho. Con la sagacidad femenina, Raquel leía los pensamientos de Bun.

—Pero, chiquillo, ¿vas a lamentarte toda la vida por el hecho de que no te partieron la cabeza?

—¡Oh, Raquel, di lo que quieras, pero ese cerebro destrozado era el mejor que he conocido!...

—Y oye, ahora recuerdo que no hemos avisado a Ruth.

Llamó Raquel a su hermano Jacobo, quien se encargó de acompañar hasta la clínica a la hermana del herido.

Dos horas más tarde, volaba Ruth escalera arriba con un gesto de espanto y anhelo.

—¿Cómo está, cómo está?

Al ver a Pablo se detuvo como muerta.

La asistieron los amigos y se acercó al lecho sin separar los ojos del rostro del herido. Extendía los brazos hacia él y tenía que retirarlos porque era imposible tocar a Pablo. Pero como si los brazos no pudieran resistir la acción de tenderse hacia el pobre herido, volvían a moverse... Flaquearon sus piernas y cayó al suelo, sollozando.

Apenas se daba cuenta de que los amigos la atendían. Estaba en el trance más terrible de su vida. Cuando la contemplaba, Bun se sentía conmovido y hasta lloraba.

Viola había dicho en otro tiempo que una joven no podía sentir tan intenso afecto por un hermano, pero Bun comprendía esa escena de fraternidad. Pablo y Ruth, hijos de padres fanáticos, crecieron en la soledad de un monte y tuvieron que sufrir las invectivas y hasta los azotes de Abel Watkins. Ruth comprendió que su hermano era un gran carácter, y le siguió. Conocía las etapas de la educación social de Pablo, y todo lo que sabía se lo debía a él, ¡a él, que estaba casi muerto por el golpe de una mala bestia!

VII

No era posible hacer nada. Había una fonda a pocos pasos y descansarían allí. La enfermera les avisaría si ocurría algo anormal.

Viola se había referido con extrañeza al afecto de Ruth por Pablo, y lo mismo se había referido Berta. Aquellos apasionados sentimientos llamaban también la atención de Raquel.

—Pablo fue para su hermana –explicó Bun– un educador austero que enseñó a Ruth a despreciar el dinero y el placer, que la acostumbró a pensar, a enfrentarse con la vida y a comprenderla. Yo no fui capaz de seguir ese ideal; viví en un ambiente de lujo y de vicio, pero tuve el anhelo de ser como Pablo. En cada crisis de mi vida, he visto yo su figura como la de un arquetipo colosal, que con su grandeza me hace más pequeño. Pablo fue quien me inició en las cuestiones sociales y me familiarizó con los trabajadores. Era la encarnación de la clase trabajadora, potente luz que se apaga... En adelante tendré yo que valerme de mi propia linterna.

—Tal vez pueda vivir.

—No, no... ¡Morirá!

Trató Raquel de distraer a Bun con caricias y consiguió que el joven quedara dormido, pero ella no dormía: le sostenía con los brazos. Bun se estremecía, se agitaba como si tratara de salvar a Pablo. ¿O recordaba la dulce amistad de Ruth? ¿Veía en sueños los episodios de la primera huelga, el viaje de Pablo a Siberia para defender los dólares de Wall Street? ¿Veía a Roscoe arrastrando a Pablo hacia la cárcel, y el terror del capitalismo mundial, que acusa, amenaza, acorrala y mata?

VIII

Nada había cambiado a la mañana siguiente. Pablo respiraba con dificultad. Sentada Ruth a la cabecera, con los ojos fijos en él y las manos enlazadas a las del herido, parecía la personificación del dolor. Más pálida y temblorosa estaba que el día anterior.

—¿Por qué no descansa usted un rato?

—Déjeme... Estoy acostumbrada a velar, porque también soy enfermera.

—Todas las enfermeras duermen cuando pueden. –Deseo permanecer aquí...

Llegó el cirujano, y poco después el matrimonio Ross.

—Solo puedo decir –declaró el médico– que si el herido reacciona favorablemente volverá en sí, y que si ha de morir, sobrevendrá un derrame cerebral.

Como Bun quería guiarse por los deseos que atribuía a Pablo, no avisó a Elias Watkins, pero sí al viejo Abel, enviándole un telegrama con la noticia de la gravedad de Pablo.

Relataba, regocijada, la prensa, el asalto policíaco como algo ejemplar. La ley y el orden reinaban en el puerto.

Culminaba la campaña electoral para la elección del nuevo presidente de la República. Con el voto de los socialistas, el senador La Follette apoyaba su propaganda en el escandaloso robo del petróleo.

La gente pareció inquietarse al principio, pero el enemigo acechaba únicamente el momento más oportuno para intervenir; tres semanas antes de la elección presidencial, desparramó sus reservas de quemantes y venenosas mentiras.

Era el dinero de Roscoe y demás petroleros; el dinero de los grandes fabricantes protegidos, de los banqueros, de todos, en fin, los que tenían que ganar con la compra del gobierno o perder si fracasaba la compra. ¡Otra campaña de cincuenta millones de dólares! En cada distrito había comités para fomentar el terror. Los hechos terroristas se fraguaban en Nueva York y en Washington, y su expresión se desparramaba por todo el mundo: manifiestos, mítines, banquetes, luces, antorchas, pantallas y micrófonos.

Si se elegía a La Follette, el subversivo, se alborozarían los trabajadores, pero faltaría trabajo... Por consiguiente, era preciso votar por el fuerte, silencioso, grande, sabio y prudente estadista, inteligente y noble amigo del pueblo, a quien se daba el nombre de Cal.

Mientras Pablo se despedía de la vida, una tormenta de blancas papeletas electorales cubría la tierra. Iba a manifestarse la voluntad de los ciudadanos.

IX

Día de pleno verano. Las ventanas de la clínica estaban abiertas. En la casa inmediata había un aparato de radio. La dueña de la casa acostumbraba cumplir sus deberes domésticos al son de motetes religiosos como: «Jesús, amor de mi alma», o de musiquillas profanas. Había una docena de emisoras y se podía elegir. «Estación Radio Q.X.J..., La votación es nutrida en el Este».

«Radio v.z.w. ofrece coches de lance. ¡Que los ciudadanos se inscriban en el padrón! La soprano Elvira Smithers va a cantar la cancioncilla de la miel...».

La dueña de la casa inmediata a la clínica tenía preferencia por el catolicismo y los cuartetos de las islas Hawaii; oía también recitales de órgano de la primera Iglesia Metodista y los programas de una orquestina de señoritas.

Las organizaciones obreras se interesaban por Pablo. Llegaron unos reporteros que tomaron abundantes notas para no publicar ninguna, naturalmente.

Los periódicos de Angel City tenían una política de elemental prudencia: jamás hablaban contra la gente de dinero.

Llamó por teléfono Melie Watkins, la hermana casada, y preguntó:

—¿Cómo está Pablo? Nuestros padres han ido a un servicio religioso. No sé dónde están, pero trataré de buscarlos. ¿Habéis avisado a Elias? Creáis o no en él, hace milagros y puede sanar a Pablo.

Dos horas más tarde, se detenía un lujoso automóvil a pocos metros de la clínica. Elias Watkins, profeta de la Tercera Revelación, llevaba una túnica de franela blanca. Adoptaba un aire pontificial en aquellos días de gloria y poder.

No saludó con apretones de mano. Solo murmuró como un rezo:

—¡El Señor os bendiga!

Llegó junto a su hermano y se quedó mirando sin preguntar nada. ¿Qué le importaban las radiografías a él, que era un dispensador de la gloria divina?

—Dejadme a solas con Pablo –dijo al cabo de un rato.

Como no había ninguna razón para contrariar aquel deseo, se alejaron todos del cuarto de Pablo.

Ruth miraba frente a ella y sus labios temblaban. No pudo beber ni un sorbo de leche. Lloró con desconsuelo.

Salió Elias sin decir una palabra. Los altos designios del Señor no eran comprensibles para los vulgares mortales.

Ningún aparente cambio se notaba en el herido. El doctor recetó un calmante, que tomó Ruth ante la exigencia imperiosa del doctor, siendo relevada a la cabecera del enfermo por el matrimonio Ross.

X

Llegó la noche. El vecino de la casa inmediata a la clínica se sentó cómodamente en un sillón de mimbre y procedió a explorar la dirección de las ondas, ante su aparato de radio.

Los que velaban a Pablo se enteraron del resultado de las elecciones por el altavoz del vecino. A causa de la diferencia de hora, California conoce las noticias del Este antes que las propias, aunque aquel martes por la noche, los cincuenta millones de dólares invertidos en la campaña electoral sirvieron para que se supiera, en el Este y en el Oeste, que «el fuerte y silencioso estadista» había obtenido más votos que todos sus contrincantes juntos.

Como las estaciones emisoras, lo mismo que los periódicos y las iglesias, tenían interés en difundir el triunfo de la candidatura del «fuerte y silencioso estadista», la noticia se detalló con ciertos alardes estruendosos, no exentos de humor. Después de anunciar que Massachusetts votaba en proporción de tres a uno, se oyó en el altavoz musiquilla de jazz. Los ecos alegres y placenteros no podían ser oídos por Pablo.

El Tabernáculo de la Tercera Revelación no tenía nada que ver con las elecciones, porque los fieles de Elias se hallaban en plena ascensión a las regiones celestiales donde no rigen los principios republicanos. La Tercera Revelación emitió un recital de órgano, y el vecino prefirió las ondas de la estación V.K.Z., que propagaba las excelencias del jabón Niño de Nieve a los acordes de un trío que esparcía las notas de la popular melodía *Mi pequeña muñequita negra de jazz*. El vecino eligió algo más tarde las emisiones de la Tercera Revelación y se oyó la potente voz de Elias, tan familiar a los ciudadanos de California. Raquel y Bun supieron por radio el resultado de la visita de Elias: «El Señor, hermanos, me ha otorgado una prueba de su infinita bondad. Gloriosas muestras del poder divino pueden contemplarse esta noche. Mi hermano mayor, el compañero de mi infancia, cuyo nombre es Pablo, se educó en el temor de Dios. La voz del Altísimo le era familiar en las montañas donde guardábamos el ganado de nuestro padre. Pastores éramos los dos y andábamos bajo las estrellas esperando un signo de la misericordia divina y rezando para que los pecadores fueran protegidos contra las asechanzas de Satán... Creció Pablo y se apartó de la fe de la niñez para caer en las redes del diablo, mofándose de la palabra del Señor. El amor por Jesucristo, nuestro Salvador, huyó de su corazón y solo sintió envidia hacia los elegidos. La ruina que la oveja descarriada trató de atraer sobre las cabezas de los buenos cayó sobre él, y ahora mismo yace derribado en el lecho de muerte, víctima de diabólicas maquinaciones... Era mi deber piadoso ir a su lado, y ¡oh, hermanos!, ¿quién puede comprender los designios del Todopoderoso? Mis plegarias llegaron a los oídos del moribundo, se abrieron sus ojos y confesó sus pecados, arrepintiéndose de ellos, por lo que fue absuelto y purificado con la sangre del Cordero. ¡Gloria, aleluya, gloria! Aunque tus pecados sean enconados, aunque tengan el color de la escarlata, quedarás blanco y puro por la intercesión del Señor... ¡Gloria, gloria! ¡He hallado mi oveja perdida! Más alegría hay en el cielo por la conversión de un pecador, que por la perseverancia de noventa y nueve justos. ¡Aleluya, aleluya!».

Mientras se emitía el sermón del profeta, se notaban los murmullos de la multitud, que rompía en exclamaciones a cada pausa de Elias y coronó el discurso con vítores y cánticos de gloria.

Cerca del lecho de Pablo estaba Ruth, despierta ya de su sueño, y murmuraba: «¡Qué indignas falsedades!».

También Bun sospechaba que se trataba de una mentira, si bien no podía probarla. Y aunque hubieran podido contradecir al profeta, ¿cómo hacerlo, si el radioyente no puede replicar? Esta circunstancia hace que las emisiones sean de enorme utilidad dentro del sistema capitalista. El radioyente admite lo que le dicen como un niño que se alimenta por medio de un tubo. Es una de las bases sobre las que descansa el terrible imperio de la esclavitud.

XI

El radioyente vecino cambió el registro de ondas y llegaron noticias de California.

«¡Radio v.x.z.! ¡El Ladrido de Angel City!». Era una voz resuelta y firme, que ganaba unos miles de dólares al mes. De vez en cuando emitía el empleado una risita sofocada, que hacía las delicias la gente menuda. Se llamaba a sí mismo «el tío Pedro», y relataba esas historietas que tanto gustan a los chiquillos, mientras las manos maternales les preparan el lecho y los desnudan.

El empleado hablaba de Bob Buckman, secretario de la Cámara de Comercio, electorero notorio. «¡Rosario! Treinta y siete de los cincuenta y dos distritos dan a La rollette ciento diecisiete votos; a Davis, ochenta y seis; a Coolidge, quinientos cuarenta y nueve... ¡Bien, bien! "El tío Pedro" felicita a Buckman. ¡Es usted un bravo!... Paradise, California. Situación social del campo de petróleo Ross Hijo... Bun se interesa por los presos políticos y les paga la fianza. Publica un periódico que tiñe de rojo pálido a la juventud universitaria... Ved lo que la ciudad de Bun dice de su hijo. Paradise, California. De los veintinueve distritos, catorce dan a La Follette doscientos diecisiete votos; a Davis, noventa y ocho; a Coolidge, seiscientos noventa y tres. ¡Bien, bien, Bun...! Siga barrenando desde dentro».

Siguieron unos trompetazos que parecían interrupciones potentes. Se movieron los labios de Pablo. Su hermana se acercó al lecho.

—¡Oh! ¡Vuelve a la vida! ¡Doctor!

Llegó este, reconoció a Pablo, le tomó el pulso e hizo unos gestos pesimistas. ¿Qué zonas del cerebro estaban afectadas? Los sonidos eran incoherentes. No se podía saber lo que decía el enfermo, que tal vez permanecería en igual estado durante días y días.

Siguió escuchando Ruth y trató de captar las palabras.

—¡Pablo, Pablo! ¿Quieres decirme algo?

Se distinguieron los sonidos del herido con más claridad. Hablaba en idioma extraño...

—Son, tal vez, palabras rusas –observó Bun.

Los sonidos se producían como si salieran de los labios de un cadáver:

—*Revolutziya, sovietam...*

—Debe referirse a la Revolución y a los soviets –dijo Bun.

Así siguió durante una hora.

—¡Es preciso que averigüemos lo que dice! –observó Ruth–. Tal vez pregunta algo.

—Está delirando, Ruth.

—¿Quién sabe? –replicó con energía la hermana de Pablo.

Pensaba Ruth que Raquel había salvado al hombre amado. ¿Qué sabía ella lo que era un corazón fraternal que ve morir a un héroe?

—Quiero saber, a toda costa, lo que dice Pablo... ¿No podríamos encontrar un intérprete?

Llamó Bun a Gregorio Nikolaieff, y le dijo que se personara inmediatamente en la clínica.

Siguió Pablo hablando con tono algo más alto mientras sonaban en el altavoz unas joviales palabras: «Muñeca mía, bésame en el cuello».

—Anotemos lo que dice Pablo –indicó Ruth a Bun–. Puede callar de repente y no volver a hablar.

Se había educado Ruth en un ambiente propicio al misterio, a la revelación. Los médicos pueden suponer que ciertas manifestaciones extraordinarias responden a un estado delirante, pero ¿quién sabe? ¿No se revelan, a veces, a los profanos, grandes verdades que los sabios no aciertan a conocer?

Escribió Bun los sonidos que emitía Pablo, y cuando llegó Gregorio Nikolaieff pudo explicar el significado:

—«Pan, libertad, paz», es lo que significan estas palabras: la consigna de la Revolución rusa. Esta otra expresión es el grito de guerra de los bolcheviques al conminar a los enemigos para que desalojaran una posición... Todas las frases se refieren a la Revolución y debió de oírlas en Siberia y luego en Moscú.

No trataba Pablo de hacer confidencias familiares a su hermana. Hablaba de lo que había hecho el proletariado ruso.

XII

«¡Radio v.x.z.! ¡*El Ladrido* de Angel City! ¡Orquesta Winitsky! ¡Gran comedor del Hotel Almirante!». «Radio Q.X.J. ¡*El Rugido de la Tarde*! ¡Informes electorales! Boletín del Comité Central electoral de Nueva York. Coolidge ha triunfado en Massachusetts por cuatrocientos mil votos de mayoría. ¡Hurra por el gran Estado! En Nueva York, novecientos mil votos de mayoría para Coolidge. ¡Hurra, hurra, hurra! Illinois: mayoría de... esperen ustedes un minuto porque he perdido los lentes entre el tropel de público que se agolpa en la estación... ¡Cuidado, muchachas! ¿No sabéis que el mundo escucha a la Q.X.Z.? Illinois: mayoría de novecientos mil votos. ¡Viva! Los chillidos de Chicago nos van a volver sordos...».

Siguió una voz amplia y potente de negro.

«No eres la primera ni serás la última... El coche espera en la calle, pero llegará un dulce corazoncito hasta mí...».

El pueblo de Estados Unidos había impuesto años antes el rigor de la ley seca, desterrando las bebidas alcohólicas, pero los defensores del orden se reservaron excepciones, y la prohibición no contaba con ellos. Las clases dominantes celebraban las victorias políticas con borracheras. Sabía Bun que ello era verdad y él mismo se tambaleó al triunfar la candidatura del presidente Harding. Nada tenía de extraño que el hombre del micrófono tartamudeara en aquellos momentos históricos.

El radioyente vecino era, sin duda, un ciudadano modesto que no podía permitirse el lujo de quebrantar la ley gastándose diez dólares en ginebra y treinta en champán. Como compensación, estuvo oyendo las emisiones más alegres hasta más de medianoche.

«¡Radio v.x.z.! ¡Comedor del Hotel Almirante! ¡Canción de París!». Se oía reír a los que comprendían las obscenidades y a los que las suponían.

En aquel comedor se había embriagado Bun. Roscoe, Ana Bella y Viola también habían bebido allí de lo lindo, hasta perder el equilibrio. Harvey cayó dormido en una silla, y Tom Paley quiso subirse a una mesa, impidiéndolo los camareros. Había trescientas mesas en el vestíbulo con asientos reservados desde mucho tiempo antes. Sobre ellas, algunos frascos vacíos, flores, cenizas y serpentinas; algunas cintas de papel tenían en el vestíbulo grandes arañas de brillantes colores. Se veían hombres que se acercaban a mujeres medio desnudas; la música era delirante y la alegría infernal entre aquella muchedumbre de hembras, matronas, abuelas y pollos. Lo mismo ocurriría en aquel momento.

Siguieron los informes electorales favorables al «fuerte y silencioso estadista». Algún negociante, favorecido en más de un millón por la rebaja de impuestos que representaba la elección de Coolidge, o capaz de cotizar el poderío militar de Estados Unidos para obtener concesiones petrolíferas en Mesopotamia o en Venezuela, lanzaría un vítor y recordaría, bailando en medio del salón, sus tiempos de jornalero, cayendo luego en el regazo de su amante, enjoyada con un millón de dólares, mientras la pareja cantaría con el coro un aire perverso de Berlín: «¿Qué quieres que haga, qué quieres que haga?...».

XIII

¿Volvía Pablo a la vida? Movió una mano y se reanimó un tanto, pero la enfermera declaró que no había motivo para alegrarse. Se tomó la temperatura al herido. Las manos de este se movían sobre la colcha como si escarbara o buscara insectos. La voz gritaba sin cesar. «¡Rusia, siempre Rusia!». Gregorio Nikolaieff traducía las frases. Se creía en la Plaza Roja de Moscú. Las falanges proletarias lanzaban gritos de guerra. ¡Siberia! Mandel tocaba la balalaika. ¡Viva la Revolución! ¡Todo el poder para los soviets!

Otra vez se oía el rumor del altavoz. Los gritos de los salvajes del Congo contribuían, con el jazz, a nutrir los programas de radio. Recordó Bun el salón de baile donde danzó con Eunice y Viola Tracy. Allí estarían sus amigos de otro tiempo, la plutocracia triunfante. Habría banderas en los muros y airosos gallardetes. Algunos patriotas llevarían banderitas. ¡Era la ocasión más solemne desde que se firmó el armisticio! ¡Hurra! ¡Viva Coolidge! El salón rebosaría, y muchos de aquellos patriotas delirantes se tambalearían como barcos en mala mar. Obesos financieros con la pechera apabullada, esbeltas amantes de espaldas al aire, pechos semidesnudos, labios pintados y orejas llenas de diamantes, danzarían al son de un «tam tam» del Congo, con trompetas, campanas, lamentos de saxófono y bocinazos. Las nalgas del obeso financiero se relajarían y se arrastrarían sus pies entre el estrépito y el raudal de luz.

XIV

Empezó Pablo a agitar los brazos y todo el cuerpo; al intentar sujetarle, se echó hacia atrás. ¿Pensaba en los rompehuelgas de Paradise, que le detuvieron, en los carceleros de San Elido, o en los agentes de la policía federal? ¿Se acordaba de los gendarmes franceses o de los asesinos que le agredieron la noche fatal?

Bun y Gregorio Nikolaieff le sujetaban los brazos; Ruth y Raquel los pies. La enfermera se hizo con una camisa de fuerza. La cara de Pablo enrojeció; las venas parecían a punto de estallar, pero se rindió a la rigidez del aparato.

A través de la ventana abierta, la estación v.x.z. seguía retransmitiendo cánticos y vítores. Alguien pronunciaba un discurso, pero estaba tan borracho que apenas podía hablar. «¡Victoria, victoria! ¡Qué gran país! ¡Oh, prudente Coolidge! ¡Bravo! ¡Canta, chiquillo, canta! ¡Yo te empujo!».

Los instrumentos de jazz parecían borrachos. Todo se tambaleaba. Las leyes del mundo físico se alteraban en aquellos momentos, y el mismo Dios estaba borracho en su trono. ¡Todo por la elección del inquilino más famoso de la Casa Blanca!

Trompetas, banderas, luz, cantos, vítores, danzas dislocadas, cabriolas de sátiro, sacudidas epilépticas de gente harta y bebida... Se percibían notas de la canción: «Ardiente negra... vampiresa... tortura de amor...».

—¡Oh! –dijo Ruth–. ¡Quiere hablarme!

Así parecía, en efecto. El ojo sano de Pablo se abrió desmesuradamente, mientras el herido lanzaba un grito semejante al de un hombre a quien estrangulan.

—«¡Ámame!» –chilló la voz de la radio.

—¿Qué es eso, Pablo? –gritó Ruth, fijándose en el moribundo.

—«No es extraño que al tocar los billetes se quemen» –iba cantando el altavoz. Hizo Pablo un estremecimiento y quedó inmóvil.

Juntó Ruth las manos como si estuviera rezando. Su alma acompañaba a Pablo por la ruta sin fin.

—«Ardiente negra que, a los nueve años, trabajando en una mina, te comiste una caja de cerillas» –decía la voz chillona de la radio.

—¡Muerto! –exclamó Bun al retirar la mano del pecho de Pablo y comprobar que el corazón se había paralizado.

—«Ardiente vampiresa» –repetía el coro.

Se lanzó Ruth a la ventana y se hubiera arrojado a la calle de no impedirlo Bun. Sujetaron a la desdichada hermana del muerto, y la enfermera le aplicó una inyección hipodérmica. Momentos después parecía tan muerta como su hermano.

El radioyente volvió a las emisiones de la R.W. K.Y. «¡Ultimas noticias de Nueva York! Informa el Comité Central del Partido Republicano que Coolidge alcanzará la más aplastante mayoría que registran los fastos históricos. ¡Dieciocho millones de votos! ¡Buenas noches, amigos!».

XV

Deseaban los comunistas dedicar a Pablo un entierro rojo, pero Elias se apresuró a intervenir. Puesto que Pablo se había convertido, entregándose a Jesús, sería enterrado según el rito de la Tercera Revelación.

Tres días más tarde, el cadáver del héroe fue conducido hacia una colina de Paradise. Seguía el público tras los restos, y no faltaba, en la retaguardia, un camión cargado con aparatos de radio. Ciento noventa mil, de las doscientas mil amas de casa de California, abandonaron sus quehaceres para oír el discurso que pronunciaría Elias.

Raquel, Bun y un grupo de amigos quedaron alejados de la presidencia del duelo. Ruth se acercó a la sepultura, acompañada por sus dos cuñados. Era preciso atender a la desdichada joven, por si en el paroxismo de su dolor, intentaba suicidarse. Blanca y pálida como una muerta, no parecía darse cuenta del significado de la fosa cavada en la tierra y miraba como indiferente el ataúd negro, cubierto de flores.

Mientras Elias predicaba sobre el tema del hijo pródigo, miraba Ruth hacia las blancas nubes que desaparecían lentamente tras las cimas distantes.

Solo desearía en adelante vagar por aquellas colinas y llamar, de vez en cuando, a las ovejas que ya no estaban allí.

Con lastimeras palabras nombraba unas veces a Pablo y otras a Bun. La dejaban vagar por los riscos de Paradise, y un día se fue para siempre, llamando a Joe Gundha. Los operarios que limpiaban los pozos quemados eran nuevos en el campo Ross Hijo –uno de los vástagos de Roscoe dominaba allí y titulaba la empresa: Roscoe Hijo–. No habían oído hablar los obreros del pobre Joe, que cayó en el pozo, y concedieron escasa importancia a los gritos de la que iba a morir apelando a la memoria del desventurado Gundha.

Se echó de menos a Ruth, y alguien recordó que había oído un grito de la joven llamando a Joe. Tuvieron todos un trágico presentimiento y se dirigieron al pozo. Con unos garfios pudieron extraer trozos del vestido de Ruth y luego el cuerpo, que se enterró cerca de la fosa de Pablo, no lejos de la de Gundha.

Se pueden ver las tres sepulturas limitadas por tosca empalizada. Las grúas de la industria desaparecerán algún día, como la empalizada y las sepulturas. Otras jovencitas, como Ruth, correrán descalzas por las colinas y serán más felices que ella si los hombres encadenan al negro y cruel demonio que mató a los nobles hermanos Watkins y al mismo Arnold Ross... Poder infernal que vaga por la tierra mutilando cuerpos humanos, predicando la destrucción con el señuelo de inmerecida riqueza, explotando y esclavizando a los trabajadores.

Índice

Este libro,
¡PETRÓLEO!,
se terminó de diseñar, componer y maquetar
en Elo utilizándose para ello la familia tipográfica Celeste
creada digitalmente por Chris Burke en 1990,
casi un siglo después de que Upton Sinclair lo escribiera,
mientras los gobiernos del mundo seguían discutiendo
cómo dejar atrás los combustibles fósiles… y las grandes petroleras
seguían batiendo récords de beneficios.

Aurkeztu dizugun liburuaren eduki, itxura edo inprimaketari buruzko iritzia guri helarazi nahi izanez gero, bidal iezaguzu. Zinez eskertuko dizugu.

La Editorial le quedará muy reconocida si usted le comunica su opinión acerca del libro que le ofrecemos, así como sobre su presentación e impresión. Le agradecemos también cualquier otra sugerencia.

EDITORIAL TXALAPARTA S.L.
Calle Mayor 61-63
31001 Iruñea
NAFARROA
Tfno.: 948 70 39 34
info@txalaparta.eus
www.txalaparta.eus